U0173953

"十四五"时期国家重点出版物出版专项规划项目

新时代高质量发展绿色城乡建设技术丛书

中国建科

GREEN ECOLOGICAL
CONSTRUCTION
GUIDELINES

绿色生态
建设指引

生态景观与风景园林专业
（上册）

中国建设科技集团　编　著

赵文斌　主　编

中国建筑工业出版社

新时代高质量发展绿色城乡建设技术丛书

中国建设科技集团 编著

丛书编委会

修　龙｜文　兵｜孙　英｜吕书正｜于　凯｜汤　宏｜徐文龙｜孙铁石
张相红｜樊金龙｜刘志鸿｜张　扬｜宋　源｜赵　旭｜张　毅｜熊衍仁

指导委员会

傅熹年｜李猷嘉｜崔　愷｜吴学敏｜李娥飞｜赵冠谦｜任庆英
郁银泉｜李兴钢｜范　重｜张瑞龙｜李存东｜李颜强｜赵　锂

工作委员会

李　宏｜孙金颖｜陈志萍｜许佳慧
杨　超｜韩　瑞｜王双玲｜焦贝贝｜高　寒

《绿色生态建设指引 生态景观与风景园林专业（上册）》
中国建设科技集团　编著
赵文斌　主编

序一

2018年秋，我第一次去重庆广阳岛考察。走在荒草中的小径，翻过杂乱的石窝，登上山顶的土台，遥望长江东去，听王岳局长介绍打造生态岛的决心和设想，觉得这是一项很不简单的任务，需要各方协作和长久的努力。

生态是自然界各种关系相处的生动状态，良好的生态环境是经过长久的、自然的生长而达到的一种平衡，一旦被破坏，修复也不是短时间能完成的，所以习近平主席说生态文明建设是关系中华民族永续发展的根本大计，要通过一代代人去坚持和守护下去。

很荣幸，我们中国院的团队在重庆市委市政府的信任和支持下成为广阳岛生态修复的第一批实践者，在生态景观院赵文斌院长的带领下艰苦奋战，一干就是5年多。去年夏天我再次登岛视察大河文明馆的工地，烈日下处处浓荫绿林，生机盎然，广阳岛变了样！看着赵院长晒得黝黑的脸庞，我深知他和同志们的辛苦和付出。

这套绿色生态建设指引理论与实践相结合，是赵文斌院长带领中国院生态景观院设计师们在重庆广阳岛驻岛办公开展生态修复实践的成果总结。历时近5年的岛上摸爬滚打，以岛为家，岛上的一草一木早就了然于胸，通过亲手全过程实践，总结而成的理念方法和技术路径，是可以引导绿色生态全过程建设的。从谋划到策划，从规划到设计，从建设到管理，从价值转化到养护运维，这本书给每个步骤，每个环节都指明了路径，给出了方向，讲明了道理，提供了工具，还有理论知识和广阳岛的参考案例可以学习和借鉴。按此指引，一步一步推进，即便对生态文明建设不甚了解，只要照着做，这本书总归会把你推到绿色生态的路上去。

绿色生态建设是一个系统工程，显然不是某一个专业就能胜任的。在宏观层面，基于生态学、地理学、城乡规划等学科理论的合理决策和布局是绿色生态建设的前提；在中微观层面，只有借助水文学、土壤学、植物学、环境工程等学科的方法技术，才能将绿色生态的理念落实到工程建设中；生态景观与风景园林作为重要的协调专业，对于绿色生态建设中如何追求人与自然和谐共生将起至关重要的作用。因此，指引中的方法与技术多是跨专业、跨领域的，多学科、多专业的协同合作才能成就全面的、系统的绿色生态建设方案。

这两本绿色生态建设指引就像岛上新种的小树，也是需要生长和养育的。每一位读者的每一次学习和实践就像是对它的一次浇灌，每一条建议和补充就像是对它的一次施肥。在大家的共同培育下，这部指引将会不断完善和成熟，在推动绿色生态发展中发挥它应有的作用。想象未来所有的人都能享受绿色生活，当所有的闲散地、废弃地、伤痕地都成为绿色生态友好型的空间和场所，当人类和自然共建的生态达到了最优价值的平衡和可持续发展，也就不需要这部指引的引导了，因为人与自然和谐共生的现代化最优状态实现了。但是，当下我们还有很远的路要走……

向所有为推动绿色生态建设而辛勤付出的人们致敬！

中国工程院院士

全国工程勘察设计大师

2023年2月6日

序二

我对重庆广阳岛生态修复项目早有所闻，但一直没有机会实地学习。2022年7月下旬陈嘉庚科学奖报告会暨第五期重庆市领导干部科技讲堂在渝中区举行，我应邀作了题为《面向城市绿色发展的产业机会》的讲座。趁讲座开始前的闲暇，我有幸与中国建设科技集团几位领导和专家一同参观了广阳岛，中国建筑设计研究院有限公司副总工程师、生态景观建设研究院院长、中国院广阳岛生态修复项目总设计师赵文斌博士结合全程对广阳岛的规划、设计和实施作了系统细致的介绍，感受颇深。

广阳岛的生态修复确实是基于自然的解决方案，有效地融合了生态系统的生产、调节和文化功能。我很高兴在广阳岛上不仅闻到稻田的芬芳，沿途还看到辣椒和南瓜等一系列功能农作物。这就是我一直在思考和努力想推动的"公园农田化，农田公园化"。经过修复后，广阳岛上所呈现的生态系统多重功能，着实让人赏心悦目，这无疑是非常成功的生态修复案例。广阳岛正在做的事情，也是国际上大力推行的"城市荒野化"的策略，其目的就是把自然重新带入城市，带入我们的生活，让我们的城市生活空间有更多的绿色植被，有更多的生态产品，从而真正实现人与自然和谐共存。广阳岛通过生态修复后，生物多样性、空气质量等生态环境质量的提升带来的生态资产不可估量。生态资产不仅能传承给子孙后代，还能带动当地产业的提升，为重庆创造一个更佳的生态空间，通过生态空间的建设会引来更多的高端产业，例如休闲文化、健康产业、国际会展等，真正实现绿水青山向金山银山的转换。

广阳岛已经实现还岛于民，变身为城市功能新名片，成为重庆共抓大保护、不搞大开发的典型案例，生态优先、绿色发展的样板标杆。广阳岛生态修复案例是筑牢长江上游重要生态屏障的窗口和缩影，是习近平生态文明思想的集中体现。

赵文斌院长及其领导的团队，是习近平生态文明思想、"生命共同体"理念、"两山论"的坚定践行者，更是开拓者。近年来，他们一直致力于山水林田湖草生态保护修复相关的研究、规划、设计与工程实践。广阳岛已从一个由于大开发造成的满目疮痍的创伤之岛蝶变为一个践行"山水林田湖草是生命共同体""绿水青山就是金山银山"理念的优秀典范。2020年11月，广阳岛被生态环境部表彰授牌为第四批"绿水青山就是金山银山"实践创新基地。2021年广阳岛生态修复实践创新项目入选自然资源部《中国生态修复典型案例集》。

赵文斌院长主编的这套绿色生态建设指引，正是他在广阳岛生态修复具体实践的基础上，综合多学科的理论与方法，创新凝练而成的优秀专著。该书的理论、方法与技术具有以下四个显著特点。

第一，统筹生态系统内的各个要素。本书的理论、方法与技术体系以生命共同体理念为纲，强调生态保护和修复工作应该首先厘清生命共同体内部要素之间、内部要素与整体系统之间的关系，进而在尊重各要素横向耦合约束关系的前提下，通过对关键要素的状态进行正向调节，并协调与配置不同要素之间的关系，实现多要素的统筹和生命共同体的系统保护与修复。这为国内同类生态环境保护修复项目的整体保护、系统修复、综合治理提供了成功的操作路径。第二，兼顾自然与人。本书敏锐洞察了国内不同专业与主管部门主导的生态修复在落地实践时面临的关键问题，提出生命共同体价值提升的最优目标是既满足自然的需求，也满足人类的需要，追求人与自然和谐共生的最佳状态，并以实际案例阐述了"生态的风景"与"风景的生态"，形象描述了最优价值生命共同体的内涵与愿景。第三，强调基于自然的解决方案。本书在理论创新的基础上，结合大量实践集成创新了一系列可操作、可复制推广的生态修复方法与技术。这些方法与技术尊重自然、顺应自然、道法自然，以自然的材料、自然的工法解决问题，呈现自然的风景。第四，重视全生命周期管理。生态系统的保护与修复绝非一日之役，须久久为功。本书在理论研究的基础上，结合实践经验总结了贯穿生态修复"规划—设计—建设—管理—运维—转化"全过程的方法体系，既强调了"一张蓝图绘到底"，全过程贯彻落实生命共同体的理念，也为每一个具体的实践环节提供了方法与技术指引。

生态兴则文明兴，生态衰则文明衰。生态文明建设是关系中华民族永续发展的根本大计。本书的出版适逢其时，填补了国内重要生态系统保护和修复重大工程领域研究、规划、设计与实施的空白，在国际上也有领先优势，为管理部门、建设单位、设计单位、施工单位、监理单位、高等院校、科研院所等部门提供了一本很好的工具书。

中国科学院院士
发展中国家科学院院士

2023年1月12日

序三

　　人类自诞生以来就从未停止过与自然的博弈。在游牧时代，人类或以狩猎为生，或逐水草而居，对自然只有依赖和崇仰。到了农耕时代，人类有能力对自然进行调整改造，发展农业、建设定居家园并不断改善栖居环境。进入工业时代后，人类具有了越来越强大的改造自然的能力，对大自然干预的范围越来越广，强度越来越高，对自然的索取也越来越多。在物质生活日益优越、社会财富不断积累的同时，人与环境的关系也发生了根本的改变。由于对舒适与富有的追求永无止境，而技术的进步又使得人类具有了改变环境的巨大能力，于是人类的欲望就变得愈发膨胀，导致人类对自然资源的消耗超过了自然资源的再生能力，许多地区失去了新鲜的空气、清洁的水源、肥沃的土壤和诗意的栖居环境，生态系统在赤字地运转，人类面临着严峻的生存问题和环境问题。

　　然而，人类毕竟是自然界的产物，离开自然，人类无法健康生存。健康的本质是一种和谐与平衡的状态，融于自然、与自然和谐共生是人类健康生活的基础。

　　为了重新构建起人与自然本应具有的和谐关系，让人在享用高度物质文明成果的同时仍然能够亲近自然和生活在健康宜居的环境之中，不少学者和规划设计师相继提出了一些设计理论和策略，如生态设计、地理设计、低影响设计、韧性设计、低碳设计、绿色设计、可持续设计、基于自然的解决方案等。这些设计理论和策略的名称不同，提出的背景、针对的问题和实施的措施亦有差异，但核心都是以自然为依托，构建起自然生态系统与社会生态系统的整体协调关系，实现人与自然的和谐共生。

　　任何思想的提出都必须有理论的支撑。土地是人类栖居的载体，这在客观上要求人们将土地上的山岳、河流、湖泊、湿地、森林、草原、沙漠、冰川、农田、城镇视为一个有机的整体，而人类自身也是这个系统中的一部分。实现人与自然和谐共生的理论之根本泉源来自于人类在与自然的博弈中，受到自然启发，遵循自然规律开展的保护、规划、设计、营建与管理环境中所积累的生存的智慧。除了理论外，任何思想的实现也应该有实施的策略和技术的支撑，否则思想往往会是空中楼阁。

　　绿色生态建设是把人类对环境的负面影响控制在最小程度的建设，是促使自然系统向着良性循环方向发展的建设，是实现人与自然和谐共生、可持续发展的建设。中国建筑设计研究院生态景观院赵文斌院长撰写的这套绿色生态建设指引是对创造人与自然和谐环境的系统性研究和总结。著作从论述人类社会不同发展时期的人与自然关系开始，继而综述并研究了生态文明的相关学说和理论，然后提出了生命共同体价值提升的四个体系，包括理论体系、方法体系、技术体系和指标体系。每一个体系都附有针对性的实施策略，如在技术体系中，分别阐述了护山、理水、营林、疏田、清湖、丰草、润土、弹路、丰富生物多样性等方面的基本类型、方法路径、关键技术等。本书之所以既具有理论研究的高度，又有实施策略的深度，在于赵文斌院长多年来一直带领团队从事生态规划和景观设计的研究与实践，特别是在重庆广阳岛进行的系统性的景观规划设计和生态修复取得了卓有成效的丰富成果。相信这本书会为我们从事生态规划、设计、建设和管理带来深度的思考、启发和帮助。

北京林业大学园林学院教授

《中国园林》主编

2023年3月10日

序四

广阳岛绿色发展公司作为重庆广阳岛片区长江经济带绿色发展示范的牵头单位，联合了策划规划、全过程工程咨询、生态环保、设计、施工、智能化数字化、运营管理等行业领先团队和专家，组建了"我在广阳修生态"联盟，在理论、规划、实践等方面开展了探索创新。在广阳岛生态修复过程中，我们始终聚焦生态、聚焦风景，积极探索基于自然的解决方案，创新运用"护山、理水、营林、疏田、清湖、丰草"6大策略，实践"多用自然生态柔性、少用人工工程硬性的'三多三少'"生态施工方法，系统推进自然恢复、生态修复，提升生物多样性，融合高品质生态设施和绿色建筑，建成上坝森林、高峰梯田、油菜花田、粉黛草田、胜利草场等23个生态修复示范地，岛内记录的动物、植物分别由2018年的310种、383种增加至458种、627种，成为生动表达山水林田湖草生命共同体理念的"生态大课堂"。随着广阳岛国际会议中心、大河文明馆、长江书院、长江生态文明干部学院等一批重大功能设施陆续建成，广阳岛已具备"论生态文明、讲中国故事、看长江风景、品重庆味道"的功能。广阳湾智创生态城坚持生态立城、产业兴城、科创强城、文化铸城，正加快推进规划落地。

中国建筑设计研究院生态景观院赵文斌院长作为广阳岛生态修复EPC设计与施工现场总负责人，全过程把控了广阳岛生态修复。2018年以来，他带领设计及管理团队以岛为家，对广阳岛倾注了大量心血和汗水。在岛上多年的朝夕相处中，我们一起用脚步丈量了全岛的每一寸"肌肤"，我们一起用心聆听着岛上每一种天籁之音；我们熟悉清晨菜叶上露珠的味道，我们了解夜里野猪出没田间的轨迹；我们为春天的油菜花、夏天的荷花、秋天的粉黛草、冬天的红梅花而兴奋，我们为花丛中的蜜蜂、草丛中的鸟儿、田地里的青蛙、牧场上的牛羊而激动；我们为洪水过后依然健壮的巴茅骄傲；我们为六十年过后依然甜美的广柑自豪；我们为岛上再现的巴渝原乡田园风景而欣慰……

赵文斌院长做到了以岛为家，以致回北京总院像出差，全部的身心投入到了广阳岛的实践，成长为习近平生态文明思想的学习者、研究者、实践者、创新者、宣传者。这套绿色生态建设指引是他一边做实践一边做研究的成果。从成果内容看，有三个层面的创新：

一是理论的创新。生命共同体理念为生态保护与修复工作指明了方向与原则，但在实践层面仍然需要更加体系化的指导理论。最优价值生命共同体理论的创新提出为特定区域不同尺度、不同类型的生命共同体的生态保护、修复、建设及价值提升提供了具体的实践思路与明确的工作目标，也为生命共同体理念下的生态修复奠定了理论基础。

二是方法的创新。生命共同体理念的落地需要可操作的方法，本书在生命共同体理念和最优价值生命共同体理论下，总结归纳出集"顶层规划—方案设计—建设实施—建设管理—后期运维—效益转化"为一体的六大实践方法体系，这在理论创新的基础上又进一步，实现了方法创新，为生命共同体理念下的生态修复工作提供了具体的参考路径。

三是技术的创新。生命共同体理念指导下的生态修复实践需要大量成熟、成套、低成本的技术作为支撑。本书创新总结归纳的"护山、理水、营林、疏田、清湖、丰草"及"润土、弹路、丰富生物多样性"9类可复制、可推广的生态修复技术集成体系，为生态保护、修复和建设提供了科学的技术参考。

在生命共同体理念和最优价值生命共同体理论指导实践下，广阳岛和广阳岛片区历经生态蝶变，先后获评"两山"实践创新基地、绿色产业示范基地、国家智能社会治理实验基地和全国生态修复典型案例等国家级金字招牌，经验做法被国家长江办、自然资源部、生态环境部向全国推介，具有广阳岛特色的理论技术体系、产品材料工法体系、组织实施管理体系，已走出广阳岛为生态文明建设服务，广阳岛已成为了"共抓大保护、不搞大开发"的典型案例，"长江经济带绿色发展示范"的引领之地，正奋力书写生态优先、绿色发展的后半篇文章。

留白一座岛，成就一座城，照亮一条江。广阳岛的变化，是重庆深入贯彻落实习近平生态文明思想的生动写照。希望能通过本书带动更多的专家学者参与到广阳岛片区长江经济带绿色发展示范经验总结中来，为新时代新征程生态文明建设工作做出更多更大的贡献。

广阳岛绿色发展公司党委书记、执行董事、总经理

重庆市工程勘察设计大师

2023年4月16日

前言

党的十八大以来，习近平总书记传承中华文化、顺应时代潮流和人民意愿，站在坚持和发展中国特色社会主义、实现中华民族伟大复兴中国梦的战略高度，深刻回答了为什么建设生态文明、建设什么样的生态文明、怎样建设生态文明等重大理论和实践问题，系统形成了习近平生态文明思想，有力指导生态文明建设和生态环境保护取得历史性成就、发生历史性变革。

习近平总书记在二十大报告中，提出了人与自然和谐共生的现代化目标，这为新时代生态文明建设提出了新的更高要求，也为我们具体的生态实践指明了新的更明确的前进方向，我的理解是如何将生命共同体价值提升到最优状态，即本书所提出的"最优价值生命共同体"。"自然"的客观表现是"生命共同体"，"人"的需求最终体现为"价值"，而人与自然和谐共生的现代化状态，本质上是生命共同体价值"最优"的状态。因此，建设"最优价值生命共同体"是我们对"人与自然和谐共生现代化"实践路径的探索，是我们在生态文明建设事业上的价值追求。

从习近平生态文明思想的内涵中，可以学习到生态文明建设的本质是生命共同体的维护和建设。最优价值生命共同体的实践对象包括"自然的生命共同体"和"人与自然的生命共同体"两大内涵。"自然的生命共同体"的保护修复要始终聚焦生态，以山、水、林、田、湖、草、沙及土、动物、植物、微生物等自然生态为本，按照尊重自然、顺应自然、保护自然、道法自然的要求，基于自然的解决方案，生态优先地整体保护、系统修复、综合治理，满足生物多样性、稳定性、持续性需求，彰显生命共同体的基础价值。"人与自然的生命共同体"建设要始终聚焦风景，以人民为中心，坚持节约优先、保护优先、以自然恢复为主的方针，基于人文的解决方案，绿色发展地建设生态的风景和风景的生态，满足人民美好生活需要，彰显生命共同体的最优价值。通过这两大内涵的生命共同体的保护、修复、建设和价值提升，最终实现以生态为魂、以风景为象，人与自然和谐共生的现代化最优价值生命共同体的生态文明建设目标。

我们所追求的最优价值生命共同体建设是指在生态文明建设中，将生命共同体价值提升到一种能持续满足生物多样性需求和人民美好生活需要的最优状态，即人与自然和谐共生的现代化状态。一个生命共同体如果把它封存起来不让人进去，如重庆广阳岛，经过10年、20年或更长时间的自然恢复，它都能自然演替成一个生态价值高、自然资本高、满足生物多样性需求的高价值生命共同体。但这仅仅体现了自然的属性，只体现了生命共同体的基础价值。这对于新时代生态文明建设的目标而言是不够的。新时代生态文明建设必须要在满足自然价值的基础之上进一步满足人对自然的价值需要，从而实现人与自然的和谐共生。而人对自然的价值需要又不能无限度地满足，必须要把人的欲望控制在自然生态承载力允许的范围内，这个范围就是给人对自然的价值获取所定的生态区间，不可突破。最优价值生命共同体建设的愿景就是通过发挥设计对美学意境和科学技术追求的正向作用，以自然为本，以人民为中心，基于自然和人文的解决方案，通过选择最适合的途径，建设生态的风景和风景的生态，努力在这个满足生物多样性需求的高价值生态区间内谋求生态、生产、生活的融合，满足人民美好生活需要的最优价值点，从而实现全局价值最优的目标。

这套绿色生态建设指引分为上下册。上册为理论卷，主要阐述了生命共同体价值提升论的理论体系、方法体系、技术体系、指标体系等内容，下册为实践卷，主要阐述了最优价值生命共同体理论的广阳岛实践。"绿色生态建设指引"以重庆广阳岛生态保护修复工程为依托，以生命共同体理念为基本遵循，基于生态学、地理学基本原理与风景园林学、景感生态学、环境心理学等学科的相关理论及方法，以解决实际问题为切入点，创新凝练了"最优价值生命共同体理论"。在理论中，创新提出了"绿色生态规划方法、绿色生态设计方法、绿色生态建设方法、绿色生态管理方法、绿色生态养运方法、绿色生态转化方法"六个实践方法体系；创新提出了"护山、理水、营林、疏田、清湖、丰草及润土、弹路、生物多样性提升"九类技术集成体系；创新提出了"建设管控指标体系、建成评价指标体系、价值核算指标体系"三种评价指标体系。最优价值生命共同体理论所涵盖的理论体系、方法体系、技术体系和指标体系，实现了生态文明实践"规划—设计—建设—管理—运维—转化"全过程建设管理与效果评价，可以全过程指导不同区域、不同尺度、不同类型生命共同体的保护、修复、建设与价值提升。

希望本书的出版，能够起到抛砖引玉的作用。一方面希望能为同行在具体开展生态文明实践过程中，提供一些指引和帮助；另一方面希望能得到同行的批评和指正，使内容不断丰富和完善。

谨以此书献给奋进在生态文明建设一线的工作者！

赵文斌

2023年4月于北京

目录

第三章

生命共同体价值提升 **理论体系**
—— 最优价值生命共同体内涵与外延

3.1 – 3.12

第四章

生命共同体价值提升 **方法体系**
—— 最优价值生命共同体实践指引

4.1 – 4.7

第五章

生命共同体价值提升 **技术体系**

—— 最优价值生命共同体技术导则

5.1 – 5.10

第六章

生命共同体价值提升 **指标体系**

—— 最优价值生命共同体评价指标

6.1 – 6.4

第一章

引 言

人类自出现以来，就迈开了认识自然和改造自然的脚步。在历史的长河中，每个时期人类认识自然的方式都从根源上决定了人与自然的关系，而人类改造自然的方式则从实践上造就了人与自然的关系。经过几千年的持续探索，不同时期、不同地域的人类基于当时当地的自然与文化背景，为解决所面临的生存问题，形成了丰富多样的自然观。这些自然观指导着人类改造自然的实践，并形成了不同的文明形态。

生态环境问题无疑是当下人类遇到的最大的生存与发展问题，面对这个必须解决的危机，我们依然需要从人与自然的关系这个永恒命题开始，循着无数先辈们认识自然、改造自然、适应自然、融入自然的经验，探索属于这个时代的生存与发展之道。

1.1 永恒的命题
——人与自然的关系

自人类存在以来，人与自然的关系一直是人类生存无法回避的永恒命题。从原始社会到农业社会，从工业文明到生态文明，人类的发展史和文明史就是一部人与自然的关系史。尽管人类随着技术的进步，适应和改造自然的能力逐步提升，但是人与自然对立统一的关系始终没有改变，人类追求与自然和谐共生关系的期待亦没有改变。

人与自然的关系大致可分为原始文明、农业文明、工业文明、生态文明四个阶段，每个阶段都有其独特的形态。

1.1.1 原始文明——依附自然

在原始文明时代，人类依赖从自然界直接获取资源与服务，对自然的支配与改造能力极其有限，因此人与自然的关系主要表现为人类顺从自然、依附自然，自然主宰着人类的生存。

1.1.2 农业文明——顺应自然

农业文明时代，人类具有了一定的开发自然和适应自然的能力，并发现只有遵循自然规律，才能更好地生存与发展。此时人与自然的关系主要表现为人类尊重和适应自然，人与自然之间处于微妙的平衡点。

1.1.3 工业文明——征服自然

进入工业文明时代，人类改造自然的能力大大提升，开始掠夺性、破坏性地开发和利用自然，造成了一系列环境危机，并由此引发了对人与自然关系的重新思考。这一阶段人与自然的关系主要表现为人类企图征服自然，却遭到自然的惩罚。

1.1.4 生态文明——道法自然

新的生态文明时代，人类重新认识到自己是自然的一部分，与自然和谐相处才是自身发展的唯一路径，并开始探索如何在保护和修复自然的基础上合理地开发利用自然。此时人与自然的关系慢慢向一种相互依存、道法自然、和谐共生的状态发展。

1.2 持续的探索
——人类自然观的分野与演变

人对自然界认知的总和即为自然观，其中最重要的一个方面即是对人与自然关系的认识。任何时代的自然观都是在一定的历史文化背景下形成的，尤其与当时的科技发展水平显著相关。从古至今，从东方到西方，人类一直在探索应该如何与自然相处，对人与自然关系的认识也始终处于变化之中，这种变化在东方世界与西方世界具有不同的表现，比较具有代表性的有中国传统自然观、西方传统自然观、现代生态自然观。

1.2.1 中国传统自然观——天人合一

中国古人很早就开始探索人与自然的关系，众多思想家在不同的理论基础上提出了符合自己立场的自然观，如"天人合一""阴阳五行"等都是中国古人对人与自然关系的朴素认识。

早在商周时期，中国先民就树立起了尊重自然的基本观念，认为"帝"或"天"可以生育万物、主宰万物。春秋战国时期，是中国传统自然观的体系化成型期，百家争鸣之下，老子的"道"、荀子的"制天命而用之"等传统自然观逐渐萌生。其中道家和儒家的"道法自然""天人合一"等观点对中国传统自然观的影响尤为深远。

道家的老子认为"道"衍生出了我们生活和存在的"自然界"，并认为"人法地，地法天，天法道，道法自然"。老子强调人要遵循和效法"自然"，即"道法自然"，从而达到"天人合一"的理想境界。"天人合一"也是儒家文化的基本精神。尽管儒家主张的"天人合一"包含多个层次的内容，但其基本含义都是围绕"万物一体""天人相参"展开，强调人与自然具有内在统一性。

"道法自然""天人合一"的自然观对于中华民族产生了巨大的影响。中华民族对于自然界的态度始终以尊重自然、服从自然为核心，以期达到"天人合一""自然界"与"人"共生共存的目标。随着中华文明的更替，中国传统自然观也经历了一个不断认识、不断深化的过程，但直到今天，"道法自然""天人合一"观念的影响依旧深入人心。

"道法自然""天人合一"等朴素观念体现了中国传统自然观的三个核心观点：第一，人是自然系统不可缺少的一个主导要素；第二，人应该服从自然界存在的普遍规律；第三，人类社会的理想应该是人与自然的和谐共生。中国传统自然观为今天中国的生态文明建设奠定了一定的哲学基础，也与现代生态自然观念殊途同归。

1.2.2 西方传统自然观——天人二分

西方从古希腊开始探索世界的起源以及人与自然的关系，把世界的本原初步归纳为"水""火"等各种具体的物质形态，并逐渐形成了天人二分的自然观。

古希腊早期的自然观是一种朴素的自然中心主义，米利都学派的本原学说、毕达哥拉斯学派的数、赫拉克里特的火、留基伯与德谟克利特的原子论等，都代表了西方古人对于自然界的初步认识，是对自然界本原的探索。经历了古希腊时期的发展之后，西方自然观又大致经历了中世纪的"神学"自然观、文艺复兴时期的"人文主义"自然观和工业时代的"工具主义"自然观。中世纪基督教严格控制着人们的思想，认为自然界及其万物都是"上帝"创造出来的，因此人与自然都必须服从"上帝"的安排。随着生产力的发展，文艺复兴运动带来了"人文主义精神"，提出了以人为中心而不是以神为中心。文艺复兴时期的思想者们肯定人的价值和尊严，反对愚昧迷信的神学思想，认为人是现实生活的创造者和主人，使得以"人"为核心的"人文主义"自然观逐步形成。随着科技的进一步发展尤其是近代物理学对客观自然世界的探究，将自然作为理性对象与工具使用的自然观逐渐成型，西方社会步入了工业化时代，生产力水平不断提高，生活产品极大丰富，理性的至上性与无限性使得人类征服自然、战胜自然和利用自然的信心日益膨胀，人与自然的关系在近代走向了人类中心主义。

总体来说，西方的传统自然观是以强调"人"与"自然界"二元对立的"天人二分"为主的，这一方面催生了自然科学突飞猛进的发展，为现代生态思想的发展奠定了基础，另一方面也催生了人类至上的激进观念，造成工具理性的膨胀，引发了一系列生态环境问题与社会问题。

1.2.3 现代生态自然观——和谐共生

从19世纪开始，随着人们对生态环境问题的重视和现代自然科学的长足发展，以"人与自然和谐统一"为核心的现代自然观逐渐形成，中西方的自然与生态思想也出现了融合的趋势。

马克思与恩格斯认为把精神和物质、人类和自然、灵魂和肉体对立起来的观点是荒谬的、反自然的，强调人类要正确理解自然规律，要认识到自身和自然界的一致。他们提出，自然的本原是物质，物质第一性，意识第二性，物质决定意识，意识反作用于物质；自然决定人类，人类反作用于自然。

爱因斯坦认为客观世界中空间、时间、物质及其运动是统一的，并在这个基础上试图把世界归结为一个四维时空连续区的统一场，他坚信独立于人类意识的外在世界的存在，坚信它的和谐统一和可理解性。

薛定谔把统一连续场的思想推广到生物学，把生物有机体看作微观粒子的一定的组织状态。他晚年求助于东方传统哲学，并把这种连续统一的观点推向了自我与宇宙统一的哲学极端。

玻尔首先提出了原子的定态和定态跃迁的概念，把跃迁看作纯粹偶然性事件，发现了自然界的离散性和偶然性。玻尔认为人在自然舞台上不仅是观众，而且是演员，人只能在主体同客体的相互作用中整体地认识自然现象。

麦克道尔引入"第二自然"的概念，以一元化的思维模式，重塑自然科学视角下的常识性自然概念。他认为第一自然并非现代科学背景下纯粹动物性、完全受自然法则支配的范畴，其中也蕴含有理性现实化的无限可能性；第二自然也是自然，是人的心灵在第一自然中找到的适宜安置之处。第二自然的实现不是一朝一夕形成的，它随时间趋于平稳后，又会渗入自然之中发挥着类似本能的作用。第一自然与第二自然之间并不存在实体性的界限，而是无间隙地共存于同一个自然之中。

虽然现代自然观包含了自然科学的研究与现代哲学的思考，迸发出百花齐放的多种观点，但大体上都呈现出同一种认知趋势，逐渐形成了"人与自然是统一体"的基本认识，也逐渐形成了人类追求与自然和谐共生的共同发展愿景，这是中西方传统自然观走向融合，也是人类自然观走向成熟的表现。

1.3 时代的困境
——新时代的生态危机与机遇

1.3.1 新时代的生态危机——多维度风险

20世纪至今，人类自然科学的发展已经趋于完善，人类的生态保护与修复实践也使得之前被破坏的生态系统得到了一定的改善。但系统性生态危机和多维度的环境风险依然存在，一系列黑天鹅事件的发生依然让人类措手不及。气候变化、生物多样性丧失、环境污染，被联合国环境规划署列为地球当前面临的三个全球性危机。

（1）全球气候变化

气候变化对人类生存和发展构成严峻挑战和现实威胁。联合国秘书长古特雷斯在领导人气候峰会上指出，过去10年是有记录以来最热的10年，全球气温已经上升了1.2摄氏度，正迅速逼近灾难的临界值。气候变化带来的极端天气也使得全球各地都面临着更加频繁的自然灾害，包括暴雨洪涝、森林火灾等。

（2）生物多样性丧失

生物多样性关系人类福祉，是人类赖以生存和发展的重要基础。当前，全球物种灭绝速度不断加快，生物多样性丧失和生态系统退化给人类生存和发展带来了巨大风险和严峻挑战。联合国数据显示，全球四分之三的陆地环境和三分之二的海洋环境已因人类行为发生了巨大变化，约有100万个物种面临灭绝威胁。近年来，在国际社会共同努力下，全球生物多样性保护取得积极进展，但生物多样性下降趋势尚未得到根本遏制，全球生物多样性普遍受威胁的形势还在持续恶化。

（3）环境污染

自1972年联合国环境规划署（United Nations Enviroment Programme，简称UNEP）成立，《联合国人类环境宣言》签署以来，人类对环境污染治理的探索持续了50余年，至今世界各地的环境污染仍未得到完全的有效治理。据2022年2月15日发布的一份联合国环境报告称，农药、塑料和电子废物带来的污染正在造成广泛的侵犯人权行为，导致每年至少有900万人过早死亡。大气污染、水污染等各种类型的污染在全球各地依然难以根治。

（4）资源枯竭

从国际社会的最新评估、预测、模拟情景来看，目前地球上各种自然资源现状及其令人担忧，资源过度利用、滥用、退化、甚至枯竭的情况并非危言耸听。联合国粮食及农业组织（Food and Agriculture Organization of the United Nations，简称FAO）发布的旗舰报告《世界粮食和农业领域土地及水资源状况：系统濒临极限》指出，地球土壤、土地和水资源状况持续恶化，均已"濒临极限"，到2050年时难以满足将近100亿全球人口的粮食和水资源需求。报告也指出，目前仍有希望扭转资源退化和枯竭的趋势，但不应低估此项任务的复杂性和艰巨性。

（5）能源短缺

除资源枯竭危机之外，能源短缺也逐渐成为全球性的危机。近年来，全球能源市场震荡加剧，爆发了两轮能源危机。2021年冬季集中爆发的第一轮能源危机，主因是能源供需失衡。2022年2月下旬，俄乌冲突爆发与美国等西方国家对俄实施全面制裁引爆第二轮全球能源危机。未来，极端气候、地缘政治对能源安全的影响以及能源结构的调整，依旧会给全球能源带来不确定性风险。

1.3.2 新时代的生态机遇——跨领域融合

面对严峻而复杂的形势，各国政府与专家学者都提出了更多更系统的指导生态保护、修复与发展的新政策与新理念，其中中国的生态文明思想与生命共同体理念无疑是全球生态环境治理体系中影响力最大的之一。这些理念与政策为新时代应对生态危机带来了新的发展机遇。与此同时，自然科学与工程技术相关学科的发展也给新时代人类应对生态危机提供了知识和技术方法上的大力支持，人类在面对前所未有的生态危机的同时，也迎来了前所未有的技术机遇。

（1）习近平生态文明思想

习近平生态文明思想深刻把握人与自然的发展规律，紧扣时代命题，坚持开拓创新，充分体现了新时代生态建设思想的科学性、指导性和实践性，充分展示了中国生态文明建设的实践伟力，是中国标志性、创新性、战略性的重大理论成果，也是中国新时代生态文明建设的根本遵循，为中国乃至世界推动生态文明建设、应对全球生态危机提供了思想指引和实践指南。

生命共同体理念是习近平生态文明思想的重要组成部分。生命共同体理念主要包括两大方面，即"山水林田湖草是生命共同体"和"人与自然是生命共同体"。其中，"山水林田湖草是生命共同体"强调通过统筹兼顾、整体施策、多措并举，全方位、全地域、全过程深入实施山水林田湖草一体化生态保护和修复，要求国土用途管制和生态修复必须遵循自然规律，从全局角度寻求应对复杂生态危机的新型治理之道；"人与自然是生命共同体"强调人类必须尊重自然、顺应自然、保护自然，人类只有遵循自然规律才能有效防止在开发利用自然上走弯路，人类对大自然的伤害最终会伤及人类自身，这是无法抗拒的规律。

（2）生态学

生态学经过一个多世纪的发展，在应对全球问题的迫切需要下，逐渐脱离生物学的分支，形成了相对独立的理论体系，并成为人类可持续发展的基础学科。如今的生态学围绕全球变化、生物多样性、环境污染等核心问题，研究对象已经从早期的生物个体、种群、群落转移到生态系统层面，并进一步扩大到包括人类社会在内的多类型生态系统的复合系统。生态学与多个相关学科交叉渗透，又形成了众多分支，各个分支都涌现出许多极具实践指导意义的理念观点和技术方法，为新时代应对复杂生态环境问题奠定了自然科学基础。

（3）地理学

地理学作为研究地球表层空间地理要素或地理综合体空间分布规律、时间演变过程和区域特征的学科，对于应对新时代复杂生态问题、改善人地关系具有重要支撑意义。其中自然地理学研究的自然地理环境组成、结构、空间分异特征、形成与发展变化规律，以及人与环境相互关系为新时代生态文明建设中的整体保护、系统修复与综合治理提供了广泛而丰富的基础知识。随着地理信息技术发展与研究方法变革，新时期的地理学正在向地理科学进行转身，其研究主题更加强调陆地表层系统的综合研究，研究范式经历着从地理学知识描述、格局与过程耦合，向复杂人地系统的模拟和预测转变，研究成果则为新时代生态保护与修复、生命共同体建设提供更多跨尺度、跨学科的理论与技术支撑。

（4）风景园林学

风景园林学是通过安排土地本身及土地上的物质与空间，为人类创造安全、舒适、健康、高效的人居环境的，集科学、技术与艺术为一体的学科。风景园林学作为一门既古老又年轻的学科，其研究与实践对象从过去少数人的私家庭院转变为今天人类赖以栖息的生态系统，其研究与实践尺度从中微观尺度拓展为国土空间甚至全球范围的全尺度，其价值观念也从较为单一的游憩审美价值取向嬗变为生态和文化综合价值取向。今天的风景园林学科已然成为促进人与自然和谐相处的重要学科，为人类追求与自然和谐共生提供了充足的实践经验和具体场景。

（5）系统科学

系统科学是研究系统的结构与功能关系、演化和调控规律的科学，是一门新兴的综合性、交叉性学科。系统科学以复杂系统为研究对象，从系统和整体的角度，探讨复杂系统的性质和演化规律，发展优化和调控系统的方法。系统科学为新时代应对复杂的生态环境问题提供了一种新的思想和方法，采用系统论的原理和方法，紧密结合数学方法与信息科学技术等现代研究工具，可以更好地认识复合生态系统和复杂环境问题，并形成更加综合、全面的解决方案。

1.4 本章小结

伴随着人类文明的发展，人与自然的关系一直处于微妙的平衡与持续的变化之中。虽然由于所处自然环境与文化背景的不同，不同时期、不同地区的民族形成了各具特色的多样化自然观，但在全球化的浪潮中，全人类的自然观逐渐走向融合与统一。纵观人类历史，人与自然对立统一的关系始终没有改变，人类追求与自然和谐共生关系的期待亦没有改变。

先哲们关于人与自然关系的思考为当代人应对生态危机提供了丰富的历史经验，近现代生态学、地理学、风景园林学与系统科学的研究与发展则为当代人应对生态危机积累了大量科学的理论学说。我们应该从历史经验与理论学说中汲取营养，结合当代人面临的实际问题进行总结创新，形成能够指导当下生态保护与修复实践的创新理念，并以此为基础系统化地构建理论、技术与实践体系。这是我们这代人义不容辞的责任，也是我们为下一代人生存和发展留下的财富。

第二章

生态文明相关学说
及理念研究

生态文明建设是一项科学而严肃的系统工程，需要多学科融合、多专业协同。新时代大背景下的生态文明建设，应以新时代习近平生态文明思想和绿色循环低碳发展经济体系为指导，深度理解生态、生态系统、生态产品、生态价值、生态文明和碳中和等的基本概念、内涵及意义，广泛汲取生态学、地理学、风景园林学、系统科学等相关学科已有的经典学说，承袭传统理念精华，结合现代理念创新，从而更好地促进多学科融合和多专业协同，为新时代生态文明建设提供有力支撑。

2.1 基本术语

2.1.1 生态

（1）基本概念

"生态"一词最早源于古希腊，本有"家、住所或栖息地"的含义，引申为"生物栖息地"，即生物环境。1865年，德国动物学家恩斯特·海克尔从生态学科理论演化的角度对"生态"一词作出相对明确的定义：生态是动物对于无机和有机环境所具有的关系。汉语中的生态多指生物在一定的自然环境下生存和发展的状态，也常用来形容生动的状态、美好的姿态、良好的系统等含义。

（2）内涵及意义

"生态"一词经过不断的发展与完善，其内涵也在逐步扩大，王如松院士将其概括为"耦合关系、整合功能与和谐状态"等3个层面，但其核心含义依然离不开其词源所表达的自然环境、美好家园的概念。

"耦合关系"即生态是生物与环境、生命个体与整体之间的一种相互作用关系，是人类生存、发展、繁衍和进化所依存的各种必要条件和主客体之间相互作用的关系。

"整合功能"即生态是生命在有限的时空范围内所依存的各种生态关系的功能性整合，涉及生态系统和人类福祉的关系，其中不只有自然因子，也包括了部分社会因素特别是政策、体制、技术和行为因素及社会关系，是自然环境、经济环境和社会环境的交集。

"和谐状态"即生态是人类生存和发展环境的和谐或理想状态，表示生命和环境关系间的一种整体、协同、循环、自生的良好文脉、肌理、组织和秩序。

（3）生态建设

生态建设是根据现代生态学原理，运用符合生态规律的方法和手段，以促进高质量发展、创造高品质生活为目标，促进生态系统健康和可持续发展，满足生物多样性需求和人民美好生活需要，谋求生态、经济和社会效益最优的行为总称。

生态建设有广义和狭义之分，前者包括生态环境建设、生态经济建设、生态社会建设和生态文化建设等；后者主要包括资源节约保护与可持续利用、国土空间优化与治理、生态保护与修复等。人们通常所说的生态林地建设、生态水系建设、生态草地建设、水土保持建设等皆属于狭义上的生态建设。

2.1.2 生态系统

（1）基本概念

"生态系统"一词是最早是由英国植物生态学家坦斯利（A. G. Tansley）在1935年提出，他认为"生物与环境形成一个自然系统，正是这种系统构成了地球表面上各种大小和类型的基本单元，这就是生态系统"，用于表达生物群落与生物环境之间由于相互利用而形成的一种稳定自然整体。1971年E. P. 奥德姆（Eugene P. Odum）出版《生态学基础》，并对"生态系统"进行了更为明确的定义：凡任一地段内所有生物（生物群落）和其所在的物理环境相互作用可能导致能量流动，具有清晰可辨的营养结构、生物多样性和物质循环,便可称为一个生态系统。生物体相互之间、与环境之间形成相互联系、层次丰富的生命系统,包括个体、种群、群落等。

种群是指在特定时间内,生活在同一区域的同种生物的所有个体,是物种存在、繁殖和进化的前提,具有种群密度、年龄结构、性别比例、出生及死亡率、迁入及迁出率、种内和种间关系等种群特征。

群落是生物群落的简称,指在一定时间内,居住聚集在一定地域或生境中的相互联系、相互影响的动物、植物和微生物物种的集合。一个具体的生物群落通常包括以下五大特征:①一定的物种组成,包括优势种、建群种、伴生种等;②一定的分布范围与边界,不同的生物群落按照一定的地段规律分布;③一定的结构和外貌特征,包括群落结构垂直分布、群落水平分布等;④一定的内部环境,包括光照、温度、湿度与土壤等被生物群落改造形成的群落环境;⑤一定的动态特征,包括昼夜活动规律、季节动态和年变化等。

(2)内涵及意义

生态系统由非生物环境和生物成分组成,非生物环境即无机环境,包括温度、湿度、土壤、各种有机或无机物质等,是生命赖以生存和发展的基础,是生命活动所需能量和物质的源泉。生物成分按照其在生态系统中的作用和地位分为生产者、消费者和分解者。生态系统各组分之间是相互联系、执行一定功能的有序整体,主要表现在以下五个方面。

1)生态系统是动态的功能系统。生态系统是具有生命存在并与外界环境不断进行物质交换和能量传递的特定系统,具有内在的、动态的变化能力,根据发育的程度将其分为幼年期、成长期、成熟期等不同阶段,不同阶段的生态系统所需要的进化时间及其结构和功能都具有各自的特点。

2)生态系统具有一定的区域独特性。生态系统的结构和功能反映了一定的地域特性,不同生态条件的空间里栖息着与之相适应的生物类群。由于地理位置、气候、地形、土壤等因素的影响,一方面,使得地球上的生态系统呈现多种多样的类型,如森林生态系统、草原生态系统、荒漠生态系统、冻原生态系统

等,并且各自都有其不同的区域特征。另一方面,不同地域的生物类群也呈现多样性,即生物多样性,包括遗传多样性、物种多样性和生态系统多样性,是决定生态系统面貌、发展和命运的核心组成部分。

3)生态系统是开放的"自维持系统"。生产者对光能的转化利用,通过消费者消耗,再通过分解者对动植物残体以及生活代谢物的分解作用,使矿物质元素又归还到环境中重新被植物利用,往复循环的物质交换和能量流动,即食物链和食物网保持了生态系统的连续自我维持。

4)生态系统具有自我调节功能。当生态系统受到外来干扰而使稳定状态发生改变时,生态系统具有自我调节能力而重新达到稳定状态,具体表现为同种生物种群的密度调节、异种生物种群间的数量调节和生物与环境之间的相互适应调节。

5)生态系统具有有限容量性。生态系统的承载负荷能力是有限的,具体分为输出负荷和输入负荷。输出负荷跟生态系统生产力和对生态系统使用强度有关,使用强度增加,会导致系统资源减少;输入负荷即生态系统能够承载的污染物输入限度,即环境容量,任何一个生态系统,环境容量越大,可接纳的污染物越多。

(3)生态系统建设

生态系统建设是遵循自然生态系统演替规律,坚持山水林田湖草是生命共同体理念,坚持人与自然是生命共同体,以自然生态本底和自然禀赋为基础,以全面提升国家生态安全屏障质量、促进生态系统良性循环和永续利用为目标,以统筹山水林田湖草沙一体化保护和修复为主线,着力提高生态系统自我修复能力,增强生态系统稳定性,提升生态系统功能,扩大优质生态产品供给,满足生物多样性需求和人民美好生活需要的活动。

2020年6月,国家发展改革委、自然资源部联合发布《全国重要生态系统保护和修复重大工程总体规划(2021—2035年)》,在统筹考虑生态系统的完整性、地理单元的连续性和经济社会发展的可持续性,并与相关生态保护与修复规划衔接的基础上,将全国重要生态系统保护和修复重大工程规划布局在青藏高

原生态屏障区、黄河重点生态区（含黄土高原生态屏障）、长江重点生态区（含川滇生态屏障）、东北森林带、北方防沙带、南方丘陵山地带、海岸带等七大重点区域，并对每一个区域中典型的生态系统进行具体修复，绘就人与自然和谐共生的美丽画卷。

2.1.3 生态产品

（1）基本概念

"生态产品"是生态文明建设的核心概念之一，我国2010年发布《全国主体功能区规划》，首次在政府文件中提出了生态产品概念，将生态产品与农产品、工业品和服务产品并列为人类生活所必需的、可消费的产品，其主要目的是为解决国土空间优化问题。随着我国生态文明建设的进一步深入，关于生态产品的定义也在逐步完善。从我国提出生态产品价值实现理念的战略意图入手，众多学者在总结已有研究的基础上，将生态产品定义为"生态系统生物生产和人类社会生产共同作用提供人类社会使用和消费的终端产品或服务，包括保障人居环境、维系生态安全、提供物质原料和精神文化服务等人类福祉或惠益，是与农产品和工业产品并列的、满足人类美好生活需求的生活必需品"。

（2）内涵及意义

"产品"是作为商品提供给市场、被人们使用和消费的物品，其生产目的是通过交换转变成为商品。从我国提出生态产品概念的时代背景和战略意图出发，生态产品可包含以下三个方面的内涵。

1）生态产品是一种物品。生态产品中应包括生产劳动，跟其他产品类似，是由生态系统中生物或人类社会共同作用而生产出来的物品，其中含有生产劳动过程。

2）生态产品可用于市场交易。生态产品除了供自己使用外，剩余的部分应具备在市场中流通、交易而成为商品的可能和基础，国正在逐步开展绿色交易、绿色信贷、绿色债券和绿色保险等相应机制的建立。

3）生态产品具备有用性。生态产品是以人类消费使用为目的的有价值物品和服务，核心是物品的有用性，且能够满足人们一定需求。生态产品生产的目的是满足人民日益增长的美好生活需要，被人类使用和消费。

（3）生态产品分类

生态产品根据公益性程度和供给消费方式可分为"公共性生态产品、经营性生态产品和准公共性生态产品"三种类型。

公共性生态产品是指生态系统主要通过生物生产过程为人类提供的自然产品，包括清新空气、洁净水源、安全土壤和清洁海洋等人居环境产品，以及物种保育、气候变化调节和生态系统减灾等维系生态安全的产品，是具有非排他性、非竞争性特征的纯公共产品。公共性生态产品通常具有协同生产性，很难将其生产过程明确地界定在某一个地点或某一个要素，因此难以通过市场交易实现经济价值。

经营性生态产品是指人类劳动参与度最高的生态产品，包括农林产品、生物质能等与第一、二、三产业紧密相关的产品，以及旅游休憩、健康休养、文化产品等依托生态资源开展的精神文化服务。经营性生态产品具有与传统农产品、旅游服务等经济产品完全相同的属性特点，可以通过生产流通与交换过程在市场交易中实现其价值。

准公共性生态产品是在一定政策条件下满足产权明晰、市场稀缺、可精确定量三个条件，具备了一定程度竞争性或排他性而可以通过市场机制实现交易的公共性生态产品，介于公共性生态产品和经营性生态产品之间，主要包括可交易的排污权、碳排放权等污染排放权益，取水权、用能权等资源开发权益，以及其他可以被视为减少环境负荷的生态权益。由于这些生态权益存在明确的生产与消费的利益关系，在政府管制产生稀缺性的条件下，交易主体之间形成市场交易需求，生态权益即转变为生态商品。因此，准公共性生态产品亦可以看作是在市场交易中实现价值的公共性生态产品。

2.1.4 生态价值

（1）基本概念

早在古典经济学时期，亚当·斯密、马歇尔等从自由市场的稀缺层面研究了经济与自然资源的关系，认为可通过价格的形式体现稀缺资源的价值。在经历了工业文明时期严重的生态、环境危机后，生态价值的内涵和外延得到进一步拓展。在党的十八大报告中，我国首次在政府文件中提出了生态价值的概念，成为与生态文明时代相适应的可持续新发展观。钱俊生、程宝良、胡安水等众多学者在总结已有研究的基础上，认为生态价值是相对生命体而言，指生命现象与其环境之间因相互依赖和满足需要的关系而产生的价值，反映了人类社会系统和自然生态系统两个整体之间的关系。

（2）内涵及意义

根据生态价值的概念，可以总结其内涵包括"生物个体之间、生物个体与生态系统之间、生态系统与人类生存之间"三个方面。

第一，地球上任何生物个体，在生存竞争中都不仅实现着自身的生存利益，而且也创造着其他物种和生命个体的生存条件。从这个意义上说，任何一个生物物种及其个体，对其他物种和个体的生存都具有积极的意义。

第二，地球上的任何一个物种及其个体的存在，对于地球整个生态系统的稳定和平衡都发挥着作用，这是生态价值的另一种体现。人类的生态价值可以通过停止破坏环境、改善被破坏的生态系统、恢复系统的生态功能及维护未被破坏部分的平衡等来体现。

第三，生态系统是一个动态平衡系统，其提供的食物和自然资源是人类赖以生存的基础。维持生态系统的稳定平衡是人类生存的必要条件。生态系统一旦遭到严重破坏，人类就无法生存和发展。

（3）生态价值实现路径

生态价值的实现就是满足人类生存发展需要的过程。生态价值与人类需求之间的桥梁是生态产品转化，其分析逻辑是通过生态保护和修复提升生态价值，转化生态产品，适应人类发展需求。加快促进生态价值实现，需要根据生态环境资源类型，遵循"界定产权、科学计价、更好地实现与增加生态价值"的总体思路，通过"健全所有权权能结构、健全市场交易机制、开展生态保护修复和完善生态补偿机制"等方式最大限度地促进生态价值实现。

第一，健全所有权权能结构，促进矿产资源生态价值实现。土地、矿产等自然资源不仅是重要的生产资料，具有重要的经济价值，其作为一种生态要素，还具有重要的生态价值。因此，国家作为自然资源的所有者，在行使所有权的过程中，必须在自然资源的双重价值中进行优化配置，加快促进自然资源核算由实物核算向价值核算过渡，既要通过合理有序的开发利用实现自然资源作为生产资料的经济价值，又要对自然资源作为环境要素予以保护，以实现生态价值。

第二，健全市场交易机制，促进清洁大气、水土等生态价值实现。从保护赋予公众的环境保护权，享有清洁空气、水土等基本权利出发，确保在公民可承受范围内，严格明确污染物排放总量，借鉴国际主流经验，通过科学设置排放总量、加强环境监测和排放监管、完善法律法规等措施，构建"总量控制—交易"模式，实现经济发展与生态保护的协同共进。

第三，开展生态保护修复，提高重点生态系统的生态价值实现。应以保障我国长远生态安全和生态系统服务功能整体提升为目标，优先选择支持我国生态重要性最高、生态系统最脆弱的地区，推动跨区域协调联动，按照系统性、整体性原则实施重大生态保护修复工程，全面提升生态价值。

第四，完善生态补偿机制，带动生态价值实现。建立区域间横向生态补偿机制，是利用市场机制配置生态环境资源的重要制度保障，也是促进相关区域生态环境保护联防联治的重要政策杠杆。创新补偿方式，结合上下游地区具备的基本条件、实际需求，并考虑操作成本，由双方协商选择资金补偿、异地开发、技术援助等作为补偿方式，充分调动地方保护生态系统的积极性，从而带动生态价值实现。

2.1.5 生态文明

（1）基本概念

"生态文明"从国内许多学者的定义来看，总体上可以分为三种观点：第一种，认为生态文明是指人类在改造客观世界的同时，又主动保护客观世界，积极改善和优化人与自然的关系，建设良好的生态环境所取得的物质与精神成果的总和；第二种，认为生态文明是把社会经济发展与资源环境协调起来，建立人与自然相互协调发展的新文明；第三种，认为生态文明是指人类能够自觉地把一切社会经济活动纳入地球生物圈系统的良性循环运动，实现人与自然、人与人双重和谐的目标，进而实现社会、经济与自然的可持续发展和自由全面发展。

2012年，党的十八大报告从政治、经济、社会、文化、生态文明五个方面，从"五位一体"总体布局出发，提出"建设生态文明，是关系人民福祉、关乎民族未来的长远大计。""面对资源约束趋紧、环境污染严重、生态系统退化的严峻形势，必须树立尊重自然、顺应自然、保护自然的生态文明理念，把生态文明建设放在突出地位，融入经济建设、政治建设、文化建设、社会建设各方面和全过程，努力建设美丽中国，实现中华民族永续发"。党的十九大报告中明确指出，"建设生态文明是中华民族永续发展的千年大计。必须树立和践行绿水青山就是金山银山的理念，坚持节约资源和保护环境的基本国策，像对待生命一样对待生态环境，统筹山水林田湖草系统治理。"

综上所述，笔者认为生态文明是人类以保护和建设美好生态环境为条件获得自身发展而取得的物质成果、精神成果和制度成果的总和，是人类社会（从原始文明、农业文明、工业文明到生态文明）实现可持续发展的高级文明形态。

（2）内涵及意义

生态文明的核心问题是正确处理人类社会最基本的关系——人与自然的关系，要求人类应该以自然为根，人类社会的发展必须尊重自然、顺应自然和保护自然。

尊重自然是人与自然相处应秉持的首要态度，它要求人对自然怀有敬畏之心、感恩之心、报恩之心，尊重自然界的存在及自我创造，绝不能凌驾在自然之上。人类只有遵循自然规律才能有效防止在开发利用自然上走弯路。在工业文明天人对立的思维下，先污染、后治理，以付出更大代价、获得短期收益的方式来治理。因此，我们必须尽最大可能降低人类活动对自然的干预和影响，做到敬畏自然。

顺应自然是人与自然相处时应遵循的基本原则，它要求人顺应自然的客观规律、按照自然规律来推进经济社会发展。当前我国很多地方生态修复的方式，仍然是一种"头痛医头、脚痛医脚"的表面治理，治标不治本。我国新时代的生态治理体系应彻底改变这种局限性思维，要充分发挥自然的力量和优势，充分利用自然自身的恢复力，用可持续的治理思维来推进我国生态治理能力的提升。

保护自然是人与自然相处时应承担的重要责任，它要求人向自然界索取生存发展之需时，主动呵护自然、回报自然、保护生态系统。要坚持节约优先、保护优先、自然恢复为主的方针，保护自然是生态环境保护制度最重要的出发点。要用最严格的制度、最严密的法治来守护绿水青山，保障绿色发展，这既是历史的经验，也是现实的选择。落实最严格的生态环境保护制度，是保护自然的第一道屏障，也是保护自然的重要利器。

（3）生态文明建设

生态文明建设是指人类在利用和改造自然的过程中，以尊重和把握自然规律为前提，主动保护自然，积极改善和优化人与自然的关系，建设健康有序的生态运行机制和美好的生态、生产、生活环境的行为活动。

生态文明建设以尊重和把握自然规律为前提，以人与自然、人与社会、环境与经济和谐发展为宗旨，以资源环境承载力为基础，以人民为中心，以建设资源节约型、环境友好型社会为本质要求，以建立可持续的产业结构、生产方式、消费模式以及增强可持续发展能力为着眼点，追求社会、经济和生态价值的最大化。

生态文明建设情况关系人民福祉，关乎民族未来，也关乎"两个一百年"奋斗目标和中华民族伟大复兴的中国梦的实现。党的十八大以来，习近平总书记针对生态文明建设作过多次重要论述，提出了"坚持生态兴则文明兴""坚持人与自然和谐共生""坚持绿水青山就是金山银山""坚持良好生态环境是最普惠的民生福祉""坚持山水林田湖草是生命共同体""坚持用最严格制度最严密法治保护生态环境""坚持建设美丽中国全民行动""坚持共谋全球生态文明建设"等一系列重要论述，为全面推动绿色循环低碳发展、建设生态文明指明了方向。

2.1.6 碳中和

（1）基本概念

"碳中和"是指某个地区在一定时间内（一般指1年）人为活动直接和间接排放的二氧化碳，与其通过植树造林、碳捕集与封存技术等吸收的二氧化碳相互抵消，实现二氧化碳"净零排放"。

"碳中和"与"碳达峰"紧密相连，后者是前者的基础和前提。"碳达峰"是指二氧化碳排放量达到历史最高值，然后经历平台期进入持续下降的过程，是二氧化碳排放量由增转降的历史拐点，标志着碳排放与经济发展实现脱钩，达峰目标包括达峰年份和峰值。达峰时间的早晚和峰值的高低直接影响碳中和实现的时长和实现的难度。

2020年9月，国家主席习近平在第七十五届联合国大会一般性辩论上宣布，中国将提高国家自主贡献力度，采取更加有力的政策和措施，二氧化碳排放力争于2030年前达到峰值，努力争取2060年前实现碳中和。

（2）内涵及意义

"碳中和"的核心内涵是通过碳去除平衡二氧化碳排放（碳去除），或者完全转向后碳经济消除二氧化碳排放（碳消除），最终实现二氧化碳净零排放。"碳中和"实际强调的是最终达成的一种"状态"。"碳去除"和"转向后碳经济"都是应对气候变化、最终实现地球"碳中和"状态的两种方式。"碳去除"可以减缓气候变化，但它不能替代减少二氧化碳的排放（碳消除）。因为"碳去除"通常是缓慢作用的，而且与当前人类活动排放规模相比，"碳去除"规模有限，因此转向后碳经济是减少碳排放更为重要的方式。从目前的认知水平和技术演进判断，工业和农业生产过程难以实现碳的"零排放"，这些通过经济低碳转型无法"消除"的碳排放，最后只能通过"碳去除"获得的排放容量空间来"中和"。要使人类活动所需的"碳"最终达成"碳中和"状态，"碳去除"和"转向后碳经济"两种方式缺一不可。

"碳达峰"和"碳中和"作为中国向世界作出的庄严承诺，对中国的发展既是机遇也是挑战。实现碳达峰和碳中和实质上意味着从黑色工业革命转向绿色工业革命、从不可持续的黑色发展转向可持续的绿色发展，在促进生态文明建设、建设资源节约型社会、促进人与自然和谐共生、推动创新驱动发展、保障能源供应等方面具有重要意义。

（3）碳中和实现途径

"碳达峰"和"碳中和"的实现是一场广泛而深刻的经济社会系统性绿色革命，其具体实现途径包括"碳去除"和"转向后碳经济"两种方式。

"碳去除"是从大气中去除二氧化碳并将其锁定数十年、数百年或数千年的过程。碳去除的途径可大致分为两类：一类是增加生态系统碳汇，另一类是直接从空气中捕捉并封存二氧化碳（DACCS）。其中前者即通过山、水、林、田、湖、草、沙、土生命共同体的建设，全面提升生态系统碳汇能力。一方面通过植树造林、保护和恢复森林植被、改善森林管理等林业活动，增加森林蓄积量，同时结合免耕农业和其他做法来增加土壤中储存的碳量，提升"绿色碳汇"能力；另一方面，通过修复海草床、红树林、盐沼等湿地生态系统，结合海洋碱化等技术，提升"蓝色碳汇"能力。

"转向后碳经济"是实现碳中和的另一种方式，而且是更重要的方式。转向后碳经济也叫经济低碳转型。通过低碳经济转型"消除"二氧化碳排放，包括两个方面的内容：一是能源系统的转型，即调整能源结构，从目前以化石能源为主导的能源系统向以可再生能源为主导的零碳能源系统转型；二是产业低碳转型，即加快建立健全绿色低碳循环发展经济体系，推进重点行业和重要领域绿色低碳化改造，通过技术与生产工艺过程创新，把工业、农业生产过程排放的二氧化碳减少到最低。

2.2 学科支撑

（1）生态学

生态学（Ecology），是德国生物学家恩斯特·海克尔于1866年定义的一个概念：生态学是研究有机体与其周围环境（包括非生物环境和生物环境）相互关系的科学，特别是生态系统在人类活动干预下的各种运行机制及变化规律。现代生态学则注重解决全球面临的生态环境重大问题和社会经济发展中的众多生态问题。

生态（包括生物类群、生境类型、生存环境、生命过程、生命演化等）的复杂性一定程度上决定了生态学科的多样性，衍生出分支繁多的生态学相关学说与理论，国外的相关学说有生态系统服务、景观生态学、演替学说、参照生态系统等，国内的相关学说有复合生态系统、景感生态学、宏观生命系统、大农业思想等。

生态学对于生态文明建设有着重要的价值。生态文明的核心问题是正确处理人类社会最基本的关系——人与自然的关系，要求人类应该以自然为根，人类社会的发展必须尊重自然、顺应自然和保护自然。生态学可以帮助人类认识和保护自然，提供开发利用自然资源的科学原理和方法，促进人与自然的和谐相处；同时可以指导人类应对气候变化、碳达峰碳中和、生物多样性保护等全球性的生态环境问题。总之生态文明的建设需要依托生态学的研究成果，遵循生态系统的特性和规律。

（2）地理学

地理学是一门研究地球的物理特征、人文特征和环境相互作用的学科。它主要关注地球表面的形态、地貌、气候、水文、土壤、植被、动物、人口、城市、经济活动、文化等方面，并且探究它们之间的相互关系和影响。

地理学分为自然地理学和人文地理学两个主要分支。自然地理学主要研究地球自然环境，例如地形、气候、土壤、植被、动物等，相关学说有陆地表层系统理论、地理环境的结构理论等。人文地理学则主要研究人类在地球上的活动和文化，例如人口、城市、经济、政治等，相关学说有社会地理学、经济地理学等。

地理学与生态文明有着密切的关系。生态文明是人类社会在经济、政治、文化、社会等方面与自然环境和谐相处，实现可持续发展的一种文明形态。地理学可以帮助人类认识和保护自然地理环境，在优化国土空间开发格局，促进人口资源环境的均衡等方面为生态文明建设提供科学知识、方法论和实践指导。

（3）风景园林学

风景园林学是一门关于土地和户外空间设计的科学和艺术，是建立在广泛的自然科学和人文艺术学科基础上的应用学科。它的核心内容是户外空间营造，根本使命是协调人和自然之间的关系。

风景园林学具有典型的交叉学科的特征。空间与形态营造理论、景观生态理论和风景园林学美学理论是风景园林学三大基础理论。空间与形态营造理论是关于如何规划和设计不同尺度户外环境的理论，是风景园林学的核心基础理论；景观生态理论是风景园林学在解决其根本问题——人与自然关系问题时的关键工具；风景园林学美学理论是关于风景园林学价值观的基础理论。三大基础理论分别以建筑学和城乡规划学、生态学、美学为内核，实现对人类生存所需的户外人工环境的规划与设计、自然环境的有效保护与恢复。相关学说有后工业景观、景观都市主义、后达尔文主义、人居环境科学等。

风景园林学对生态文明建设有巨大推动作用。生态文明建设重点是协调人与自然的关系，风景园林学通过规划蓝绿空间，结合生态学、地理学的知识原理和方法，保护城乡原有的自然生态系统，维持生物多样性和场地可持续利用；同时设计营造美丽、宜人的户外环境，提高城市生态环境质量和人居环境品质，实现人与自然的和谐共处。

（4）环境心理学

环境心理学是研究环境与人的心理和行为之间关系的一个应用社会心理学领域，又称人类生态学或生态心理学。环境心理学是一个跨领域的学科，着重点在人与环境之间的交互作用。环境心理学研究主要目的是解决复杂的环境问题，并追求个人在整体社会中的福祉与生活品质。近年该学科则更加关注气候变迁对社会的影响以及环境可持续性领域的问题。

环境心理学有诸多基于人性的模型，包括"人—环境适宜模型""透镜模型理论""生态知觉理论""人—环境交互作用模型"等，可以帮助人类进行环境的设计、管理、保护和恢复；加强合理的行为与预测可能的结果；当环境条件有所缺乏时，诊断并解决问题。

环境心理学对生态文明建设的价值主要体现在两个方面。一是帮助分析和提升公众的生态意识、生态价值观和生态行为，从而促进人与自然的和谐共生；二是评估良好生态环境对人的健康、幸福和发展的重要性，从而增强人们对生态文明建设的主动性和责任感。

（5）系统科学

系统科学是一门跨学科的综合性学科，旨在研究各种复杂系统的结构、行为、相互作用和演化规律，从而帮助人们更好地理解和解决现实生活中的复杂问题。它涉及多个学科领域，如数学、物理学、工程学、计算机科学、社会学、心理学等，并采用多种分析方法和技术，如系统思维、模型建立、数据分析、仿真等，来描述和解释复杂系统的特征和行为。

系统科学的一些分支包括：①研究系统一般规律的系统论；②研究如何对系统进行控制和优化的控制论；③应用系统科学的理论和方法来设计、建造和维护复杂系统的系统工程；④研究信息的传递、处理和存储的信息论；⑤研究复杂系统如何在开放系统中发展出稳定的非平衡态的耗散结构理论；⑥研究不同事物共同特征及其协同机理的协同论；⑦研究客观世界非连续性突然变化的突变论等。

系统科学可以为生态文明建设提供理论指导和方法工具。生态文明建设是以人与自然和谐共生为目标，推动经济、社会、环境协调发展的一种新型文明模式。系统科学可以从三个方面推动生态文明建设：一是帮助我们认识生态系统的复杂性、动态性和不确定性，以及人类活动对生态系统的影响和反馈；二是帮助我们构建生态文明体系，包括制度体系、政策体系、监测体系、评价体系等，实现各种生态文明要素的整体协调；三是帮助我们进行生态文明教育，培养全民的生态意识、责任感和行动力，形成绿色的生产方式和生活方式。

2.3 传统理念

（1）天人合一

"天人合一"是中华传统文化的核心理念和重要

命题，也是中国传统生态世界观的高度概括和集中体现。"天人合一"理念把人与自然视为一个有机的整体，其根本意蕴就是尊重自然、顺应自然、保护自然，实现人与自然的和谐发展。《易经》是中国最早表述"天人合一"思想的著作，《文言传》有精妙的总结："夫大人者，与天地合其德……先天而天弗违，后天而奉天时。"所谓先天，即为天之先导，在自然变化未发生之前加以引导；所谓"后天"即遵循自然的变化规律，从天而动；"与天地合其德"即人与自然界要互相适应、相互协调。这一思想用现代语言来表述就是，一方面尊重客观规律，另一方面又要注意发挥人的主观能动性。

（2）道法自然

"道法自然"语出老子《道德经》第二十五章："人法地，地法天，天法道，道法自然。""道法自然"主张人类与自然是整体统一的，并把个人作为自然有机体置于与其他物种平等相处的地位，认为人是自然的一部分，自然界的万物运动变化是有规律的，人类需要顺应自然的发展规律，这种朴素的生态观体现出生态伦理中尊重自然、崇尚自然和遵循自然规律的行为原则，也反映了深刻的生态学意义。

面对中国乃至全世界的复杂生态环境问题，"天人合一、道法自然"思想所蕴含的丰富生态智慧，无疑为重构人类与自然关系、实现人与自然和谐相处的目标提供了最好的哲学基础和发展模式。

2.4 现代理念

（1）可持续发展

可持续发展是指既满足当代人的需要，又不对后代人满足其需要的能力构成危害的发展。可持续发展的概念出自世界环境与发展委员会（WCED）发布的《我们共同的未来》。1989年，联合国环境规划署理事会通过了《关于可持续发展的声明》，认为可持续发展的定义和战略主要包括四个方面的含义：走向国家和国际平等；要有一种支援性的国际经济环境；维护、合理使用并提高自然资源基础；在发展计划和政策中纳入对环境的关注和考虑。

可持续发展与生态文明是两个密切相关的概念。可持续发展是生态文明建设的基础，没有可持续发展就没有生态文明；生态文明是可持续发展的重要内容，没有生态文明就没有真正意义上的可持续发展；此外，生态文明丰富了可持续发展的内涵，为解决世界的诸多发展问题，贡献了中国智慧。

（2）基于自然的解决方案

基于自然的解决方案（Nature based Solutions, NbS）是指保护、可持续管理和恢复自然的和经改变的生态系统的行动，有效和适应性地应对社会挑战，同时提供人类福祉和生物多样性效益。自然资源部与世界自然保护联盟（IUCN）提出了基于自然的解决方案8大准则及28项指标，倡导依靠自然的力量和基于生态系统的方法，应对气候变化、防灾减灾、粮食安全、水安全、生态系统退化和生物多样性丧失等社会挑战。

2.5 新时代习近平生态文明思想——十个坚持

新时代习近平生态文明思想内涵丰富、博大精深，集中体现为"十个坚持"。"十个坚持"是一个逻辑严谨的理论体系，深刻回答了"为什么建设生态文明""建设什么样的生态文明"和"怎样建设生态文明"等重大理论和实践问题。"坚持生态兴则文明兴""坚持良好生态环境是最普惠的民生福祉"回答了为什么要建设生态文明的认识问题。"坚持人与自然和谐共生"回答了建设什么样的生态文明的价值论问题。"坚持党对生态文明建设的全面领导""坚持绿水青山就是金山银山""坚持绿色发展是发展观的深刻革命""坚持统筹山水林田湖草沙系统治理""坚持用最严格制度最严密法治保护生态环境""坚持把建设美丽中国转化为全体人民自觉行动""坚持共谋全球生态文明建设之路"回答了怎么建设生态文明的方法问题。

2.5.1 坚持党对生态文明建设的全面领导

"坚持党对生态文明建设的全面领导"是我国生态文明建设的根本保证。生态文明建设是统筹推进"五位一体"总体布局和协调推进"四个全面"战略布局的重要内容，体现了党在生态文明建设中的"把舵定向"重大作用。

党的十八大以来是我国生态文明法治建设力度最大、制度体系最完整、制度绩效最显著的十多年，2018年宪法修订，生态文明建设被赋予更高的法律地位。2014年新修订的环境保护法进一步明确了政府对环境保护的监督管理职责，被誉为史上最严的环境保护法。在生态文明领域的严格执法、公正司法、全民守法也达到了历史的新高度。

2.5.2 坚持生态兴则文明兴

"坚持生态兴则文明兴"是我国生态文明建设的历史依据，既是习近平总书记对文明变迁的历史反

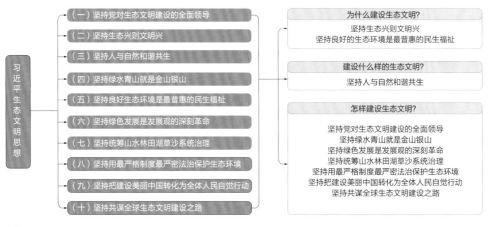

新时代习近平生态文明思想

思，也是对当今世界的现实写照，体现了习近平生态文明思想的深邃历史观。

回顾历史可以发现，人类文明一般都是发源于生态良好的地方，而生态环境的变化直接影响文明的兴衰演替。润泽一方的都江堰，是中国人妥善利用自然的朴素智慧的典型例子。上古时期，成都平原频繁遭受旱灾、水灾等自然灾害侵袭，历代帝王都特别重视其自然灾害治理。2000多年前战国时期的蜀郡太守李冰等人根据岷江的洪涝规律和成都平原悬江的地势特点，在前人开凿水利的基础之上，因势利导建设的大型生态水利工程——都江堰，无坝引水，自流灌溉，使堤防、分水、泄洪、排沙、控流相互依存、共为体系，发挥着防洪、灌溉、水运和社会用水等综合效益，造就了"天府之国"。反观黄沙漫天的楼兰古城，则是人类向大自然过度索取留下的深刻教训。丝绸之路上的楼兰古国曾经是一块水草丰美之地，然而随着人口的增加，乱砍滥伐、水土流失、水系断流，导致绿洲最终变成荒漠而退出历史舞台。

2.5.3 坚持人与自然和谐共生

"坚持人与自然和谐共生"是我国生态文明建设的基本原则，是以习近平同志为核心的党中央深入把握经济社会发展规律、人与自然发展规律的重要理论创新，体现了习近平生态文明思想的科学自然观。

人类文明的发展史，就是人与自然的关系史。随着我国迈入新时代，生态环境是关系党的使命宗旨的重大政治问题，也是关系民生的重大社会问题。云南哈尼族是一个善于和大自然和谐相处的民族，千百年来，他们敬畏自然、保护自然，哈尼人将自己的村寨建在森林下方的山凹中，山头为涵养水源的森林，山腰为村寨，山脚为梯田，梯田下方是河流，森林涵养的水源，通过释放形成涓涓细流，汇聚到沟渠里面，流过村庄、流进梯田、流到河谷。河谷里升腾起的雾气，通过降雨又回到山林，循环往复，形成了以"水"为核心的"森林—村寨—梯田—水系"四素同构的自然生态循环系统，生态环境和民族文化发展实现双丰收，成为人与自然和谐共生的典范。

2.5.4 坚持绿水青山就是金山银山

"坚持绿水青山就是金山银山"是我国生态文明建设的核心理念，是习近平总书记统筹经济发展与生态环境保护作出的重要论断，为我们在新时代营造绿水青山、建设美丽中国、转变经济发展方式等方面提供了有力的思想指引，体现了习近平生态文明思想的绿色发展观。

人类几千年的文明发展史，大多数的生产活动过程，本质上都是在从事将生态环境资源转化为经济发展资源的过程，自然生态环境直接就是人类生产活动的"财富之母"。"绿水青山"泛指自然环境中的自然资源，包括水、气、土、森林等基本生态要素构成的各类生态系统，自然资源具有经济和生态的双重属性，经济属性主要表现为自然资源的使用功能，即通过人类经济活动可以产生利用价值。生态属性主要表现为自然资源能够为人类提供免费的生态产品与服务，包括调节服务、供给服务、文化服务以及支持服务等。因此，保护绿水青山就是在保护自然价值和增值自然资本，实现人与自然的和谐发展。自2017年以来生态环境部共命名了87个"绿水青山就是金山银山"实践创新基地，初步探索形成了"守绿换金""添绿增金""点绿成金""绿色资本"四种转化路径和生态修复、生态农业、生态旅游、生态工业、"生态+"复合产业、生态市场、生态金融、生态补偿等多种转化模式。浙江省淳安县立足一流、丰富的生态资源优势，探索公益林补偿收益权质押贷款新模式，发行生态环保政府专项债券，开展"两山银行"改革试点，将现代金融的理念、运作模式与以绿水青山为标志的生态资源保护和开发有效结合起来，实现生态资源向生态资产、生态资本转化。

2.5.5 坚持良好生态环境是最普惠的民生福祉

"坚持良好生态环境是最普惠的民生福祉"是我国生态文明建设的宗旨要求，是对民生内涵的进一步丰富和发展，回答了生态文明建设的目标指向问题，体现了习近平生态文明思想的基本民生观。

人类社会的发展，经历了由求生存到求生态、盼温饱到盼环保、希望尽快富起来到希望生态环境更好的转变，自然生态系统是经济发展的资源，也是每个人每天生活其中的环境，生态环境直接关乎人民群众生活质量，保护生态环境就是保障民生，改善生态环境就是改善民生。环境就是民生，青山就是美丽，蓝天就是幸福，要持续不断地改善生态环境质量，为人民提供更多优质的生态产品和免费的生态服务。

2.5.6 坚持绿色发展是发展观的深刻革命

"坚持绿色发展是发展观的深刻革命"是我国生态文明建设的战略路径，是对自然规律和经济社会可持续发展一般规律的深刻把握，体现了习近平生态文明思想的绿色发展观。

绿色发展是对生产方式、生活方式、思维方式和价值观念的全方位、革命性变革，必须坚持尊重自然、顺应自然、保护自然，坚持节约优先、保护优先、自然恢复为主，守住自然生态安全边界，坚持节约资源和保护环境的基本国策，加快建立健全绿色低碳循环发展经济体系，加快形成绿色发展方式和生活方式，坚定不移走生产发展、生活富裕、生态良好的文明发展道路。

2.5.7 坚持统筹山水林田湖草沙系统治理

"坚持统筹山水林田湖草沙系统治理"是我国生态文明建设的系统观念，是基于系统思维考量、整体观念推进生态文明建设，体现了习近平生态文明思想的整体系统观。

生态本身就是一个有机的系统。习近平总书记在党的十八届三中全会上作关于《中共中央关于全面深化改革若干重大问题的决定》的说明时指出："山水林田湖是一个生命共同体，人的命脉在田，田的命脉在水，水的命脉在山，山的命脉在土，土的命脉在树。"从人类社会发展的视角看，古今中外的实践经验都说明系统治理思维是治理生态问题的现实选择。战国时李冰父子设计修建的都江堰工程就蕴含着严谨的整体观念以及建设与管理并重的系统思维。通过先开凿玉垒山，解决水患；通过筑分水堰，把岷江水流分为内江和外江两股水道，根治水害；通过建造飞沙堰，解

决溢洪排沙问题；通过创立科学岁修方法，保障工程良性运行，促进工程长期发挥综合效用，时至今日浙江的"五水共治"同样秉承"系统治理"思想。

2.5.8 坚持用最严格制度最严密法治保护生态环境

"坚持用最严格制度最严密法治保护生态环境"是我国生态文明建设的制度保障，是新时代推进生态文明建设的一项重要原则，体现了习近平生态文明思想的严密法治观。

自然资源是人类社会发展的宝贵资源，我国生态文明建设仍不同程度存在体制不完善、机制不健全、法治不完备的问题，造成生态文明制度体系的合力不足、驱动不够、执行不力，影响了生态文明建设进程。习近平总书记指出："推动绿色发展，建设生态文明，重在建章立制，用最严格的制度、最严密的法治保护生态环境，健全自然资源资产管理体制，加强自然资源和生态环境监管，推进环境保护督察，落实生态环境损害赔偿制度。""加快制度创新，强化制度执行，让制度成为刚性的约束和不可触碰的高压线。"党的十八届三中全会之后，党中央、国务院出台《关于加快推进生态文明建设的意见》《生态文明体制改革总体方案》等重要文件，搭建起生态文明制度体系的"四梁八柱"，完成了生态文明领域改革的顶层设计。

2.5.9 坚持把建设美丽中国转化为全体人民自觉行动

"坚持把建设美丽中国转化为全体人民自觉行动"是我国生态文明建设的社会力量，是鼓励和引导每一位公民都行动起来，逐步使生态文明价值观念和行为准则在全社会牢固树立，让建设美丽中国成为人民群众共同参与、共同建设、共同享有的伟大事业，体现了习近平生态文明思想的全民参与观。

良好生态环境是人民群众的共有财富，党的十八大以来，习近平总书记强调生态文明建设同每个人息息相关，每个人都应该做践行者、推动者。加强生态文明宣传教育，强化公民环境意识，推动形成简约适度、绿色低碳、文明健康的生活方式和消费模式，促

使人们从意识向意愿转变，从抱怨向行动转变，以行动促进认识提升，知行合一，形成全社会共同建设美丽中国的强大合力。如世界环境日旨在进行广泛社会动员，积极参与生态环境事务，在全社会形成人人、事事、时时崇尚生态文明的社会氛围，让美丽中国建设深入人心，让绿水青山就是金山银山的理念得到深入认识和实践、结出丰硕成果。

2.5.10 坚持共谋全球生态文明建设之路

"坚持共谋全球生态文明建设之路"是我国生态文明建设的全球倡议，呼吁秉持人类命运共同体理念，携手应对全球生态安全挑战，共同守护地球家园，体现了习近平生态文明思想的共赢全球观。

"人类是命运共同体，建设绿色家园是人类的共同梦想。生态危机、环境危机成为全球挑战，没有哪个国家可以置身事外、独善其身。国际社会应该携手同行，构筑尊崇自然、绿色发展的生态体系，共谋全球生态文明建设之路，保护好人类赖以生存的地球家园。"生命共同体倡导的是人与自然的和谐关系，命运共同体则创造性地勾画了人类社会的美好图景，是新时代人与自然关系的发展、创新和延伸，作为世界上最大的发展中国家，我国大力推进生态文明建设和生态环境保护，为全球环境治理作出巨大贡献，为共建清洁美丽的世界提供了中国智慧和中国方案。

2.6 新时代绿色循环低碳发展经济体系——八个绿色

2021年2月，国务院发布《国务院关于加快建立健全绿色低碳循环发展经济体系的指导意见》，强调要坚定不移贯彻新发展理念，全方位全过程推行绿色规划、绿色设计、绿色投资、绿色建设、绿色生产、绿色流通、绿色生活、绿色消费，使发展建立在高效利用资源、严格保护生态环境、有效控制温室气体排放的基础上，统筹推进高质量发展和高水平保护，建立健全绿色低碳循环发展的经济体系，确保实现碳达峰、碳中和目标，推动我国绿色发展迈上新台阶。

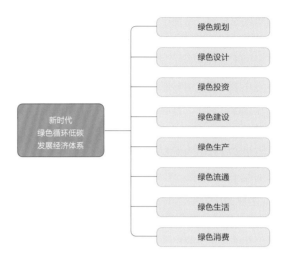

新时代绿色循环低碳发展经济体系

2.6.1 绿色规划

绿色规划是在保护自然资源的基础上，贯彻绿色发展理念，以资源环境承载力和国土空间开发适宜性评价为前提，以生态规律、社会经济规律、地学原理和数学模型等方法为指导，以推动高质量发展和创造高品质生活为目标，研究社会—经济—环境生态系统在一个较长时间内的发展变化趋势，对特定区域的发展定位、产业体系、空间布局和实施计划作出统筹安排。科学开展绿色规划能合理有效地利用各种自然资源，克服人类经济社会活动和环境保护活动的盲目性和主观随意性，最有效地发挥自然界的功能，建设绿色低碳、生态友好、宜居宜业宜游的生态型城市，实现人与自然和谐发展。

2.6.2 绿色设计

绿色设计是在项目的全生命周期内考虑环境因素，科学评估人类活动对自然生态系统造成的影响，最大化减少物质和能源的消耗，减少有害物质的排放。绿色设计要推行绿色建筑，节约能源和资源，充分利用环境提供的天然可再生能源和资源，减轻建筑对环境的负荷，提供安全、健康、舒适性良好的生活空间。绿色设计要系统分析自然生态系统的运行规律和内在逻辑，利用低能耗的技术、产品、材料和工法，减少加工、运输等过程中造成的污染物排放，选用固碳能力强、景观效果好的乡土树种，提升生态系统的稳定性，营造低碳、零碳和负碳的景观。

2.6.3 绿色投资

绿色投资是一种基于环境准则、社会准则和利润回报准则，顺应绿色循环低碳发展战略，统筹考虑了环境、社会和经济三重盈余的投资模式，通过绿色交易、绿色信贷、绿色债券和绿色保险等方式促使企业在追求经济利益的同时，积极承担相应的社会责任，从而为投资者和社会带来持续发展的价值。绿色投资是一种对能产生环境效益、降低环境成本与风险的企业或项目进行投资的行为，投资范围应围绕环保、低碳、循环利用，包括但不限于提高能效、降低排放、清洁与可再生能源、环境保护及修复治理、循环经济等多个方面。

2.6.4 绿色建设

绿色建设是按照绿色发展要求，统筹城镇和乡村建设，贯穿规划、建设、管理三大环节，注重绿色技术、产品、材料、工法的运用，使城乡建设全面实现绿色发展，碳减排水平快速提升，城市和乡村品质全面提升，人居环境更加美好。绿色建设需要转变城乡建设发展方式，推广绿色化、工业化、信息化、集约化、产业化建造方式，加强技术创新和集成，利用新技术实现精细化设计和施工，实现工程建设全过程绿色建造。加强建筑材料循环利用，鼓励使用综合利用产品，促进建筑垃圾减量化，完善绿色建材产品认证制度，开展绿色建材应用示范工程建设。

2.6.5 绿色生产

绿色生产是通过推进工业绿色升级、加快农业绿色发展、壮大绿色环保产业、提高服务业绿色发展水平、提升产业园区和产业集群循环化水平、构建绿色供应链等方面健全绿色低碳循环发展的生产体系，实现产业生态化和生态产业化。加快实施钢铁、石化、化工、有色、建材、纺织、造纸、皮革等行业绿色化改造，推行产品绿色设计，建设绿色制造体系。发展生态循环农业和林业循环经济，推进农业与旅游、教育、文化、健康等产业深度融合，

加快一二三产业融合发展。科学编制新建产业园区开发建设规划，依法依规开展规划环境影响评价，严格准入标准，完善循环产业链条，推动形成产业循环耦合。鼓励企业开展绿色设计、选择绿色材料、实施绿色采购、打造绿色制造工艺、推行绿色包装、开展绿色运输、做好废弃产品回收处理，实现产品全周期的绿色环保。

2.6.6 绿色流通

绿色流通是通过打造绿色物流、加强再生资源回收利用、建立绿色贸易体系等健全绿色低碳循环发展的流通体系。推广绿色低碳运输工具，港口和机场服务、城市物流配送、邮政快递等领域要优先使用新能源或清洁能源汽车。推进垃圾分类回收与再生资源回收"两网融合"，加快构建废旧物资循环利用体系，提升资源产出率和回收利用率。大力发展高质量、高附加值的绿色产品贸易，从严控制高污染、高耗能产品的出口，拓宽与节能环保、清洁能源等领域技术装备和服务的合作。

2.6.7 绿色生活

绿色生活是在居住、交通和文旅等方面倡导绿色低碳生活方式。厉行节约，坚决制止餐饮浪费行为。因地制宜推进生活垃圾分类和减量化、资源化，开展宣传、培训和成效评估。扎实推进塑料污染全链条治理。推进过度包装治理，推动生产经营者遵守限制商品过度包装的强制性标准。提升交通系统智能化水平，积极引导绿色出行。深入开展爱国卫生运动，整治环境脏乱差，打造宜居生活环境。开展绿色生活创建活动。

2.6.8 绿色消费

绿色消费是在食品、衣着和用品等方面促进绿色产品消费，是一种以适度节制消费、避免或减少对环境的破坏、崇尚自然和保护生态等为特征的新型消费行为和过程。绿色消费不仅包括绿色产品，还包括物资的回收利用，能源的有效使用，对生存环境、物种环境的保护等。绿色消费倡导的重点是"绿色生活，

环保选购"，具体包括三层含义：一是倡导消费时，选择未被污染或有助于公众健康的绿色产品；二是转变消费观念，崇尚自然、追求健康和生活舒适的同时，注重环保，节约资源和能源，实现可持续消费；三是在消费过程中，注重对垃圾的处置，不造成环境污染。

2.7 新时代生态修复面临的问题与困境

2.7.1 现实问题

生态学、风景园林学、系统科学的相关理论学说与习近平生态文明思想为中国生态保护与修复奠定了充实的理论基础，也积累了一定的实践经验，然而在具体实践中依然面临生态问题解决不足与生态服务感受不足的现实问题。

（1）生态问题解决不足

目前的生态保护与修复实践多针对单个生态环境问题，缺乏整体保护与系统修复的观念，对生态要素、生态结构、生态功能、生态过程的分析不够全面，采取的生态修复措施亦显著依赖人工设备，修复方法不够生态，导致大量生态修复工程顾此失彼，缺乏整体性、系统性与可持续性。

尽管以风景园林学为主导的生态保护与修复实践已经开始兼顾多个生态要素与生态过程，但由于过度关注人的使用需求与风景的营建，对于生态问题的处理常常流于表面，缺乏深入透彻的分析，也难以解决综合的生态环境问题。

（2）生态服务感受不足

除生态问题解决不足之外，以生态学、环境工程、水土保持等相关学科为核心的大量生态保护与修复实践更注重生态系统的内在机理和演替规律，对生态风景的呈现与人的审美、文化需求关注较少，导致修复后的场景效果不佳，人民对生态服务的感受不足，难以满足新时代人民美好生活的需要。

2.7.2 实践困境

"生命共同体"概念的提出，给传统针对不同要素简单分类、孤立应对的生态保护与修复工作指明了新的思路与方向。在生命共同体概念与理念逐步清晰的同时，具体的实践工作包括一些试点项目依然面临要素耦合约束困境与整体价值权衡困境。

（1）要素耦合约束困境

要素耦合约束困境是面对已退化的低价值生命共同体，如何厘清各个要素之间的耦合约束关系，真正做到统筹兼顾、系统治理，而非简单地在形式上将各个要素联系在一起。

要素耦合约束困境源于生命共同体系统本身内部关系的复杂性，其解决出路也必须从系统内部关系入手。根据生态学、自然地理学与系统科学相关理论，生命共同体作为一个整体系统，其内部要素之间、内部要素与整体系统之间存在严密的因果关系，某一要素的变化必将引起其他要素和整个系统发生变化。而由于不同要素在生命共同体中发挥的作用不同，某一个或几个要素的改变在整个系统中的影响可能会放大，导致其他要素和整个系统发生显著改变，这类要素可称为生命共同体的关键要素。解决耦合约束困境的关键即在于找到能够促使生命共同体从低价值生态区间向高价值生态区间迁移的关键要素，在尊重各要素横向耦合约束关系的前提下，通过对关键要素的状态进行正向调节，并协调与配置不同要素之间的关系，即可实现统筹兼顾、系统治理。

（2）整体价值权衡困境

整体价值权衡困境是面对生命共同体的多重效益与价值，如何博弈、权衡不同价值需求之间的矛盾，避免顾此失彼、因小失大，真正做到算大账、算长远账、算整体账、算综合账。

整体价值权衡困境主要源于局部价值与全局价值的矛盾。根据系统科学的相关研究，系统的总体利益或价值有时要求其中某些部分的利益或价值作出让步，即局部目标与全局目标之间一般存在制约矛盾关系。根据生命共同体的有限容量性与价值性，要解决此矛盾，关键在于两点：其一是依托生命共同体的有限容量性明确局部价值让步的临界点，此临界点一般为生态区间极点，在追求全局价值优化的同时，必须避免因突破生态区间极点所致的局部重大价值损失；

其二是关注当下社会与自然的耦合关系，明确一定时间内生命共同体的核心价值需求，以此核心价值需求作为关键指标，可在高价值生态区间内找到全局最优价值点，实现全局价值最优的目标。

2.8 本章小结

生态文明建设是党中央对人类社会发展规律，对社会主义建设规律认识的再深化，标志着我们党对经济社会可持续发展规律、自然资源永续利用规律和生态环境规律的认识进入了一个新的境界。新时代生态修复工作应以习近平生态文明思想为指导，以生态学、地理学、系统科学、风景园林学理论为支撑，紧扣新时代绿色循环低碳发展经济体系，在总结、提炼国内外传统与现代理念的基础上，创新生态修复理论技术与实践方法，解决生态问题解决不足、生态服务感受不足的现实问题和要素耦合约束、整体价值权衡的实践困境，走向人与自然和谐共生的现代化之路。

第三章

生命共同体价值提升理论体系
——最优价值生命共同体
内涵与外延

生命共同体价值提升理论体系 —最优价值生命共同体内涵与外延

人与自然和谐共生的现代化

理论定义

最优价值生命共同体理论是指以人与自然和谐共生的现代化为目标，以"山水林田湖草是生命共同体、人与自然是生命共同体"为基本遵循，以持续满足生物多样性需求和人民美好生活需要为核心价值追求，基于生态学基本原理与风景园林学、景感生态学、环境心理学等学科的相关理论与方法，从"规划-设计-建设-管理-运维-转化"等方面，全过程研究特定区域生命共同体（包括自然的生命共同体和人与自然的生命共同体）的保护、修复、建设及价值提升的理论。

研究主体

主体概念
生命共同体——特定区域，在相对稳定的自然环境条件下，各种构成要素（包括自然要素与人的要素）相互作用形成的互依互存、互强互弱、共荣共辱，甚至互为存在条件的相对稳定的生命系统，可称之为"生命共同体"。

主体范畴
（1）自然的生命共同体——在生态保护与修复工作中，山、水、林、田、湖、草、沙，以及动物、植物、微生物等自然要素相互依存所形成的平衡、统一的生命系统。
（2）人与自然的生命共同体——在生态保护与修复工作中，人类与自然之间和谐共生的有机整体。

主体特征
生命共同体具有整体系统性、区域条件性、有限容量性、迁移性、可持续性、价值性六个特性。

基本概念

（1）高价值生命共同体
经过长时间自然恢复，或通过适当人工生态修复加速促进，由既有生态区间迁移到高价值区间，满足生物多样性需求，生态价值高、自然资本高的生命共同体，可称之为"高价值生命共同体"。高价值生命共同体内部各个系统和各个要素具有高稳定和高价值状态，能持续满足生物多样性的需求。

（2）最优价值生命共同体
通过发挥设计对美学意境与科学技术的正向作用，优化生态资源配置，在高价值生态区间内，谋求满足人民美好生活需要的最优价值点，实现人与自然和谐共生的高价值生命共同体，可称之为"最优价值生命共同体"。

构成要素

（1）本底要素——水、土。
（2）核心要素——林、草。
（3）支撑要素——山、田、湖、沙、冰。
（4）其他要素——人、动物和微生物等。

研究尺度

（1）区域（或流域）尺度
聚焦山水林田湖草是生命共同体、人与自然是生命共同体理念，重点解决规划定位及目标、功能策划、空间布局和分期计划等宏观层面的问题及需求。

（2）生态系统尺度
聚焦基于自然的解决方案，重点分析诊断整体生态系统及不同生态要素之间的生态问题，制定相应的指标体系和标准，提出基于自然的修复模式及措施。

（3）场地（或生态单元）尺度
在具体实施层面，充分发挥设计对美学意境与科学技术的正向作用，聚焦生态，聚焦风景，遵循生态系统的内在机理和演替规律，提出基于自然的修复技术、产品、材料、工法，还原生态系统的原真性和完整性，满足生物多样性需求和人民美好生活需要。

适用范畴

最优价值生命共同体的概念与相关理论、方法适用于国土空间下的户外自然和人工境域，与生态学科、风景园林学科及其融合后的研究和适用范围基本一致。主要解决以下两个根本问题：
（1）如何最有效地保护、修复人类生存所需要的户外自然境域，或如何让人工境域的远身尺度区域满足生物多样性需求。
（2）如何最有效地规划设计人类生活所需的户外人工境域，或如何让自然境域中的近身尺度区域满足人民美好生活需要。

价值核心

（1）满足生物多样性需求
生物多样性是生态系统健康的标志，生物之间具有相互依存和相互制约的关系，它们共同维系着生态系统的结构、功能和稳定性，并支撑着生态系统服务的持续供给，满足生物多样性需求，体现生命共同体的基础价值。

（2）满足人民美好生活需要
在维护生态系统原真性与完整性的基础上，最大化地发挥生命共同体的多重生态系统服务功能，为人类提供高品质的生态产品、生产条件与生活环境，实现人与自然的和谐共生，体现生命共同体的最优价值。

价值特征

（1）处于高价值生态区间
每一个相对稳定的生命共同体都有一个与之相对应的生态区间，代表了当前状态的环境容量。最优价值生命共同体之所以能满足生物多样性需求，依赖的是内部各个系统和各个要素的高稳定和高价值状态。

（2）处于全局最优价值点
生命共同体本身内部关系具有复杂性，要在满足生物多样性需求的基础上进一步满足人民美好生活需要，必须兼顾多种生态系统服务，摒弃追求单一某种生态系统服务效益的方式，在高价值生态区间内谋求全局最优价值点，追求综合效益最优。

指导思想

习近平生态文明思想：
（1）为什么建设生态文明？
"坚持生态兴则文明兴，生态衰则文明衰""良好生态环境是最普惠的民生福祉"。
（2）建设什么样的生态文明？
"坚持人与自然和谐共生"。
（3）怎样建设生态文明？
"坚持党对生态文明建设的全面领导""绿水青山就是金山银山""坚持绿色发展是发展观的深刻革命""坚持山水林田湖草是生命共同体""坚持用最严格制度最严密法治保护生态环境""坚持建设美丽中国全民行动""共谋全球生态文明建设"。

理念聚焦

（1）山水林田湖草是生命共同体——聚焦生态，生态优先
聚焦生态，就是要聚焦山水林田湖草是生命共同体的理念，生态优先地整体保护、系统修复、综合治理自然的生命共同体，满足生物多样性需求。

（2）人与自然是生命共同体——聚焦风景，绿色发展
聚焦风景，就是要聚焦人与自然是生命共同体的理念，追求生态的风景和风景的生态，绿色发展地建设人与自然的生命共同体，满足人民美好生活需要。
　　1）生态的风景——强调生态保护与修复工作应遵循生态系统的内在机理和演替规律，在保护、修复自然生态系统的同时，发挥设计的艺术价值，建设自然恢复的风景、生态修复的风景、绿色发展的风景等真生态的风景，满足人类对良好生态环境的产品和服务需求。
　　2）风景的生态——强调生态保护与修复工作在恢复自然生态系统结构和功能的同时，发挥设计的美学价值，建设有美学画面、人文意境、技术内涵等好风景的生态，满足人类对良好生态环境的美学和意境需求。

（3）基于自然的解决方案——道法自然，象地而生
生态保护、修复和建设的全过程中，要全要素顺应自然、道法自然，按照基于场地现状的自然解决方案，追求原乡野境、象地而生，还原"自然的生命共同体"和"人与自然的生命共同体"所组成的复合生态系统的原真性和完整性。

新时代人与自然和谐共生的现代化目标对生命共同体的维护与修复提出了更高要求，也为生命共同体价值提升指明了方向，即追求一种"最优价值生命共同体"。"自然"的客观表现是"生命共同体"，"人"的需求最终体现为"价值"，而人与自然和谐共生的现代化状态，本质上是生命共同体价值"最优"的状态。因此，生命共同体价值提升论的核心要义就是探索生命同体最优价值实现的理念、方法与技术等内容，这些内容的归纳总结可以凝练为最优价值生命共同体理论。

最优价值生命共同体表达了一种理念：即在遵从生命共同体的内在机理和演替规律的基础上，基于自然与人文的解决方案的基础上，通过发挥设计对美学意境和科学技术的正向作用，在高价值生态区间内，谋求满足生物多样性需求和人民美好生活需要的最优价值点，持续追求人与自然和谐共生的最优状态。

最优价值生命共同体表达了一种态度：目标上始终追求人与自然和谐共生的最优状态，但在生态文明具体建设过程中，没有绝对最优的结果，只有选择相对最优的途径，使生命共同体朝着最优价值状态趋进。

最优价值生命共同体表达了一种方法：在生命共同体价值提升过程中，首先应保护生态，维护生命共同体既有价值；其次应在保护生态的基础上修复生态，促进生命共同体从既有价值生态区间向高价值生态区间迁移，形成满足生物多样性需求的高价值生命共同体；最后应在保护、修复生态的基础上建设生态，以基于自然与人文的解决方案，将人的需求控制在其有限容量的生态区间内，谋求满足生物多样性需求和人民美好生活需要的最优价值点，建设生态的风景和风景的生态。

生命共同体价值提升论探索的最优价值生命同体理论，摒弃了传统单一部门管理下、围绕单一目标的生态治理方式，可系统化、多目标、全过程解决生态保护修复与绿色发展问题，为当前生态文明建设实践提供了理论支撑。

3.1 理论定义

最优价值生命共同体理论是指以人与自然和谐共生的现代化为目标，以"山水林田湖草是生命共同体、人与自然是生命共同体"为基本遵循，以持续满足生物多样性需求和人民美好生活需要为核心价值追求，基于生态学基本原理与风景园林学、景感生态学、环境心理学等学科的相关理论与方法，基于自然和人文的解决方案，从"规划—设计—建设—管理—运维—转化"等方面，全过程研究特定区域生命共同体（包括自然的生命共同体和人与自然的生命共同体）的保护、修复、建设及价值提升的理论。

最优价值生命共同体理论立足于生态学、景感生态学、地理学、风景园林学、环境心理学和系统科学等学科的深度融合，以问题为导向，以实践为目的，将习近平生态文明思想指明的"怎样建设生态文明"的目标、路径、方法理论化、步骤化、数字化、技术化、实操化，为特定区域不同尺度、不同类型的生命共同体的生态保护、修复、建设及价值提升提供一种具体的实践思路与明确的工作目标，也为设计师更加系统的工作方法、技术与详细的工作步骤奠定理论基础。

最优价值生命共同体的内涵与外延

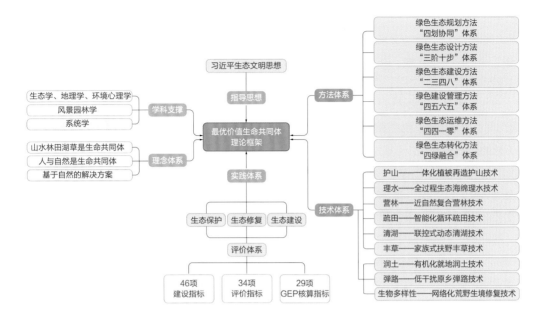

最优价值生命共同体理论框架图

3.2 研究主体——生命共同体

3.2.1 主体概念

根据习近平总书记对生命共同体的相关论述，结合生态学、风景园林学、地理学、系统科学等相关学科的研究，笔者将"生命共同体"定义如下：特定区域，在相对稳定的自然环境条件下，各种构成要素（包括自然要素与人的要素）相互作用形成的互依互存、互强互弱、共荣共辱，甚至互为存在条件的相对稳定的生命系统，可称为"生命共同体"。

3.2.2 主体范畴

本书对生命共同体的研究范畴主要聚焦于生态保护和修复工作中的山、水、林、田、湖、草、沙及动物、植物、微生物等生态要素之间的关系，以及人与自然之间的关系。针对传统生态保护与修复工作中应对不同要素的局部、单一的工作方法，本书力图在生命共同体理念的基础上探索一条实现人与自然和谐共生的生态保护与修复路径，其探讨的生命共同体内涵为自然的生命共同体和人与自然的生命共同体。

（1）自然的生命共同体

生态保护与修复工作中"自然的生命共同体"，即在生态保护与修复工作中，山、水、林、田、湖、草、沙及动物、植物、微生物等自然要素相互依存所形成的平衡、统一的生命系统。

（2）人与自然的生命共同体

生态保护与修复工作中"人与自然的生命共同体"，即在生态保护与修复工作中，人类与自然之间和谐共生的有机整体。

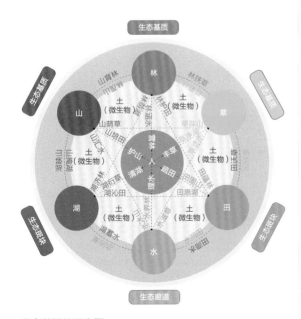

生命共同体示意图

3.2.3 主体特性

本书所述生命共同体具有整体系统性、区域条件性、有限容量性、迁移性、可持续性、价值性六个特性。

（1）整体系统性

生命共同体的"整体系统性"源于生态系统的"整体性"与自然地理系统的"系统性"。"整体性"是生态系统最重要的特征之一，具体指生态系统是一个整体的功能单元，其存在方式、目标和功能都表现出统一的整体性。"系统性"是自然地理系统的基本特征，各自然地理要素在特定地理边界约束下，通过能量流、物质流和信息流的交换和传输，形成具有一定有序结构、在空间分布上相互联系、可完成一定功能的多等级动态开放系统，即自然地理系统。

基于生态系统的"整体性"特征和自然地理系统的"系统性"特征，可以明确生命共同体具有"整体系统性"的典型特性。生命共同体是由自然系统、经济系统和社会系统三者相互影响而形成的统一整体，是一个巨大的复合系统，既包括自然系统的生物与环境、生物与生物之间的相互影响，又包括经济和社会等系统的影响。任何一个生命共同体都是由多要素构成的统一整体，山、水、林、田、湖、草、沙及土、动物、微生物和人等各种要素，通过能量流动、物质循环和信息传递，并且在人类社会、经济的影响下，形成复杂的、具有特定结构和功能的统一整体。不同要素在生命共同体的整体系统中扮演着不同的角色，每类要素的变化都会在不同程度上影响其他要素，继而引起整个系统结构和功能发生变化。

整体系统性帮助我们认识到，生态文明建设要全面系统考虑生命共同体的所有构成要素，既要整体统筹，又要逐一分析。

（2）区域条件性

生命共同体的"区域条件性"源于自然环境的"区域性"。纬度和经度的差异，导致了地球热量和水分在各个自然环境中的分布不同，形成了陆地生态系统和水域生态系统的垂直地带性分布和水平地带性分布，从而构成不同的环境条件。

基于自然环境的"区域性"和不同环境的"条件性"，可以明确生命共同体具有"区域条件性"的典型特性。因自然条件、空间类型及其他区域条件的不同，形成了具有不同结构和功能的生命共同体，一个岛、一条河、一个区域、一个国家乃至全球都可以形成不同层次的生命共同体。

从自然条件来看，气候、纬度、海拔等环境条件影响着生命共同体的结构和功能，如热带雨林、红树林、稀树草原等不同类型的生命共同体，在结构和功能上差异巨大。热带雨林物种最丰富、结构最复杂，在调节全球气候、缓解温室效应、提供木材原料等方面具有不可替代的作用；红树林则以红树科植物为主，在护堤固滩、防风浪冲击、保护农田、降低盐害侵袭等方面发挥重要作用；稀树草原则由上层的散生乔木或灌木和下层的草本层构成，在畜牧业和生物多样性保护方面意义重大。

从空间类型来看，城镇空间、农业空间、生态空间分别具有不同的生命共同体结构和功能，城镇空间以建成区为主，具有少量生态要求，主要承载城镇经济、社会、政治、文化等功能；农业空间以农田为主，主要提供农业生产、农村生活等功能；生态空间以山水林田湖草等自然要素为主，为人类提供优质的

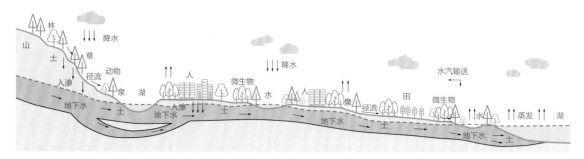

整体系统性示意图

生态服务或生态产品。基于不同的构成要素和服务功能，三类空间的评价指标也大不相同。

区域条件性示意图

区域条件性帮助我们认识到，生态文明建设要因地制宜，立足建设区域特定的生命共同体本底条件（区域特定的自然条件和空间类型）来确立规划、设计和建设方案。

（3）有限容量性

生命共同体的"有限容量性"源于"生态阈值"与"环境容量"。生态系统可以承受一定的外界压力，通过自我调控机制来恢复平衡，当外界压力超出生态系统自我调控机制调控的最大限度时，生态系统的自我调控机制将会降低或者消失，这种相对平衡将会遭到破坏，从而导致系统崩溃，这种限度就叫生态阈值。环境容量是指在确保人类生存、发展不受危害、自然生态平衡不受破坏的前提下，某一环境所能容纳污染物的最大负荷值。一个特定的环境（如一个自然区域、一个城市）对污染物的容量是有限的，其容量的大小与环境空间的大小、各环境要素的特性、污染物本身的物理和化学性质有关。环境空间越大，环境对污染物的净化能力就越大，环境容量也就越大。

基于"生态阈值"和"环境容量"，可以明确生命共同体具有"有限容量性"的典型特性。一定区域空间内的生命共同体，其生态阈值或环境容量是有限的，这一有限的生态阈值或环境容量可以用生态区间来界定。任何生命共同体若无外力影响，都具有自我适应的能力，经过一定的时间都能形成一个相对稳定的生命共同体状态，维持这个相对稳定的生命共同体需要各种构成要素的状态处于特定区间内，这个区间

可称为生态区间，体现了这一条件下的生态阈值或环境容量。

生态区间两端的临界点可称为生态区间极点，生态区间极点既界定了生命共同体的自适弹性区间，也界定了环境容量的限度。生态区间两端极点相距越近，生态区间就越窄，环境容量越小，状态越不稳定，自然系统自我循环和净化能力越低，生命共同体的自适性越差，越容易被破坏，人从中能够获得价值的空间也就越小，如沙漠、草原等。生态区间两端极点相距越远，生态区间就越宽，环境容量越大，状态越稳定，自然系统自我循环和净化能力就越高，生命共同体的自适性越强，相对容易保护，人从中能够获得价值的空间也就越大，如雨林、海洋等。

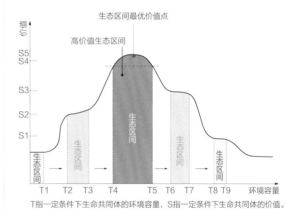

T指一定条件下生命共同体的环境容量，S指一定条件下生命共同体的价值。

有限容量性示意图

有限容量性帮助我们认识到，生态文明建设首先要把人对生命共同体的影响控制在其有限容量的生态区间内，优化生态、生产、生活空间，其次要抓住影响生态环境容量的核心要素。这一性质也为人能影响自然、建设生态文明提供了理论支持。

（4）迁移性

生命共同体的"迁移性"源于生态系统的"动态性"。生态系统在自然发育或人为干扰过程中，生物群落不断发生变化，生态系统的外貌和内部结构也发生不断演变，生态系统一直处于动态平衡之中，"动态性"是生态系统的特性之一。

基于生态系统的"动态性"，可以明确生命共同体具有"迁移性"的典型特性。当外界干扰或压力超

出生命共同体的生态阈值或环境容量，生态区间极点被突破后，生命共同体将由一个生态区间跃变迁移到另一个生态区间，称为生态迁移。

人对生态环境的破坏，本质上是人类的干扰强度突破了生态区间极点，从而使生命共同体向低价值生态区间迁移。西亚最早文明的发源地美索不达米亚平原和我国古代辉煌的楼兰文明都是因为人类对自然的干扰突破了生态区间极点，导致文明衰败。

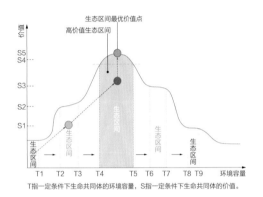

T指一定条件下生命共同体的环境容量，S指一定条件下生命共同体的价值。

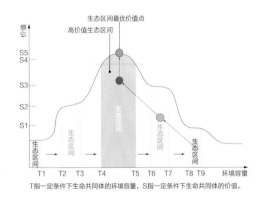

T指一定条件下生命共同体的环境容量，S指一定条件下生命共同体的价值。

迁移性示意图

人对生态环境的保护是维护生命共同体的既有价值生态区间。人对生态环境的修复能够促进生命共同体向高价值生态区间迁移，提升其价值，直到实现最优价值点。古代埃及、古代巴比伦、古代印度、古代中国四大文明古国均发源于森林茂密、水量丰沛、田野肥沃的地区便是最好的例证。

迁移性帮助我们认识到，生态文明建设的重点工作体现在三个方面：一是保护生态——维护高价值生命共同体的生态区间；二是修复生态——促进生命共

同体从既有价值生态区间向高价值生态区间迁移；三是建设生态——在生命共同体高价值生态区间内创造最优价值点。

（5）可持续性

生命共同体的"可持续性"源于生态系统的"稳定性"。生态系统受两种反馈机制的控制：一是作用和反作用彼此促进、相互放大的正反馈，导致系统的无止境增长与衰退；另一种是作用和反作用彼此抑制、相互抵消的负反馈，使系统维持在稳定态附近。正反馈的作用是生态系统中某一成分的变化所引起的其他一系列的变化，反过来不是抑制而是加速最初发生变化的成分所发生的变化，因此正反馈的作用常常使生态系统远离平衡状态或稳态。负反馈的作用是能够使生态系统达到和保持平衡或稳态，反馈的结果是抑制和减弱最初发生变化的那种成分所发生的变化。正负反馈的相互作用和转化，能保证生态系统具有一定的稳定性。

基于生态系统的"稳定性"，可以明确生命共同体具有"可持续性"的典型特性。生命共同体的结构、功能与价值在生态区间内也是可以持续稳定维持的，维护高价值生命共同体可持续的关键是要控制人类的负面影响，避免突破生命共同体的生态区间极点。

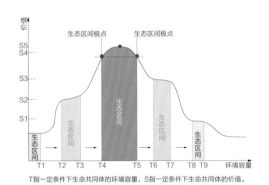

T指一定条件下生命共同体的环境容量，S指一定条件下生命共同体的价值。

可持续性示意图

可持续性帮助我们认识到，生态文明建设久久为功的关键在于维护生命共同体的可持续性，重点在于控制人对自然的影响不突破其生态区间。具体措施体现在三个方面：一是节约资源——取之有度；二是防治污染——扰之有节；三是产业支撑——循环造血。

（6）价值性

生命共同体的"价值性"源于生态系统服务的价值。生态系统服务是指人类从生态系统获得的所有惠益，包括供给服务（如提供食物和水）、调节服务（如控制洪水和疾病）、文化服务（如精神、娱乐和文化收益）以及支持服务（如维持地球生命生存环境的养分循环）。

基于生态系统的服务价值，可以明确生命共同体具有"价值性"的典型特性，主要体现为自然价值、自然资本（经济价值）和社会价值（人文价值）。自然价值主要指直接或间接地向人类提供生态福利、生态服务和生活空间，包括新鲜的空气、洁净的水源、适宜的光照、宜人的气候等；自然资本（经济价值）即"绿水青山就是金山银山"，优质或稀缺的自然资源，通过市场机制赋予其合理的价格，进行有价有偿交易后的价值创造，把优质的生态环境转化成居民的货币收入；社会价值（人文价值）主要指生态惠民、生态利民、生态为民，为人民群众提供更多更好的生态产品和服务，从民生和社会角度所实现的价值。生态是最公平的公共产品，是最普惠的民生福祉，生态环境问题是关系民生的重大社会问题。

维护生命共同体的价值，并促进其从低价值向高价值迁移，就是保护自然价值和增值自然资本。评价一个生命共同体价值高低主要依赖两个核心指标。一是满足生物多样性需求，包括满足遗传多样性、物种多样性、生态系统多样性和可持续的种群数量的需求，体现生命共同体的基础价值。保持生物多样性，首先依赖于区域环境的微条件多样化、光合作用的能量转化量和自然分解能力，同时要防止外来物种、过度开发（35%环境破坏占比）、毁林（30%环境破坏占比）、过度农业（28%环境破坏占比，过度灌溉、

超量施肥）和防止污染。二是满足人民美好生活需要，既包括人民对优质生态产品的物质需要，如清新的空气、洁净的水源、宜人的气候等生态供给和种类丰富、数量富足的高品质生态产品，也包括人民对优美生态环境的精神需要，如优美的风景画面、深邃的人文意境、舒适的休闲服务，体现生命共同体的最优价值。

价值性示意图

价值性帮助我们认识到，生命共同体的本底条件不同，价值就会不同，生态文明建设的核心是以是否满足生物多样性需求和是否满足人民美好生活需要作为评价生命共同体价值的两个核心指标，维护和提升生命共同体的自然价值、社会价值（人文价值），增值其自然资本（经济价值），最优价值是我们生态建设人追求的终极目标。

从生命共同体的基本概念与六大特性可以总结出生命共同体建设工作的要点（本页下图）。

3.3 基本概念

（1）高价值生命共同体：经过长时间自然恢复，或通过适当人工生态修复加速促进，由既有生态区间迁移到高价值区间，满足生物多样性需求，生态价值高、自然资本高的生命共同体，可称为"高价值生命

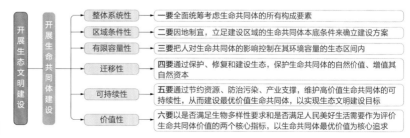

生命共同体建设工作要点示意图

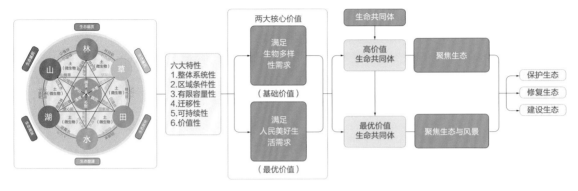

最优价值生命共同体概念示意图1

共同体"。高价值生命共同体内部各个系统和各个要素具有高稳定和高价值状态，能持续满足生物多样性的需求。

（2）最优价值生命共同体：通过发挥设计对美学意境和科学技术的正向作用，优化生态资源配置，在高价值生态区间内，谋求满足人民美好生活需要的最优价值点，实现人与自然和谐共生的高价值生命共同体，可称为"最优价值生命共同体"。处于全局最优价值点的高价值生命共同体能够提供多样化、优质的生态系统服务，持续满足人民美好生活的需要。

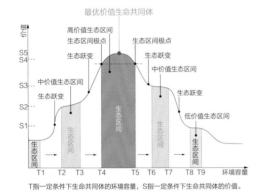

T指一定条件下生命共同体的环境容量，S指一定条件下生命共同体的价值。

最优价值生命共同体概念示意图2

3.4 构成要素

　　最优价值生命共同体是由山、水、林、田、湖、草、沙、冰及土、动物、微生物等多种自然要素与人共同构成的有机整体，各要素之间是普遍联系和相互影响的，是具有复杂结构和多重功能的复杂系统。

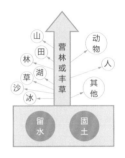

生命共同体构成要素示意图

3.4.1 本底要素——水、土

　　水和土是生命共同体的本底要素，直接决定着生命共同体价值的高低。

　　水是生命之源，是地球生物赖以生存的物质基础，是生活之本、生产之要、生态之基。就人类生活而言，水是不可或缺的重要物资之一。就生物而言，水分作为新陈代谢的反应物质，在光合作用、呼吸作用、有机物质的合成与分解过程中起着举足轻重的作用。水分是农作物对物质吸收和运输的溶剂。没有水分，农作物不可能生长发育，更不可能获得粮食产量。就生态而言，水是任何生物体都不可缺少的重要组成部分，是生物最需要的一种物质，水的分布与多寡影响着生物的分布与生存。同时，水的比热容大，吸热和放热过程缓慢，对调节温度环境也具有重要作用。

　　土是生命共同体的基础，是具有决定性意义的生命支撑系统。土是植物生长的基质和营养库，为植物生长提供机械支撑、水分、养分和空气条件，土壤通过其物理、化学和生物作用强烈影响植物的生长繁育、控制群落的演替和生态系统的稳定与变化。土是众多生物的栖息场所，土壤中的生物包括细菌、真菌、软体动物、节肢动物和少数高等动物等，具有丰富的生物多样性。土壤也是污染物转化的重要场所，土壤中大量的微生物和小型动物，具有很高的污染物分解能力。土壤中的有机质是土壤的关键组分和肥力基础，构成了地球表层系统中最大、最具有活性的生态系统碳库，其微小的变化将对大气二氧化碳浓度产生巨大影响。

3.4.2 核心要素——林、草

"林"或"草"是决定生命共同体价值高低的核心要素（依地域条件而定），也是决定生态区间极点的核心指标。"林"和"草"因环境条件的不同而呈现不同的组合，如在湿润区和半湿润区以林为主，在干旱区和半干旱区则以草为主，在过渡区域则以不同比例的林草组合为主。

林和草是地球陆地生命共同体的主体，对改善生态环境、维护生态平衡起着决定性的作用。从满足生物多样性的角度，森林和草地能为生物提供更多的栖息地和生物链。单位面积的森林通过光合作用产生的能量最高，单位面积可供给的生物量多，生物种群数大，是自然功能最完善、最强大的资源库和基因库，对保持生物多样性具有不可或缺的作用。从满足人民美好生活需求的角度，森林和草地具有调节气候、涵养水源、保持水土、防风固沙、改良土壤、减少污染、美化环境等多种功能，是评价人民美好生活的重要指标。

3.4.3 支撑要素——山、田、湖、沙、冰

"山、田、湖、沙、冰"是构成生命共同体的支撑要素，通过发挥不同的生态、生产和生活功能，影响着生命共同体价值的高低。

山是森林系统重要的载体，既是陆地生物多样性的富集区和生态系统生产力的高值区，也是流域水资源与降雨径流的主源地。山是阻挡风沙和寒流的生态屏障，我国重要的山体如祁连山、秦岭、贺兰山等都通过其生态屏障作用，营造了舒适的生产生活区。

田是自然土壤经过人类农业生产活动的影响和改造，形成的适宜农作物生长的土壤，是农业生产的最基本生产资料，是人类生产生活的重要载体。

湖是自然生态系统的重要组成部分，具有调节河川径流、发展灌溉、提供工业和饮用的水源、繁衍水生生物、沟通航运、改善区域生态环境以及开发矿产等多种基本功能。同时，在人与自然这一复杂的巨大系统中，湖泊是地球表层系统各圈层相互作用的联结点，是陆地水圈的重要组成部分，与生物圈、大气圈、岩石圈等关系密切，具有调节区域气候、记录区域环境变化、维持区域生态系统平衡和繁衍生物多样性的特殊功能。

沙是一种特殊的生态要素，由于水资源缺乏、植被极其稀疏、大片土地裸露、植物种类单调，各要素生物生产量低下，生态系统相当脆弱。然而，正是基于其独特的生境条件，沙漠中形成了独特的植物类型和动物种类，在维护生物多样性方面具有重要作用。同时，沙漠也是天然的种子库，当降水量或环境条件能够满足植物生长发育时，这些存储于沙漠种子库中的植物种子会迅速发芽、生长、开花、结果，完成其生命周期。

冰占地球陆地表面的11%，占全球淡水资源总量的70%，是全球碳循环的重要组成部分，对生命共同体具有重要的调控作用。冰的厚度与融化时间决定着植被类型及其群落组成，也对植物的生态特性起着关键作用。冰川消融通过增加径流，向干旱区或海岸带环境提供更加丰富的淡水、养分和有机碳等物质，从而较大幅度改变下游或海洋生态系统，制约着生态系统类型、分布格局、生产力及生物多样性。

3.4.4 其他要素

人和动物、微生物是最优价值生命共同体的重要构成要素，也是衡量最优价值生命共同体价值的重要维度。人与山、水、林、田、湖、草、沙、冰及土、动物、微生物等各要素之间的联系反映了最优价值生命共同体的生态价值和社会经济价值的双重属性。人在最优价值生命共同体中具有双重属性，即人既是自然资源的消费者，又是生态功能的维护者。如果人能

够科学合理地利用资源，则生命共同体就能够健康、可持续地发展，否则，生态系统将丧失其功能，并最终影响到人类自身的生存与发展。动物和微生物是提高生命共同体中物质循环和效益的重要因素，丰富多样的动物和微生物可以提高生命共同体的稳定性。生命共同体中动物和微生物的多样性越丰富，食物网就越复杂，生命共同体抵抗外力干扰的能力也就越强。动物、微生物与生命共同体中其他要素的协同进化关系进一步维持了生命共同体的稳定。

3.5 研究尺度

最优价值生命共同体的研究尺度按照维护自然生态系统完整性和原真性、保护生物多样性、维护自然生态系统健康稳定的要求，可分为区域（或流域）尺度、生态系统尺度和场地（或生态单元）尺度三个层级。其中，区域（或流域）尺度是根据生命共同体的六个特性，聚焦"山水林田湖草是生命共同体、人与自然是生命共同体"理念，重点解决规划定位及目标、功能策划、空间布局和分期计划等宏观层面的问题及需求。生态系统尺度是根据生命共同体的六个特性，聚焦基于自然的解决方案，重点分析诊断整体生态系统及不同生态要素之间的生态问题，制定相应的指标体系和标准，提出基于自然的修复模式及措施。场地（或生态单元）尺度是在具体实施层面，充分发挥设计对美学意境和科学技术的正向作用，聚焦生态，聚焦风景，遵循生态系统的内在机理和演替规律，提出基于自然的修复技术、产品、材料、工法，还原生态系统的原真性和完整性，满足生物多样性需求和人民美好生活需要。

3.6 适用范畴

最优价值生命共同体的概念与相关理论、方法适用于国土空间下的户外自然和人工境域，与生态学科、风景园林学科及其融合后的研究和适用范围基本一致。最优价值生命共同体主要是针对如何更好地协调人与自然之间的关系而提出，其研究与实践的根

本对象是人与各类自然要素形成的生命共同体，该对象的基本空间范畴即户外自然和人工境域。在此范畴下，最优价值生命共同体理论要解决以下两个根本问题：一是如何最有效地保护、修复人类生存所需的户外自然境域或人工境域的远身尺度区域，满足生物多样性需求；二是如何最有效地规划设计人类生活所需的户外人工境域或自然境域中的近身尺度区域，满足人民美好生活需要。随着生命共同体相关概念、理论与实践的进一步丰富，最优价值生命共同体的适用范畴亦可进一步扩展。

3.7 价值核心

评价最优价值生命共同体的价值具有两个核心指标，分别是满足生物多样性需求和满足人民美好生活需要。前者最大限度地维护生态系统的原真性和完整性，实现生命共同体的健康与稳定；后者则通过最大限度发挥生命共同体的多重生态系统服务功能，实现人与自然和谐共生现代化的最优价值。

3.7.1 满足生物多样性需求

生物多样性是生态系统健康的标志，生物之间具有相互依存和相互制约的关系，它们共同维系着生态系统的结构、功能和稳定性，并支撑着生态系统服务的持续供给。当生物多样性降低到某种水平时，会导致生态系统产生某种特定生态服务的能力突然崩溃，如富营养化导致氧气浓度的剧烈下降且在湖泊和海岸水域出现所谓的"死亡区"。因此，只有山、水、林、田、湖、草、沙、冰及土、动物、微生物等多种自然生态要素互依互存、共荣共生，方能使生态系统具有较高的生物多样性，从而保障生态安全。因此，最优价值生命共同体的第一个价值维度就是要满足生物多样性需求，体现生命共同体的基础价值。

3.7.2 满足人民美好生活需要

最优价值生命共同体的第二个价值维度是满足人民美好生活需要，在维护生态系统原真性与完整性的

基础上,最大化地发挥生命共同体的多重生态系统服务功能,为人类提供高品质的生态产品、生产条件与生活环境,方能实现人与自然的和谐共生。最优价值生命共同体建设既要通过改善生态系统质量、提高生态服务功能、增强生态稳定性,使自然生态系统实现可持续的良性循环,又要通过合理搭配各种要素,为人类提供更加优质的生态系统服务。

3.8 价值特征

最优价值生命共同体具有两个价值特征,分别是处于高价值生态区间和处于全局最优价值点。前者体现为生命共同体内部的各个系统和系统内的各个要素都处在高价值生态区间内;后者体现为多种生态系统服务通过权衡、协同和兼容等类型,在高价值生态区间内追求效益最大化。

3.8.1 处于高价值生态区间

最优价值生命共同体的第一大特征是位于高价值生态区间内。每一个相对稳定的生命共同体都有一个与之相对应的生态区间,代表了当前状态的环境容量。最优价值生命共同体之所以能满足生物多样性需求,依赖的是内部各个系统和各个要素的高稳定和高价值状态。任何一个要素的不正常都会对生态系统的健康造成影响,并进一步影响生物多样性相关价值。因此,最优价值生命共同体要持续满足生物多样性需求,必须使生命共同体内部的各个系统和系统内的各

个要素都处于高价值生态区间。

3.8.2 处于全局最优价值点

最优价值生命共同体的第二大特征是处于高价值生态区间内的全局价值最优状态。生命共同体系统本身内部关系具有复杂性,要在满足生物多样性需求的基础上进一步满足人民美好生活需要,必须使生命共同体持续提供最优质的生态系统服务。生态系统服务间的关系包括权衡(负相关系)、协同(正相关系)和兼容(无显著关系)等多种类型。其中权衡是指不同生态系统服务此消彼长的情况。协同是指两种或多种生态系统服务同时增强的情形。由于生态系统服务之间的关系具有动态变化性,权衡和协同可以相互转化,且总是交织在一起。最优价值生命共同体必须兼顾多种生态系统服务,摒弃追求单一某种生态系统服务效益的方式,在高价值生态区间内谋求全局最优价值点,追求综合效益最优。

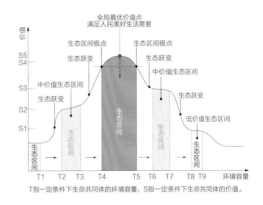

最优价值生命共同体价值特征示意图

3.9 指导思想
——习近平生态文明思想

最优价值生命共同体建设要始终以习近平生态文明思想为指导。习近平生态文明思想是习近平总书记关于生态文明建设的全部观点、科学论断、理论体系和话语体系,是整个人类社会人与自然关系思想史上的重要里程碑,是对我们党领导生态文明建设实践成就和宝贵经验提炼升华的重大理论创新成果,是新时

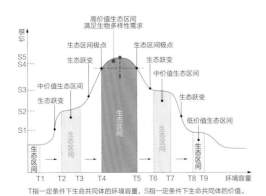

最优价值生命共同体高价值示意图

代推进美丽中国建设、实现人与自然和谐共生现代化的强大思想武器，为筑牢中华民族伟大复兴绿色根基、实现中华民族永续发展提供了根本指引。

"坚持生态兴则文明兴，生态衰则文明衰""坚持良好生态环境是最普惠的民生福祉"这两大原则，是站在人类共同利益的视角思考自然生态、经济和人类关系的观点，丰富和发展了民生内涵，回答了"为什么建设生态文明"。

"坚持人与自然和谐共生"这一原则，是以系统工程思路抓生态文明建设，回答了"建设什么样的生态文明"。

"坚持党对生态文明建设的全面领导""坚持绿水青山就是金山银山""坚持绿色发展是发展观的深刻革命""坚持山水林田湖草是生命共同体""坚持用最严格制度最严密法治保护生态环境""坚持建设美丽中国全民行动""坚持共谋全球生态文明建设"这7个原则，是对发展思路、建设对象、制度保障、行动主体、发展方向的认识和阐述，回答了"怎样建设生态文明"。

"生命共同体"理念是指导生态文明建设的基础性理念。因为绿色发展是以维护生命共同体为前提的发展，人类命运共同体建设离不开全球生命共同体的打造，保护生态实现最普惠的民生福祉是以保护生命共同体为基础的。

因此，生态文明建设的本质就是生命共同体的维护和建设。生命共同体的维护和建设既要追求满足生物多样性需求的基础价值，更要追求满足人民美好生活需要的最优价值，要始终以习近平生态文明思想为指导。

3.10 理念聚焦

最优价值生命共同体建设要始终紧紧围绕聚焦生态、聚焦风景、道法自然这三条主线，开展生态保护、修复、建设及价值提升工作。聚焦生态，就是聚焦山水林田湖草是生命共同体的理念，以自然生态为本，整体保护、系统修复、综合治理，追求生态系统健康稳定，满足生物多样性需求，体现生命共同体的基础价值。聚焦风景，就是要聚焦人与自然是生命共同体的理念，以人民为中心，促进绿水青山更大转化

为金山银山，建设人与自然的生命共同体，追求生态的风景和风景的生态、人与自然和谐共生的现代化，满足人民美好生活需要，体现生命共同体的最优价值。道法自然，就是要聚焦基于自然与人文的解决方案，原乡野境、象地而生地还原由"自然的生命共同体"和"人与自然的生命共同体"所组成的复合生态系统的原真性和完整性，提升生态系统的健康性和稳定性，优化生态系统的服务功能，实现低投入建设、低成本养护、可持续运维。

3.10.1 山水林田湖草是生命共同体
——聚焦生态，生态优先

最优价值生命共同体建设的第一位客观主体是山水林田湖草"自然的生命共同体"的建设，追求生态系统健康稳定，以满足生物多样性需求为目标。自然的生命共同体是山、水、林、田、湖、草、沙、冰及土、动物、微生物等自然要素相互依存所形成的平衡、统一的生命系统，是各种自然要素相互依存而实现循环的自然链条，具有整体系统性、区域条件性、有限容量性、迁移性、可持续性、价值性六个特性。因此，最优价值生命共同体建设的第一位要聚焦生态、生态优先，以自然恢复为主，遵循生态系统的内在机理和演替规律，按照山水林田湖草是生命共同体的理念，从生命共同体六个特性出发，既要对生命共同体的各生态要素进行系统分析，解决生态要素的耦合约束问题，也要对生命共同体的各要素之间、内部要素与整体系统之间的因果命脉关系进行整体权衡，解决生态系统的健康稳定问题，从而实现对"自然的生命共同体"的整体保护、系统修复、综合治理，科学合理地满足生物多样性需求。

3.10.2 人与自然是生命共同体
——聚焦风景，绿色发展

最优价值生命共同体建设的第二位客观主体是"人与自然的生命共同体"的建设，追求生态的风景和风景的生态、人与自然和谐共生的现代化，以满足人民美好生活需要为目标。人和人类社会是自然界长期发展的产物，自然界是人类赖以生存发展的基本条

件。人与自然的生命共同体强调人与自然之间是和谐共生的有机整体。人类只有本着尊重自然、顺应自然、保护自然的态度，在维护自然生态系统原真性、完整性的基础上追求人类的需求，方能真正迈出"人与自然和谐共生"的第一步。因此，最优价值生命共同体建设的第二位要聚焦风景、绿色发展，在"聚焦生态"的基础上以"风景"为抓手，充分发挥设计对美学意境和科学技术的正向作用，合理利用自然资源，优化生态资源配置，防止自然环境与人文环境的污染、破坏，保护与修复自然环境、地球生物，改善人类社会环境的生存状态，保持和发展生态平衡，协调人类与自然环境的关系，促进绿水青山更大转化为金山银山，最终保证自然环境与人类社会的协同发展。

生态的风景即强调生态保护与修复工作应遵循生态系统的内在机理和演替规律，在保护、修复自然生态系统的同时，围绕生命共同体六个特性，尽最大可能发挥设计的艺术价值，通过道法自然的自然恢复与大巧不工的生态修复、生态产业化和产业生态化的绿色发展路径，建设自然生态的风景、历史人文的风景、绿色发展的风景等"真生态"的风景，满足人类对良好生态环境的意境和服务需求。

风景的生态即要牢牢树立生态环境是人类生存最基础条件、是我国持续发展最重要基础的观点，一切行动都要守住"生态"底线，强调生态保护与修复工作在恢复自然生态系统结构和功能的同时，围绕生命共同体六个特性，尽最大可能发挥设计的美学价值，建设有美学画面的生态、硕果累累的生态、技术内涵的生态等"好风景"的生态，满足人类对良好生态环境的美学和产品需求。

3.10.3 基于自然的解决方案 ——道法自然，象地而生

最优价值生命共同体建设要求在生态保护、修复和建设的全过程中，应按照自然生态系统的内在机理和演替规律，恰当集成创新生态领域成熟、成套、低成本的技术、产品、材料、工法，按照基于场地现状的自然解决方案，追求原乡野境、象地而生，还原

"自然的生命共同体"和"人与自然的生命共同体"所组成的复合生态系统的原真性、完整性、健康性和稳定性。

道法自然的核心要义就是要遵循自然规律，以源于自然的材料、基于自然的方法修复和利用自然。尊重自然、顺应自然、保护自然，绝不是对自然环境完全不作为，而是坚持适度干预原则，主张向自然学习，道法自然，从中获得启示，进而模仿、参照、修复和利用自然，最终达到"原乡野境"与"象地而生"的境界。

"原乡野境"是一种遵循自然规律、尊重生态系统的原真性，基于乡土自然与人文特征，通过因地制宜地恢复自然地貌与水系、种植乡土野生植物，还原乡土动物生境，修复自然、乡土的生态系统；通过保护乡村遗产、传承乡土文化、设计原乡场景、丰富乡愁体验，再现原乡、郊野的风景画面，最终实现生态、文化与风景融合共生的生态保护与修复理念。"原乡野境"中的"原"字意为原来、本原，反映着生态保护与修复实践对于生态系统原真性的尊重；"乡"字有两层含义，其一是乡土、本土，指向乡土的自然生态，其二是乡村，指向乡土景观与乡愁记忆；"野"字与城市相对，意为自然野生与荒野风貌；"境"字意为风景与意境，强调生态保护与修复后所呈现的美好场景。

"象地而生"是指生态保护与修复中的人为介入应遵循自然规律，顺应环境特性，让介入的元素自然而然地存在并持续生长于场地自然生态系统之上。"象地而生"中的"象"字意为法令、道理、规律，摹拟、效法；"地"字有两层含义，一是土地与自然，二是地方与场所。"象地"反映着生态保护与修复实践中的人工介入必须尊重自然、顺应自然、道法自然，也必须尊重场地的实际情况和内在规律。"而"字表达的是承接关系与因果关系，是一种自然、自在、自觉的呈现；"生"字有两层含义，一是滋生、产生，二是生存、存在。"而生"强调人工介入的方式要承接自然过程，呼应场地特征，仿佛自然而然、自在而在、自觉而觉地存在、生长于土地之上。

3.11 目标愿景
——人与自然和谐共生的现代化

生命共同体价值提升的终极目标是追求人与自然和谐共生的现代化最优状态，即建设最优价值生命共同体，但在生态文明具体建设过程中，没有绝对最优的结果，只有相对最优的途径，唯有在基于自然和人文的解决方案的基础上，通过发挥设计对美学意境和科学技术的正向作用，优化生态资源配置，恰当选择最优的途径，系统化、多目标、全过程解决生态环境与绿色发展问题，在满足生物多样性需求的基础价值上，以人民为中心，建设"生态的风景"与"风景的生态"，满足人民美好生活需要，生命共同体价值才能朝着人与自然和谐共生的现代化最优状态趋进，从而实现最优价值生命共同体建设目标。

3.12 本章小结

生命共同体价值提升论的核心要义就是探索最优价值生命同体建设的理念、方法与技术。最优价值生命共同体建设是在习近平生态文明思想指导下，根据

生命共同体的六个特性（整体系统性、区域条件性、有限容量性、迁移性、可持续性和价值性），通过保护、修复、建设和价值提升，能够持续满足生物多样性需求和人民美好生活需要。位于高价值生态区间和最优价值点的生命共同体，是真正能够实现人与自然和谐共生的现代化美丽中国图景的生命共同体。

最优价值生命共同体理论是通过发挥设计对美学意境和科学技术的正向作用，对特定区域的生命共同体进行生态保护、修复、建设和价值提升，谋求满足生物多样性需求和人民美好生活需要的最优价值点的理念、方法、路径、技术的总结探索。

最优价值生命共同体理论的核心是在习近平生态文明思想指导下，遵循生态系统的内在机理和演替规律，聚焦山水林田湖草是生命共同体、人与自然是生命共同体，基于自然与人文的解决方案的理念，坚持生态优先、绿色发展，根据生命共同体的整体系统性、区域条件性、有限容量性、迁移性、可持续性和价值性六个特性，使生命共同体的价值处于高价值生态区间和全局最优价值点，持续满足生物多样性需求和人民美好生活需要，实现以生态为魂、以风景为象、人与自然和谐共生的现代化美丽中国图景。

第四章

生命共同体价值提升方法体系
——最优价值生命共同体
实践指引

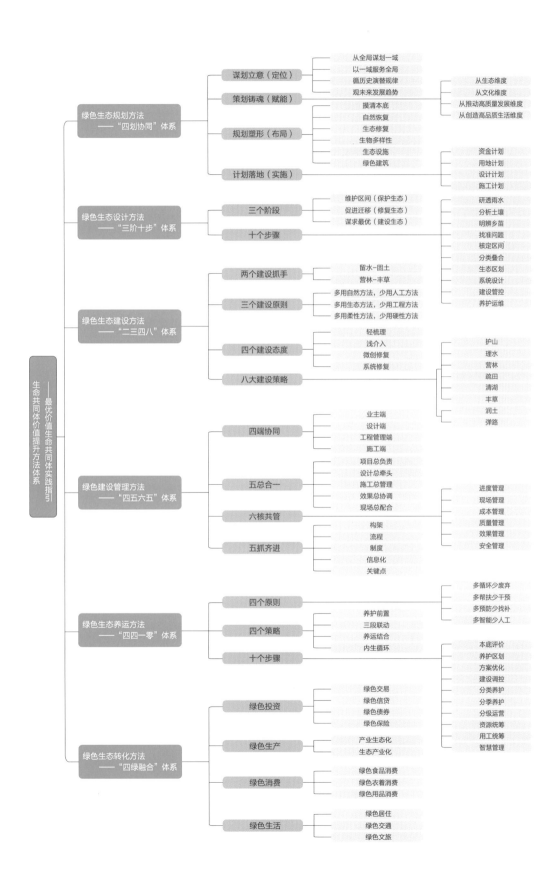

生命共同体价值提升方法体系——最优价值生命共同体实践指引

绿色生态规划方法——"四划协同"体系
- 谋划立意（定位）
  - 从全局谋划一域
  - 以一域服务全局
  - 循历史演替规律
  - 观未来发展趋势
- 策划铸魂（赋能）
  - 从生态维度
  - 从文化维度
  - 从推动高质量发展维度
  - 从创造高品质生活维度
- 规划塑形（布局）
  - 摸清本底
  - 自然恢复
  - 生态修复
  - 生物多样性
  - 生态设施
  - 绿色建筑
- 计划落地（实施）
  - 资金计划
  - 用地计划
  - 设计计划
  - 施工计划

绿色生态设计方法——"三阶十步"体系
- 三个阶段
  - 维护区间（保护生态）
  - 促进迁移（修复生态）
  - 谋求最优（建设生态）
- 十个步骤
  - 研透雨水
  - 分析土壤
  - 明辨乡苗
  - 找准问题
  - 核定区间
  - 分类叠合
  - 生态区划
  - 系统设计
  - 建设管控
  - 养护运维

绿色生态建设方法——"二三四八"体系
- 两个建设抓手
  - 留水-固土
  - 营林-丰草
- 三个建设原则
  - 多用自然方法，少用人工方法
  - 多用生态方法，少用工程方法
  - 多用柔性方法，少用硬性方法
- 四个建设态度
  - 轻梳理
  - 浅介入
  - 微创修复
  - 系统修复
- 八大建设策略
  - 护山
  - 理水
  - 营林
  - 疏田
  - 清湖
  - 丰草
  - 润土
  - 弹路

绿色建设管理方法——"四五六五"体系
- 四端协同
  - 业主端
  - 设计端
  - 工程管理端
  - 施工端
- 五总合一
  - 项目总负责
  - 设计总牵头
  - 施工总管理
  - 效果总协调
  - 现场总配合
- 六核共管
  - 进度管理
  - 现场管理
  - 成本管理
  - 质量管理
  - 效果管理
  - 安全管理
- 五抓齐进
  - 构架
  - 流程
  - 制度
  - 信息化
  - 关键点

绿色生态养运方法——"四四一零"体系
- 四个原则
  - 多循环少废弃
  - 多帮扶少干预
  - 多预防少找补
  - 多智能少人工
- 四个策略
  - 养护前置
  - 三段联动
  - 养运结合
  - 内生循环
- 十个步骤
  - 本底评价
  - 养护区划
  - 方案优化
  - 建设调控
  - 分类养护
  - 分季养护
  - 分级运营
  - 资源统筹
  - 用工统筹
  - 智慧管理

绿色生态转化方法——"四绿融合"体系
- 绿色投资
  - 绿色交易
  - 绿色信贷
  - 绿色债券
  - 绿色保险
- 绿色生产
  - 产业生态化
  - 生态产业化
- 绿色消费
  - 绿色食品消费
  - 绿色衣着消费
  - 绿色用品消费
- 绿色生活
  - 绿色居住
  - 绿色交通
  - 绿色文旅

　　理论只有与实际工作相结合，才能发挥它应有的作用。最优价值生命共同体理论为我国生态文明建设和国土生态保护修复提供了创新的理论指导，而在实践中，我们还需要通过系统的规划路径和完善的建设路径等方法体系徐徐展开具体工作。笔者从以往多个生态修复工程项目的全过程实施中，总结归纳出集"顶层规划—方案设计—建设实施—建设管理—后期运维—效益转化"为一体的全过程六个实践方法体系，即："四划协同"绿色生态规划体系、"三阶十步"绿色生态设计体系、"二三四八"绿色生态建设体系、"四五六五"绿色生态管理体系、"四四一零"绿色生态养运体系和"四绿融合"绿色生态转化体系。

4.1 绿色生态规划方法——"四划协同"体系

　　"四划协同"是指通过"谋划、策划、规划、计划"的四划协同耦合，将生命共同体建设项目的"定位、功能、布局、实施"全过程统筹协调，全要素一以贯之。谋划立意是解决如何定位的问题，策划铸魂是解决如何赋能的问题，规划塑形是解决如何布局的问题，计划落地是解决如何实施不走样的问题。

4.1.1 谋划立意

　　谋划立意是开展最优价值生命共同体规划工作的前提。谋划是指面对众多的不确定性，通过从全局谋划一域、以一域服务全局、循历史演进规律和观未来发展趋势的立体式思考，从宏观到微观、从局部到整

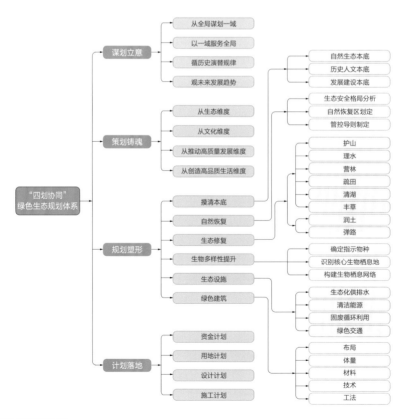

"四划协同"绿色生态规划体系

体、从历史到现在、从现在到未来，多层次、多方位地将众多可能性逐一分离，抽丝剥茧，最终找到明确的发展方向。古人云："求其上者得其中，求其中者得其下，求其下者无所得"，意在表明要高点定位、系统谋划、突出重点、注重实效。每个生命共同体所处的区域背景、所面临的核心问题皆不同，最优价值生命共同体的建设需要通过谋划，在众多的不确定性中，找到最适合的建设方向，为生命共同体"立生态文明之意"。

（1）从全局谋划一域——高屋建瓴

"自古不谋万世者，不足谋一时；不谋全局者，不足谋一域。"谋划立意需坚持从全局谋划一域，立足生态文明新时代，保持高起点、高站位，树牢"一盘棋"思想、贯彻"一体化"理念，从习近平新时代中国特色社会主义思想中找思路、找方法，从"五位一体"总体布局和"四个全面"战略布局中找方向、找定位。通过解读国家战略和政策，明晰国家的总体战略方针，从而突出问题导向，对标对表中央部署，梳理生命共同体建设的具体要求，高屋建瓴、以空为满地确保项目立意定位符合国家战略意图。

（2）以一域服务全局——见微知著

"行棋当善弈，落子谋全局。"谋划立意需坚持以一域服务全局，树立大局意识，服务全国发展大局，把每一个个体纳入整体中权衡，把每一部分放在全局中考量，通过与周边城市或环境对比分析，找准区位、生态、产业等优势，树牢战略思维、辩证思维、系统思维，全面地而非片面地看问题，妥善处理好局部利益与整体利益、眼前利益与长远利益的关系，切实把工作放到国际、国内大背景和全党全国的工作大局中去把握，见微知著、以小见大地在众多不确定性中找准项目最合适的方向。

（3）循历史演进规律——中医思想

"以史为鉴可以知兴替"，谋划立意应通过文献研究、数据分析等手段，洞悉历史演变特征，总结历史演进规律，从而为定位提供充足的基础信息，确保项目定位具有在地性与可操作性，并能在历史长河中经受得住时间的考验。洞悉历史演进规律要求谋划立意既能尊重地方历史成就、传承场地历史基因，也能总结经验教训、解决历史遗留问题，更能学史明理，依据历史演进规律，巧用中医思想为项目作出最高深的立意和最正确的定位决策。

（4）观未来发展趋势——国画思维

"大势将至、未来已来。"谋划立意要立足未来，通过观测未来发展趋势，坚持国画思维、留白艺术，站在未来看现在。谋划立意一方面要有未来眼光，从历史和未来相结合的角度出发，顺应时代大势，提高项目立意的战略纵深；另一方面要有战略定力，从更长的时间跨度上看待项目的综合效益，确保10年、20年、50年之后的可持续效益，真正让项目做到既能满足当代人的需要，又为后代人的发展留出空间，为后代人满足其需要的能力打下坚实的基础。

4.1.2 策划铸魂

策划铸魂是开展最优价值生命共同体规划工作的核心。策划是指在充分领会习近平生态文明思想的基础上，从国际、国家、区域、地方、场地等维度，用好"生态"和"文化"两个宝贝，推动高质量发展，创造高品质生活，全盘"策"动，在错综复杂的关系中探寻场地特质，将定位细化为可实施操作的项目产品。策划铸魂对于最优价值生命共同体的建设尤为重要，只有合理的赋能才能为谋划的"蓝图"提供有力的支撑和可行的路径，并将绿水青山转化为金山银山，为生命共同体"铸绿色发展之魂"。

（1）从生态维度——生态优先

生态是底，策划铸魂要始终坚持生态优先的理念，从空间格局的世界观测广度，思考生态保护展示功能。从生态维度赋能，需坚定不移地保护生态，牢固树立绿水青山就是金山银山的理念，针对当地生态环境中山水林田湖草沙冰及土、动物等多种自然要素所面临的问题，坚持系统治理思维，从全球、国家、区域、地方、场地等不同尺度下的生态安全格局的视角，科学分析生态斑块、基质、廊道特色，科学分析生态保护、修复的必要性、紧迫性和可行性，从而因地制宜地策划一批具有针对性的生态保护修复项目（如山体修复、水系治理、农田提升、清洁小流域等），恢复和重建已经受损的生态系统原有结构和功能，实现山清、水秀、林美、田良、湖净、草绿的优美生态环境，确保项目当地居民可持续地获得优质的生态产品。

（2）从文化维度——文化引领

文化是魂，策划铸魂要始终坚持文化引领的理念，从土地演替的历史发展历程，思考文化传承创新功能。从文化维度赋能，需传承本土文化，深挖民族文化、农业文化、红色文化、饮食文化、非物质文化等众多乡土文化，通过策划将最好的、最"土"的、最精致的文化内涵展示出来，促进传统文化实现创造性转化、创新性发展。将文化作为独特的旅游资源，以文化为灵魂、旅游为载体，丰富文创产品，以文促旅、以旅兴文、文旅联动，持续推动旅游理念、产品、业态、格局、营销、服务升级，加快农、文、旅融合发展，将文化遗产变为项目的文化资产。

（3）从推动高质量发展维度——绿色发展

高质量发展是绿色发展的必然要求，策划铸魂应"坚持生态兴则文明兴"的科学论断，思考推动高质量发展的示范带动功能，要紧紧围绕场地的资源禀赋和生态环境容量，坚持保护与发展并重，在保护好生态本底的基础上，用好生态资源，擦亮生态底色，深入推进生态产业化、产业生态化，探索以"生态+""+生态"为主的现代生态产业体系。以优质的资源禀赋和生态环境条件为基础，以市场化运营与社会化生产的方式促进生态产品与服务的经济价值得以变现，从而实现产业经济与生态环境良性循环发展，实现生态产业化。通过仿照自然生态的有机循环模式来构建产业的生态系统，在使资源得以高效循环利用的同时将生产活动可能产生的环境生态负担减轻到最小的限度，实现产业生态化。通过生态产业化、产业生态化路径，全方位破解"绿水青山就是金山银山"高级多元方程式，让项目推动高质量绿色发展。

（4）从创造高品质生活维度——以人民为中心

高品质生活是绿色发展的终极目标，策划铸魂应本着以人民为中心的价值追求，紧紧围绕场地的生态产品优势和风景美学价值，从创造最优品质维度，思考创造高质量生活的示范样板功能。从创造高品质生活维度策划，要实现高质量发展与高品质生活的融通融合、互促共进。紧紧围绕人民群众对美好生活的需要，以营造优美的生态环境和促进生活性服务业高质量发展为关键抓手，发挥生态环境保护与修复对创造高品质生活的支撑保障作用，推动创造更多优质生态产品，形成生态更安全、服务更普惠、设施更便利、品质更放心、业态更丰富、消费更舒心、生活更美好的生活性服务新场景，让项目提升人民群众的获得感、幸福感和安全感。

4.1.3 规划塑形

科学合理的规划塑形是在空间上落实策划成果的唯一途径。最优价值生命共同体建设践行生态优先、绿色发展的理念，不能照搬传统规划逻辑去布局，要按照"摸清本底、自然恢复、生态修复、生物多样性、生态设施、绿色建筑"六大绿色生态规划逻辑进行布局，为生命共同体"塑生态优先之形"。

（1）摸清本底

摸清本底是最优价值生命共同体规划布局的基础。摸清本底即对生命共同体的背景环境与基础条件进行摸查，本底包括自然生态本底、历史人文本底和发展建设本底。只有充分认识了这三大本底，才能更好地对生命共同体进行生态区划，因地制宜进行生态、生产、生活分区。

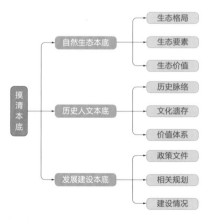

摸清本底框架图

1）自然生态本底

自然生态本底研究应从生态格局、生态要素和生态价值三个维度出发，识别基本特征，研判关键问题。生态格局研究主要是从宏观视角识别自然地理与生态系统结构特征，同时整体研判宏观地理与生态结构上的问题；生态要素研究主要是从尺度、类型和价值三个方面对山、水、林、田、湖、草、沙、冰及土、动物、微生物等自然生态要素进行分析，并分别研判各类生态要素面临的关键问题；生态价值研究主要是从产品提供价值、调节服务价值和文化服务价值等方面，对比参照生态系统，核算生态系统生态总值（GEP），明晰现状生态价值、转化能力和可提升潜力。通过对自然生态本底的研究，可为生命共同体的建设夯实生态之基。

2）历史人文本底

历史人文本底研究应围绕历史脉络、文化遗存和价值体系三个方面，挖掘、明晰地方文化内核。历史脉络研究主要是厘清地方历史发生、发展的关键阶段，提炼不同阶段的历史文化名人或重要事件等；文化遗存研究主要是摸查现存的重要遗址、一般遗址等名胜古迹的空间位置和具体保护边界，通过史料研究历史上曾经存在但当下没有遗存的重要文化遗产；价值体系构建主要是对本土文化特色和内核进行挖掘、提炼，传承和弘扬文化精神和信仰，形成新时代的文化名片。通过对历史人文本底的挖掘，为生命共同体的建设铸牢文化之魂。

3）发展建设本底

发展建设本底研究应围绕政策文件、相关规划和建设情况三个方面，梳理现状建设基础和未来的发展计划。政策文件研究主要是梳理归纳国家、省市及地方不同层面的会议精神和指示，明晰潜在的发展方向及发展要求；相关规划研究主要对上位相关规划进行梳理，明确需要落实或衔接的功能定位和目标任务，如国土空间规划、产业发展规划、综合交通规划等；建设情况研究主要是梳理现状既有建筑、道路以及其他基础设施，区分历史建筑和一般建筑、市政路和机耕路、管网及其他基础设施。通过对发展本底的详细梳理，为生命共同体的建设奠定保护、修复和发展的基础。

（2）自然恢复

自然恢复是最优价值生命共同体规划布局的前提。自然恢复即通过生态安全格局分析，将自然生态本底条件良好的区域划为自然恢复区，充分利用自然生态系统的负反馈调节能力进行自我恢复，并制定科学合理的保护目标、管控导则和管控措施进行保育，从而最大限度地保护自然生态系统的整体性，提升其整体生态系统服务功能。

自然修复区框架图

1）生态安全格局分析

生态安全格局是指对维护生态过程的健康和安全具有关键意义的景观元素、空间位置和联系，是维护区域生态系统完整性的基础保障。生态安全格局分析即通过对各类生态要素的关键生态过程进行分析与模拟，识别区域生态安全格局，作为划定自然恢复区和生态修复区的依据之一。

2）自然恢复区域划定

基于生态安全格局分析，结合现状自然生态本底特征，可识别现状生态本底条件良好、生态敏感性较高的区域，将其划定为自然恢复区。在自然恢复区内，应尽可能减少人为干预，以保育、管控为主，促进生态系统的自然恢复。自然恢复区是体现生态系统原真性和完整性的重要区域，同时也是生态修复区域的参照目标。

3）管控导则制定

针对划定的自然恢复区，应结合生态安全格局分析，分别对自然恢复区内的山水林田湖草等自然要素及生物保护需求制定正面和负面管控导则。正面管控导则是基于自然恢复区内各要素在生态系统中所扮演的角色和重要性，制定差异化的准入清单，通常以"允许""建议""适宜"等表述进行规定；负面管控导则是为保障自然恢复区内生态系统的健康，确保不突破生态安全的底线要求而制定的限制清单，通常以"禁止""严格控制""不适宜"等条款进行规范。

（3）生态修复

生态修复是最优价值生命共同体规划塑形的重要手段。生态修复即对自然恢复区以外的其他需要生态修复的区域，明确生态系统的缺陷和问题，进行生态要素修复、生态过程修复和生态结构修复。生态要素修复的核心是对山、水、林、田、湖、草、沙、冰及土等各类生态要素进行逐一分析，通过调节"水"和"土"生态本底要素、"林"或"草"生态核心要素等的结构与功能，并协调与配置不同要素之间的关系，提出"护山、理水、营林、疏田、清湖、丰草"及"润土、弹路"八大规划策略与对应措施。生态过程修复的关键是在遵循生态系统内在机理和演替规律的基础上，恢复自然生态过程。生态结构修复的重点是按照生态系统的原真性、完整性，修复受损生态系统的水平、垂直、食物链、栖息地结构。生态修复的重点工作布局包括但不限于护山、理水、营林、疏田、清湖、丰草、润土、弹路等。

1）护山

"护山"是针对"山"这一基本生态要素提出的修复策略。山是地表水系统的重要源地，是森林系统的重要载体，也是陆地生物多样性的富集区和生态系统生产力的高值区，护好山才能为生命共同体的水、林、田等生态要素提供支撑。"护山"是以现状调查为基础，通过对水土流失、滑坡、崩塌等地质灾害的分析与模拟，识别现状及潜在的水土流失及地质灾害风险区，通过水土保持、地灾防护安全格局分析划分不同的风险等级，并根据不同的风险等级制定相应的修复措施与技术，使得山体更好地发挥对水系统、森林系统的承载作用以及对周边区域的生态屏障作用。

2）理水

"理水"是针对"水"这一关键生态要素提出的修复策略。水是生态系统两个本底要素之一，既可以

灌溉、滋养各类植物和动物，又可以改善微生物环境，提高土壤物理性能，理好"水"是支持其他生态要素健康发展的本底条件。"理水"是以现状降雨时空特征和地形地貌为基础，对自然径流与汇水分区进行分析与模拟，识别不同等级的雨水廊道和不同降雨重现期下的淹没风险区，通过将水安全格局与现状水系、村镇、城市以及未来规划布局进行对比分析，科学合理优化水系统空间布局，并根据雨水廊道等级和淹没风险重现期的不同而制定相应的修复措施与技术，使得水更好地发挥对其他生态要素、生物及人生存的基础作用。

3）营林

"营林"是针对"林"这一核心生态要素提出的修复策略。林是生态系统的核心要素，森林能够涵养水源，同时为生物提供更丰富的栖息地和食物链，营好"林"是体现生命共同体生物多样性和生态文明建设水平的重要指征。"营林"是以现状林地的分布、类型和质量为基础，通过坡向、坡位、坡度、土壤质地、土地利用类型等立地条件，识别林地修复的高潜力空间，模拟潜在的不同等级宜林区，并根据不同等级的宜林区制定相应的修复措施与技术，使林地更好地发挥水源涵养、固碳、水土保持、防风固沙、生物保护、调节气候及美化环境等作用。

4）疏田

"疏田"是针对"田"这一基本生态要素提出的修复策略。田是生态系统的支撑要素，是人们生产生活的重要载体，疏好"田"既能留住农业文明，也能丰富生境类型和食物链，从而丰富生物多样性。"疏田"是以现状农田分布为基础，通过提高平均坡度、耕地连片度、土壤有机质、有效土层厚度等自然条件和田间道路通达度等基础设施条件，构建高标准农田评价体系，识别不同等级的高标准农田适宜区，并根据打造高标准农田的难易程度不同，制定相应修复措施与技术，使农田集中连片、设施配套、高产稳产、生态良好、抗灾能力强、与现代化农业经营方式相适应，更好地发挥其高产作用。

5）清湖

"清湖"是针对"湖"这一基本生态要素提出的

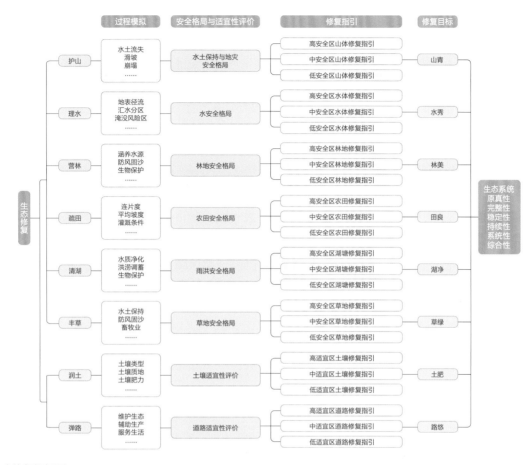

生态修复框架图

修复策略。湖是生态系统的重要组成部分，是收集雨水、灌溉农田苗木的重要载体，清好"湖"既可完善水体生态系统，又可呈现清水绿岸、鱼翔浅底的场景。"清湖"是以现状湖泊分布、库容、水质为基础，通过水质净化、生物多样性保护、不同重现期的洪涝调蓄需求，识别湖泊、库塘的保护、修复等级和范围，并根据不同的修复等级和范围制定相应的修复措施与技术，使湖能更好地发挥河川径流调节、灌溉、生态供水、生活用水供给、生物保护等作用，维护区域生态系统平衡。

6）丰草

"丰草"是针对"草"这一基本生态要素提出的修复策略。草是生态系统中仅次于林的核心要素，是生命共同体的生态表皮，丰好"草"既能保持水土，也能完善生态结构，丰富栖息地和食物链。"丰草"是以现状草地的分布、类型、质量以及所处的地域条件为基础，通过坡向、坡位、坡度、土壤质地、土地利用类型等立地条件以及与水的距离等多因子综合条件，结合水土保持、防风固沙、水源涵养、畜牧业等不同需求，识别不同类型的草地恢复区和适宜区，并根据草地功能和类型的不同而制定相应的修复措施与技术，使草地更好地发挥相应的生态功能。

7）润土

"润土"是针对"土"这一基本生态要素提出的修复策略。土是生态系统两个本底要素之一，是支持其他生态要素健康发展的本底条件。"润土"是以土壤的类型、质地、肥力等为基础，通过明晰固碳、农业种植、林草地修复等不同功能需求，识别不同类型的土壤改良区，并根据土壤改良类型和目标的不同而制定相应的修复措施与技术，使土壤更好地发挥在固碳、提供植物与农作物基质和营养库、污染物分解与转化、保护生物多样性等方面的作用。

8）弹路

"弹路"是针对串联各生态要素之间的道路提出的修复策略。路是生态养护、生产辅助、生活服务的主要通道，也是串联场景空间的脉络。"弹路"是以现状道路的分布、功能及形式为基础，通过综合山、水、林、田、湖、草等生态要素的敏感性和适宜性分析结论，判断现状道路以及未来规划路网对生态系统的干扰程度，并根据干扰程度的不同而制定相应的修复措施与技术，使道路在保障基本功能需要的基础上，最大限度地降低对其他生态要素及整体生态系统的负面干扰。

（4）生物多样性

生物多样性是最优价值生命共同体规划布局的核心目标之一。生物多样性提升是在现有生物和生境类型的基础上，通过筛选指示物种，对指示物种的习性进行分析与研究，识别核心生物栖息地，通过地理信息系统或生物空间分布预测模型，构建生物栖息网络，并制定相应的保护管控导则与提升措施。生物多样性提升的核心内容包括明确生境特征、优化生境结构、提升生境质量。明确生境特征是通过物种调查和分析，确定生命共同体内现有和潜在的生境类型；优化生境结构是通过分析每一类生境的空间适宜性，改善生境布局；提升生境质量是通过管控人类行为和改善生物栖息条件，整体提升生境的品质。

1）确定指示物种

确定指示物种是在明晰现状生物种类和生境类型的基础上，选取不同生境类型下对环境质量和人类干扰有较强敏感性、分布较为广泛的物种作为指示物种，通过对指示物种的觅食、筑巢、产卵、驻足、栖息等生活习性的深入研究，确保其可以成为引起公众对生物多样性保护关注的物种，并且通过对指示物种的保护，可以管理和监测整个生态系统的健康程度及生物多样性水平。

2）识别核心生物栖息地

识别核心生物栖息地是在对指示物种习性的研究基础上，利用地理信息系统、生物空间分布模型等，模拟预测适宜指示物种生存的核心栖息地分布，这些区域是指示物种维持其生存所必需的优质且相对稳定的生境。

3）构建生物栖息网络

构建生物栖息网络是在核心生物栖息地识别的基础上，根据不同的土地利用类型、人为干扰等因素构建水平阻力面，通过最小累积阻力模型（MCR）、形态学空间格局分析（MSPA）、图论法（Graphab）等分析模型，分析模拟生物迁徙的关键生态廊道，综合核心生物栖息地、生物迁徙廊道构建完整的生物栖息网络。针对生物栖息网络内的受损、退化生境，采取特定的生态修复措施与技术，提升食物链的复杂性和稳定性，丰富提升生物多样性。

（5）生态设施

生态设施是最优价值生命共同体规划布局满足人民美好生活需要的基础要求之一，其核心内容包括清洁能源、绿色交通、固废循环利用、生态化供排水四大生态设施体系，旨在提升生命共同体的综合生态效益。

1）清洁能源

清洁能源体系是指通过地源热泵、江水源热泵、太阳能、风能等提升生态修复区内的清洁能源使用率。

2）绿色交通

绿色交通是指通过建设多级慢行交通系统和电动公交接驳体系，控制燃油车出行数量，提升绿色交通出行率。

3）固废循环利用

固废循环利用体系是指将日常产生的生活垃圾全部就近降解分解、消化吸收和循环利用，实现生态修复区内垃圾零排放。

4）生态化供排水

生态化供排水体系是指通过建立分散式雨水资源利用系统和分散式污水再生利用系统，实现生态修复区内日常用水的自平衡和污水零排放。

（6）绿色建筑

绿色建筑是最优价值生命共同体规划布局满足人民美好生活需要的另一基础要求，其核心内容是按照"大保护、微开发、巧利用"的理念，秉承"随形、嵌入、靠色、顺势、点景"的原则，将满足人类基本功能需求的必要建筑轻轻放入自然环境当中。

1）布局

绿色建筑布局需要利用地形地貌、顺应生态廊道、适应气候条件、建立生长模式、优化交通系统、利用地下空间、整合竖向设计，形成与周边环境相适应的绿色建筑总体布局。

2）体量

绿色建筑体量需要在满足使用功能的前提下，尽量控制空间的层高、面积、尺度，以及不必要的功能设置，使建筑体量和规模适中，节约用地和建设成本，减少各类资源消耗。

3）材料

绿色建筑材料需要在设计与施工中，对建筑用材的总量进行精细化控制，鼓励通过就地取材、废材利用、循环再生等方式降低建造过程的碳排放，节约资源和建筑成本，保护生态环境。

4）技术

绿色建筑设计与建造的全过程鼓励采用BIM技术，对项目整体搭建模型，使数据共享，形成以BIM为中心，实现对建筑功能、细部设计、材料、施工、造价及其他分析的整体统筹，精准管控。

5）工法

绿色建筑设计与建造鼓励选用标准设计和集成建造，将建筑结构体与装配式建筑内装体一体化集成为完整的建筑体系，提高生产效率、合理控制成本、提升建筑品质，实现可持续的建设目的。

4.1.4 计划落地

计划落地是最优价值生命共同体规划建设的最后一步，对于规划塑形的生命共同体总体结构布局，需要通过资金、用地、设计和施工等四个方面有计划地进行工程实施与管理运维，其中资金是基础，用地是前提，设计是关键，实施是保障，通过有序的计划方能将谋划的蓝图、策划的功能和规划的形态全面落实到具体的空间上，为生命共同体"变金山银山之现"。

（1）资金计划

资金是推进生命共同体建设的基础，最优价值生命共同体的规划建设需要加强资金的预算、管理，探索多元化的资金筹措渠道和制定详细的资金使用计划。

加强资金预算管理是在策划功能、规划布局的基础上，合理预测投资金额，指导资金预算管理，包括现金流预算、资金占用预算、资金需求预算、融资和财务费用预算等，提高资金的使用效率。

探索多元化的资金筹措渠道可以有效降低政府及其他建设主体的资金成本，通过多种形式不断拓宽资金筹措渠道，科学估算筹资风险，合理选择筹资方式，分散或转移筹资风险。

制定详细的资金使用计划可以有效组织项目资金，将资金管理的责任进行分解，落实到相关各层级及人员，充分考虑生命共同体建设阶段出现的各种风险因素对于资金使用计划的影响，提升资金使用效果。

（2）用地计划

用地是推进生命共同体建设的前提，需要充分分析与落实策划项目的用地需求、核对国土空间规划的用地性质及边界、明晰现状用地的权属等，做好用地计划。

落实策划项目用地需求是以策划的生态保护、文化传承、高质量发展、高品质生活等不同功能类型的项目为依据，明确每个项目所需的用地位置、用地性质、用地规模等基础条件，形成项目用地需求清单。

核对国土空间规划的用地性质及边界是将项目用地需求纳入上层规划，校核其用地性质、用地规模、用地边界等是否符合规划条件，是否需要根据用地要求做进一步细化调整。

明晰现状用地权属是为了明确项目用地是国有、集体所有、承包给私人所有以及其他权属形式，以便进一步明确用地的可操作性以及权属变更所需要的时间周期。

（3）设计计划

设计是推进生命共同体建设的关键环节，应根据策划的功能项目和规划的空间布局，合理安排分期设计计划，科学、合理、有序地开展高质量设计工作，助推生命共同体的建设高标准落地。

设计计划是在资金计划和用地计划的基础上，结合生态修复、城市居民所面临的迫切问题，制定设计工作的计划。设计计划应优先选取问题最典型、资金需求最合理、用地权属最明确的区域作为样板示范区，对技术、产品、材料、工法等进行实践与验证，形成设计标准，更好地指导下一步设计工作的开展。

（4）施工计划

施工是最优价值生命共同体规划建设的最终保障，是在设计的基础上，形成标准化的理论技术方法体系、产品材料工法体系、组织实施管理体系，进而有序安排施工计划，将最优价值生命共同体的蓝图最终变现落地。

理论技术方法体系是以最优价值生命共同体理论为指导，在生命共同体的实施过程中始终坚持节约优先、保护优先，按照生命共同体的六大特性，抓住"水—土"生态本底要素、"林—草"生态核心要素，通过护山、理水、营林、疏田、清湖、丰草、润土、弹路八个建设策略，科学合理地开展生态修复工作。

产品材料工法体系是通过自然、生态、柔性的修复方法，分类分项创新应用一系列成熟、成套、低成本的生态修复关键技术，降低实施过程中的碳排放，实现生态优先、绿色建设。

组织实施管理体系是通过统筹、协调不同参与方，对业主端、设计端、工程管理端、施工端进行协同管理，形成项目总负责、设计总牵头、施工总管理、效果总协调、现场总配合的全方位服务机制，将进度、现场、成本、质量、效果和管理六大核心内容进行统筹管理，抓住构架中的核心人员和骨干人员，实现高效组织和管理。

4.2 绿色生态设计方法 ——"三阶十步"体系

最优价值生命共同体绿色生态设计按照"三阶十步"的绿色生态设计体系，有效促进生命共同体从既有价值生态区间向高价值生态区间迁移，并在高价值生态区间内谋求满足生物多样性需求和人民美好生活需要的最优价值点，从而实现以生态为魂、以风景为象、人与自然和谐共生的最优价值生命共同体建设。

4.2.1 三个阶段

一个生命共同体从既有价值迁移到最优价值，一般可通过"维护区间、促进迁移、谋求最优"三个阶段实现。

（1）维护区间

第一个阶段：维护区间，即维护生命共同体既有价值的生态区间。这一步的主要工作是保护生态，即保护既有生态系统的原真性和完整性。维护区间要遵循"尊重自然、顺应自然、保护自然"的生态文明理念，通过摸清自然生态、历史人文、发展建设三大本底，准确定位、科学区划，划定自然恢复区，以自然恢复为主，按照轻梳理、浅介入的方式整体保护既有生态系统的原真性和完整性，维护生命共同体既有价值的生态区间。

（2）促进迁移

第二个阶段：促进迁移，即促进生命共同体从既有价值生态区间向高价值生态区间迁移。这一步的主要工作是修复生态，即修复自然恢复区以外被破坏的区域，还原生态系统的原真性和完整性。促进迁移要按照"天人合一、道法自然"的价值追求，聚焦生态，通过抓住"水"和"土"两个生态本底要素、"林"和"草"两个生态核心要素，以"留水—固土"为切入点，全面统筹生命共同体各子系统，按照"护山、理水、营林、疏田、清湖、丰草、润土、弹路"等策略，系统修复被破坏的山水林田湖草"自然的生命共同体"，建设满足生物多样性需求的高价值生命共同体。

（3）谋求最优

第三个阶段：谋求最优，即谋求高价值生态区间内的全局最优价值点。这一步的主要工作是建设生态，即建设满足人民美好生活需要的最优价值生命共同体。谋求最优要按照"知行合一、大巧不工"的人文境界，聚焦风景，优化生态、生产、生活资源配置，通过发挥设计对美学意境和科学技术的正向作用，"多用自然的方法，少用人工的方法；多用生态的方法，少用工程的方法；多用柔性的方法，少用硬性的方法"，集成创新生态领域成熟、成套、低成本的技术、产品、材料、工法，融合生态设施、绿色建筑，综合治理"人与自然的生命共同体"，通过生态产业化、产业生态化路径，在高价值生态区间内耦合

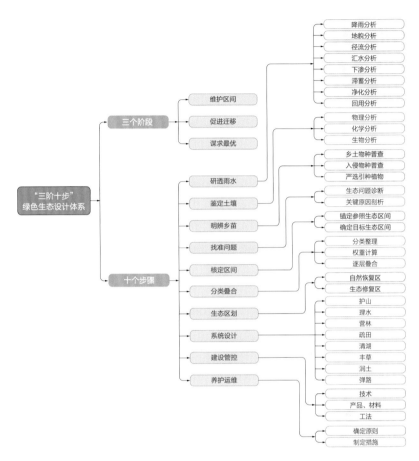

"三阶十步"绿色生态设计体系

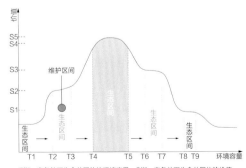

T指一定条件下生命共同体的环境容量，S指一定条件下生命共同体的价值。

维护区间示意图

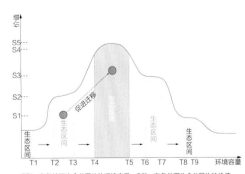

T指一定条件下生命共同体的环境容量，S指一定条件下生命共同体的价值。

促进迁移示意图

生命共同体各子系统的关键指标、全过程谋求生命共同体全局最优价值点，建设满足人民美好生活需要、以生态为魂、以风景为象的、人与自然和谐共生的现代化最优价值生命共同体。

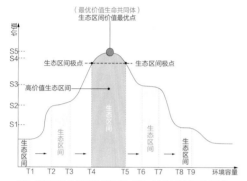

T指一定条件下生命共同体的环境容量，S指一定条件下生命共同体的价值。

谋求最优示意图

4.2.2 十个步骤

从既有价值区间的生命共同体迁移到最优价值生命共同体的三步阶段的具体设计方法可细分为"研透雨水、鉴定土壤、明辨乡苗、找准问题、核定区间、分类叠合、生态区划、系统设计、建设管控、养护运维"十个步骤。

（1）研透雨水

研透雨水是按照生命共同体的整体系统性和区域条件性，从生命共同体的雨水径流过程入手，以降雨特征与地貌特征为基础，模拟分析降雨—径流过程，通过"降雨分析、地貌分析、径流分析、汇水分析、下渗分析、滞蓄分析、净化分析、回用分析"八个步骤，确定雨水收集、净化、利用方式和暴雨滞蓄、排放方式，统筹区域水系统整体布局与要素配置，让雨水落地后，自然流淌到最适宜的地方，最终呈现最美的状态。

1）降雨分析

降雨分析是指利用测量、统计等手段，从时间和空间两个维度明确降雨时空分布特征和规律，为后续理水提供雨型、雨量等数据基础。时间维度上主要包括年际（如近30年年均降雨量的变化）、月际（月均降雨量）、日（24小时、12小时、6小时、3小时累积

降雨量）变化特征，以及5年、10年、20年、50年、100年等不同重现期的24小时、12小时、6小时暴雨特征。空间维度主要是分析降雨量在空间上的分布，包括降雨等值线、雨量观测站点值等。

2）地貌分析

地貌分析是通过地理信息系统建立地形三维模型，明确场地地形走势，为径流分析和汇水分析提供依据。地形三维模型分大、小两个尺度。大尺度地形模型主要用于分析场地径流与周边水系的衔接关系，评估场地外围汇水对场地内的影响；小尺度地形模型主要是指设计红线范围内较为精细的地形，用于分析场地内的径流路径和汇水分区组织。

3）径流分析

径流分析是在降雨和地貌分析的基础上，通过地理信息系统中的水文分析工具计算水流方向、汇流累积矩阵、水流长度及河流网络，划定地表径流等级，并根据不同的径流等级和雨水传输需求预留、疏通一定宽度的雨水廊道。

4）汇水分析

汇水分析是在径流分析的基础上，根据场地尺度大小及分析需求，通过设定集水阈值，结合道路和地形划定汇水分区。以汇水分区为单元，结合下垫面用地类型，计算每个汇水分区在不同降雨情况下的产流量。

5）下渗分析

下渗分析是根据土壤质地不同，鉴定土壤物理、化学等性质，明确不同区域的下渗系数和下渗能力。根据下渗分析结论，结合径流分析和汇水分析，布局下凹式绿地、渗井、雨水花园等低影响设施的空间位置。

6）滞蓄分析

滞蓄分析是水资源利用的重点，除了即时利用、自给自足之外，更在于可以使枯水期、缺水地等有水可用。滞蓄分析的目的是解决径流总量与滞蓄空间容量之间的矛盾，在丰水期及多水地集水、蓄水，并挪用到需水场景，实现水资源在空间和时间上的调配，解决季节性、地域性水资源分配不均的问题。

7）净化分析

净化分析是根据现状水质情况，分析研究污染物成分、成因、总量、汇入路径等，构建生态缓冲带、

生态湿地等自然净化系统，在汇入水体的过程中，尽可能地将污染物隔绝、引走或降解，最大化减少污染物输入总量。对于汇入水的污染物，通过自然净化、生态手段处理污染物，使其达到相应水质标准。

8）回用分析

回用分析是通过计算生态、景观、灌溉、养殖等用水量，构建雨水回用系统，将收集、净化和蓄存的雨水通过自然或人工等输送方式，引入鱼塘、农田、果园、绿地、草场等需水场所，完成对水从自然性到资源性的转变，提升雨水资源利用率。

（2）鉴定土壤

鉴定土壤是按照生命共同体的区域条件性，通过"物理分析、化学分析、生物分析"三种方法，鉴别区域土壤性质，识别并评价土壤厚度、肥力、性状等基本情况，从而明确生态修复的土壤条件与健康水平，进一步指导未来的土壤修复与肥力提升，支撑山、林、田、草等多种要素的全面生态修复。

1）物理分析

物理分析主要研究土壤中物质存在的状态、运动形式及能量的转移，包括土壤含水量、渗透率、孔隙度、含砂量、容重、松软程度、温度等与林、草、农作物生长和微生物生存相关的因素，用于支撑其他要素修复。

2）化学分析

化学分析主要是研究土壤中各种化学成分的含量和某种性质，包括硅、铝、铁、镁、钾等土壤微量元素，以及重金属、有机污染物含量等，判断土壤的健康程度和主要的污染元素，用以指导生态修复措施与技术选择。

3）生物分析

生物分析主要是研究土壤中细菌、原生动物等微生物。土壤是微生物生长和繁殖的天然培养基，土壤微生物之间相互依赖、彼此制约，同时又与周围的环境因子相互作用、往复调控，对提升土壤肥力、固碳能力及分解能力具有重要作用。

（3）明辨乡苗

明辨乡苗是按照生命共同体的整体系统性和区域条件性，从气候、土壤等立地条件分析生态修复区典型地带植被类型和乡土植物品种，通过"乡土物种普查、入侵物种普查、严选引种植物"三个步骤，确定可利用的乡土植物苗木表，指导乔木、灌木、地被、水生等植物在不同场地的品种选择和种植方式。

1）乡土物种普查

乡土物种普查即在生态修复不同区域内按一定的线路对观察到的物种进行记录、采集凭证标本以及拍摄植物照片，以便对植物标本作进一步鉴定。根据外业调查所采集的植物标本以及拍摄的植物照片等资料，在查阅《中国植物志》、地方植物志、地方植物名录等书籍资料及地方野生植物、相关植物调查论文等文献资料的基础上，对部分存疑标本进行植物标本的馆藏标本查证，对外业记录的名录进行核实和补充，整理出生态修复区植物名录，并对生态修复区植物资源进行分析。根据《中国物种红色名录》，以及《国家重点保护野生植物名录》，统计出生态修复区濒危保护植物种类。

2）入侵物种普查

入侵物种是指在自然或半自然生态系统中定居、繁殖、扩散，对生物多样性和社会经济造成明显损害或不利影响的外来植物。《生物多样性公约》中将"外来入侵物种"定义为威胁生态系统、生境或物种的外来物种。外来入侵物种是导致生物多样性丧失的第二大因素。有效控制入侵物种，提升生态系统的入侵抵御能力，是保护生物多样性的重要途径之一。在实际生态修复过程中，通过野外调查方法对生态修复区外来入侵植物进行调查监测，植物调查可采用典型抽样法、核实法、系统抽样法等方法，在可行范围内推荐使用无人机技术对连片分布的外来入侵植物开展调查监测，通过专家筛选、评估确定最终入侵植物名录。

3）严选引种植物

引种植物是指把植物栽培品种或野生植物资源从分布地区引入到新的地区生长、作为生态修复的植物品种。选择引种植物的原则，一是所引植物对当地环境条件适应的可能性较大，成活率高、养护成本低；二是所引植物必须能满足生物多样性需求，可以为生物提供食源、蜜源，适宜生物筑巢、驻足，改善生境质量，丰富生物多样性；三是所引植物能满足人民日益增长的美好生活需求，可以遮荫避雨，丰富季相变化，营造生态的风景。在保证引种成功的前提下，应尽可能地直接利用原产地经过改良的植物品种，这样才能使引入的植物在经过栽培试验后直接投放到生产中，保证引种的高效性。

（4）找准问题

找准问题是根据生命共同体的区域条件性与有限容量性，依托地形、地貌、生境等环境条件，整体提炼区域生态与景观特征，并基于生态与景观特征，对比参照生态系统，找准目前面临的核心问题与一般问题，进而评估现状生命共同体的价值，推断生态保护、修复与建设的重点、难点和主要策略。

1）生态问题诊断

生态问题诊断包括一般问题诊断和核心问题诊断两个方面。一般问题是指普遍性的生态问题，其不是造成修复区生命共同体价值变低的主要因素。核心问题是指引发生命共同体价值跃变的核心要素，以此为切入点即抓住了生态修复的关键点。如三峡库区消落带的关键生态问题是水土流失、植被退化、生境单一等，因此护岸固土、稳定植被、丰富生境是其生态修复成功的关键。

2）关键原因剖析

关键原因剖析是在生态问题诊断的基础上，选取一个能够作为生态修复范本或基准的生物群落和无机组分作为参照生态系统，对退化生态系统的组成、结构、功能和服务等方面，通过生物途径、生境途径和生态过程途径等方法进行对比分析，找准生态系统退化的关键原因。生物途径主要是针对退化生态系统中动物、植物、生物多样性指数、密度等生物组成与结构、生物数量、生物生产能力等方面进行分析，与参照生态系统形成对比，进而进行原因剖析。生境途径主要是针对气候因子变化不大、土壤因子变化较大的生态系统，通过鉴定土壤质地、有机质、酸碱性等理化性质进行对比剖析。生态过程途径主要是针对退化生态系统的种群动态、种子或生物体的传播、捕食者和猎物的相互作用、群落演替等关键生态过程进行对比分析，确定生态系统的退化程度和退化原因。

（5）核定区间

核定区间是根据生命共同体的价值性和有限容量性，围绕生物多样性需求和人民美好生活需要两个核心指标，提前评估现状价值，结合参照生态系统相关指标，明确向高价值生态区间迁移的潜力。通过锚定参照生态系统的关键指标，同时模拟计算目标生态系统的相应指标，核定高价值生态区间，避免在寻找全局最优价值点的过程中突破高价值生态区间极点。

1）锚定参照生态区间

锚定参照生态区间，即通过锚定一个能够作为生态修复目标或基准的生态系统，分析其关键指标，作为生态修复的参照生态区间。参照生态系统通常包括破坏前的生态系统、未因人类活动而退化的本地生态系统，以及能够适应正在发生的或可预测的环境变化的生态系统。

锚定参照生态系统的关键指标包括年径流总量控制率、森林覆盖率等。年径流总量控制率区间是目前衡量一个场地开发前后水文特征变化的核心指标。森林覆盖率是指森林面积占土地总面积的比率，是反映一个国家（或地区）森林资源和林地占有的实际水平的重要指标。

2）确定目标生态区间

确定目标生态区间，即以参照生态区间为基础，结合场地实际情况，确定生态修复预期达到的关键指标生态区间。

年径流总量控制率的确定可通过以与开发前的水文状态为参照，综合考虑多方因素，核定合理的指标区间值。一方面，开发建设前的径流排放量与地表类型、土壤性质、地形地貌、植被覆盖率等因素有关，应通过分析综合确定开发前的径流排放量，并据此确定适宜的年径流总量控制率。另一方面，要考虑当地水资源禀赋情况、降雨规律、开发强度、低影响开发设施的利用效率以及经济发展水平等因素；具体到某个地块或建设项目的开发，要结合本区域建筑密度、绿地率及土地利用布局等因素确定。因此，在综合考虑以上因素的基础上，当不具备径流控制的空间条件或者经济成本过高时，可选择较低的年径流总量控制目标。同时，从维持区域水环境良性循环及经济合理性角度出发，径流总量控制目标也不是越高越好，雨水的过量收集、减排会导致原有水体的萎缩或影响水系统的良性循环；从经济性角度出发，当年径流总量控制率超过一定值时，投资效益会急剧下降，造成设施规模过大、投资浪费的问题。

森林覆盖率的确定可基于参照生态系统的生态区间，通过筛选海拔、坡度、坡向、土壤质地等限制因子，结合现状林地的空间分布，借助地理信息系统（GIS）预测和模拟森林适宜布局的区域，对比参照生态系统森林覆盖率指标，以此找出潜在的森林恢复区，作为核定高价值生态区间的重要依据。

（6）分类叠合

分类叠合是根据生命共同体的整体系统性和价值性，基于不同维度的分析与计算结论，对自然生态本底、历史人文本底、发展建设本底所有现有要素和系统的分析结果进行分类叠合，通过不同要素与系统之间的综合博弈，形成整体相对合理的生命共同体布局结构。

1）分类整理

分类整理是对自然生态本底、历史人文本底和发展建设本底中各要素进行逐一梳理，分析单一要素的完整空间过程，并明确每一空间过程中的重要战略控制点。

自然生态本底包括山、水、林、田、湖、草及土、动物、微生物等要素。"山"重点分析水土流失过程和视线敏感性；"水"和"湖"重点依据水文气候条件分析模拟自然径流过程、潜在洪涝风险区、滞蓄区及水质风险；"林"和"草"重点根据水源涵养、水土保持、生物栖息等需求分析林草地空间分布适宜性；"田"重点评价耕地质量和利用情况；"土"主要评价土壤肥力；"动物"主要根据旗舰物种的习性，识别核心栖息地和重要的生物迁徙廊道；"微生物"主要进行高通量测序，通过分析测序序列的构成分析特定环境中微生物群体的构成情况或基因的组成以及功能，借助不同环境下微生物群落的构成差异分析可以明确微生物与环境因素或宿主之间的关系，寻找标志性菌群或特定功能的基因。历史人文本底主要根据文化遗存和名胜古迹分布分析文化遗产网络。发展建

设本底主要分析现状建筑、道路以及其他相关规划要素对生命共同体的影响。

2）权重计算

权重计算是在分类整理的基础上，根据区域自然环境特征，与参照生态系统进行对比分析，构建要素评价权重体系，将单一要素空间过程对生命共同体价值高低影响的重要性进行归一化权重赋值，找准实现生命共同体最优价值点的关键要素和过程。

3）逐层叠合

逐层叠合是将分类整理的各要素按照相互制约、互补的关系，通过地理信息系统采取相乘、相加或相减的方式进行叠加运算，与参照生态系统进行对比，最终得到最优的生态空间布局和最高的综合价值。

（7）生态区划

生态区划是根据生命共同体的价值性、有限容量性和迁移性，在总体布局结构中，本着"轻梳理、浅介入、微创修复、系统修复"四个态度，进行详细生态区划，明确自然恢复与生态修复的适宜范围，便于对不同的生态区划范围采取适宜的修复措施。

1）自然恢复区

自然恢复区是以分类叠合为基础，将各要素过程在空间上重叠率高、对生命共同体价值影响权重高、现状各要素本底良好的区域划定为自然恢复范围，充分利用自然生态系统的负反馈调节能力进行自我恢复。在该区域内应加大生态保护力度，对天然林地、天然草场、天然湿地实行严格的生态保护，巩固和扩大天然林保护、退耕还林还草、退牧还草等成果，丰富生物多样性；加强对游客的宣传教育，禁止破坏花草树木的行为，禁止向水体排放污染物；对于生态敏感性和脆弱性较高、生态意义重大的区域可以实行顺应自然规律的封育、围栏、退耕还草还林还水等措施，最大限度地减少人工干预。

2）生态修复区

生态修复区是在分类叠合的基础上，除自然恢复区以外的其他户外自然和人工境域。生态修区内可进一步划定"轻梳理、浅介入、微创修复、系统修复"四个态度的适宜范围，指导具体的生态修复工作。其中，"轻梳理"即保护现状地貌与植被，只进行轻微

梳理和维护；"浅介入"即基本不改变地貌与植被，以基于自然的途径对局部关键要素进行优化；"微创修复"即在基本不大改变地貌的基础上，根据生态系统的问题与缺陷，主要通过优化植被、梳理近身尺度的生态要素等影响最小的方式进行修复；"系统修复"即针对问题较大的区域，通过调节关键要素的结构与功能，并协调与配置不同要素之间的关系进行系统修复与综合治理。

（8）系统设计

系统设计是根据生命共同体的整体系统性、区域条件性、价值性、有限容量性、迁移性和可持续性，在生态区划的基础上，充分发挥设计对美学意境和科学技术的正向作用，对生态修复区内的各个系统进行生态修复设计。系统设计首先抓住生命共同体"水"和"土"本底要素，以"留水—固土"为切入点，解决生态修复的主要矛盾，同时抓住"林"或"草"关键要素，解决生态修复矛盾的主要方面，在此基础上，进一步兼顾其他要素，按照"护山、理水、营林、疏田、清湖、丰草、润土、弹路"八大设计策略，因地制宜地提出具体的生态修复措施，以满足人民美好生活需要为更高追求，呈现风景画面与场景意境，最后融入生态设施与绿色建筑，实现全局价值最优的目标。

1）护山

"护山"是针对生态修复区内的受损山体提出的修复策略。基于分类整理中的水土流失敏感性和视觉敏感性分析，可将待修复的山体分为地质灾害型和风景低质型两类，并提出针对性修复措施。地质灾害型主要是指因滑坡、崩塌、切坡、地表裸露等原因造成山体受损，该类型山体的护山设计应优先采取喷播绿化、生态锚杆等生态措施进行修复，对于靠近人使用的空间、存在安全隐患的区域，在工程措施加固的基础上，再通过生态措施进行优化，使修复后的山体与原有山体相融合，达到保护山体、修复山体、重建自然景观的效果。风景低质型主要是指在视线敏感区域，因山体裸露、视觉效果单一等亟待修复的山体，通过再野化植物群落、丰富季相变化等生态措施进行修复。

2）理水

"理水"是针对生态修复区内的受损水系统提出

的修复策略。基于研透雨水和分类整理中对自然径流模拟及滞蓄空间的分析，可将待修复的水系统分为水量问题和水质问题两大类，并提出针对性修复措施。水量问题主要是指因自然径流路径受阻、裁弯取直，滞蓄空间被侵占等原因造成的水系统受损。理水设计可通过地理信息系统模拟自然水文过程，梳理受阻自然径流，恢复溪流自然形态，预留潜在的滞蓄空间。水质问题主要是指因水动力不足、污染负荷过大等原因造成的水质下降。理水设计可通过改善水动力条件、增加污染物拦截等措施降低污染负荷，使水质达到设计目标，满足生物多样性需求和人民美好生活需要。

3）营林

"营林"是针对生态修复区内的受损林地提出的修复策略。基于明辨乡苗构建的苗木库和分类整理中对林地空间分布适宜性的分析，可将待修复的林地根据其主导生态功能的不同分为水源涵养林、水土保持林类型，并提出针对性修复措施。水源涵养林修复设计应从苗木库中选择抗逆性强、低耗水、保水保土能力强、低污染和具有一定景观价值的乔灌木进行搭配。水土保持林修复设计应从苗木库中的选择固土能力强、易成活的树种，采用封山育林、人工造林、飞播造林相结合的方式，乔木、灌木、草本相结合的方式，保证水土保持林混交比例大于30%。生物栖息地林地修复设计应根据栖息物种生活习性，从苗木库中选择适宜生物筑巢的植物以及满足生物觅食需求的食源蜜源植物。风景林修复设计应从苗木库中选择季相变化丰富、能营造良好风景画面的树种。

4）疏田

"疏田"是针对生态修复区内的低质或荒废耕地或其他有改造潜力的废弃地提出的修复策略。基于分类整理中对耕地利用情况和质量的评价分析，可将待修复的耕地分为低效耕地提升和荒废耕地再利用两类，并提出针对性修复措施。低效耕地提升的重点是通过提升耕地土壤肥力、旱改水、坡改梯、配套设施等打造高标准农田，实现农田生态化；荒废耕地再利用的重点是修复耕地的灌排设施、田埂、机耕路等农田耕作基础条件，重构农田生态系统。

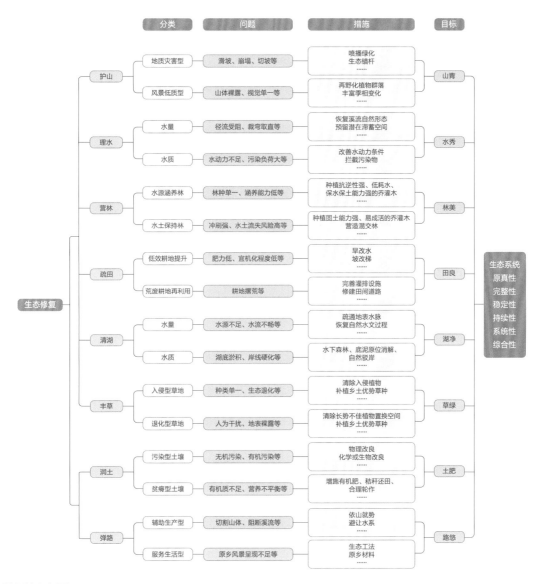

系统设计框架图

5）清湖

　　"清湖"是针对生态修复区内的受损湖体或水塘提出的修复策略。基于研透雨水和分类整理中对滞蓄空间及水质的分析，可将待修复的湖体或水塘分为水量问题和水质问题两大类，并提出针对性修复措施。水量问题主要是指因汇水廊道被破坏或受阻等导致湖体水源不足、水流不畅，设计可通过地理信息系统分析识别湖体集水区，模拟地表径流，疏通地表水脉，恢复湖泊自然水文循环过程。水质问题主要是指因湖底淤泥淤积、湖岸硬化、植被缓冲带退化等原因造成

水质恶化，设计可通过水下森林、底泥原位消解、自然驳岸打造等生态措施改善湖体水质，实现从岸线到水体再到底泥等三个层面的湖体净化及景观优化。

6）丰草

　　"丰草"是针对生态修复区内的退化草地提出的修复策略。基于明辨乡苗构建的苗木库和分类整理中对草地空间分布适宜性的分析，可将待修的草地分为入侵型草地修复和退化型草地修复两大类，并提出针对性修复措施。入侵型草地主要是指因入侵植物导致草本种类单一、生态退化，设计可通过清除入侵植物，

补植乡土优势草种，修复草地生态系统。退化型草地主要是指因人为干扰导致的草地退化、地表裸露，设计可通过清除长势不佳区域的植物置换空间，选择优势乡土草本修复地表裸露区和清除置换区，提升草地的水土保持、碳汇、生物栖息地等功能。

7）润土

"润土"是针对生态修复区内的待改良土壤提出的修复策略。基于鉴定土壤和分类整理中的土壤肥力评价，可将待改良的土壤分为污染型土壤和贫瘠型土壤两大类，并提出针对性修复措施。污染型土壤主要是指因酸、碱、重金属、盐类等无机污染物或有机农药、酚类、氰化物等有机污染物造成的土壤污染，设计可通过物理、化学或生物改良方法，实现土壤污染物的去除，恢复健康的土壤生态系统。贫瘠型土壤主要是指因有机质不足、土壤营养不平衡等原因造成的地力下降，设计可通过增施有机肥、秸秆还田、合理轮作等生态方式平衡土壤营养，提升土壤肥力。

8）弹路

"弹路"是针对生态修复区内的生态道路提出的设计或修复策略。在护山、理水、营林、疏田、清湖、丰草、润土的基础上，设计可根据场地环境与功能需求将道路分为泥结路、泥沙路、沙土路、沙石路、沙子路、三合土路、石子路、石板路等多种类型，进而以轻干扰、浅介入为准则，依山就势，避让现状水系、植被等生态要素，对人流交通进行梳理、引导，通过踏勘利旧、风貌研究、生态材料、生态工法、经济实用等一系列措施及技术手段，形成具有原乡风貌的生态风景道。

（9）建设管控

建设管控是根据生命共同体的整体系统性、区域条件性、价值性和可持续性，在系统设计完成后，根据不同分区、不同要素的特征，创新集成生态领域"成熟、成套、低成本"的技术、材料、工法，按照多用生态的方法、少用工程的方法，多用自然的方法、少用人工的方法，多用柔性的方法、少用硬性的方法，即"三多三少"原则和"管理先行，导则先行，样板先行"的模式，以46项建设指标（第六章中有详细介绍）和34项评价指标（第六章中有详细介绍），对施工过程进行严格管控，保障建设效果能达到预期目标。

1）技术

最优价值生命共同体建设过程中的修复技术应用坚持以生态手段为主、工程手段为辅的原则，在了解生命共同体内在逻辑和演替规律的基础上，因地制宜，集成创新生态修复技术，实现低成本修复和全过程低碳建造。

2）材料

生命共同体建设材料选择应坚持"多用低碳排材料，少用高碳排材料""就地循环利用"的原则，做到全过程、全生命周期降低碳排放。通过选择本土化、低耗能、低污染材料，最大限度减少材料在运输、加工、生产和使用过程中的能源消耗，注重在每一个环节减少碳排放。

3）工法

生命共同体建设工法应聚焦生态，摒弃传统园林和市政工程做法中对生态系统的干扰，注重生态理念、技术和模式的应用，最大化避免工程化的措施对生态系统造成进一步的破坏。

（10）养护运维

养护运维是根据生命共同体的价值性和可持续性，充分考虑建成后的运营方式和养护成本，按照低成本养护、可持续运维的原则，提前逆向指导和验证前期规划、设计、建设各阶段在布局、选材、工艺等方面的合理性，确保因地制宜、精益求精，实现最优价值生命共同体的可持续性。

1）确定原则

生命共同体建设需满足"低成本养护和可持续运维"两个基本原则，在实施完成后，结合智能化科技手段，通过低人工、低能耗、低损耗的途径，保障最优价值生命共同体效益的持续发挥。

在规划、设计、实施三个阶段都应多考虑"耐久长久、就时就地"的材料和设施，减少养管频次和范围，多考虑"多次多类、一次多样"的空间和场所，提升效率和效益；在养护和运维阶段，尽量减少频率、减少周期、减少人工。

2）制定措施

低成本养护主要包括种植和修剪、灌溉和排水、病虫害防治、施肥等四个方面。种植和修剪方面，应尽量选择少修剪或不修剪的乡土植物，再根据不同植物的生长习性，规划科学合理的空间布局。灌溉和排水方面，应尽量选择耐干旱、耐瘠薄、耐积水的乡土植物，在干旱季节进行精准灌溉。对乡土果树则应按照果树的栽培养护进行合理灌溉和排水。病虫害防治方面，应按照植物的生态习性、相生相克原理，因地制宜、科学合理地配置乡土植物，为植物的生长提供更健康的生长环境，使植物自身增强免疫力，提高抵抗病虫害的能力。施肥方面，应采取科学的施肥方法，根据季节变化和植物养分需求进行适当施肥，以防不恰当施肥引起植物死亡。

可持续运维是指在生命共同体的规划、设计与建设过程中，优先考虑后期运维，逆向论证规划、设计与建设方案中植物种类、材料和工艺的合理性，提前考虑绿水青山如何转化成金山银山，实现生态产业化和产业生态化，创立生态品牌和运维模式，实现可持续发展。

4.3 绿色生态建设方法——"二三四八"体系

最优价值生命共同体理论提出"二三四八"绿色生态建设方法体系。"二"指"留水—固土"和"营林或丰草"两个建设抓手；"三"指"三多三少"三个建设原则；"四"指"轻梳理、浅介入、微创修复、系统修复"四个建设态度；"八"是指"护山、理水、营林、疏田、清湖、丰草、润土、弹路"八个建设策略。

4.3.1 两个建设抓手

两个建设抓手指"留水—固土"和"营林或丰草"两大最优价值生命共同体建设的切入点。生命共同体中核心要素的改变在整个系统中的影响往往会放大，导致其他要素和整个系统发生显著改变。建设最优价值生命共同体既要统筹兼顾各种要素的作用，也要分清主要矛盾和矛盾的主要方面，研判生命共同体的核心要素，找准切入点。"留水—固土"以及"营

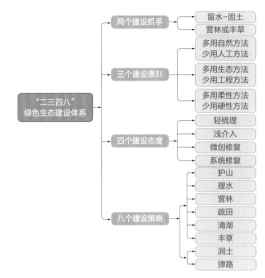

"二三四八"绿色生态建设体系

林或丰草"（依地域条件而定）是最优价值生命共同体建设的主要矛盾和矛盾的主要方面，以之为切入点就牵住了生命共同体建设的"牛鼻子"。

（1）留水—固土

"留水"是利用地理信息系统分析与模拟地表径流、疏通水脉，按照自然积存、自然渗透、自然净化的理念，收集雨水、调配水量，保障水在生命共同体系统里的生态作用。

"固土"是利用生态固土技术保持水土，测土配方并结合物理、化学、生物方法改良土壤，提升土壤肥力，更好地发挥土壤的生产者、分解者功能，促进生态系统中营养物质的不断循环，调节大气中 CO_2 浓度等重要作用，形成一个健康的土壤生态系统。

（2）营林或丰草

林地资源是陆地生态系统的主体，是自然功能最完善、最强大的资源库、基因库和蓄水库，在保持水土、涵养水源、防风固沙、木材供应、调节气候、降低污染、美化环境、保持生物多样性、应对全球气候变化、维护生态平衡、碳汇固碳等方面发挥着重要作用。"营林"是指通过种植适宜的乡土植物，将荒地、废弃地及迹地等恢复为林地，提升林相、季相、色相、品相，提高森林覆盖率和森林生态、生产和生活效益。

草地是我国陆地面积最大的绿色生态系统，是最重要的自然资源之一，也是最基础的生产生活资料，

在调节气候、涵养水分、防风固沙、保持水土、改良土壤、培肥地力、净化空气、美化环境、碳汇固碳等方面发挥着重要作用。"丰草"是指按照自然演替规律，多选用优势物种并结合野花、野草、野菜、野果等野化品种，丰富地被层次和类型，提升草地生态、生产和生活效益。

4.3.2 三个建设原则

三个建设原则是指最优价值生命共同体的建设应该多用自然方法、少用人工方法，多用生态方法、少用工程方法，多用柔性方法、少用硬性方法。

（1）多用自然方法、少用人工方法

最优价值生命共同体建设应该尽可能尊重自然、顺应自然、道法自然，因此，在具体建设过程中应最大限度采用自然材料、利用近自然的方法，避免或尽量少用人工材料和人工介入的方法。

多用自然方法即充分利用自然生态系统的自我调节能力，通过减轻生态系统的负荷压力，辅以轻微的人工措施，使遭到破坏的生态系统逐步恢复或使生态系统向良性循环方向发展，实现生态结构稳定、生物多样性提升，还原生态系统的原真性和完整性。

少用人工方法即最大限度地控制人对生态系统的过度干扰，防止过多的人工修复方法对生态系统造成进一步的破坏，或是不合理的人工修复方法违背自然规律，抑制、改变生态系统的正向演替。

（2）多用生态方法、少用工程方法

最优价值生命共同体的建设应该遵循自然生态系统的内在机理和演替规律，因此，在技术上应最大限度地采用生态化的技术手段，避免或尽量少用工程的方法，应注重生态理念、技术和模式的应用。

多用生态方法即在修复过程中始终聚焦生态，充分了解各生态要素之间及整个生态系统的内在逻辑，按照自然规律，选取能更好提升生态系统服务功能、增加生态系统稳定性、丰富生物多样性的技术手段，维护生态系统的健康。

少用工程方法即在修复过程中避免工程思维，只注重问题表象、忽略其内在深层原因，通过简单粗暴的工程措施快速整治当前问题而引发长期的甚

至是不可逆的生态问题，造成环境的进一步破坏和资金的浪费。

（3）多用柔性方法、少用硬性方法

最优价值生命共同体的建设应该倡导与自然为友、人与自然和谐相处的柔性处理方式，应最大限度地采用具有弹性适应特征的柔性方法，避免或尽量减少与自然生态系统的正面对抗，即避免使用刚性方法。

多用柔性方法即在修复过程中关注生态系统内各要素之间、人与自然之间的相互作用，通过仿自然的形式保护、修复和重构其内在联系，科学精准施策、快速有效恢复，做到人与自然和谐相处。

少用硬性方法即在修复过程中减少使用硬化、快排、裁弯取直、钢筋混凝土等硬性的处理方式，避免切断生态系统内部要素之间、人与自然之间的联系，破坏生态系统的服务功能，造成生态系统的进一步退化。

4.3.3 四个建设态度

为避免在追求最优价值点的过程中因忽略生态要素横向耦合约束而导致局部重大价值损失，最优价值生命共同体的建设要秉持轻梳理、浅介入、微创修复、系统修复四个态度，尽可能降低在优化过程中对原生自然生态的干扰。

"轻梳理"与"浅介入"主要针对需要生态保护（自然恢复）的区域，"微创修复"与"系统修复"主要针对生态修复的区域。在能够实现既定目标的前提下，"轻梳理"应优先于"浅介入"，"浅介入"应优先于"微创修复"，"微创修复"应优先于"系统修复"。

（1）轻梳理

"轻梳理"是为实现"生命共同体"的整体性及"生态"与"风景"的和谐共生而提出的第一个建设态度。对于现状相对完整、无明显结构功能退化表现的自然生态系统，不恰当的人工干预反而会干扰其自然恢复过程。以轻梳理的态度保护自然生态系统的地貌与植被，仅根据生态与风景需求对局部关键要素及相互关系进行轻微梳理，充分利用自然生态系统的自适应性与负反馈调节能力进行自然恢复，即可最大程度保护自然生态系统的整体性，提升整体生态系统服务功能。

（2）浅介入

"浅介入"即在不改变地貌与植被的基础上，选择影响最小的介入方式少量布局游憩和服务设施。浅介入的重点即要求生态修复尽可能降低人的介入程度，以"四两拨千斤"的手段，通过必要且高效的方法，实现系统修复与综合治理。自然恢复范围以外区域的生态系统通常存在不同方面、不同程度的破坏或退化。针对这些区域，应围绕"浅介入"的理念，在最小干预的原则下，以问题为导向提出对应的解决措施。

（3）微创修复

"微创修复"即针对问题相对较轻的区域，在基本不改变地貌的基础上，根据生态系统的问题与缺陷，主要通过优化植被、局部增加设施等对现状破坏最小的方式进行生态修复。

（4）系统修复

"系统修复"即针对问题较大的生态修复区域，通过调节关键要素的结构与功能，并协调与配置不同要素之间的关系，按照"护山、理水、营林、疏田、清湖、丰草、润土、弹路"八大策略进行系统修复与综合治理。

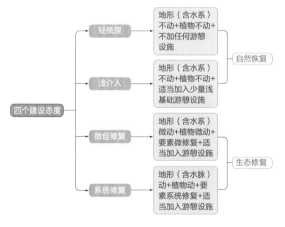

四个建设态度框架图

4.3.4 八个建设策略

在最优价值生命共同体建设过程中，应充分发挥设计对美学意境和科学技术的正向作用，对"护山、理水、营林、疏田、清湖、丰草、润土、弹路"八个

建设策略，按照两个建设抓手、三个建设原则、四个建设态度，"一言一行、一草一木、一锹一土"都始终聚焦生态、聚焦风景，巧妙融合生态领域成熟、成套、低成本的技术、产品、材料、工法，遵循生态系统的内在机理和演替规律，基于自然和人文的解决方案，生动表达山水林田湖草自然的生命共同体，精心打造人与自然的生命共同体，还原生态系统的原真性和完整性，满足生物多样性需求和人民美好生活需要。

（1）护山

护山要针对山体破坏程度，划分为自然型、扰动型、破损型、人工型4个大类，并按场地地理特征，细分为坡、坎、崖、坑、坪、坝、堡、垭8个亚类，再按坡度、坡高、结构、质感等宕面情况分为24个小类，根据每个小类的具体问题提出具体解决措施（包括技术、产品、材料、工法），形成"4824护山体系"，在此基础上采用"立地调查、灾害防治、立面固土、土壤重建、植被重建、养分自给、水分管理、自动监测、科学管护"9步技术路线（在第五章有详细介绍），系统解决山体及边坡绿化、美化、生态化等技术难点，全面修复山体与边坡生态廊道，立体修复山体与边坡生态系统层次，重塑山的尊严，实现"山青"目标。

（2）理水

理水要利用GIS技术模拟地表径流方式，综合应用水生态技术，按照"雨水分析、径流模拟、滞留识别、冲突评定、径流重组、自然渗透、自然净化、自然积存、循环回用、场景呈现"10步技术路线（在第五章有详细介绍），集成创新水生态领域成熟、成套、低成本的技术、产品、材料、工法，因地制宜、顺势而为疏通水脉结构，就势利用溪、沟、塘、湖等低洼地，形成多级叠塘湖溪和小微湿地，生态化治理湖底和岸线，科学合理选用沉水、浮水、挺水、湿生、岸生等乡土植物，并结合经驯化培养的浮游动物，形成自然稳定的水下生态系统，再现自然水文循环过程，还原雨水自然积存、自然渗透、自然净化能力，实现"水秀"目标。

（3）营林

营林要遵循林木相生相克的生态内在机理和演替

规律，按照生态学和恢复生态学的方法，围绕其水土保持、碳汇、生物栖息地、食物链等功能，通过"定性、定貌、定式、定景、定种、定量、选树、挖树、运树、种树、修树、养树"12步技术路线（在第五章有详细介绍），科学选树、合理配置、自然融合、生态运树、轻巧栽植、避免破坏。山地区域应多采用生态造林的方法，选择树形完整的少壮苗木，便于运输、栽植和养护，并能提高成活率。平地区域可适当采用植物造景的方法，选择规格稍大、树形完整的青壮苗木，局部可点缀树形完美的大型乔木，按照家族式种植方式，呈现自然生态群落的效果。消落带或湿地区域，应多采用湿地生态修复方法，多选用耐水湿、耐干旱、耐瘠薄的草本植物或少壮木本植物，确保环境适应性，增加成活率。通过科学营林，使林业资源能够最大化地可持续发展利用，促进人类与森林和谐共生、相依相存，保持生态系统的平衡与稳定，实现"林美"目标。

（4）疏田

疏田要按照不同农田利用类型，充分考虑田地在生产、生活及生态中的作用，研究作物、水、肥、气、热、微生物等基本要素对农田生态系统的综合影响，通过"土地规划、土地整理、土壤改良、良种良法、绿色防控、节水灌溉、种养循环"7步技术路线（在第五章有详细介绍），生态化恢复现状良田、水田、旱地，绿色化改造荒地、闲散地，因地制宜、随形就势"坡改梯""旱改水"。田埂就地取材，多用石头、木头、泥土等生态材料，也可创新利用装满种植土的生态袋，以及其他生态固土、固坡材料。田地改造时，要先剥离耕作层熟土，然后碾压防止渗水（如下层土质渗水严重可适当运用生态防水材料），再将熟土覆盖在地表。旱地改水田应配套生态灌渠、生态草沟等灌溉设施，干旱时放水，雨涝时排水。通过生态化疏田，可实现农田生态化、生态立体化，打造以产业为基础、以文化为灵魂、以体验为活力的新型田地模式，实现"田良"目标。

（5）清湖

清湖要围绕湖塘的调蓄涵养、小气候调节、生物栖息地等功能，通过"基底营建、内源控制、汇水消能、雨水排涝、生态护岸、水质提升、生境修复、水景营造"8步技术路线（在第五章有详细介绍），实现岸线、湖底（或塘底）、水体三个层面的综合治理。岸线治理要充分尊重现状地形地貌，以满足雨水存蓄、污染拦截及生物栖息需求为前提，充分发挥设计对美学意境和科学技术的正向作用，艺术化处理驳岸线形，形成符合现状图底特色的形态结构。湖底治理要顺势而为，不做大开大挖，生态化处理底泥，尽量做到就地土方平衡。对湖塘底渗漏比较严重的地方，可根据调蓄需求适当做生态防水处理。水体治理应充分利用现状地形高差及溪流，形成多级叠塘湿地和自然活水循环，同时科学合理地选用沉水、浮水、挺水、湿生、岸生等乡土植物，结合经驯化培养的浮游动物，形成自然稳定的水下生态系统。通过对岸线、湖底（或塘底）、水体的生态处理，达到自然积存、自然渗透、自然净化的效果，实现"湖净"目标。

（6）丰草

丰草要围绕草地重要的水土保持、碳汇、生物栖息地等功能，针对不同类型草地的特征及其与生态系统中其他生态要素的关系，通过"种质调查、场地研判、风貌规划、籽苗选择、整地种草、群落构建、养护育草"7步技术路线（在第五章有详细介绍），实现草地的适地性、多样性和可持续性。丰草时应对满足生态、生产、生活功能的不同草地区域，采取不同的修复措施。生态区应基本维持现状地形地貌，稍微整理表面土层，形成相对自然平顺的草地空间；生产区则应按照具体生产要求整理土层，形成利于播种、管理、收割、轮作的草地空间；生活区应按照人流组织和场景呈现的不同，结合风景画面和场所意境，以及周边空间与视线关系，整理微地形、设置排水草沟、改良土壤、播种观赏性草籽，或种植观赏草、铺草卷，形成舒适宜人的生活空间。通过对生态、生产、生活等不同区域、不同功能，合理地丰草，最终实现"草绿"目标。

（7）润土

润土要基于不同环境中的土壤类型特点与相应的功能需求，结合农业、林业等种植生产过程，通过"识别土质、检测土项、松土清杂、土壤消杀、透气保水、肥力提升、深耕深翻、绿色养护"8步技术路线（在第五章有详细介绍），实现土壤污染物去除、土壤健康恢复、土壤肥力提升和土壤生态系统修复。不同区域润土的方式和侧重点有所不同。山地区域应以维护现状土壤生态系统为主，对局部需要土壤改良的区域进行测土配方，多用现状腐殖土调理，同时避免水土流失；水系周边，以减少冲刷、固土护坡为主，形成满足岸生、湿生植物生长的土壤厚度为宜；林地区域可分为现状林和补种林两类，现状林区域以维护现状土壤生态系统为主，不做过多干扰，补种林区域可根据现状条件和生态及风景目标，进行适当土壤改良和地形处理，并便于雨洪管理，避免水土流失；田地周边，无论是现状水田、旱地、果园，还是经过坡改梯、旱改水后的田地，均应改良土壤，满足相应作物的耕种要求；湖边湖底，不应大动土方，应该因地制宜改良土壤，满足旱生、湿生（沉水、浮水、挺水）植物的生长需求，湖底底泥需要作资源化

处理，可就地消纳利用；草地周边，要按照生态、生产、生活需求，改良土壤、整理地形，满足生态和风景需求。通过对不同性质的土壤进行科学的物理、化学、生物等方面的"润土"，最终实现"土肥"目标。

（8）弹路

弹路的核心是要突出"弹"字的内涵，既要体现形态的弹性自然、顺势而为，又要凸显工法的轻轻放置、自然而然，还要表达材料运用的就地性和可逆化。弹路以轻梳理、浅介入为原则，通过"道路选线、断面选型、路槽开挖、管线铺设、整平夯实、垫层铺筑、基层铺筑、结合层铺筑、面层铺筑、设施配套、路面养护"11步技术路线（在第五章有详细介绍），最大限度地减少步道对区域生态系统的影响，有效疏理、引导人流交通，形成不同场地、不同类型，生态干扰最低、原乡风貌最好的生态风景步道。山地森林中的步道，可选择耐久性强、防滑性能好的砂石路、石板路，这种生态路施工工艺简单、对

八个建设策略框架图

场地生态影响小，还能就地取材。山地田间的步道，多利用现状田坎路或路基，可选用原乡特色明显的泥结路、石板路，这种生态路施工工艺简单，能随形就势、就地取材，对场地生态影响小。水系边的步道，可选择亲水的、架空的木栈道或石板路，满足水、陆动物迁徙通道的需求。田间和草地间可选择泥结路、沙子路、砂石路等，突出原乡特色。机耕路、养护路可选择露骨料透水路、透水沥青路、透水混凝土路等海绵城市常用的道路材料。骑行道或跑步道可选择沙基路、露骨料透水路、透水沥青路等。通过对不同区域、不同功能选择不同技术、产品、材料和工法巧妙"弹路"，最终实现"路悠"目标。

4.4 绿色建设管理体系 ——"四五六五"体系

最优价值生命共同体理论针对生态修复建设提出"四五六五"绿色生态管理体系。

"四五六五"绿色建设管理体系基于最优价值生命共同体理论与方法，通过四端协同、五总合一、六核共管和五抓齐进等四个维度探索了以设计牵头的EPC模式为核心的生态修复工程项目管理要点与统筹技巧。一方面生态修复工程需要业主单位、设计单位、施工单位等各个参与方都树立生态意识和系统思维，一言一行、一锹一土都要聚焦生态，每一个动作都需要考虑对生态修复全过程、全要素的影响。另一方面生态修复工程管理除了传统工程建设管理必须关注的质量、成本和工期外，还需重点关注整个实施过程对于自然生态本底的干预程度以及对于后续生态系统演化效果的长期影响。最优价值生命共同体的绿色建设管理体系能够有效应对和解决我国生态修复工程管理所面临的诸多挑战，为我国未来生态修复管理工作提供宝贵的经验借鉴。

4.4.1 四端协同

"四端协同"是针对生态修复工程中不同参建单位应该发挥的功能及工作中应该注意的要点而提出的总体合作策略。"四端"即生态修复工程中的业主端、设计端、工程管理端、施工端四大核心利益主体，"协同"即不同利益方秉承相同的生态理念，围绕相同的目标，在生态修复全过程中形成点对点、线连线、双向互抱、中心对控的管理模式，实现大统筹、中协调、小对接、细联通的管理效率。

业主端协同要点主要包括统一思想、规范流程、严格督导和高效决策四个方面；设计端协同要点主要包括精准衔接、确保质量、控制成本和协调进度四个方面；工程管理端协同要点主要包括统筹进度、协调设计、组织现场和监管质量四个方面；施工端协同要点主要包括领会思想、落实设计、跟紧进度、保障效果四个方面。

（1）业主端

1）基本概念

业主端即以建设单位为核心，与项目管理团队（一般为工程咨询单位）、专家顾问团队等共同构成的工程总组织方。业主端是整个生态修复工程推进的原动力，只有保证业主端具备正确的生态意识和系统思维，同时充分发挥业主端的积极性，使其他参建单位各自发挥本领，提供优质的服务，才能保证生态修复工程的整体质量。

2）组织架构

业主端一般包括业主管理团队、项目管理团队和专家顾问团队三大部分。

①业主管理团队

业主管理团队是由业主直接组建的、与生态修复项目的管理相适应的部门和机构。业主管理团队对于工程管理的控制权相对较大，一般拥有相关专业的项目管理人员，并具备一定的管理制度和工作流程。

在最优价值生命共同体的建设管理中，业主管理团队是非常重要的"火车头"，只有从业主开始统一思想，形成规范的管理体制、工作流程，才能带动整个生态修复效益的最大化。

②项目管理团队

项目管理团队是指由业主方委托的项目管理公司，多为工程咨询公司。项目管理承包商需要承担业主委托的项目管理任务，其作为业主代表或业主的延伸，代表业主进行整个项目过程的管理，帮助业主在

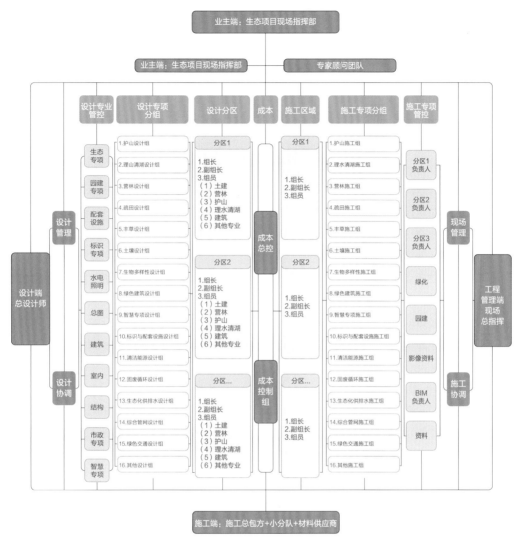

"四端协同"架构图

整体统筹、项目决策、设计、工程招标、组织实施、考核验收等过程中具体控制和保证项目的成功落地。

在最优价值生命共同体的建设管理中，涉及的要素较多，工程项目较复杂，项目管理团队的加入补充了业主自身缺乏专业化队伍，难以全方位、全过程、全系统、深层次管理的问题。

③专家顾问团队

专家顾问团队是指由业主方邀请的与生态修复工程项目相关的行业专家或科研机构。专家顾问是业主管理团队和项目管理团队的"军师"和"参谋"，协助业主和项目管理团队解决具体的疑难问题。

在最优价值生命共同体的建设管理中，涉及的专业较广，问题较多，专家顾问团队的加入强化了业主端的生态修复相关专业知识，也为整个项目带来更多的前沿理论与技术。

3）协同要点

①统一思想

业主端协同其他参建单位的第一要点是统一思想，关键是统一生态意识和系统思维。最优价值生命共同体的建设管理需要所有参建单位在整个项目建设过程中系统认识相关理念与理论，聚焦生态、聚焦风景，追求天人合一的最优价值。这需要业主端通过细致而全面的工作，将生态意识和系统思维传输给项目管理公司及其他参建单位，引领和督导其他单位在同一个目标愿景之下开展工作。除了在认识上统一思想，各参与方在行动上也应该统一思想，采取合作和信任的态度，共同解决问题和争议。

②规范流程

由于最优价值生命共同体涉及要素和专业繁多，业主端尤其是业主和项目管理团队需要为整个项目建立规范的管理制度和管理工作流程，进行明确的工作任务分工和管理职能分工。

应充分利用项目管理公司的管理资源和项目管理经验，采用专业化的项目管理方法，建立系统的项目管理工作手册和工作程序，完善项目各职能及接口的管理制度和工作流程，使工程项目做到有章可依、有流程可循，实现全面的项目管理和规范运作，以达到对项目总体的有效控制，同时提高对国家、行业和地方政府关于生态修复项目相关标准规范和管理制度的执行力，完善和细化项目管理工作，为项目的顺利实施奠定良好的基础。

③严格督导

相比一般工程项目，最优价值生命共同体的建设过程更难控制，稍有不慎，就会对建设成果造成重大影响，因此建设过程的严格督导也是业主端的协同重点之一。

业主端所有成员需要形成一个有机的整体，在项目的全过程中严格督导各参建单位，共同服务于团队运行和满足业主需求的目标。通过采取一定的管理措施，使项目全过程数据及时、准确地进行传递、监督和引导，实现"流程标准化、工作精细化、数据准确化"，从而确保生态修复项目距总体质量系统和程序，确保生态修复设计的标准化及整体性，确保工程采购与施工的一致性，确保施工过程中的一切行为符合生态保护与修复的基本要求。

④高效决策

最优价值生命共同体的建设管理相对复杂，潜在的问题较多。为尽可能避免失误、返工、变更等现象和管理效率低下，需要业主端时常根据实际情况迅速、精准地实现高效决策并及时调整相关策略。

为保障项目过程中决策的高效，业主自身应强化专业技术水平，同时善于运用社会化和专业化的项目

管理资源和专业资源。项目管理团队的管理水平强，可为业主决策层提供管理资源支持。专家顾问团队的技术实力强，可为业主决策层提供技术支持。

（2）设计端

1）基本概念

设计端即以项目设计单位为核心的工程设计团队，包含设计管理团队、综合设计团队、专项设计团队。生态修复设计成果是后续设备和材料采购、施工、运营维护等工作的重要依据，最优价值生命共同体建设的整体系统性、价值性、经济性、可持续性等在很大程度上取决于设计工作的合理性。

设计端的水平和协同能力对于设计的合理性乃至整个生态修复工程的质量、进度和投资控制都有着直接的影响。只有设计端同时具备较高的设计管理水平和覆盖全过程、全专业的设计技术水平，才能保证设计成果的质量，并进一步确保后续工作的合理性。

2）组织架构

①设计管理团队

设计管理团队的主要工作是界定设计问题，组织合适的设计师，创造一种环境，并使设计师们在既定的时间和预算内按要求解决问题。设计管理工作的重点应当是努力确保在整个设计过程中，设计人员拥有必要的能力和资源，遵循相关的设计标准，落实业主端的思想与要求，避免在关键时间节点所提交的设计存在缺陷。

②综合设计团队

综合设计团队是指在设计管理团队的协调下，从生命共同体的整体系统性出发，负责统筹相关专项设计团队的工程总体设计团队。综合设计师多为风景园林专业。综合设计团队的主要工作是根据业主的思想要求，基于场地本底条件，按照相关设计标准，统筹布局各类生态要素，协调各类生态要素之间的关系，从总体上确保生命共同体布局的合理性。

③专项设计团队

专项设计团队是指负责生命共同体中单个或几个要素的专业性较强的设计团队。专项设计师一般包括生态、水文、土壤、植物、农业等专业设计师。专项设计团队的主要工作是在综合设计团队的统筹下，对具体

要素的修复和提升方案进行详细设计，从细节上确保生命共同体各个要素得到最大程度的修复和价值提升。

3）协同要点

①精准衔接

设计端协同其他参建单位的第一要点是精准衔接。生态修复工程涉及内容相对复杂，设计端的各个团队向上需要精准理解业主端的项目核心意图，并帮助业主进一步明确项目功能需求，向下需要精准衔接工程团队与成本团队，提前将采购内容、施工内容融入设计过程中，将业主的意图准确表达和传递，并根据具体施工情况和造价对设计进行优化调整。

②确保质量

设计质量是生态修复工程成功与否的基础。在生态修复项目尤其是EPC总承包项目中，采购工作以设计完成的技术询价书为基础，材料、设备等相关供应商按照设计图纸要求准备材料，而且材料必须经过设计的审查批准才能进行预制和制造。现场施工工作更是按照设计完成的图纸进行施工。设计图纸的高质量可以保障采购的高质量，减少施工工作的返工，并确保设计要求精准衔接到施工建设过程。

③控制成本

设计本身的成本占项目总体成本的比重虽然不大，但是设计对于项目的总体成本影响却不容小觑。设计团队整体必须具有控制项目成本的观念，设计人员应该严格将投标时批复的设计工作量作为施工图设计工作量的最高限额，将投标报价的工作量分解到各专业，明确限额设计目标，保证项目在满足业主要求的前提下尽可能减少投入，提高效率，缩短工期。

④协调进度

生命共同体建设项目有投资规模大、专业技术要求高、管理难度大等特点，这就决定了设计工作的工程量较大、设计工期在项目总工期中占的比例较高。如果设计进度不能满足计划要求，则会影响设备材料的采购、制造、供货和现场施工进度，引起不良连锁反应，对项目工期造成非常不利的影响。因此设计团队必须按照采购与施工工序协调设计进度，要预先编制项目设计计划，将设计工作分成若干部分并确定其相应的时间，保障项目顺利推进。

（3）工程管理端

1）基本概念

工程管理端即指以项目总承包单位为核心的工程管理团队，包含工程总体管理团队、分区工程管理团队、专项工程管理团队。工程管理端既是直接统筹整个生态修复工程进度和质量的核心队伍，也是监管施工质量的关键一环，同时还是衔接设计端与施工端的重要纽带。

2）组织架构

①工程总体管理团队

工程总体管理团队的主要工作是与设计团队紧密结合，统筹施工进度安排，组织具体工程管理团队和施工团队，创造安全有序的施工环境，并使他们在既定的时间和预算内按要求实施并呈现最佳效果。工程总体管理工作的重点应当是努力确保在整个实施过程中，施工人员能够准确领会业主端的思想要求和设计端的核心意图，确保生态修复实施效果。

②分区工程管理团队

分区工程管理团队是指在工程总体管理团队的协调下，负责管理某独立地块单元的施工组织与协调的工程管理人员。分区工程管理人员应具有相对综合的工程管理经验，对生态修复设计方案各方面都非常了解。分区工程管理人员的主要工作是根据业主思想与设计方案，结合现场实际情况，与专项工程管理人员合作，协调设计团队与施工团队，并对多个施工团队进行有序组织和严格监管。

③专项工程管理团队

专项工程管理团队是指负责生命共同体中单个或几个要素的专业性较强的工程管理团队。专项工程管理人员一般具有水系统、植物系统或农业系统等单个系统的工程经验，其主要工作是与分区工程管理人员合作，对某个具体要素或系统的修复进行现场组织与监管，协调设计团队与施工团队，确保生命共同体单个要素或系统的修复效果。

3）协同要点

①统筹进度

工程管理端协同其他参建单位的第一要点是统筹进度。作为统筹整个生态修复工程总体进度安排的核心队伍，工程管理端应结合项目实际情况对整体施工进度进行统筹安排，并将进度计划与调整信息及时反馈给设计，从而确保设计与实施的整体协同。对于已经完成设计的施工内容，工程管理端应尽快安排图纸下发和技术交底，并组织有序实施；对于尚未完成设计的施工内容，工程管理端应给予设计端正确的出图建议，通过边设计边实施的方式保障整体进度。

②协调设计

工程管理端促进多端协同的重要一环是协调设计。由于生态修复工程涉及专业较多，施工要求较高，现场因工艺复杂、时间紧迫而导致实施难度较大、难以按计划完成施工的情况屡见不鲜。此时工程管理端应基于自身丰富的施工经验，一方面将设计团队的设计意图准确地传达给施工团队，指导施工团队采取更加高效的施工方法；另一方面对于确实难以实施的部分，协调设计团队调整方案，并给出切实可行的修改建议，确保方案顺利、高效实施。

③组织现场

生态修复工程涉及专业多，施工队伍庞杂，进场的施工人员众多，材料、机械五花八门，这就需要施工管理团队在现场进行高效、有序的组织，从而提升施工效率与质量。一方面工程总体管理团队与分区施工管理团队应该全面熟悉分管区域的所有进场的施工人员、材料与机械，在统一的制度下有序安排各项工作，避免成品破坏或返工等问题的出现。另一方面，许多施工作业都具有一定的安全风险，众多施工人员的安全问题也需要施工管理团队进行有效监管和风险防范。

④监管质量

生态修复工程项目一般施工人员数量大，素质不一，这时施工管理团队对质量的监管就尤其重要。在协调好设计的基础上，工程管理团队应以设计图纸为基础，派遣专业人员负责现场的质量管理工作。质量监管专业人员需对重要节点、关键工序和隐蔽工程的质量进行现场巡查、旁站检查、平行检测，实现建设施工质量的全过程、全视角把控。

（4）施工端

1）基本概念

施工端是指以项目施工总包单位为核心的工程管理团队，包含施工总包团队、施工分包团队、材料供应商团队。施工端是业主和设计团队思想意图的最终落实者，是整个施工计划的执行者，也是决定整个项目质量和效果的最后一道防线。

2）组织架构

①施工总包团队

施工总包团队的主要工作是在设计团队和工程管理团队的督导下，统筹落实业主思想与设计意图，细化施工进度安排，组织具体施工分包团队和材料供应商团队配合执行施工指令。施工总包团队工作的重点是努力确保在整个实施过程中，施工人员的数量与素质、施工材料及设备能够满足项目需要，并全力配合业主、设计团队、施工管理团队，高标准执行相关指令，确保生态修复实施效果。

②施工分包团队

施工分包团队是指在施工总包团队的统筹协调下，负责某独立地块单元或某专项工程的具体实施团队。施工分包团队应具有一定的施工资质，具体施工人员应该具有较为丰富、相对综合的施工经验，对生态修复设计方案各方面都非常了解。施工分包团队的主要工作是在所负责的地块单元或专项范围内，落实业主的思想与设计的意图，服从工程管理团队和施工总包团队的统一调度，按照设计图纸进行高标准实施。

③材料供应商团队

生态修复所用材料直接影响生态修复工程最终的质量与效果，因此材料供应商团队在施工端中扮演着举足轻重的角色。在生态修复工程项目中，由于多数材料具有相对独特的施工工艺，因此材料供应商同时负责所供材料的安装实施。对于同时负责供应材料和安装实施的材料供应商团队，应该重视与设计团队及工程管理团队的及时沟通，一方面保障材料实施效果及质量达到设计要求，另一方面要保障所供材料的施工进度与整体工程的进度计划一致。

3）协同要点

①领会思想

施工端协同其他参建单位的第一要点是领会思想。生态修复工程项目不同于传统建筑或市政工程，许多施工团队对生态相关理论的理解都有一定的偏差。作为整个生态修复工程的直接实施者，施工端的各个团队应该补"生态"课，反复学习领会业主的思想和设计团队的核心意图，从而做到有的放矢，与其他参建单位力往一处使。

②落实设计

施工团队由于具有较为丰富的实施经验，对设计提出异议的情况实属正常。但是生态修复工程涉及专业较多，施工要求较高，实施难度较大，为了达到预期生态修复效果，对设计的落实显得尤为重要。施工端的各个团队不能只站在施工成本、工期的角度擅自调整设计甚至偷工减料，这将使生态修复效果大打折扣。对于一些不常见或施工难度较大的工艺做法，只要不涉及安全、行业标准或严重影响进度的问题，应尽可能与设计协商，按照设计意见施工。

③跟紧进度

施工团队与工程管理端的协同主要体现在进度的执行上。生态修复工程涉及专业多，因此不同性质的施工队伍也较多。任何一个施工团队的施工进度滞后都有可能影响整体工程进度计划，各施工团队应在工程管理团队的统一进度计划之下，严格执行施工进度安排，服从统一调度，保持步调一致。

④保障效果

在一般工程项目中，施工团队为了赶进度、降成本而导致实施效果打折的情况屡见不鲜。生态修复工程性质特殊，既要保证修复后的生态效益，也要呈现和谐的生态风景，因此实施效果相比一般工程更为重要。为此施工总包单位要首先提高站位，以最高标准和最严要求对待实施中的每一个细节，同时严选施工分包单位与材料供应商，绝不姑息任何徇私舞弊的行为。施工分包单位与材料供应商也应端正态度，配合工程管理团队与施工总包团队，勤于学习，狠抓效果，协同设计团队共同交出另业主和大众满意的答卷。

4.4.2 五总合一

"五总合一"是指设计牵头的生态修复EPC总承包单位形成"项目总负责、设计总牵头、施工总管理、效果总协调、现场总配合"的全方位服务机制，实现业主与EPC总包"一对一"的高效管理。

（1）项目总负责

1）基本概念

"项目总负责"是指EPC总承包单位对业主的需求与任务承担总体责任，通过整合各专项团队，协助业主完成项目过程中的一系列工作。一般而言，EPC总承包单位在工程总承包合同签订后组建项目部，任命项目经理。项目部在项目经理的领导下开展工程承包的建设工作。EPC总承包实行项目经理负责制。项目经理是EPC工程项目合同中的授权代表，代表总承包商在项目实施过程中承担合同中所规定的总承包

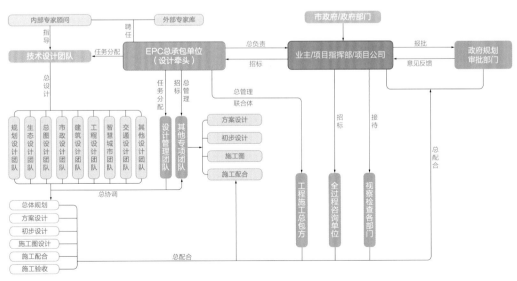

"五总合一"架构图

商的权利和义务，负责按照项目合同所规定的工作范围、工作内容，以及约定的项目工作周期、质量标准、投资限额等要求全面完成合同项目任务，为业主提供满意服务。

2）重点负责内容

EPC总承包单位按照总包合同的有关规定和要求，项目经理根据总承包商法定代表人授权的范围、时间和内容，对项目开工准备至竣工验收实施全过程、全方位管理，主要包括"设计、采购、施工"等三方面内容。

①设计

"设计"通常包括方案设计、扩初设计、初步设计、施工图设计四个阶段，贯穿于项目的全生命周期，对项目投资、进度、质量等具有决定性作用。因此，EPC总承包单位重点负责内容主要包括"设计经济性、设计可实施性和设计合理性"三个方面。

"设计经济性"是指项目设计方案要充分考虑全生命周期成本，考虑建造成本和运营成本的关系，结合当地的自然环境特征和人文环境特征，通过对多种方案进行经济性比较，筛选能最大限度满足当地政府有关经济技术指标、业主各项需求的设计方案，力争实现工程项目的全寿命周期费用最低。

"设计可实施性"是指根据施工规范和施工经验编制设计文本，总承包单位组织有经验的工程管理人员尽早参与到工程设计中，将施工经验尽可能融入项目设计中，加强设计方案落地的全过程控制，以方便快捷的途径实现设计意图，最大限度减少技术变更，确保项目造价、工期及质量安全目标的实现。

"设计合理性"是指设计成果符合行业规范、保护自然环境、解决项目需求。一般生态修复EPC总承包合同约定，由于生态修复EPC总承包商设计的错误造成的有关损失由生态修复EPC总承包商自行负责，这就要求生态修复EPC总承包商必须加强对设计人员的管理，提高设计的合理性。各专业设计文件必须严格执行校核、审定流程，以保证各专业设计成果质量。

②采购

"采购"是EPC工程总承包全过程管理中的重要环节，是项目利润的核心，其工作主要内容包括：选择询价厂商、编制询价文件、获得报价书、评标、合同谈判、签订采购合同、催交与检验、运输与交付、仓储管理等。采购管理过程的重点包括"采购执行计划、供应商选择、采购变更管理"等三个方面。

"采购执行计划"是指EPC总承包单位应依据项目合同、项目管理计划、项目实施计划、项目进度计划以及相关规定和要求，编制项目采购执行计划。采购执行计划应按规定审批后实施；采购执行计划内容应完整，对采购活动具有指导性。EPC总承包单位应对采购执行计划的实施进行管理和监控，当采购内容、采购进度或采购要求发生变化时，应对采购执行计划进行调整。

"供应商选择"是指EPC总承包单位应根据合同要求和项目具体特点，通过招标、询比价和竞争性谈判等方式，经过项目级评价，并按照工程总承包企业规定的程序选择供应商。

"采购变更管理"是指EPC总承包单位应明确采购变更管理的流程、职责和审批要求；应按规定对采购的变更实施控制。

③施工

"施工"是指把设计文件转化成为项目产品的过程。通常EPC总承包单位将施工工作分包，并对施工分包商的施工方案进行审核，对施工过程的质量、安全、费用、进度、风险、职业健康和环境保护以及绿色建造等进行控制，协调施工与设计、采购、试运行之间的接口关系。

（2）设计总牵头

1）基本概念

"设计总牵头"是指由EPC总承包单位的项目总设计师牵头来推进工程项目总体实施，通过项目总设计师全面把控总体规划、总体设计，并对所有参与团队、所有专业工种、所有地块进行技术总控制、关键技术总把关，以及技术总审核，通过使设计方与施工方紧密结合与高效沟通来实现项目设计效果。设计牵头的生态修复EPC总承包模式更有利于对项目的全面把控，包括项目的成本控制、缩短项目的建设周期、保证项目的建设品质等。

2）重点牵头内容

重点牵头内容主要包括"制定设计原则、分解设计任务、召开协调会议、审核技术文件和编制成果文件"等五个方面。

①制定设计原则

"制定设计原则"是指EPC总承包单位组织所有的参与团队和专业工种，制定、宣贯、落实项目设计全过程中需要遵循的基本制度和标准，确保项目在运行过程中所有参与人员能够做到思想统一、流程规范、质量优质、决策高效。

②分解设计任务

"分解设计任务"是指EPC总承包单位根据项目合同及设计大纲要求，分解设计任务至具体的设计团队，落实具体责任和对接人员。设计团队包括规划设计团队、生态设计团队、总图设计团队、市政设计团队、建筑设计团队、工程设计团队、智慧城市团队、交通设计团队等。

③召开协调会议

"召开协调会议"是指EPC总承包单位通过设计管理部组织所有参与团队和专业工种召开协调会议，集中讨论解决设计过程中遇到的问题和困难，避免出现信息交流不对等、问题对接不及时、设计边界不清晰等制约项目进度的因素出现，保障项目平稳有序推进。

④审核技术文件

"审核技术文件"是指EPC总承包单位根据不同的生态修复项目组建相应的技术审查专家库，设计管理部根据项目实施进度计划定期组织专家进行技术审查，通过技术审查后向采购部门提交必须的技术文件，并要求采购部门及时返回供货商的先期确认条件作为施工设计的基础文件。

⑤编制成果文件

"编制成果文件"是指EPC总承包单位组织各设计专业按照国家和地方的相关标准规范编制正式设计文件成果，对设计文件和资料等进行整理并归档，编写设计完工报告、总结报告及其他相应的成果文件。

（3）施工总管理

1）基本概念

"施工总管理"是指EPC总承包单位对项目施工执行计划、施工质量计划、施工安全、职业健康和环境保护计划、施工进度计划、施工准备工作、施工分包控制、施工分包合同管理、施工过程控制、施工与设计以及采购的接口控制等进行总体控制与管理，确保施工进度符合EPC总承包项目总体进度要求，严格控制工程成本，保障工程设计质量。

2）重点管理内容

施工总管理的重点管理内容主要包括"管理施工总包和管理施工专项"两大部分。

①管理施工总包

管理施工总包主要包括"编制项目施工执行计划、编制项目施工质量计划和编制项目施工进度计划"等三个方面。

"编制项目施工执行计划"是在遵守国家规定和合同约定的工程竣工及交付使用期限的基础上，根据实际情况审核施工方案和施工工艺，结合地区气候条件，通过技术经济比较，恰当地选择专项技术方案，减少施工临时设施建造量和用地，科学安排施工计划，保证施工质量和进度的均衡性和连续性。

"编制项目施工质量计划"是对外质量保证和对内质量控制的依据，体现施工过程的质量管理和控制要求，其主要包括"编制依据、质量保证体系、质量目标、质量目标分解、质量控制点及检验级别的确定、质量保证的技术管理措施、施工过程监测、工程质量问题处理方法"等。

"编制项目施工进度计划"是根据项目合同、施工执行计划、施工进度目标、设计文件、施工现场条件、供货进度计划、有关技术经济资料等编制项目施工进度计划，并将施工总进度计划报项目发包人确认。

②管理施工专项

管理施工专项主要包括"建立专项施工企业库、评价专项施工成果、管理专项施工合同和监管专项施工过程"等四个方面。

"建立专项施工企业库"是指EPC总承包单位应对专业施工团队的资质等级、综合能力、业绩等方面进行综合评价，建立合格承包商资源库。根据合同要求和项目特点，依法通过招标、询比价和竞争性谈判等方式,按规定的程序选择专项施工承包商。对承包商评价的内容应包括经营许可、资质、资格和业绩、信誉和财务状况,符合质量、职业健康安全、环境管理体系要求,人员结构以及人员的执业资格和素质,机具与设施,专业技术和管理水平,协作、配合、服务与抗风险能力,质量、安全、环境事故情况等。

"评价专项施工成果"是指EPC总承包单位应建立专项施工承包商服务评价制度,定期或在项目结束后对其进行评价。评价内容应包括施工或服务的质量、进度,施工组织设计的先进合理性、施工管理水平,施工现场组织机构的建立及人员配置情况,沟通、协调、反馈等现场配合情况,解决问题或处理突发状况的能力,质量、职业健康安全、文明施工和环境保护管理的绩效等。

"管理专项施工合同"是指EPC总承包单位应建立施工分包合同管理制度,一般主要包括以下内容:明确分包合同的管理职责、分包招标的准备和实施、分包合同订立、对分包合同实施监控、分包合同变更处理、分包合同争议处理、分包合同索赔处理、分包合同文件管理、分包合同收尾。

"监管专项施工过程"是指EPC总承包单位应对由分包方实施的过程进行监控和检查验收。依据分包合同,对分包方服务的条件进行验证、确认、审查或审批,包括项目管理机构、人员的数量和资格、入场前培训、施工机械、机具器、设备、设施、监视和测量资源、主要工程设备及材料等。

(4)效果总协调

1)基本概念

"效果总协调"是指EPC总承包单位对项目设计效果、建成效果进行整体协调把控,通过明确项目的总目标和阶段目标,并将目标分解给各分包商和管理部门,多方协调,使项目按照总目标的要求进行,保证项目的最终建成效果。

2)重点协调内容

效果总协调的重点协调内容主要包括"协调专项设计效果和协调专项施工效果"两大部分。

①协调专项设计效果

协调专项设计效果主要包括"统一设计思想、强化专业协同和界定设计边界"三个方面。

"统一设计思想"是针对生态修复EPC工程在设计阶段存在多方设计团队共同参与、设计风格和设计思想各不相同、对场地的理解和目标愿景可能存在差异,容易造成设计成果逻辑不一致、风格多样、系统性差等问题,EPC总承包单位在设计阶段需要在各专业开展工作前,召开设计协调会议,统一设计思想和目标愿景,明确成果内容和框架,保障各专业设计成果能够成为一个有机整体。

"强化专业协同"是针对生态修复EPC工程涉及"规划、生态、总图、市政、建筑、智慧、交通"等多个专业的协同合作问题,EPC总承包单位在设计阶段需要协调好各专业,做好项目总体设计和系统设计,充分分析项目特点,研究项目施工重点、难点,提出设计思想,制定项目设计原则,强调各专业之间的协调及衔接合理。

"界定设计边界"是针对生态修复EPC工程涉及地上、地下的不同空间区域,存在设计边界交叉、重叠等问题,EPC总承包单位在设计阶段需要根据各专业的设计范围、场地特征、现状问题等多方面因素,合理划分设计分区,明确各专业的设计边界,确保各专业设计成果能够相互衔接,与施工进度和施工计划相吻合。

②协调专项施工效果

协调专项施工效果主要包括"厘清施工顺序、协调施工进度和严控施工质量"三个方面。

"厘清施工顺序"是针对生态修复EPC工程各专业存在交叉重叠、容易造成二次开挖等问题,EPC总承包单位在施工计划上,需要统筹各专业施工,严格按照"先设计再施工、先汇报再动工、先留底再开工、先地下再地上"的原则,避免粗暴蛮干造成的环境破坏和二次开挖造成的经济损失。

"协调施工进度"是指EPC总承包单位需要在施工顺序和合同约定的时间要求基础上,根据总包项目的总工期、(专业)分包策略和现场施工进度要求,倒排施工计划,重点把控关键线路上的施工进度控制,并对各专业和施工单位进行绩效考核,保证项目在计划和合同约定的期限内保质保量完成。

"严控施工质量"是指EPC总承包单位在质量管控上对施工过程质量进行监督，按规定和计划的安排对检验批、分项、分部（子分部）的报验和检验情况进行跟踪检查和完整记录，正确识别特殊过程或关键工序，对其质量控制情况进行控制并保存质量记录。对施工分包方采购的主要工程材料、构配件、设备进行验证和确认，必要时进行试验；对施工机械、装备、设施、工具和监视测量设备的配置以及使用状态进行有效性检查，必要时进行试验，塔吊、脚手架、施工升降机等质量证明文件应符合要求；应监督施工质量不合格品的处置，并验证整改结果。

（5）现场总配合

1）基本概念

"现场总配合"是指EPC总承包单位在项目的全生命周期配合设计、采购、施工和报批工作。其中，设计承担着整体生态修复EPC工期、流程、制度等策划工作，只有在做好整体生态修复EPC策划工作的基础上，才能保障后续采购及施工环节的准确性。采购承担着整个生态修复EPC各类材料及产品的采购工作，需要根据生态修复EPC设计环节中具体的设计方案来进行后续的采购工作，并与设计、施工做好衔接，要在保证质量的基础上尽可能降低采购的成本。施工承担着整个生态修复EPC所有工种的施工工作，需要在施工的环节协调各专项施工工序的有效衔接，保障最终的施工进度和工程质量。

2）重点配合内容

现场总配合的重点配合内容主要包括"配合设计、配合采购、配合施工和配合报批"四个方面。

①配合设计

配合设计主要包括现场配合提升设计合理性。

现场配合提升设计合理性是决定工程质量和成本高低的重要因素，在设计环节需要具备一定工程经验的设计师深入现场，根据现场踏勘结果校核地形、地物、现状市政设施位置等基础数据，灵活调整设计方案，保证实施方案与场地高度吻合，避免多次返工和设计变更，最大限度地保护自然环境，缩短施工工期，降低施工成本。

②配合采购

现场配合加快采购进度是推进项目进度的重要手段，精准的材料类型、材料尺寸等参数能加快采购进度，也可以避免采购中出现错误而导致后续进场的设备不符合实际需求。

③配合施工

配合施工主要包括现场交底与培训和现场解决突发情况。

现场交底与培训是为了实现资源的优化配置和对各生产要素进行有效计划、组织、指导和控制的重要过程，在施工开始之前需要设计团队进行设计文件交底，对交底提出的问题进行澄清或处理并保留记录。设计人员和施工单位就新的工艺、做法等对施工作业人员进行作业前技术质量、安全交底或培训，交底内容应有针对性且内容明确。

现场解决突发情况是为了应对施工过程中出现的突发情况，如施工作业发现地下水位比基础资料反馈的要高、市政管网与图纸提供不一致等情况，需要设计师在现场随机应变、灵活处理，并对所处理的事情进行详细的记录和备案。

④配合报批

配合报批主要包括配合提供报批图纸和配合提供其他文件。

配合提供报批图纸是在生态修复EPC项目施工的全过程中，EPC总承包单位需要配合业主提供从总体规划、方案设计、初步设计、施工图设施到竣工图的各阶段图纸，以备政府规划审批部门审批、备案使用。

配合提供其他文件是EPC总承包单位需要配合业主提供上级部门检查、媒体采访、专家咨询及其他会议活动等所需文件。

4.4.3 六核共管

"六核共管"是指生态修复EPC总承包单位需对六大核心内容进行统筹管理，其中进度管理是龙头，现场管理是关键，成本核价是核心，质量管理是前提，效果把控是目标，安全管控是基础。

"六核共管"作为最优价值生命共同体建设的统筹管理机制，通过进度管理、现场管理、成本管理、

"六核共管"架构图

质量管理、效果管理和安全管理等六个方面明晰生命共同体建设的管理要点。

（1）进度管理

1）基本概念

"进度管理"是生态修复EPC工程总承包项目需要按照"先设计后建设"的原则，以最省时、最具成本效益的方式，以项目合同工期为原始基准，讨论并细化设计及深化采购、施工、分包、竣工验收等主要工作控制节点计划，进行相互工序衔接和穿插，确定项目关键线路上的里程碑节点进度，编制《项目总进度计划》《项目总进度计划说明书》以及《项目集成总

进度计划》，分别经业主及全过程咨询公司批准后，作为生态修复EPC项目实施基准，供生态修复EPC项目部进度管理使用，以满足工程总承包项目的需要。

2）重点管理内容

进度管理重点内容包括"进度计划管理、进度调整与控制、进度风险定量分析"三个方面。

①进度计划管理

进度管理分为地下和地上两个部分。其中，地下部分主要包括管网（如雨水、污水、电力、燃气、通信、热力等市政管网）和基础（如建筑物基础、构筑物基础、挡墙基础及其他节点建设所需基础等）；地

上部分主要包括硬景（如建筑物、构筑物、雕塑、铺装等）和软景（如乔木、灌木、地被等）。

项目实施中，由生态修复EPC项目负责人对项目总进度计划进行管理，以自然月为比较基准，在项目实施中进行过程跟踪和管控，确保进度目标完成。如遇重大变化，生态修复EPC项目负责人要向业主进行报告，合理解释原因并说明后续工作改进措施及安排，同时要向业主和全过程咨询公司提出工期变更申请，提交支持性文件，得到业主和全过程咨询公司批准后，允许更新项目总进度计划。

②进度调整与控制

进度调整与控制是在实施过程中生态修复EPC项目负责人组织和督促相关人员，按月编制生态修复EPC项目实施进度月报，并上报说明项目进度完成情况。按季度对项目总进度计划进行跟踪，动态跟踪计划实施情况和偏差比较分析，对关键线路上的节点进度出现5个工作日及以上延迟的进行黄色预警，出现10个工作日以上延迟的进行红色预警，并制定赶工措施，在后续生产中抢回延误工期，确保项目总进度计划按时完成。

③进度风险定量分析

进度风险定量分析是在初步设计和详细设计阶段，由生态修复EPC管理中心计划管理专家负责项目最初的进度风险定量分析，用于支持项目总进度计划。在建造阶段，项目团队成员应至少每6个月进行一次定期进度风险分析的评估，以确保满足特定的项目重要日期的要求，并集中采取适当的风险管理和风险缓解措施。

项目的实际进度应基于批准的总进度计划每月进行审阅，以便尽早地发现进度的偏差，更重要的是，要及时发现项目关键日期或任何竣工责任的潜在的延误，并采取适当的应对措施。

在项目设计和建造阶段，项目计划部应审核分供方所提交的与进度计划交付相关的成果，并更新项目集成总进度计划和项目总进度计划。

（2）现场管理

1）基本概念

现场管理是保证设计落地、效果呈现的关键环节，也是作品呈现的直观"答卷"，脱离现场实际条件的设计管理和施工组织就像"纸上谈兵""闭门造车"。

2）重点管理内容

现场管理侧重于"现场统筹管理、现场监控督导和现场记录备案"三个方面。

①现场统筹管理

现场统筹管理是在施工过程中统筹考虑"天、地、人"三方因素对施工进度的影响，灵活安排和调整施工计划，确保在规定的期限内完成施工。

"天"的影响主要包括天气条件、候鸟迁徙、高空作业等三个方面。天气条件方面，连续的降雨天气对生态修复EPC施工有着重要影响，是造成生态修复EPC工期延长的重要因素。因此，在施工过程中，需要提前分析天气变化，合理安排施工计划，降低连续降雨对项目施工造成的影响。候鸟迁徙方面，中国是候鸟迁徙途中的重要通道，因此，在施工过程中，需要提前关注候鸟迁徙动态，调整施工计划，在不影响工期的前提下为候鸟迁徙预留足够的停歇地、换羽地和越冬地。高空作业方面，特殊天气、雨雪大雾、酷暑等环境因素会对高空作业造成一定的风险。因此，在施工过程中，需要厘清施工内容和施工顺序，根据环境因素变化妥善安排高空作业时间，在保障施工进度的前提下规避高空作业风险。

"地"主要包括地下和地上两部分，其中地下包括地质条件、地下管网、地基基础等，地上包括地表径流、原生植被、栖息动物、道路交通等。地下部分合理的施工顺序是顺利推进施工计划、节约工程成本的重要手段。因此，在施工过程中，按照"先地下后地上"的原则，结合设计方案和场地的地质条件、地下管网布局、地基基础情况等，妥善安排施工顺序，避免二次开挖。地上部分的生态修复需要坚持生态优先、节约优先、自然恢复为主的方针，遵循自然生态系统的整体性、系统性、动态性及其内在规律，用基于自然和人文的解决方案，对山水林田湖草等各类自然生态要素进行保护和修复。因此，在施工过程中，要理清地表径流、保护原生植被和生物栖息地，同时降低道路交通对施工的影响。

"人"的因素主要包括静和动两类，其中，"静"

主要是指管理人员的能力素质、作业人员的技术水平、办公生活环境等静态因素；"动"主要包括人员的交通、各作业面之间的变化、工作过程中的状态等动态因素。静态因素是提升工程效果的基础。因此，在施工过程中，应不断提高管理人员的能力素质和作业人员的技术水平，提升施工质量，改善办公生活环境，为施工人员提供良好的生活环境。全过程、全天候监督施工人员数量，确保各个环节工作有序开展。动态因素是提升工程效率的基础。因此，在施工过程中，需要提前规划和组织好交通通行方案、各作业面之间的衔接方案，提升工作人员积极性，保证各项施工内容能够按时、按要求顺利开展。

②现场监控督导

现场监控督导是指现场检察人员负责执行现场的监察与督导，对施工方的现场日常工作进行监控。现场监督的目的是在正式工程检查之前，及早发现问题，以便施工方迅速采取补救措施。工程监督员和建造工程师应对受监控的工程活动进行持续检查，以确保所有的关键部分工作已经展开。现场监督的典型内容包括正在施工的工程、现场工程的总体进度、现场综合管理和安全等。

③现场记录备案

现场记录备案是指每天所有现场工程活动都应记录，并获得施工方相关人员的一致意见，建造工程师或工程监督员共同协调定期（通常每月一次）拍摄同一地点的记录照片，以记录工程的进度，并对所有记录进行持续检查。在可能的情况下，尽量使用现场专用的项目信息管理系统。特定事件也要求拍照记录，现场监督团队应协调拍照事宜，确保重大事件被记录。

（3）成本管理

1）基本概念

成本管理是指在项目实施中应用科学有效的监督管理策略对实际成本进行控制，使成本控制在预定目标范围之内。通过对成本的预先核定和施工中的成本限额管理，从而达到降低工程建设成本、提升综合经济效益的目的。

2）重点管理内容

成本管理作为管控核心，直接影响着项目合约关系和成本效益，是衡量项目控制水平的重要指标，也是确保项目利益的主要手段，贯穿于设计、采购和施工的全过程。

①设计阶段

设计阶段的成本管理主要通过"方案过程宏观控制、扩初过程持续优化和施工图过程完善概算"等三个方面体现。

"方案过程宏观控制"是在生态修复EPC项目的设计阶段，需要依据批复的概算投资进行规划与设计，从源头保证项目总造价的合理可控。生态修复EPC工程总承包模式中设计工作直接影响项目使用功能、项目投资、项目建设进度以及现场施工便利性和可行性。虽然设计费在工程总承包中的比重很小（一般在3%~5%），但设计方案的经济性直接确定了项目投资和后续项目施工工期等，约60%工程费用是通过设计所确定的工作量实施的，故工程设计成果直接制约了项目投资。

"扩初过程持续优化"是从设计整体到细节与项目造价等多方角度论证优化设计方向，严格把控投资规模。扩初设计是开展施工图设计的依据，也是落实方案设计的进一步深化。在编制初步设计时，其内容和深度要满足生态修复EPC工程总承包项目的要求，要对生态修复EPC工程总承包项目合同中的所有设计内容均有所描述，确保初步设计文件内容的全面性、完整性、准确性，避免出现缺项和漏项。在生态修复EPC项目的扩充阶段，需要紧密联系设计端和施工端，通过设计方案的经济性比较降低工程造价。

"施工图过程完善概算"是在施工图过程中要同步完善概算，涉及的有关新材料、新设备价格必须符合市场行情，而不能简单地按照概算指标进行，特别是设计方案新颖、造型独特的项目，避免后续施工图预算超概算的情况出现。

②采购阶段

采购阶段的成本管理主要通过在"广泛选择，逐步比选；精细计划，分批供货"等两个方面体现。

"广泛选择，逐步比选"是指在生态修复EPC项目的过程中，要注重收集市场信息，建立采购材料信息库，做到充分了解材料市场行情。在掌握市场信息的基础上进行询价、比价、议价，设计选择质优价良、满足供货条件的供货商进行封样。根据项目的性质和规模、工程总承包企业的相关采购制度，以及所采购设备或材料对项目的影响程度（包括质量和技术要求、供货周期、数量、价格以及市场供货环境等因素），来确定采用招标、询比价、竞争性谈判和单一来源采购等方式。

"精细计划，分批供货"是指采购工作应制定好请购文件、确定采购方式、实施采购和签订采购合同或订单等内容。采购工程师应按批准的请购文件及采购执行计划确定的采购方式实施采购。采购过程应与施工计划进行对接，对采购的材料通过分批供货的方式逐步交付，减少因方案调整所造成的退货和浪费等损失。

③施工阶段

施工阶段的成本管理主要通过"精打细算，计划准确；强化培训，操作规范；合理分段，逐步完成；文明施工，杜绝浪费"等四个方面体现。

"精打细算，计划准确"是指在未拿到设计供图之前，项目采购计划员应根据以往项目的基础数据，编制项目人员工时估算并报项目采购经理审核。当项目计划订单初步形成后，采购计划员按照采购人员工时定额计算出各订单的计划人工时数，分类汇总形成完整的项目采购人工时进度计划表，计划材料投耗率小于3%，上报采购经理审核。采购经理对项目采购人工时进度计划表进行检查后，上报项目执行中心审批，批准后作为正式的项目人工时进度计划执行。

"强化培训，操作规范"是指在施工前牵头单位应组织设计交底和技术质量、安全交底或培训，对施工分包方入场人员的三级教育进行检查和确认，与施工分包方签订质量、职业健康安全、环境保护、文明施工、进度等目标责任书，并建立定期检查制度。

"合理分段，逐步完成"是由于特殊天气、酷暑、生物保护等各种因素的影响，通常会造成EPC项目施工工期紧、任务重的情况。因此，在项目施工过程中，需要根据施工团队和项目特征，合理划分流水线和施工分段，通过多个施工段和流水线共同推进的方式，提高施工效率，完成施工任务。

"文明施工，杜绝浪费"是指在施工过程中应依

据分包合同和安全生产管理协议等的约定，明确分包方的安全生产管理、文明施工、绿色施工、劳动防护，以及列支安全文明施工费、危大项目措施费等方面的职责和应采取的职业健康、安全、环保等方面的措施，并指定专职安全生产管理等人员进行管理与协调；应对分包方的履约情况进行评价，并保存记录，作为对分包方奖惩和改进分包管理的依据。

（4）质量管理

1）基本概念

质量管理是为了有效控制设计和施工质量，EPC项目部对设计、采购和施工进行全流程跟踪，定期对设计文件、采购内容及施工图纸进行审核，建立质量负责制，明确各参与团队、各专业工种、施工分队等相关负责人的质量职责，多措并举保证项目质量。

2）重点管理内容

质量管理主要包括设计质量控制和施工质量控制两个方面。

①设计质量控制

设计质量控制工作主要通过图纸内审和外审等相关审查程序来保障。设计图纸内审实行设计院的三校四审制度，由各设计院的设计人员自校和互校，工种负责人校核，院总工办审核、审定，牵头设计单位总工审核确认，EPC项目总设计师审核确认，对设计质量进行层层把关；设计图纸的外审按照第三方审图、业主内审、行业主管部门审查的"三步走"要求，由专家进行评审论证和审查确认。

②施工质量控制

施工质量控制工作按照"由专业的人办专业的事"的原则，由专家领衔、专业担当、专班统筹，严格执行技术交底制度、材料进场报验制度、隐蔽验收制度等管理制度和工作流程，坚持执行"四个先"要求——先设计再施工、先汇报再动工、先留底再开工、先地下再地上。在EPC项目部工程管理部牵头下，在项目管理团队建立的质量管理策划指导下，通过专题会议制度、报验报审、旁站取样、质量考核、竣工管理、资料验收，带领各施工单位定期开展"专项管理检查""流动红旗评奖"等措施监督现场施工质量，及时发现并处理现场出现的各项质量问题并限

期整改，将施工质量始终控制在合理范围。

（5）效果管理

1）基本概念

效果管理是指EPC总承包单位通过制定设计标准（E）、采购标准（P）和施工标准（C）等一系列生产标准，以及管理策划、组织管理、实施控制、信息管理等一系列管理制度，来保障项目生态修复效果。效果管理是检验生态修复成果的标尺，其中管理是手段，效果是目的。

2）重点管理内容

效果管理主要包括"设计效果、建设效果和维护效果"三个方面的管理。

①设计效果

设计效果管理的关键是通过方案汇报、图纸审查等方式，确保设计成果的科学合理与美学意境。一方面通过不同阶段的方案汇报集思广益，确保设计的基本逻辑、功能布局、工法措施、尺度规模等符合自然生态规律和相关功能需求，同时尽可能呈现具有地域特性的人与自然和谐共生画面；另一方面通过严格的图纸审查，确保设计方案、工艺做法符合相关规范要求，尽可能集成创新技术、产品、材料、工法，做到"一言一行、一草一木、一锹一土"都聚焦生态和风景。

②建设效果

建设效果管理的关键是在施工全过程中，由设计师参与施工指导与效果把控。在施工前，先由设计师指导施工团队进行样板段示范，形成建设标杆；在施工过程中，设计师也应定期巡查施工现场和施工效果，及时合理解决现场发生的各类问题。

③维护效果

维护效果的关键是在项目实施完成后，结合智能化、低人工、低能耗、低损耗的途径进行低成本维护，从而保障最优价值生命共同体效益的持续发挥。

（6）安全管理

1）基本概念

安全管理是指生态修复所有工作必须建立在安全之上，安全具有一票否决权。

2）重点管理内容

安全管理主要包括"生产安全、交通安全和健康安全"三个方面的管理。

①生产安全

生产安全管理主要通过"建立安全监察组织、实行安全监察制度和开展安全培训教育"三个方面体现。

建立安全监察组织是EPC项目部成立安全施工领导小组，设置相应的职能部室，加强施工安全管理工作，各施工队设专职安全员，制定严格的安全施工措施，定期分析安全生产形势，充分发挥各级安检人员的监督指导作用，研究、解决施工生产中存在的问题，及时发现和排除安全隐患。

实行安全监察制度是指安全经理每周组织安全生产大检查，专职安检工程师和安全员负责日常安全检查，发现问题及时处理，堵塞漏洞，消除隐患。

开展安全培训教育是由单位领导负责组织全体人员在上岗前认真学习有关施工安全规则和安全技术操作规程，提高全员的安全生产意识，做到预防为主，防治结合。

②交通安全

交通安全管理主要通过"制定交通规则、规范道路停车和加强安全教育"三个方面来体现。

制定交通规则重点是指施工机动车在道路上行驶，需严格遵守地方交通法规和交警部门的管理规定，在特殊的施工区域，需要遵守项目部制定的特殊管制要求，维护交通秩序，保证运输安全。

规范道路停车重点是指施工所用机械设备、材料的停放，不得侵占既有公路路面，且不影响交通。大型机械行驶，需要事先对既有公路的路面宽度、桥涵宽度和通过荷载等进行调查，需要加宽道路和加固桥涵时，与当地交通部门联系，征得同意后进行。在车辆通过或施工结束后，恢复原状。

加强安全教育重点是指加强对机动车辆司机的安全教育和培训，严格奖惩制度。严禁酒后驾驶、疲劳驾驶，严禁开"飞车"，做到遵章守纪，文明驾驶，礼让行人，保证交通及人身安全。所有机动车辆要始终保持完好状态，不带病运转，经常检修，定期保养。

③健康安全

健康安全管理主要是在项目部的日常生活中，时刻要求口罩还要戴、社交距离还要留、咳嗽喷嚏还要遮、双手还要经常洗、窗户还要尽量开，保护项目部人员安全、健康。

4.4.4 五抓齐进

"五抓齐进"是指EPC项目全过程中要抓住构架中的核心人员和骨干人员，按照便捷的执行流程和高效的决策流程，用制度保障，并通过信息化全方位第一时间普及，随时更新，在抓住关键环节的基础上，提高管理效率和质量。五抓即抓住构架、流程、制度、信息化和关键点五个方面。

（1）构架

合理的人员构架是生态修复顺利推进的保障，构架的抓手是核心人员。最优价值生命共同体建设的人员构架应按照"职能全面、人员精干、不留死角"三大原则为项目推进奠定构架基础。

1）职能全面

"职能全面"是要求项目部设置技术质量部、设计管理部、工程管理部、商务部、成本合约部、材料设备部、生产安全部、专业工程师、各专业设计人员和技术人员，制定能覆盖全部管理职能的管理体系。为提高工程的科学管理水平，各单位必须做好本职工

"五抓齐进"架构图

作和配合工作，确保工程的顺利进行。

2）人员精干

"人员精干"是要求各个职能部门，挑选精明能干、能力突出、一专多能的管理人员担任各部门的领导人，负责本部门的各项工作，并与其他部门做好事务对接，确保接口无误，避免返工延误工程，以顺利推进项目。

3）不留死角

"不留死角"是要求生态修复EPC项目进展中要从工程总承包项目设计管理基本要求、设计控制、设计输入、设计输出、设计变更、设计分包控制、接口控制以及设计全过程管理等方面做好工作内容，要全面兼顾，不留工作死角。将质量、安全、费用、进度、职业健康、环境保护和风险管理贯穿其中，将有助于设计更好地指导采购、施工和试运行工作，为设计、采购、施工和试运行按照EPC工程总承包项目各个阶段的进度安排，合理交叉、有效衔接，奠定基础和提供保障。

（2）流程

高效的流程是生态修复工程顺利推进的必要条件，一般通过高效决策流程和简便执行流程两个方面来实现高效管理。

1）高效决策流程

高效决策流程是需要项目部在工程施工、调试、投运期间选派现场设计代表进行驻场，对遇到的一般问题进行现场解决。对于较为复杂的问题，驻场代表直接对接总设计负责人进行快速解决，提高决策效率。

2）简便执行流程

简便执行流程是需要制定EPC项目管理总流程，统筹工期、质量、成本、材料、设计变更、竣工验收、资料管理等必要的子流程，简化执行流程，实现大统筹、中协调、小对接、细联通的管理效率。

（3）制度

制度作为项目范围管理和项目团队组建的基础，同时也是项目计划制定的依据，目的是要实现运行集成化、业务流程合理化、绩效监控动态化、管理改善持续化。

1）项目管理制度

项目层面需建立完善的组织结构，根据工程阶段动态调整人员分工，发挥职能部门与专业工程师协同作战的能力，系统梳理各参建单位之间的权责分配，做好提前谋划，制定能够指导项目实施的管理制度，完善传统施工总承包对设计、采购、建造、商务等环节的管理缺失，对管理思路、流程进行梳理、促进EPC项目管理的规范化。

2）团队管理制度

团队层面需建立总承包管理机构作为后台支撑，提供技术支持，主导各业务部门进行EPC总承包业务履约及核心能力培养，通过合理项目授权，减少重复管理，达到缩短项目管理流程的目的。

（4）信息化

信息化对于提高生态修复EPC项目管理的总体效率具有关键作用。最优价值生命共同体建设管理应通过总承包管理系统、施工过程管理系统、项目信息管理系统等实现项目管理的信息化。

1）总承包管理系统

总承包管理系统是项目管理业务的标准化、科学化、信息化平台，通过该平台使管理层对项目进度、成本、质量等关键信息进行监管、控制、调度，使项目参与方之间的信息无障碍沟通，实现项目集约经营管理，主要包括合同管理、成本管理、进度管理、施工现场管理、质量管理、安全和文明施工管理、文档和信息管理、竣工管理等模块。

2）施工过程管理系统

施工过程管理系统是贯穿项目管理的各个阶段、各相关方，以计划为主线来指导项目实施的管理系统。对一个总承包项目的实施涉及业主、监理、总承包方、施工分货方、材料供货方等众多项目相关人员，在公司内部还涉及不同的专业分工或职能部门。随着项目的进展，各方工作是相互影响和相互制约的，因此，需要施工过程管理系统来满足及时沟通和反馈的需求。

3）项目信息管理系统

项目信息管理系统主要是对各标段、各阶段信息进行收集、整理、汇总与加工，提供宏观的、综合的概要性工程进展报告，为管理控制提供支持信息，从多个视角对数据进行分析与挖掘，形成具有高度概要性、宏观性和预见性的工程进展综合报告，为多个管理层次进行组织协调和决策提供信息保障。

（5）关键点

生态修复项目的每个季节、每个阶段、每个场地都有不同的关键点。就季节而言，春天的关键点是如何抢抓种植季，把主要乔木和灌木种上；夏季的关键点是如何保墒让栽植的乔木和灌木保活，并预防极端天气；秋天的关键点是如何防秋季高温，如何抢抓种植季；冬季的关键点是如何防寒。就阶段而言，进场时如何全员贯彻生态理念、统一价值观；开工时如何保护场地信息，如何少干预少清表；施工前期如何整理地形，如何科学排布管线；施工中期多工种交叉时，如何注意安全、如何把控材料品质、如何把控工程质量和实施效果；施工后期是如何收边收口，细节处理。就场地而言，山地区域应关注如何运输材料，如何减少破坏；平地区域应关注如何布局管网，如何科学衔接不同地块的专业工种；滨水区域应关注如何固土护岸，如何丰富生物多样性等。

4.5 绿色生态养运方法
——"四四一零"体系

最优价值生命共同体理论提出"四四一零"绿色生态养运方法体系。"四四一零"即四个原则、四个策略和十个步骤。养护运维是在建设完成后，为恒久实现规划设计目标，使建设成果始终呈现预期的用途及景观效果，达到最美设计愿景，而持续对建设成果进行的一系列维持其功能和形态的专业手段。传统园林养护运维存在运行成本高、人工干预度强、养护难度大、养护手段不成体系等难题。为解决上述难题，加强养护运维的生态化、系统化、可控制、可评价等效果，最优价值生命共同体理论提出了绿色生态养护运维的理念、方法和路径，使生态保护、修复、建设的生态文明成果，能够长久呈现理想的状态，实现人与自然和谐共生的愿景。

绿色生态养护运维体系是基于自然和人文的解决方案，遵循多循环少废弃、多帮扶少干预、多预防少找补、多智能少人工的原则，通过养护前置、三段联动、养运结合、内生循环的策略，实现低成本养护、可持续运维、高品质呈现的全生命周期生态养护运维方法。

绿色生态养护运维注重源头，即在规划设计阶段就融入养护运维思想，以终点倒逼起点、以起点控制终点，使低碳绿色贯穿始终。

绿色生态养护运维注重统筹，即合理统筹规划资源利用，减少对土地资源的占用，减少临时工程的实施，减少不可再生能源的消耗。

绿色生态养护运维注重生态，即让留白成为新思路，规划设计时避让生态敏感区，养护运维时发挥自然能动性，以自然养自然。

绿色生态养护运维注重全生命周期，即从养护运维成效出发，将养护运维管理纳入设计和建设的全过程考虑范畴内，并推行生态自然的修复、建设工法，全面降低养护运维成本，长久实现人与自然和谐共生的设计愿景。

4.5.1 四个原则

绿色生态养护运维要秉承"多循环少废弃、多帮扶少干预、多预防少找补、多智能少人工"四个原则，全过程、全要素、全方位统筹生命共同体，做到全生命周期低成本养护、可持续运维。

（1）多循环少废弃

"多循环少废弃"是指在绿色生态养护运维过程中，充分利用生命共同体各要素之间的命脉关系，以及相生相克的内在机理，灵活运用水生态技术、植物养护技术、土壤改良技术、固体废弃物处理技术等方式，实现水体自净、生物协同、固体废弃物资源化、原野景观化，促进人力、物质、资本、能源的滚动循环利用，从而减少不必要的消耗，节约资源，实现经济、环境、资源的可持续利用。

多循环的内涵是物质和能源在不断进行的经济循环中得到合理和持久的利用，以把人类活动对自然环境的影响降低到尽可能小的程度。少废弃的内涵是对传统意义上已经不具备经济价值、社会价值、生态价值的客观存在的无用废弃物，通过技术升级、观念转变、创新应用等方式变废为宝，以减少人力、物力、

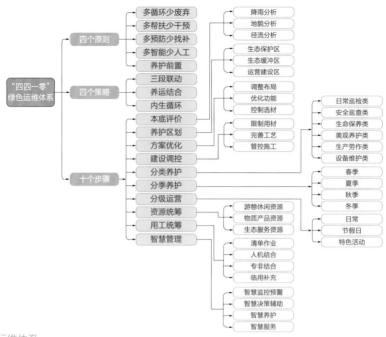

"四四一零"绿色运维体系

财力的浪费，保护生态环境。

多循环少废弃原则具体包含但不限于以下方面：

①采用高温发酵堆肥技术，对枯枝落叶进行长期堆肥。

②落实绿化垃圾循环模式，将修剪的枯枝等用于生态修复。

③污水通过净化处理，可进行浇灌、冲洗路面等循环利用。

④有机废弃物回收利用在盐碱土改良、绿地消纳和绿化上。

⑤固体废弃物通过高温高压制成环保铺装材料。

⑥绿化垃圾通过破碎脱水、输送、制肥、废气处理等环节进行回收再利用。

⑦废弃木屑，运送厂家成为压制木质板材，处理成动物场地垫料。

（2）多帮扶少干预

"多帮扶少干预"是指在绿色生态养护运维过程中，通过"多自然的方法、少人工的方法，多用生态的方法、少用工程的方法，多用柔性的方法、少用刚性的方法"，多帮扶已有的弱势、濒危物种，减少外来物种的强行引入，减少人对自然环境的扰动与破

坏，利用自然本身的修复与恢复能力，让自然做功。

"多帮扶少干预"的内涵是最大限度采用自然材料，利用近自然的方法，避免或尽量少用人工材料和人工介入的方法；在技术上应最大限度地采用生态化的技术手段，避免或尽量少用工程的方法，注重生态理念、技术和模式的应用；与自然为友，采用人与自然和谐相处的柔性处理方式，避免或尽量减少与自然生态系统的正面对抗，即避免使用刚性方法。

"多帮扶少干预"原则包含但不限于以下方面：

①了解植物生长规律，根据植物生长需要进行水肥管理。

②利用植物群落自然演替规律进行林分更新。

③保护鸟类，利用天敌，以生物防治为主，控制林木病虫害。

④大量应用乡土植物，保护利用场地自生植物，呈现近自然状态。

⑤宽容杂草，提倡野草之美，减少人工养护。

⑥发挥自然能动性，以自然养自然。

⑦划定山林保护区，限制游人进入，促进自然恢复。

⑧疏理联通水系，通过水体的自然流动，净化

水质。

（3）多预防少找补

"多预防少找补"是在绿色生态养护运维过程中，以养运前置为核心创新理念，在规划设计与施工建设两个前期阶段，就从因地制宜、安全防损、耐久实用等方面对设计和施工提出相应的养护运维要求，优化布局、功能、材料、工艺等，从根本上减少事后弥补，节约养护成本。

"多预防少找补"的内涵是，从前期入手，提早进行方案优化和建设调控，防患于未然。方案优化主要包括整体布局的因地制宜、使用功能的经济合理；建设调控主要包括建设材料的实用耐久、建设工艺的经济合理等。

"多预防少找补"原则包含但不限于以下方面：

①绿化植被品种选用抗性强、耐瘠薄的本地品种，丰富植物群落，多用混交林。

②铺装材料选用耐污易清洁的本地材料。

③水体设计上合理确定水体规模，保护现状水体，合理选用防水材料，保证水体连通性，多采用自然岸线、人工湿地等。

④合理规划布局游憩设施及交通流线，选择耐久性材料，多采用装配式设计。

⑤服务设施设计多选用易清洁、低维护的耐久材料。

⑥设计土壤监测装置，制定改良方案与污染治理方案。

⑦汛期加强排涝设施巡查，及时排涝。

⑧排查山体安全隐患，检查山路设施。

⑨加强山体防火，保证实时电子监控预警全覆盖，增强防火队伍力量，强化后勤物资保障。

⑩加强动植物重要栖息地巡查管护。

（4）多智能少人工

"多智能少人工"是指在绿色生态养护运维过程中，基于数据库、卫星遥感、地理信息系统、智能感知鉴定、物联网、大数据等技术，提高智能化灌溉、修剪、施肥、翻松、运输和自动监测、喷药换补等能力，实现智能化养护运维，打造养护运维的智能化新形态，达到减少人工作业、降低人工成本的目的。

"多智能少人工"原则包含但不限于以下方面：

①智能监测系统

智能监测系统是通过布设传感器设施、监测设备、视频监控、管理人员移动端上报、公众上报等，实现对场地气象、水文、土壤、大气、病虫害、火情、水和雪冻情、植物、古树名木、基础设施和人员的全天候、立体化监测，为养护运维提供辅助决策的数据依据。

②智能控制系统

智能控制系统是通过监测数据、智能调节实现智能灌溉和智能照明等功能。

③智能管理系统

智能管理系统包括集成养护管理、资产管理、巡更巡检等管理内容，是通过要素和事件的智能化识别、跟踪、分析，利用大数据、云计算、专家库、知识库等技术，实现智能化、精细化管理的系统。

④智能服务系统

智能服务系统是利用移动互联网技术，实现对管理人员和公众两方面的服务功能，构建管理人员、系统与公众的信息交流平台。管理人员服务包括养护统计分析、灾害预警、应急指挥与呼叫、人流统计等；公众服务包括植物扫码科普、植物识别、精准导航、智能讲解、智能广播、休闲互动等。

4.5.2 四个策略

绿色生态养护运维通过"养护前置、三段联动、养运结合、内生循环"四个策略，将养护运维理念前置到最优价值生命共同体的规划设计和建设前期，全过程指导生态资源的科学配置，从而更合理、更经济地建设最优价值生命共同体。

（1）养护前置

养护前置是指在场地调研、规划设计、施工建设等养护前阶段，即从养护目标、养护手段、养护效果等方面对场地本底条件进行评价，有针对性地考虑养护运维所要解决的主要问题，从低成本养护、可持续运维的角度，调整规划布局、优化功能、控制选材、完善工艺、管控施工，变被动为主动，变末端为前端，从根本上减少事后弥补，节约养护成本，实现

"低成本、可持续、高品质"的最终养护效果。

养护前置的必要条件是从项目的早期阶段提前介入，勘察养护区域，摸清并评价养护工程的本底情况，深入进行项目的优劣势分析，客观评估场地的生态价值、建设条件和收益转化空间，对规划方案和施工方案提出指导性意见，排除风险点，消解不利因素，未雨绸缪，防患于未然，减少后期调整修补。

（2）三段联动

三段联动是指在规划设计、施工建设、养护运维三个阶段，分阶段、分要素地采取科学、系统的手段，有针对性地对建设内容进行长期、稳定的养护运维，多考虑"耐久长久、就时就地"的材料和设施，减少养管频次和范围，多考虑"多次多类、一次多样"的空间和场所，增加养护效率和效益。

规划设计阶段是绿色生态养护运维的源头，从系统规划、因地制宜、合理布局、科学研究、适度设计等层面出发，为后面的养护管理创造有利条件，减少后期的调整修补，使低成本、可持续、高品质的绿色养护运维成为可能。施工建设阶段是绿色生态养护运维的前置阶段，从生态技术、乡土材料、优化工序、节能减排等层面出发，为接下来的养护管理提供必要的支撑，减少后期养护的成本，减少养管的频次和范围，增加运维效率和效益。养护运维阶段在之前两个阶段做到位、做完善的基础上，从日常养护、防灾避险、应急处理、定期巡检等层面出发，减少养运成本，提高养运效益，实现低成本养护、可持续运维。

（3）养运结合

养运结合是指在通过综合手段降低养护成本、获得优质养护效果的同时，结合场地环境、人群结构、物质基础等因素，开发可满足人们精神需求的活动项目，形成集管理、养护、运营为一体的系统性养运体系。节流开源，双管齐下，增加生态养护运维的收入，创造经济效益与社会效益。

在养运结合的生态养护运维体系下，绿地产生的经济价值现阶段主要体现在服务属性价值（运营价值）与生态产品价值（养护价值）两个方面。服务属性价值主要指为了满足游人物质与精神层面的需求而开展的经营消费型项目，可以用"吃、住、行、游、购、娱"六要素来概括。"吃"包括"餐"和"饮"，"餐"的环境污染比较大，"饮"作为时尚的休闲消费是可发掘的一大要素；"住"可尝试帐篷露营、房车露营等；"行"主要体现为特色交通工具，如自行车、人力车、电瓶车等；"游"包括网红项目、主题项目、设施项目、展会项目、音乐项目等；"购"体现为特色手办、当地特产等大众消费；"娱"为郊野型娱乐、城市型娱乐等。生态产品价值主要指通过良好的养护而得到的高价值生态产品，主要包括物质产品价值，如农产品、林产品、畜牧产品、渔产品、废旧材料、生态能源等；调节服务价值，如水源涵养、土壤保持、洪水调蓄、碳汇、氧气提供、空气净化、水质净化等。

（4）内生循环

内生循环是指遵循生命共同体要素间的命脉关系，通过选用具有循环性、耐久性与自洁性的材料，改良传统工艺，充分利用新技术，使能源得以滚动循环利用，保证生态景观效果的长期稳定性，减少修补，降低成本，建立健全可持续运行管理体系，在生态演替、资源循环、智慧管理等各个方面全方位增加运维效率和效益，提高生态效益、社会效益，达到一次投入，持久运维。

生态演替的内涵是尊重自然演替方向，充分利用自然本身的恢复修复能力，减少人工的养护维护以及对自然的扰动，选择适度的人工辅助手段，并以野草、野花等乡土植物为主要补植植被，形成稳定的、可自主更新的、具备大系统可持续性的自然生态群落，促进生物多样性提升，强化生命共同体内在联系，呈现原乡野境的生态景观；资源循环的内涵是通过固体废弃物处理技术、水生态技术、土壤改良技术等方式，实现水体自净、废物资源化、原野景观化，促进人力、物质、资本、能源的滚动循环利用，从而减少不必要的消耗，节约资源，实现经济、环境、资源的循环利用；智慧管理的内涵是通过智能监测系统、智能控制系统、智能管理系统、智能服务系统等，实现智能化养护运维，打造养护运维的智能化新形态，实现管理的低成本与可持续。

4.5.3 十个步骤

　　绿色生态养护运维在坚持上述四大原则、贯彻四大策略的基础上，通过实施本底评价、养护区划、方案优化、建设调控、分类养护、分季养护、分级运营、资源统筹、用工统筹、智慧管理等十个步骤，梳理完善绿色生态养护运维的具体工作内容，明确具体的技术步骤，使绿色生态养护运维成为具有可操作性、可复制性的标准化技术体系，实现生态效益与社会效益、经济效益相统一的目的。

（1）本底评价

　　本底评价是指全面勘察养护区域，摸清并评价养护工程的本底情况，从生态性、适建性、运营性三个角度，评估场地的生态价值、建设条件和收益转化空间，主要内容包括生态要素与生态功能的生态性评价、建设条件与遗迹遗存的适建性评价、资源特征与开发价值的运营性评价，具体包括21项任务与91项子任务。

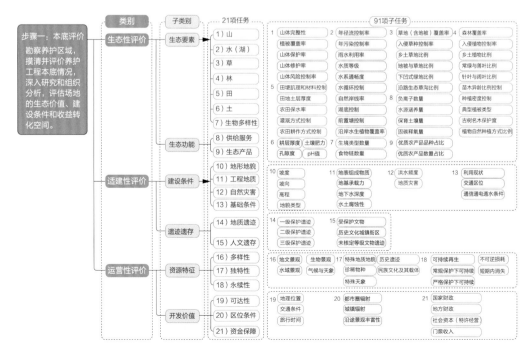

绿色运维体系第一步——本底评价

（2）养护区划

　　养护区划是指基于现状本底评价结果，根据人工养护干扰强度，划分养护区域，限定养护手段，其目的是为规划设计及建设过程反提条件和要求。养护区划主要分为生态保护区（远身尺度的自然风景，以维护本底为主）、生态缓冲区（远近身过渡的生态景观，以粗细结合养护为主）、生态运营区（近身尺度的生态场景，以精细养护为主），各养护区划由于自身特点与性质不同，对应不同的养护形式、养护要求与设计建设要求。

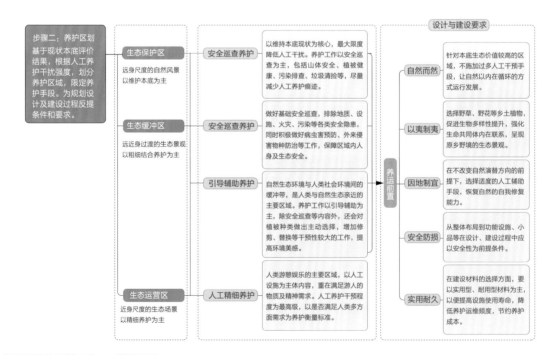

绿色运维体系第二步——养护区划

（3）方案优化

方案优化是指遵循养护前置的原则，按照养护区划要求对规划设计工作从调整布局、优化功能、控制选材等方面进行验证和优化。调整布局主要遵循因地制宜、科学合理、管养便捷、多样性保护、安全防损等原则；优化功能主要遵循环境安全、生态优先、交通便捷、近远期结合等原则；控制选材主要遵循绿色环保、实用耐久、经济合理、安全稳固等原则。在各原则的指导下，对规划设计提出具体、详实、落地的规划设计要求。

绿色运维体系第三步——方案优化

（4）建设调控

建设调控是指遵循养护前置的原则，根据生态区划条件和方案优化建议，在生态修复、生态建设的过程中，对限制用材、完善工艺、管控施工等方面进行科学调控，提高生态养护运维的工程质量。限制用材主要遵循绿色环保、负面清单等原则；完善工艺主要遵循降低损耗、控制质量、先进工艺、负反馈调节等原则；管控施工主要遵循集约布局、工序合理、文明施工、持久安全等原则。在各原则的指导下，对工程建设提出全面、细致、可行的实施要求。

绿色运维体系第四步——建设调控

（5）分类养护

分类养护是指根据专业分工与养护对象进行养护分类，明确具体的养护内容及工作清单。养护分类主要分为日常巡检类、安全巡查类、生命保养类、美观养护类、生产劳作类、设备维护类等六大类型，以及绿化、保洁、安保、设施、设备、自然灾害巡查、突发事件巡查、节假日重大活动巡查等二十小类，各类型都应提出明确的养护工作内容清单，形成完整的养护工作框架。

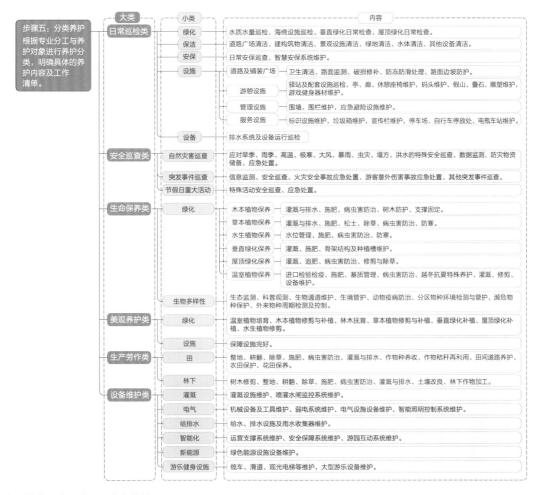

绿色运维体系第五步——分类养护

（6）分季养护

分季养护是指按照一年春、夏、秋、冬四个季节的气候特点、植物生长规律以及一般性病虫害发生规律，科学制定不同季节的养护重点和养护内容，形成针对性的养护运维措施清单。

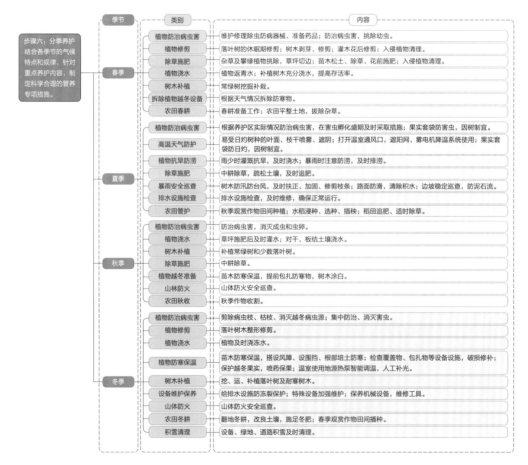

绿色运维体系第六步——分季养护

（7）分级运营

分级运营是指依据运营特征划定级别，统筹运营管理，在运营模式、内容、人员安排上实现高效率、高效果。运营级别主要分为日常运营、节假日运营、特色活动运营，不同级别的运营包含的运营类别由简易到复杂，针对性地采用外包、自营等不同运营模式。

级别	类别	内容	模式
步骤七：分级运营 依据运营特征划定级别，统筹运营管理，在运营模式、内容、人员安排上实现高效率、高效果。			
日常 管理方负责	日常保洁	日常环境卫生清洁，外包可节省人力成本，增加智能清洁。	外包
	日常安保	安全巡查和秩序维持，固定安保人员岗位。	外包/自营
	日常设备维护	电气设备、车辆、机械、给排水设备、游乐设备日常维护，每日检查，专业人员负责。	专业人士
	餐饮/零售	固定餐饮、特色商品零售商铺。	自营/承包
	应急处理	灾害天气、意外伤害应急处理培训及管理。	自营
	票务	日常售票管理。	自营
节假日 管理方负责	日常保洁	环境卫生清洁，临时增加保洁力量。	自营
	临时卫生设施	设置临时卫生设施。	外包
	加强安保	安全巡查、秩序维持，加强巡查次数；节假日安全疏导，临时增加安保人员。	外包/自营
	游乐设备维护	加强游乐设备维护。	专业人士
	餐饮/零售	增加临时餐饮点、特色零售点。	自营/承包
	应急处理	加强意外伤害应急处理培训及管理。	自营
	票务	加强售票力量，售票网站维护，根据情况实施预约入园，控制游客人数。	自营
特色活动 活动方＋管理方共同负责	日常保洁	环境卫生清洁，临时增加保洁力量。	自营
	临时卫生设施	设置临时卫生设施。	外包
	餐饮/零售	增加临时餐饮点，特色零售点。	外包+自营
	专业设备维护	专业设备如舞台、灯光、艺术装置等维护。	外包
	展览	展位确定，展台设计及搭建，展位布置。	外包
	加强安保	安全巡查，秩序维持，加强巡查次数。	外包+自营
	应急处理	加强意外伤害处理培训及管理。	外包+自营
	志愿者服务	招募活动志愿者，培训、管理志愿者。	外包
	票务	加强售票力量，售票网站维护，根据情况实施预约入园，控制游客人数。	自营
	宣传	制作宣传册、广告，专业公司策划。	外包

绿色运维体系第七步——分级运营

（8）资源统筹

资源统筹是指充分统筹场地游憩休闲资源、物质产品资源、生态服务资源，通过资源价值核算和转换，补充养护运维经费来源，节约养护运维成本，提高生态养护运维价值。游憩休闲资源主要包括休闲活动、餐饮零售、服务设施、宣传教育等资源小类；物质产品资源主要包括农产品、林产品、畜牧产品、渔产品、生态能源、废旧材料等资源小类；生态服务资源主要包括水源涵养、土壤保持、洪水调蓄、碳汇、氧气提供、空气净化、水质净化等资源小类。针对不同的资源类型与循环对象，采用不同的价值核算方法，从而确定生态养护运维最优价值体系。

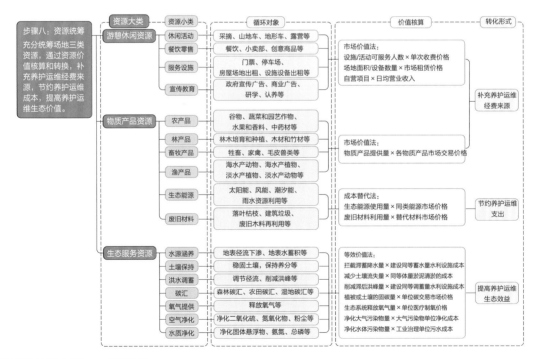

绿色运维体系第八步——资源统筹

（9）用工统筹

用工统筹是指基于养护运维的工作内容、目标，结合实施阶段的人员机械成本等进行用工统筹，制定计划，降低成本。用工统筹主要包含机械作业、人工作业、专业用工、临时用工等方面，根据场地条件、用工需求、用工成本、技术难度等实际情况，具体问题具体分析，确定经济合理的用工作业清单。

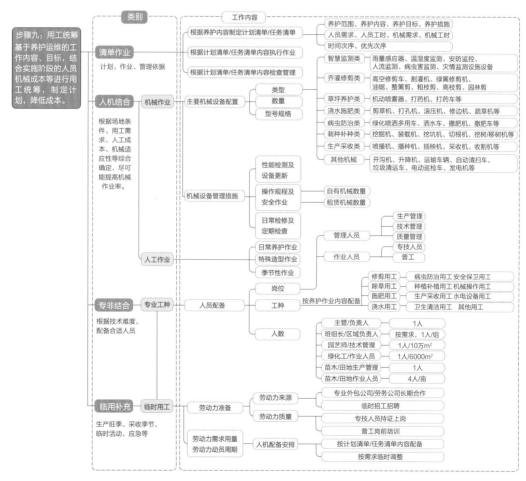

绿色运维体系第九步——用工统筹

（10）智慧管理

智慧管理是指利用人工智能、大数据、云计算、物联网等技术将公园管理体系与服务体系一体化、数据化、智能化、可视化；实现运维管理的精细化、数字化、人性化，运营服务的智能化、多样化、互动化；提升养护运维工作的管理效率和质量，降低人力成本，减少能耗，降低养护运维成本，提升服务质量。智慧管理主要包含智慧监控预警、智慧决策辅助、智慧养护、智慧服务等四大类别。

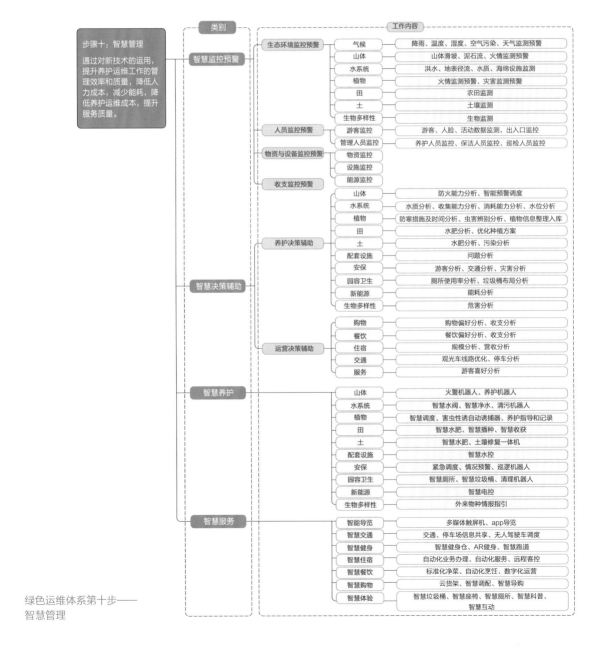

绿色运维体系第十步——
智慧管理

4.6 绿色生态转化方法
——"四绿融合"体系

最优价值生命共同体理论提出"四绿融合"绿色生态转化体系（或叫两山转化体系）。"四绿"是指绿色投资、绿色生产、绿色消费和绿色生活。绿色投资催动绿色生产，绿色生产带动绿色消费，绿色消费引导绿色生活，通过四绿融合的绿色生态转化方法，学好用好"两山论"，走深走实"两山路"，促进经济社会发展全面绿色转型，推动高质量发展，创造高品质生活。

4.6.1 绿色投资

绿色投资是绿色经济发展的必然结果，关于绿色投资的定义及解释目前尚未统一，本书中所指的绿色投资是通过绿色交易、绿色信贷、绿色债券和绿色保险等方式，坚持"减量化、再利用和再循环"的原则，推动循环经济发展。与传统的投资模式相比较，绿色投资更多关注生态修复、减污降碳、资源保护等绿色经济领域，构建绿色生产力，助力实现碳达峰和碳中和的"双碳"目标。

（1）绿色交易

绿色交易是通过对绿水青山转化为金山银山、生态产品价值实现路径的机制创新探索，将绿水青山中蕴含的生态产品价值以市场化的方式实现，发挥金融在资源配置方面的引导作用，打通生态环境保护与区域经济发展之间的一体化关系，使人类能够从自然界中持续获得优质的生态服务，提供更多优质生态产品以满足人民日益增长的优美生态环境需要。

推行绿色交易，实现生态产品价值是一项理论性强、政策性强和操作性强的系统性工程，需要从顶层规划、市场需求、资源产权、交易方式及政策制度等

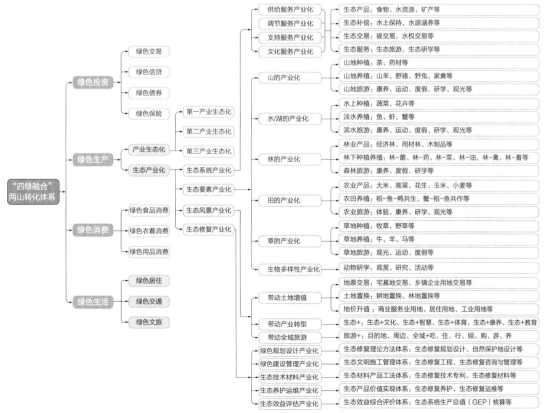

"四绿融合"两山转化体系

五个方面发力。

第一，做好顶层规划。充分发挥国土空间规划对自然资源的管控约束和生态要素的调整优化作用，科学合理布局生态空间、生产空间和生活空间，在耕地和永久基本农田数量不减少、质量有提升的情况下，允许做空间转换和位置调整。新增加的耕地还可以用于占补平衡，节余的建设用地还可以用于增减挂钩。保护自然生态系统的原真性、完整性和系统性，通过对受损、退化生态系统进行生态修复、系统治理，持续不断提高生态产品的价值和优质生态产品的供给能力。

第二，培育市场需求。通过政策引导、市场挖掘等形式创造生态产品交易需求，引导、激励生态资源和生态产品持有方和需求方开展绿色交易，将生态产品价值市场化。

第三，明晰资源产权。自然资源的产权决定生态产品产权的归属，加快推进各类生态产权的确权登记，摸清区域内自然资源的位置、数量、质量、权属等基础信息，开展对生态产品价值的科学核算和准确评估。

第四，创新交易方式。通过将生态资源与地方文化、产业相结合，将生态产品价值依附于农业品、工业品等包装成具有特色、能够直接交易的商品，促进生态产品价值的变现。

第五，配套政策制度。通过因地制宜制定生态补偿、交易平台等支持政策和激励措施，保障生态产品交易市场健康有序运行。

（2）绿色信贷

绿色信贷是通过信贷等金融资源支持绿色经济、低碳经济、循环经济，引导资金导向绿色环保领域，推动经济社会的可持续发展，促进发展方式的绿色转型，对支持生态保护和修复具有重大意义。绿色信贷在生态修复领域已有诸多实践，但其市场份额占比仍然较低，可以从战略高度、资源配置、政策机制等三个方面进一步挖掘市场潜力，拓展生态修复工作的融资渠道，提升生态环境品质，让绿水青山造福人民群众。

第一，提升战略高度，聚焦生态保护。商业银行需坚持绿色引领，重视生态环境保护与治理，通过绿色信贷支持山水林田湖草系统治理，改善区域生态环境质量，提升生态系统服务能力，提高生态产品价值。

第二，优化资源配置，引导资金流向。推动绿色信贷与绿色产业有效衔接，调整信贷结构，淘汰对环境污染高、产能落后的相关产业，引导更多资本、资源投向绿色、低碳、环保产业，实现人与自然和谐相处。

第三，完善政策机制，激发环保动力。商业银行需坚持以绿色信贷理念指引信贷经营行为，完善绿色信贷机制，培育绿色信贷文化。通过建立投资企业或项目与履行环保责任之间的联系作为信贷授信的基本前提条件，执行差异化的授信额度，激发履行环境保护责任的内生动力，推动实现环境保护、企业发展和人民美好生活多方共赢。

（3）绿色债券

绿色债券是指募集资金主要用于支持节能减排技术改造、绿色城镇化、能源清洁高效利用、新能源开发利用、循环经济发展、水资源节约和非常规水资源开发利用、污染防治、生态农林业、节能环保产业、低碳产业、生态文明先行示范实验、低碳试点示范等绿色循环低碳发展项目的企业债券。目前，我国绿色债券市场发展日益完善，成为生态修复领域重要的融资渠道。

地方政府可通过财政全面统筹，发行自然生态系统保护修复、农田生态系统保护修复、城镇生态系统保护修复、矿山生态保护修复及发展生态产业等方面的专项债券，筹集资金，提升生态环境品质，擦亮绿水青山颜值，提高生态产品价值，通过绿色交易将提升后的生态产品进行市场化，将绿水青山转化为金山银山。

（4）绿色保险

绿色保险是一种市场化、社会化的环境风险治理机制，通常是指以被保险人因污染、破坏或对自然环境造成负面影响而依法应该承担的赔偿责任为保险对象的商业保险。绿色保险已经成为支撑产业绿色转型、环境保护、减灾防灾、降低碳排放等领域中不可或缺的金融手段。通过企业、行业、保险公司和政府的多方协作，让绿色保险在绿色发展和生态文明建设中发挥更重要作用。

企业方面，增强绿色金融意识，运用绿色保险融资增信；树立环境保护意识以及社会责任感，在考虑经济效益的同时也综合思考环境、社会效益。对于一些具有融资期限长、资金需求量大并且融资方式单一（比如严重依赖银行信贷）的生态修复项目，利用绿色保险资金周期长的特点，充分发挥绿色保险融资增信的优势，针对自身潜在的环境风险积极投保，从而促进绿色转型。

行业方面，鼓励绿色保险产品创新实践。通过行业峰会、大数据平台等方式，开展生态修复绿色保险实践经验交流，总结生态修复与绿色保险之间的痛点，通过设立试点逐步完善，形成可复制、可推广的模式，起到示范作用，促进行业内对于创新型绿色保险的实践运用，切实发挥绿色保险的效能。

保险公司方面，建立绿色保险专有数据库。利用大数据、算法和金融知识，分析生态修复类绿色保险市场的潜在需求，推出更多契合于山水林田湖草系统修复与治理的保险产品。

政府方面，健全绿色保险引导体系。政府应当为绿色保险产品在生态修复领域的创新和发展提供政策性、引导性支持，监督、规范绿色保险市场的发展，为绿色保险发展提供土壤。

4.6.2 绿色生产

党的十九届五中全会明确提出，推动绿色发展，促进人与自然和谐共生。绿色生产方式是绿色发展理念的基础支撑、主要载体，直接决定绿色发展的成效和美丽中国的成色。走产业生态化、生态产业化协同的绿色发展之路，以绿色生产带动绿色消费，促进高质量发展。

（1）生态产业化

生态产业化是指按照产业化规律推动生态建设，将可供利用的生态资本，按照生命共同体的内在发展逻辑和规律，通过市场化的方式促进生态产品与生态服务的经济价值得以变现，从而实现生态保护与经济发展良性循环发展。"生态"是指山水林田湖草等自然生态要素构成的生态系统所提供的生态产品和生态服务；"产业化"是将生态产品和生态服务通过市场交易转化成经济价值，从山水林田湖草生态要素的特征和优势出发，寻找经济发展的内生动力，推动生态要素向生产要素转变、生态财富向物质财富转变，建立生态建设与经济发展之间良性循环的机制，实现生态资源的保值增值，把绿水青山变成金山银山。生态产业化从宏观到微观、从体系到要素可细分为生态系统产业化、生态要素产业化、生态风景产业化、生态修复产业化。

1）生态系统产业化

生态系统产业化是指生命共同体保护修复后，整体生态系统服务功能的价值实现，具体包括供给服务产业化、调节服务产业化、文化服务产业化和支持服务产业化。生态系统产业化的转化形式以生态产品、生态补偿、生态交易与生态服务为主。

①供给服务产业化

生态系统的供给服务即生态系统提供的食物、水资源、生产原料和能源等产品。生态系统的供给服务多以私有商品或公共商品的形式存在，因此供给服务的产业化即将生态系统提供的各类"商品"通过生态产品、生态交易等方式进行产业化，如粮食、水资源、矿产的直接交易等。

②调节服务产业化

生态系统的调节服务即生态系统提供的气候调节、旱涝调节、环境净化、碳封存等各类调节功能。生态系统的调节服务多属于社会资本与外部经济效益。作为外部经济的调节服务关系到国家资源的最佳分配，其产业化应在外部经济效果的经济评价基础上，实现外部经济的内部化，具体可通过生态补偿、生态交易等方式进行产业化，典型的如碳交易等。

③文化服务产业化

生态系统的文化服务即生态系统提供的历史文化、科学教育、休闲旅游等各类精神层面的服务功能。生态系统的文化服务可通过各类直接服务进行产业化，如生态旅游、生态研学等。

④支持服务产业化

生态系统的支持服务包括但不限于养分循环、初级生产、土壤形成、栖息地提供等服务。这些服务使生态系统能够持续更好地提供供给、调节与文化服务，其基本属于社会资本与外部经济效益。支持服务的产业化可通过生态补偿、生态交易等方式进行产业化。

2）生态要素产业化

①"山"的产业化

山是水、林、田、湖和草等自然要素的载体，也是重要的生态资本。护好山，就是在提升山的生态价值，增值自然资本。

"山"的产业化是在保障对山体的干扰不突破生命共同体高价值生态区间的前提下，基于山体在山势形态、地貌特色、气候环境、生物资源等方面的优势不同，念好"山字经"，发展山地种植、山地养殖、山地旅游等山地产业。山地种植产业包括茶、药材种植产业等；山地养殖包括山羊、野兔、野猪、家禽等畜禽类养殖；山地旅游包括山地康养、山地运动、山地度假、山地研学、山地观光等。

②"水、湖"的产业化

水和湖是生命共同体的重要构成要素，是体现区域内生态环境独特性和生态产品价值高低的关键之一。理好水、清好湖，是提升生态价值、增值自然资本的重要举措。

"水、湖"的产业化是在生命共同体的高价值生态区间内，基于水和湖在环境舒适、风景优质和体验独特等方面的优势，做足水文章，发展水上种植、淡水养殖、滨水旅游等产业。水上种植包括水上蔬菜、水上花卉等；淡水养殖包括鱼、虾、蟹等水产养殖；滨水旅游包括滨水康养、滨水运动、滨水度假、滨水研学、滨水观光等。

③"林"的产业化

林是生命共同体的核心构成要素，是体现区域内生态环境独特性和生态产品价值高低的关键要素。营好林，保护、合理利用森林资源，是提升生态价值、增值自然资本的重要途径。

"林"的产业化是在生命共同体的高价值生态区间内，基于森林在不同地理区域所展现出的风貌特征、空间差异性优势，发展林业产品、林下经济、森

林旅游等产品。林业产品包括木材产业、经果林业等；林下经济包括林—菌、林—药、林—菜、林—油、林—禽、林—畜等模式；森林旅游包括森林康养、森林度假、森林研学等。

④"田"的产业化

田是生命共同体的重要支撑要素，绿色有机农产品是带动绿色交易的重要载体。疏好田，打造高标准优质农田，就是为生态产品向市场化商品转化打好坚实基础。

"田"的产业化是在生命共同体的高价值生态区间内，基于农田在不同地理区域内气候、水源、光照、土壤等方面的差异，根据生态系统内物质循环和能量转化规律，运用现代科学技术和管理手段，保持和改善农业系统内的生态平衡，发展农业产品、农田养殖、农业旅游等。农业产品包括大米、高粱、花生、玉米、小麦等；农田养殖包括稻—鱼—鸭共生、蟹—稻—鱼共作等；农业旅游包括农业体验、农业康养、农业研学、农业观光等。

⑤"草"的产业化

草是生命共同体的核心构成要素，是体现草地生态环境独特性和生态产品价值高低的关键要素。丰好草，保护、合理利用草地资源，是提升生态价值、增值自然资本的重要途径。

"草"的产业化是在生命共同体的高价值生态区间内，基于草地的风貌特征、空间差异性优势，发展草地种植、草地养殖、草地旅游等。草地种植包括牧草、野草种植等；草地养殖包括牛、羊、马等畜类养殖；草地旅游包括草地观光、草地运动、草地度假等。

3）生态风景产业化

生态风景产业化是在生态与风景协同发展的前提下，持续不断提高生态系统对周边城市的服务功能，形成绿水青山转化为金山银山的示范样板，带动周边土地价值升值，促进地方产业转型，拉动区域旅游业发展，为当地居民、政府和企业同时带来间接的经济效益。

①带动土地增值

好的生态环境和优质的生态服务是土地增值的重

要因素之一。生态风景带动土地增值是指通过最优价值生命共同体的建设，呈现生态的风景、风景的生态，更高效地带动土地价值的提升，实现以"绿色引擎"为土地增值。

②带动产业转型

生态风景可以作为传统产业升级的触媒，激活和带动传统产业转型。生态风景带动产业转型即在保护自然生态系统原真性和完整性的前提下，以良好生态环境和生态服务为基础，通过开展生态+文化、生态+教育、生态+体育、生态+智慧、生态+农业、生态+旅游等生态衍生产业带动地方产业转型，进而带来经济效益，促进生态资源保护和生态经济协同发展。

③带动全域旅游

良好的区域生态环境与美丽的生态风景可以为旅游产业的发展提供优越的环境条件和丰富的旅游资源，成为全域旅游发展的重要资源优势。生态风景带动全域旅游即在生态与风景协同发展的基础上，逐步融入食住行游购娱等旅游要素，将生态环境变为旅游环境，将生态资源变为生态资产，将生态"风景"变为生态"钱景"，实现以全域旅游为核心的生态风景产业化。

4）生态修复产业化

生态修复产业化是在绿色发展理念引领下，通过创新集成和实践总结等方式形成涵盖"绿色规划设计、绿色建设管理、生态技术材料、生态养护运维、生态效益评估"全领域的生态修复方法、技术、产品、材料、工法和标准导则体系，将理论与实践经验进行产业化推广，在相关知识服务及知识产权等方面带来经济效益。

①绿色规划设计产业化

绿色规划设计产业化是指将生态修复过程中的理论与方法体系推广到规划设计领域，衔接国家与地方规划设计需求，指导生态修复规划设计、自然保护地设计等，实现生态修复在规划设计层面的产业化。

②绿色建设管理产业化

绿色建设管理产业化是指将生态修复过程中的全过程生态工程建设管理体系推广到相关工程建设领域，指导生态修复工程、生态修复咨询与管理等，实

现生态修复在工程建设层面的产业化。

③生态技术材料产业化

生态技术材料产业化是指将生态修复过程中集成创新的成熟、成套、低成本的生态技术、生态材料、生态工法转变为生态修复技术专利、生态修复产品等，实现生态修复在技术、材料、产品、工法层面的产业化。

④生态养护运维产业化

生态养护运维产业化是指将生态修复过程中的后期养护运维经验和生态产品价值实现体系应用到基础设施养护、运营等领域，结合不同市场需求，指导生态修复养护、生态修复运维等，实现生态修复在养护运维层面的产业化。

⑤生态效益评估产业化

生态效益评估产业化是指将生态修复过程中经过验证的生态效益综合评价体系应用到相关评价工作中，如生态系统生产总值（GEP）核算，为政府相关部门提供决策支持，为生态交易提供数据支撑，实现生态修复在生态评估层面的产业化。

（2）产业生态化

产业生态化是通过仿照自然生态的有机循环模式来构建产业的生态系统，在使资源得以高效循环利用的同时将生产活动可能产生的环境生态负担减轻到最小的限度，同时强调生产过程主动适应环境，促进产业绿色化发展。"产业"通常是指第一产业、第二产业和第三产业；"生态化"是仿照自然生态系统的运行机理，按照"绿色、低碳、循环、智能"的产业发展要求，利用先进生态技术，培育发展资源利用率高、能耗低、排放少、生态效益好的新型产业，把相关产业链建设成为紧密联系、相互作用的循环生态链。产业生态化主要包括第一产业生态化、第二产业生态化和第三产业生态化。

1）第一产业生态化

第一产业主要是指种养业，是人类赖以生存的根本。第一产业生态化应从调整产业结构、打造高标准农田、加大扶持力度和加快产业融合四个方面进行，推进农业农村绿色发展转型，助力破除传统农业、养殖业低效益、高污染等问题。

第一，调整产业结构。从国家层面合理优化布局农业产区，针对水源涵养区、自然保护区等不适宜农业发展的区域，需要重新发掘当地资源优势，加快产业结构调整，推动生态环保的新型产业发展。

第二，打造高标准农田。落实最严格的耕地保护制度，推进土地整治、中低产田地改造和高标准农田建设，提升农业基础设施短板，推动农业生产经营规模化、专业化，不断提升耕地质量和粮食产能，实现土地和水资源集约节约利用，推动形成绿色生产方式。

第三，加大扶持力度。加大对一产的扶持力度，通过政府、企业和农民多方合力，积极引进优良农业品种和养殖设施和现代科学技术，提高农业种植、维护和收割的技术含量，提升种植、养殖效率。

第四，加快产业融合。对农村三次产业进行优化重组，推动以市场为基础的多维度、多业态和多利益主体融合，延伸产业链条，挖掘农产品生产加工过程中的多重功能，探索多方利益共享的发展模式。

2）第二产业生态化

第二产业主要是指加工制造业，是国民经济发展的重要基础。第二产业生态化应从推动绿色改造升级、采用先进生产技术、建立绿色制造体系三个方面进行，助力扭转传统二产的粗放式发展、降低环境污染。

第一，推动绿色改造升级。全面推行绿色制造，实施生产过程清洁化、能源利用低碳化、水资源利用高效化和基础制造工艺生态化，推广循环生产方式，强化工业资源综合利用和产业绿色协同发展。

第二，采用先进生产技术。加大对绿色制造关键技术的研发和产业化，推行企业使用绿色生产技术，逐步淘汰生产技术落后、环境污染负荷高、效益回报低的产业，发展壮大节能环保产业，提高能源资源的附加值和使用效率。

第三，建立绿色制造体系。以企业为主体，加快建立健全绿色标准，开发绿色产品，创建绿色工厂，建设绿色园区，强化绿色监管和示范引导，推动全面实现制造业高效清洁低碳循环和可持续发展，促进工业文明与生态文明的和谐共生。

3）第三产业生态化

第三产业主要是指服务型产业，是经济现代化的重要特征。第三产业生态化应依托资源和生态优势，从改造提升传统第三产业、推动一二三产深度融合两个方面进行，助力实现第三产业的差异化发展。

第一，改造提升传统第三产业。加强传统景区景点改造提升，完善基础设施配套，降低环境污染风险。升级活动业态，推动景区景点业态模式由观光旅游向休闲、康体、养生等深度体验旅游转变。

第二，推动一二三产深度融合。通过全价值链整合各类产业的经济、生态、文化发展，一产、二产在满足基本的生产和生态功能基础上，依托资源和生态优势，通过全价值链整合市场和资源，拓展工业旅游、农业旅游、林业旅游等新型模式，塑造具有本土特色的三产IP，实现差异化发展。

4.6.3 绿色消费

绿色消费，是指以节约资源和保护环境为特征的消费行为，主要表现为崇尚勤俭节约，减少损失浪费，选择高效、环保的产品和服务，降低消费过程中的资源消耗和污染排放。全面推动消费绿色转型，实现系统化节约减损和节能降碳，是低碳经济的重要组成部分。绿色消费主要包括绿色食品消费、绿色衣着消费和绿色用品消费等三个方面。

（1）绿色食品消费

绿色食品消费是指遵循可持续发展原则按照特定生产方式生产经专门机构认定许可使用绿色食品标志无污染的安全、优质、营养类产品。健康的生态环境和绿色的种植模式是形成绿色食品消费的基础。

第一，健康的生态环境。水和土是生命共同体的本底要素，是植物和农作物生长的基质和营养库，水和土的健康程度直接决定着生态系统的健康程度，也决定着粮食、蔬菜、瓜果、鱼类等食品的健康程度。加大以水环境治理、耕地污染为主的生态修复治理力度，营造健康的生态环境，方能确保农产品产地环境质量安全、粮食安全和农产品质量安全。

第二，绿色的种植方式。减少人工合成的肥料、农药、生长调节剂等的大量使用，遵循自然规律和生态学原理，尽量依靠轮作、作物秸秆、家畜粪尿、绿肥、外来的有机废弃物、机械中耕、含有无机养分的矿石及生物防治等方法，供给作物养分，保持土壤的肥力和易耕性，从而提供绿色、安全的食品原材料。

（2）绿色衣着消费

绿色衣着消费是衣物在原材料生产、加工、制作及使用的全生命周期过程中，坚持绿色环保理念，通过加强污染处理、鼓励循环利用等方式减少对生态环境的污染与破坏，推动衣着消费领域绿色转型。

第一，加强污染处理。建立企业或项目与履行环保责任之间的联系作为信贷授信的基本前提条件，提高衣物制造相关企业的环保责任。通过生态、低碳的手段处理衣物生产、制作、印染等过程对环境造成的负面影响，实现污染物零排放。

第二，鼓励循环利用。挖掘废旧物资利用价值，增强废旧物资循环利用的内生动力，建立健全废旧物资循环利用体系。加强废旧物资分类回收，分品类探索创新回收模式，提升再生资源精细化加工利用水平，促进绿色低碳循环发展，助力实现碳达峰、碳中和。

（3）绿色用品消费

绿色用品消费是通过在生活用品的设计、选择、使用等方面树立绿色低碳意识，减少非必要耗能，大力发展高质量、高技术、高附加值的绿色低碳产品，逐步实现生活用品低碳化、减量化和循环化。

4.6.4 绿色生活

绿色生活是在居住、交通和文旅等方面通过充分考虑资源环境承载力，在满足人类自身需求的同时最大限度保护自然资源、栖息地和生物多样性，实现人与自然和谐共生的高品质生活。习总书记强调："要充分认识形成绿色发展方式和生活方式的重要性、紧迫性、艰巨性，把推动形成绿色发展方式和生活方式摆在更加突出的位置"。

（1）绿色居住

绿色居住是在建筑材料、建造形式、能源类型及配套设施等方面，坚持绿色低碳理念，采用绿色材料、绿色建造、绿色能源和绿色设施，降低全生命周期的碳排放，节约资源，保护环境。

第一，推行绿色建材。设计和建造过程中推行全生命周期内可减少对资源消耗和对生态环境影响，具有节能、减排、安全、健康、便利、可循环等特征的建材产品。鼓励使用循环可再生材料，优先选用再生周期短的可再生材料，充分发挥、利用材料的自身价值。最大限度使用可回收材料，增加材料的使用周期，减少资源浪费。

第二，发展绿色建造。按照绿色发展的要求，通过科学管理和技术创新，采用有利于节约资源、保护环境、减少排放、提高效率、保障品质的建造方式，应用系统化集成设计、精益化生产施工、一体化装修的方式，实现人与自然和谐共生。

第三，使用绿色能源。以绿色发展为引领，最大限度使用太阳能、风能、地热能、生物质能源等清洁能源，以绿色能源替代传统能源，促进能源、环境与经济协调发展，保证国民经济的健康与可持续发展。

第四，配套绿色设施。设计和建造过程中因地制宜配套绿道、湿地、雨水花园等绿色基础设施，户外环境尽可能使用太阳能灯具，减少对传统能源的依赖，降低户外环境设施对于生态环境的负面影响。

（2）绿色交通

绿色交通是为减缓城市拥堵、减少环境污染等目的，采用经济、行政、技术等措施，降低单车排放强度和使用强度，通过调控燃油车数量、发展公共交通、构建慢行系统等低污染、有利于城市环境的多元化交通系统，提高交通运行效率，引导居民绿色出行，实现交通系统节能减排。

第一，调控燃油车数量。综合城市经济发展、城市规划、环境承载能力等情况，积极调整交通车辆保有结构，调控燃油车数量，鼓励新能源交通发展，淘汰更新黄标车及老旧车辆，推动交通车辆协调可持续发展。

第二，发展公共交通。积极引导交通车辆出行向公共交通转变，加快轨道交通、快速公交（BRT）等大容量快速公共交通运营系统的建设，扩大公交专用车道网络，提高公共交通的快捷性、舒适性和可及性，创造良好的出行环境，可以增强公共交通的吸引力，让更多人愿意选择公共交通出行。

第三，构建慢行系统。倡导低碳、环保、健康的出行理念和方式，构建以人为本、传承文化、舒适边界的高品质慢行系统，普及自行车和步行专用道，因地制宜鼓励发展自行车交通，推进"慢行+公共交通"绿色交通发展模式，倡导构建"慢行+景区""慢行+商业"等绿色出行体系，打造全天候、无障碍、高连通的慢行网络，不断满足市民对于慢行交通出行的需求，倡导构建"慢行+"高品质融合出行体系，提升绿色出行率。

（3）绿色文旅

绿色文旅通常是指将文旅与当地自然禀赋与生态特色相结合，深入推进绿色低碳理念，通过"绿色开发、绿色展演、绿色交通和绿色运营"等方面赋能文旅产业融合，推动高质量发展。

第一，绿色开发。做好顶层规划，合理布局文旅项目，严格限制对林地、耕地、湿地等重要生态资源的占用和过度开发，保护自然资本，促进文旅行业健康发展。

第二，绿色展演。文旅活动应绿色低碳展演，优先使用绿色环保型展台、展具和展装，加强绿色照明等节能技术在灯光舞美领域的应用，大幅降低活动现场声光电等的高耗能和对自然环境的负面影响。

第三，绿色交通。完善城市交通基础设施和景区的联系，提升风景名胜区、自然保护区、大型郊野公园等重要游憩点的交通换乘条件，推进骑行专线、登山步道等建设，鼓励引导游客采取步行、自行车和公共交通等低碳出行方式。

第四，绿色运营。将绿色设计、节能管理、绿色服务等理念和大数据、云计算、智能终端等新技术融入运营，整合资源，搭建智慧化体系，提供信息化运营体服务，提高运营效率，降低管理成本和资源的消耗，实现资源高效循环利用。

4.7 本章小结

最优价值生命共同体通过"四划协同"绿色生态规划方法、"三阶十步"绿色生态设计方法、"二三四八"绿色生态建设方法、"四五六五"绿色生态管理方法、"四四一零"绿色生态养运方法和"四绿融合"绿色生态转化方法，形成了六个实践方法体系，实现"规划—设计—建设—管理—运维—转化"全过程建设与管理，可以指导不同区域、不同尺度生命共同体的保护、修复、建设、运维及转化工作。最优价值生命共同体的全过程建设方法为当前生态保护、修复与建设提供了一种具体的实践思路和明确的工作目标，也为生态规划与设计师探索更加系统的工作方法与技术奠定了基础。

第五章

生命共同体价值提升技术体系
——最优价值生命共同体
技术导则

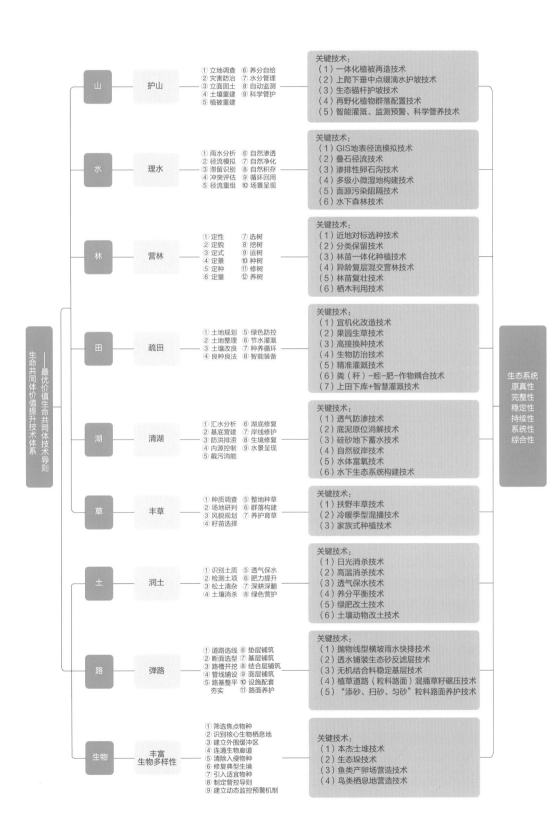

生命共同体价值提升技术体系

——最优价值生命共同体技术导则

山　护山
① 立地调查　⑥ 养分自给
② 灾害防治　⑦ 水分管理
③ 立面固土　⑧ 自动监测
④ 土壤重建　⑨ 科学管护
⑤ 植被重建

关键技术：
（1）一体化植被再造技术
（2）上爬下垂中点缀滴水护坡技术
（3）生态锚杆护坡技术
（4）再野化植物群落配置技术
（5）智能灌溉、监测预警、科学管养技术

水　理水
① 雨水分析　⑥ 自然渗透
② 径流模拟　⑦ 自然净化
③ 滞留识别　⑧ 自然积存
④ 冲突评估　⑨ 循环回用
⑤ 径流重组　⑩ 场景呈现

关键技术：
（1）GIS地表径流模拟技术
（2）叠石径流技术
（3）渗排结合卵石沟技术
（4）多级小微湿地构建技术
（5）面源污染阻隔技术
（6）水下森林技术

林　营林
① 定性　⑦ 选树
② 定貌　⑧ 挖树
③ 定式　⑨ 运树
④ 定景　⑩ 种树
⑤ 定种　⑪ 修树
⑥ 定量　⑫ 养树

关键技术：
（1）近地对标选种技术
（2）分类保留技术
（3）林苗一体化种植技术
（4）异龄复层混交营林技术
（5）林苗复壮技术
（6）栖木利用技术

田　疏田
① 土地规划　⑤ 绿色防控
② 土地整理　⑥ 节水灌溉
③ 土壤改良　⑦ 种养循环
④ 良种良法　⑧ 智能装备

关键技术：
（1）宜机化改造技术
（2）果园生草技术
（3）高接换种技术
（4）生物防治技术
（5）精准灌溉技术
（6）粪（秆）-蚓-肥-作物耦合技术
（7）上田下库+智慧灌溉技术

湖　清湖
① 汇水分析　⑥ 湖底修复
② 基底营建　⑦ 岸线修护
③ 防洪排涝　⑧ 生境修复
④ 内源控制　⑨ 水景呈现
⑤ 截污消能

关键技术：
（1）透气防渗技术
（2）底泥原位消解技术
（3）硅藻地下蓄水技术
（4）自然驳岸技术
（5）水体富氧技术
（6）水下生态系统构建技术

草　丰草
① 种质调查　⑤ 整地种草
② 场地研判　⑥ 群落构建
③ 风貌规划　⑦ 养护育草
④ 籽苗选择

关键技术：
（1）扶野丰草技术
（2）冷暖季型混播技术
（3）家族式种植技术

土　润土
① 识别土质　⑤ 透气保水
② 检测土项　⑥ 肥力提升
③ 松土清杂　⑦ 深耕深翻
④ 土壤消杀　⑧ 绿色营护

关键技术：
（1）日光消杀技术
（2）高温消杀技术
（3）透气保水技术
（4）养分平衡技术
（5）绿肥改土技术
（6）土壤动物改土技术

路　弹路
① 道路选线　⑥ 垫层铺筑
② 断面选型　⑦ 基层铺筑
③ 路槽开挖　⑧ 结合层铺筑
④ 管线铺设　⑨ 面层铺筑
⑤ 路基整平　⑩ 设施配套
　　夯实　　⑪ 路面养护

关键技术：
（1）抛物线型横坡雨水快排技术
（2）透水铺装生态砂反滤层技术
（3）无机结合料稳定基层技术
（4）植草道路（粒料路面）混播草籽碾压技术
（5）"添砂、扫砂、匀砂"粒料路面养护技术

生物　丰富
　　　生物多样性
① 筛选焦点物种
② 识别核心生物栖息地
③ 建立外围缓冲区
④ 连通生物廊道
⑤ 清除入侵物种
⑥ 修复典型生境
⑦ 引入适宜物种
⑧ 制定管控导则
⑨ 建立动态监控预警机制

关键技术：
（1）本杰士堆技术
（2）生态垛技术
（3）鱼类产卵场营造技术
（4）鸟类栖息地营造技术

生态系统
原真性
完整性
稳定性
持续性
系统性
综合性

最优价值生命共同体理论的实践必须以系统性、实操性的修复技术为支撑，从而保障其在建设过程中的延续性与落地性。最优价值生命共同体的技术体系在诸多生态修复工程项目的基础上，厘清山、水、林、田、湖、草及土、路等生态要素的关系和分类，总结归纳"护山、理水、营林、疏田、清湖、丰草"及"润土、弹路"八种修复策略的方法步骤和关键技术，再结合丰富生物多样性的关键技术，形成九类可复制、可推广的生态修复技术集成体系，为生态保护、修复和建设提供科学的技术路径。

5.1 护山

5.1.1 概念、理念及意义

（1）概念

山是森林生态系统重要的载体，既是陆地生物多样性的富集区和生态系统生产力的高值区，也是水资源和降雨径流的主源地。"山之为者，不但饰地之观，竖地之骨，直于人物有多益焉，盖或以毓五金，或以捍四海，或以涌溪泽，或以茂林丛，或以蔽风雪，或以障荫翳……或以辟飞走之圉，或以广藏修之居，无算妙用，则造物之原旨，以全乎寰宇之美，而备生民之须耳"。占地球陆地面积24%的山地，提供了陆地80%以上的淡水资源、绝大部分能源、矿产资源与生态系统服务功能，在人类社会生存与发展中具有重要作用。

"护山"之"护"，本义为"监视、监督"，引申为"救助、保卫、保护"。《说文解字》中对"护"的

解释为：救视也，"视"为"照顾、照看"的意思，可见保护、救助、照看是"护"字古今使用最普遍的意义，也是"护山"策略的核心所在。

"护山"是针对"山"这一生态要素，以山体类型与特征为基础，在最大限度保护山体的前提下，通过最小限度的人为干预，以基于自然的解决方案加快受损山体及其承载的生物与非生物要素有机融合，恢复山体生态功能，再现山体生态系统的原真性与完整性，实现"山青"目标的生态修复策略。

（2）理念

护山通过"轻梳理、浅介入、微创修复、系统修复"的方法，针对不同创面的损伤情况提出相应的解决方案，达到"山形优美，山色宜人，生境健康，引人入胜"的目标。护山不是传统园林中对局部地形起伏区域的精雕细琢，而是在最优价值生命共同体的理论之下，以基于自然的解决方案对山体进行保护、恢复和管理，从而再现山体生态系统的原真性与完整性。护山策略及措施聚焦生态与风景，坚持生态优先、功能协调、景观融合、效益统一的原则，通过自然恢复和人工重建坡面植被的手段，实现坡面植被群落、垂直结构、景观等与周边山体自然景观有机融合。

（3）意义

山是山水林田湖草生命共同体的重要元素。山为骨，林田湖草或环抱于它，或依附于它，山体与其他要素形成了复杂的生态系统，"护山"既包括修复城市建设地表创面，增强生态系统循环能力，维护生态平衡的生态内涵，也包括提升景观品质，实现春山艳冶、夏山苍翠、秋山明净、冬山惨淡的多样性风景内涵，具有多重意义。

1）缓解水土流失，保障河湖健康

山体表面的地势特征及空间变化主要受地质时间尺度中地球内营力作用形成的岩性和地表径流（包括地下径流）长期侵蚀两个因素影响。其中，地表径流侵蚀山体表层的岩土物质，造成水土流失，引起沟道因溯源侵蚀而向上游延伸、因侧向侵蚀而向两侧展宽，山体地表地形变得破碎，而水力侵蚀作用导致山体地表土层变薄、土壤肥力降低。护山可通过斜坡改缓、沟壑梳渠、凹坑蓄水等方式整理地形，实现"山

为骨，水为脉"的蓄水固土，在一定程度上缓解水土流失，维持地表径流的稳定，有效控制面源污染，减少污染物进入河湖，进而保障水系统的健康。

2）提供林、草、田生长的必要条件

完整健康的山体为林木、草本、农作物的生长提供物理支撑，也提供生长所需的养分。通过对挖损、沉陷、压占等自然或人为因素破坏的山体采取生态修复措施，可恢复山体森林、草地等原生的植被群落或农田耕地的状态。因此，护山亦可增加田地的供应。

3）提高生物多样性，提升生态系统价值

山地是众多生物的重要栖息地，生物多样性保护与重组是恢复山体生态系统抵御水灾、旱灾、虫灾、火灾等灾害风险，维持山体生态系统稳定的重要措施。护山生态修复的关键是系统合理结构的重构和功能的恢复，采用人为辅助的生物工程措施使受损生态系统的演替过程比自然恢复过程更快，生物多样性的增加促进生态系统价值提升。

5.1.2 基本类型

护山的前提是对常见的山体进行分类，依据山体类型采取不同的生态修复技术，针对性地开展山体修复。根据常见的护山修复对象，可将山体类型分为四大类、八亚类、二十四小类。

（1）自然型山体

自然型山体是指由地壳运动或侵蚀等原因形成的自然山体，包含裸岩峭壁和自然缓坡。

1）裸岩峭壁

裸岩峭壁属于自然型山体的一种，是指表面无植物覆盖，且相对坡度较为陡峭的山体，由于主要出现在山顶区域，因此其主要表现形式为山顶裸岩。

2）自然缓坡

自然缓坡是自然型山体的另一种形式，位于山顶与山脚之间，相对于裸岩峭壁而言，其坡度整体较为平缓，由于主要出现在山脊区域，因此其主要表现形式为山脊缓坡。山脊缓坡是坡向相反、坡度不一致的斜坡相遇组合而成地貌形态。

（2）扰动型山体

扰动型山体是指表层岩土体经受扰动，但山体结

山体分类表

序号	分区	大类	亚类	小类
1	山顶	自然型山体（OS型）	裸岩峭壁	山顶裸岩
2			自然缓坡	山脊缓坡
3		扰动型山体（DS型）	农林荒地	农耕荒地
4				林业荒地
5			建筑弃地	宅基/设施
6				临时用地
7	山坡	破损型山体（BM型）	道路切坡	圬工防护高陡切坡（H>30m，>45°）
8				圬工防护中切坡（10m<H≤30m）
9				圬工防护低缓切坡（H≤10m）
10				土质低切坡（H≤10m）
11				土质中切坡（10m<H≤20m）
12				土质高陡切坡（H>20m，>45°）
13				岩质低切坡（H≤10m）
14				岩质中切坡（10m<H≤30m）
15				岩质高陡切坡（H>30m，>45°）
16			露天矿坑	临空宕面（BM）
17				残石危岩
18				凌乱采坑
19				松散堆石
20		人工型山体（AS型）	排土石场	道路渣石堆
21				坑塘渣石堆
22	山脚	破损型山体	残留山体	土质缓切坡（<45°）
23				岩质中陡切坡（10m<H≤30m，>45°）
24				土石混合中陡切坡（10m<H≤30m，>45°）

构未受到影响的山体，包括农林荒地和建筑弃地。

1）农林荒地

农林荒地是指在山体表面经过农业耕作或者林业开垦等人类活动后所形成的地貌，包括农耕荒地和林业荒地。农耕荒地作为一种扰动型山体，一般指山体上的梯田荒地。林业荒地作为一种扰动型山体，一般指山体上的次生林地。

2）建筑弃地

建筑弃地是指建筑活动对山体表面造成一定扰动，但是未影响山体结构的一种山体形态，包括宅基设施和临时用地。宅基设施作为建筑弃地的一种，一般指山体上的废弃宅基地。临时用地一般是指山体上的建筑临时用地。

（3）破损型山体

破损型山体是指由于开挖等原因导致自身结构改变的山体，主要包括道路切坡、露天矿坑。

1）道路切坡

道路切坡是指由于公路、铁路等道路开挖建设形成的边坡，主要有圬工结构、土质结构以及岩质结构，切坡又可以根据高度分为低缓切坡、中切坡和高陡切坡三种类型。

圬工防护高陡切坡是指高度大于30m，坡度大于45°的圬工结构形成的道路切坡，将砖、石等建筑材料以砂浆或小石子混凝土砌筑而成的砌体结构被称为"砖石结构"；用砂浆砌筑混凝土预制块、整体浇筑混凝土或片石混凝土等形成的结构被称为"混凝土结构"，以上两种结构统称为"圬工结构"。圬工防护中切坡是由10～30m的圬工结构建造而成的道路切坡。圬工防护低缓切坡是由10m以下的圬工结构建造而成的道路切坡。

土质低切坡是指破损山体表面以土壤为主，高度小于10m的道路切坡。土质中切坡是指破损山体表面以土壤为主，高度介于10～20m的道路切坡。土质高陡切坡是指破损山体表面以土壤为主，高度大于20m，且坡度大于45°的道路切坡。

岩质低切坡是指破损山体表面以岩石为主，高度小于10m的道路切坡。岩质中切坡是指破损山体表面以岩石为主，高度介于10～30m的道路切坡。岩

质高陡切坡是指坡损山体表面以岩石为主，高度大于30m，且坡度大于45°的道路切坡。

2）露天矿坑

露天矿坑作为破损型山体的一种，主要分为地表封闭圈以上的山坡露天矿和地表封闭圈以下的凹陷露天矿。一般把地表封闭圈以下开采深度超过100m的凹陷露天矿称为深凹露天矿。露天矿坑的地貌形态主要包括临空宕面、残石危岩、凌乱采坑、松散堆石四种。临空宕面是岩土体滑动时自由空间的边界面。残石危岩具备发生崩塌的主要条件，而且已出现崩塌前兆现象。凌乱采坑是无序开采形成的一系列凌乱矿坑的总称。松散堆石是露天矿坑开采过程中由废弃矿石堆积而成的，易发生侵蚀的一种地貌形态。

（4）人工型山体

人工型山体是指由于道路填方、堤坝修建以及废弃土石集中排放等原因，由人工重构形成的山体，主要是排土石场。排土石场又称废石场，是指矿山采矿排弃物集中排放的场所，是一种巨型人工松散堆垫体，存在严重的安全隐患，分为道路渣石堆和坑塘渣石堆。道路渣石堆是道路建设过程中排弃物堆放的场所，坑塘渣石堆是坑塘开挖过程中排弃物堆放的场所。

5.1.3 方法路径

护山方法路径以实现"山之隽美，重塑山之尊严"为目标愿景，基于立地调查对护山区域分区规划，针对不同分区设计恢复目标和途径，在改善立地条件的基础上遴选适宜物种、构建先锋群落、监测并适时调控群落演替，以形成结构稳定、功能协调的植被群落，具体路径包含"立地调查、灾害防治、立面固土、土壤重建、植被重建、养分自给、水分管理、自动监测、科学管护"九个步骤。

（1）立地调查

立地调查是针对护山对象的基本情况与立地条件进行调查，主要包括资料收集、现场调查以及施工条件调查。现场调查主要对山体坡面所处环境的地质、水文、土壤、植物、立地条件及工程措施等进行调查。针对复杂坡面，在明确山体立地分类标准的前提下，结合山体的坡度和坡质，将修复山体分成若干类

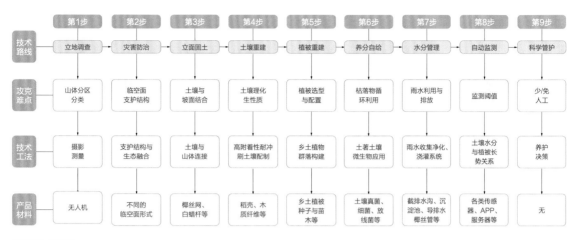

	第1步	第2步	第3步	第4步	第5步	第6步	第7步	第8步	第9步
技术路线	立地调查	灾害防治	立面固土	土壤重建	植被重建	养分自给	水分管理	自动监测	科学管护
攻克难点	山体分区分类	临空面支护结构	土壤与坡面结合	土壤理化生性质	植被选型与配置	枯落物循环利用	雨水利用与排放	监测阈值	少/免人工
技术工法	摄影测量	支护结构与生态融合	土壤与山体连接	高附着性耐冲刷土壤配制	乡土植物群落构建	土著土壤微生物应用	雨水收集净化、浇灌系统	土壤水分与植被长势关系	养护决策
产品材料	无人机	不同的临空面形式	椰丝网、白蜡杆等	稻壳、木质纤维等	乡土植被种子与苗木等	土壤真菌、细菌、放线菌等	截排水沟、沉淀池、导排水椰丝管等	各类传感器、APP、服务器等	无

护山技术框架

型，便于有针对性地开展护山修复。调查结束后，应对调查结果进行分析评价。施工条件调查包括道路交通、通信、电力、水源、场地等的调查，查明工程主材市场供应、价格和运距等，查明坡面所在地用工状况及劳务信息等，以及调查与分析表土资源、天然有机物料资源和植物资源的可利用性等。

（2）灾害防治

灾害防治是在立地调查的基础上，结合山体原有特点，依托山体损毁方式，通过有序排弃和土地整形等措施，最大限度地防治地质灾害、抑制水土流失，消除和缓解对植被恢复和土地生产力提高有影响的灾害性限制性因子。

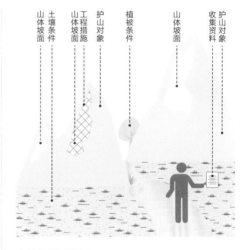

立地调查示意图

灾害防治首先需做好边坡支护防护工作，如及时封堵深大裂隙，清除松动危岩体，重点治理滑坡、崩塌、泥石流等不良地质作用易发段，使生态修复工作建立在可靠边坡体基础之上。其次要做好稳定性分析工作，结合高陡岩土边坡修复过程中可能遇到的问题，提前制定相应的解决措施，有效控制边坡结构失稳现象的发生，提升高陡岩土边坡的绿色生态环境修复效果。常见的灾害防治方式有削坡减载、裂隙封闭以及轻柔支护。

1）削坡减载

边坡高陡、坡面岩石裂隙发育等现象存在规模较大的崩塌和滑坡地质灾害隐患，施工难度较大，应采用自行液压破碎机、挖掘机等机械方式削坡降坡，对局部边坡高陡、坡面施工较难开展的区域，在确保施

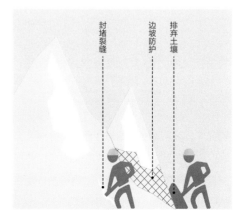

灾害防治示意图

边坡立地条件分类标准表

分类依据	山体类别	坡面特征
山体位置	山顶	主要包括山顶和山肩，中山顶坡度<15°，15°≤山肩坡度≤45°
	山坡	主要包括背坡和麓坡，其中背坡坡度>45°，15°≤麓坡坡度<45°
	山脚	主要包括趾坡和冲击地，其中，趾坡坡度<15°，冲积地坡度<2°
开发强度	自然型山体	由地壳运动或者侵蚀等原因造成的自然边坡，分布在山顶受人为干扰较少的地方，主要包括裸岩峭壁和自然缓坡
	扰动型山体	人类活动对表层岩土体有扰动，但不影响山体结构，主要包括农林荒地和建筑弃地
	破损型山体	工程建设等人类活动改变了山体的结构，主要包括道路切坡、露天矿坑以及残留山体
	人工型山体	由于道路填方、堤坝、排土石场等人工重构形成的山体，主要指的是排土石场
地层岩性	土质边坡	由砂质土、黏质土或壤土组成的边坡，几乎无岩石
	岩质边坡	由岩石组成的边坡，几乎无土壤
	土石混合边坡	由岩石和土壤混合堆积而成的边坡
	圬工防护边坡	由砖砌、片石砌筑而成的边坡防护结构
坡度	平地	平地坡度<5°
	缓坡	5°≤缓坡坡度<35°
	陡坡	35°≤陡坡坡度<70°
	直立坡	直立坡度≥70°
坡高	低坡	低坡坡高≤10m
	中坡	10m<土质中坡坡高≤20m，10m<岩质中坡坡高、圬工防护中坡坡高、土石混合中坡坡高≤20m
	高坡	土质高坡坡高>20m，岩质高坡坡高、圬工防护高坡坡高>30m

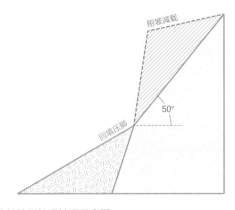

边坡地形处理坡面示意图

削坡可以消除潜在的灾害隐患，包括削方、坡面整形与回填、栽种植被等等。消除坡顶松散土层和危险岩体时，需沿坡顶设置一定宽度的马道平台，马道向坡顶线倾斜，削坡土石方在坡脚反压回填；边坡地形应以整理为主，特别要处理好坡顶排水问题，必要时可采用爆破、机械或人工方式进行削高填低和就近回填，消除变形体、浮石、滑坡、崩塌等隐患。

削坡后，应在山体基部回填土壤并栽种植被以解决山区采石坑造成的基部不稳、破损面垂直度过大、岩石裸露及松动等安全问题。回填的土壤应符合种植条件，土壤外围应砌筑挡土墙，防止回填土滑落以及水土流失，最后再通过栽种植被遮挡和修复破损的山体。

挡土墙采用混凝土围堰的形式，深度不小于60cm。其施工流程为：首先将φ18的螺纹钢锚杆锚入基岩，锚入深度不得小于20cm，锚杆间距25cm；锚杆外部采用C25混凝土浇筑挡墙，墙体厚度为

工安全的前提下，可采用松动爆破作业等特殊施工工艺。削坡时，应对坡面中上较陡部位按倾角45°进行削坡，并对坡面出露的软弱夹层及以上岩层进行彻底削除，使坡面无悬岩险石，达到稳定状态。

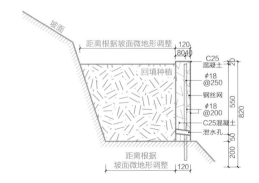

混凝土围堰施工剖面示意图

12cm，下部设置泄水孔；墙顶用2cm厚的C25混凝土覆盖，防止雨水腐蚀破坏锚杆；围堰内回填种植土并栽种植被。

2）裂隙封闭

岩质山体有时会出现易发生渗流的泥化夹层并伴有裂隙，可采用新型材料水性聚氨酯树脂对泥化夹层进行防渗封闭。其操作步骤为：对裂隙浅层2～3cm深度的位置进行人工清理，以专用喷涂设备将浓度为20%的水性聚氨酯树脂多次喷射入裂隙内，形成柔性和弹性的封闭带，封闭裂隙。

3）轻柔支护

破损山体多数存在坡度大、土层薄、稳定性差等特点，此区域可以采用轻柔支护的边坡治理方法，主要包括砂质泥岩切坡生态固土技术和圬工硬化高陡切坡土工合成材料固土技术。

①砂质泥岩切坡生态固土技术

砂质泥岩切坡生态固土技术是以木楔子结合椰丝网和竹条形成固土骨架的技术。木楔子以白蜡杆为主，具有一定的强度；竹条具有一定强度和柔韧性，主要用于横向固定椰丝网。椰丝这种天然的植物纤维具有高抗拉力，建成5年后可自然降解成有机质，与竹条形成新土层的骨架。

②圬工硬化高陡切坡土工合成材料固土技术

圬工硬化高陡切坡土工合成材料固土技术以连接件土工格室（整体式U型钢钉焊接型）锚固在岩壁上，连接件的抗剪切力≥120kN/m，格室张拉到位时每一个U型钢钉均为一个刚性支撑点。该技术具有良好的初期刚性，也具有良好的长期透水性。

（3）立面固土

植物生长需要一定厚度的土壤，对土层薄、植物无法生长的坡面，可采用整体式U型钢钉焊接型土工格室、高强度无纺布缝合型土工格室、金属网、植物纤维草毯等材料，结合钢筋锚杆或白蜡杆在坡面构建植物能够生长的有效土壤层和固边坡浅表层。立面固土的形式主要分为表面固土、分区固土和水平拦挡。

立面固土常用技术措施表

序号	分类	分项	常用技术
1	表面固土	平面网	金属网、土工格栅
2		立体网	三维网、网笼
3		毯垫技术	植生毯（垫）、植生带
4	分区固土	格室	混凝土格构、预制格室、现浇格室、土工格室
5		穴槽	飘台、种植槽、鱼鳞坑、刻槽、洞穴
6		枕袋技术	植生袋、生态袋
7	水平拦挡	隔挡	生态棒
8		阶台	水平阶（台）、水平沟（槽）、栅栏、拦墙、棚、架

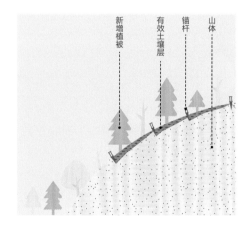

立面固土示意图

（4）土壤重建

土壤重建是以恢复或重构受损山体的土壤为目的，应用工程措施或物理、化学、生物等改良措施，在较短时间内重构适宜的土壤条件，重建土壤剖面，提升土壤肥力，消除和缓解对植被恢复和土地生产力提高有负面影响的因子。土壤重建是山体生态系统恢复重建的核心，主要涉及土壤改良，根据功能可分为结构改良、肥力改良以及活力改良。

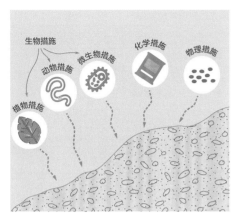

土壤重建示意图

土壤基质的常用技术及材料表

序号	分项	常用技术
1	结构改良	粘结材料、保水材料、轻质颗粒（珍珠岩、陶粒）、有机纤维、腐殖肥
2	肥力改良	有机肥、无机肥、复合肥、复混肥
3	活力改良	微生物菌剂、微生物肥料、生物有机肥、土壤调理剂

　　土壤改良优先配制改良基质，选择干燥、杂质含量少的黏土进行筛分，筛除其中的砾石和杂质等，然后将结构改良材料、肥力改良材料、活力改良材料单独或组合混入筛分好的土壤，搅拌均匀后集中堆放，配置好的基质应尽快使用，如遇大雨、大风等情况应及时覆盖。除改良基质外，土壤改良有时会使用预制的土壤改良材料，如土壤改良木质纤维、无机土壤改良颗粒等新型材料。土壤改良木质纤维的主要成分为生物材料基质，是专为低有机质、低营养水平的土壤设计的土壤改良材料。无机土壤改良颗粒的主要成分是无机材料基质，对有机质含量低、营养水平低的土壤能够长期起效。

（5）植被重建

　　植被重建是在地貌重塑和土壤重建的基础上，结合气候、海拔、坡度、坡向、地表物质组成和有效土层厚度等因素，对不同损毁类型和损坏程度的山体进行人工植被恢复的过程。植物重建应充分发挥乡土物种的建植优势和乡土群落的演替优势，开展植被选择、植物配置以及基质配置。植物选择优先考虑乡土

树种和覆盖能力强、根系发达、抗逆性强的植物，充分考虑植物群落种内和种间竞争因素，构建稳定群落，以乔+灌+草+藤的模式为主，达到自然生长和演替的恢复效果。

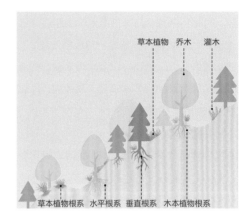

植被重建示意图

1）植物护坡防护机理

　　植物护坡主要依靠坡面植物的地下根系及地上茎叶，其具体的作用方式可以概括为植物根系的力学效应和植物自身的水文效应。

　　①植物根系的力学效应分析

　　植物根系在护山中发挥加筋、锚固、支撑三方面作用，达到固土护坡的目的。草本植物的根系通常位于浅表土层，植物浅根系的延伸能形成根系—土体的三维加筋复合材料，提高土体的抗剪强度，大幅提高边坡浅表土层的稳定性。木本植物的根系通常分为垂直根系和水平根系，其水平根系在边坡土体中延伸生长，形成具有一定强度的根网，能极好地固结与支撑根际土体；垂直根系通常向深处生长，能较好地锚固到深处较稳定的岩土层上，通过水平根系与垂直根系的牢固连接，最终将水平根系所支撑的根际土体锚固到深处较稳定的土体，提高边坡中浅层土体的稳定性。

　　研究表明，植物根系在地下0.75~1.5m深处有明显的土壤加固作用，对块状、碎裂、散体结构岩体也可以起到很好的锚固作用。植被根系在土壤中错综盘结，使边坡土体在其延伸范围内成为土与草的复合材料，浅层草根可视为带预应力的三维加筋材料，使

土体的强度提高。植物根系对土壤可起到网结和桩固作用，增加土壤的抗拉强度与抗剪强度，提高土壤的抗冲力，进而强化土壤的抗冲性。植物的网状根系还可以通过分泌有机质将土壤颗粒紧密地粘聚在一起，起到良好的固土作用。

②植物自身的水文效应分析

自然降水是诱发边坡滑动的重要因素之一，边坡的失稳与坡体水压力的大小有着密切关系，植物通过吸收和蒸腾坡体内水分，降低土体内孔隙水压力，增加土体吸力，提高土体的抗剪强度，有利于边坡土体的稳定；一部分降雨在达到土壤表面之前就被植物冠层截流并暂时储存在植冠中，之后再重新被蒸发或落到地表；植物茎叶对雨滴的分层拦截与缓冲作用减少雨滴的数量、滴溅数量及飞溅的土粒，可降低或避免雨水对地面的直接溅蚀；植物的茎叶和枯枝落叶层能拦截雨滴，可降低雨滴对边坡的冲击，减缓流速，增加土壤渗透，减少地表水对坡面的冲刷、渗透作用，从而减少坡面侵蚀；在植被枯落物分解与根系生长的影响下，水稳性团聚体与粒径较大的微图粒大量产生，土壤容重降低、孔隙度增大，可形成良好的土壤结构，进而提高土体的抗蚀性和抗冲性，有利于蓄水保土。

2）物种选择原则

①因地制宜，遵从植物的生态习性

植物的生态习性是指植物生长对周边环境如气候、土壤、地形地势及生物因子的要求及适应能力。气候因子主要是指温度、水分、光照、空气等；土壤因子主要是指土壤的物理、化学性质，如土壤的质地、结构、有机质、无机盐、酸碱度等；地形地势因子主要是指地势起伏、海拔高度、坡向、坡度等间接生态因子；生物因子主要是指其他生物对植物的影响，其决定植物的生长、发育、繁殖各个环节。因此，护山工程应综合考虑环境生态条件，因地制宜地选配植物品种，合理种植。

②优化植物配置，遵从生态位法则

生态位是指每个个体或种群在种群或群落中的时空位置及功能关系。护山工程中，除需考虑植物本身的生态习性外，还应充分考虑自然群落中各物种的生态位特征，做好各物种在空间、时间以及资源等方面的生态位协调配置，合理配置物种，避免不同物种间发生直接竞争。

③协同植物间关系，遵从互惠共生原则

植物生长期间，在从土壤中吸收水分和养分的同时，还向土壤中分泌分解产物，根茎腐解会为土壤增加碳、氮及其他生物养料。当两种植物的分泌物与腐解物有利于对方的生长时，二者间即存在互惠共生关系。因此，为保证生态群落的协调性和永久性，在选配植物时应充分重视协同植物间的关系。

④遵从群落多样性原则，构建自然群落结构

生物多样性对生态群落的稳定性具有至关重要的作用，生物多样性指数越高，群落内的植物链网越复杂，生态群落抵抗环境变化或群落内种群波动等方面的干扰能力越强，生态群落越趋于稳定。因此，为保证边坡生态防护系统的永久性，应合理配置乔木、灌木、草本植物，建立乔一灌一草多层次复合植物群落，营造稳定的坡面生态群落体系。

3）分类及类型

目标植物群落是根据不同边坡类型、护坡要求和景观效果确定的生态修复后的植物组成。按建群种类型和层次，目标植物群落类型可分为草本型植物群落、灌草型植物群落、乔灌型植物群落和特殊型植物群落。

①草本型植物群落及其效应

草本型植物群落是以草本植物为建群种的植物群落类型，是目前边坡生态修复中应用最多的群落类型。草本植物前期生长快，易成活，在短期内能覆盖坡面，起到坡面防护的效果。作为植物群落构建的先锋物种，其快速的生长能降解边坡土壤毒性，促进土壤活性，更有利于植物生长，逐步实现群落的自然演替，最终达到稳定状态。草本植物群落适用于周围为草原、农地或陡峭岩石坡面的生态修复。目前，在边坡生态修复中常用的冷季型草种有白三叶、多年生黑麦草、高羊茅、草地早熟禾、剪股颖等，暖季型草种有狗牙根、假俭草、结缕草、百喜草等。在生态修复工程中可根据当地的立地条件选择冷季型和暖季型草种混播。

②灌草型植物群落及其效应

灌草型植物群落是以灌木为建群种、草本植物为伴生种的多样性群落类型。生态修复初期，草本植物生长较快，可充分发挥其前期护坡效果，草本植物的枯枝落叶可以为灌木的生长提供营养。因为灌木的发芽条件比较严格，前期生长速度较慢，所以灌木一般宜采用栽植的方式，若采用与草本植物混播的方式，播种时一定要合理控制草本植物的密度，使草本植物和灌木有相对均等的生长空间。灌木的根系较草本植物发达，且不易退化，能够起到很好的固坡作用，可以加快群落自然演替的进程，使其最终形成稳定、高效的植物群落。灌草型植物群落适用于平缓坡面、都市近郊、采石场迹地、公路（铁路）边坡、近水岸坡等的生态修复。在边坡生态修复中常用的灌木有胡枝子、紫穗槐、沙棘、锦鸡儿、夹竹桃、柠条、沙柳、黄荆、刺槐等。

③乔灌型植物群落及其效应

乔灌型植物群落是以乔木为主要建群种、辅以草灌的群落类型。乔灌型植物群落较草本型植物群落和灌草型植物群落物种更丰富、群落更稳定，是最接近自然群落的群落类型。乔木和灌木相比，根系更发达，固土护坡作用更好，但因其自重较大，在较陡的边坡上栽植容易增大坡面负荷，造成边坡失稳，反而不利于坡面稳定。因此，乔灌型植物群落适用于周围为森林、平缓坡面、填土坡面、弃土（弃渣）堆等的生态修复，但不适用于公路（铁路）边坡及高陡边坡。生态修复中常用的乔木有小叶杨、毛赤杨、日本桤木、日本白桦、法桐、小叶丁香、银杏、马尾松、日本白栎、赤松、垂柳等。

④特殊型植物群落及其效应

特殊型植物群落主要是针对景观要求较高的地段而设计的以观赏型植物为主要建群种的群落类型。一些特殊场所，如公园、高速公路入口处等，对景观要求较高，在进行边坡生态修复时除了考虑边坡防护的要求外，还要根据周围的环境建立合适的植物群落类型。在选择物种时要着重考虑景观效果好、观赏价值高的花卉、灌木以及一些有特殊寓意的植物，注意在形状、颜色、造型上的搭配。观赏型植物群落是相对稳定的群落，不要求演替进程，更注重其健康稳定。

4）常见护坡植物

常用的护坡植物主要为草本植物，如多年生黑麦草、草地早熟禾、高羊茅、狗牙根等。常用草种根系状况、生长高度和对环境抗性见下页表。

多年生黑麦草：为非匍匐性丛生型禾草，茎直立，秆丛生，具有喜弱的根状茎，须根稠密。喜温暖湿润夏季较凉爽的环境，抗寒、抗霜而不耐热，在35℃以上气温时则生长势变弱，气温低于−15℃时会产生冻害。耐湿而不耐干旱，也不耐瘠薄。寿命一般为4～6年。

草地早熟禾：多年生疏丛型禾草。秆丛生，须根数量极多。适应性较强，喜光耐阴，喜温暖湿润，适宜在气候冷凉、湿度较大的地区生长，又具有很强的耐寒能力，在−30℃的寒冷地区能安全越冬。抗旱和耐炎热性差。

高羊茅：多年生丛生型禾草，呈疏丛状，须根发达，入土很深。适应于多种土壤和气候条件。喜温耐热，有强的抗热性，在高温炎热的夏季，许多冷季型禾草都进入休眠期，但它不休眠。较抗寒，耐阴耐湿又较抗旱，能良好适应pH 4.7～8.5的酸碱土壤。

狗牙根：多年生禾草，具根状茎和匍匐枝。喜光稍耐阴，在光照良好的开旷地上，草色浓绿厚密，长势旺盛，而林下长势较弱。喜温暖，当气温降低至0℃时，生长受到严重影响。因根系浅，须根少，遇夏季干旱气候，容易出现匍匐枝嫩尖成片枯黄。

弯叶画眉草：多年生禾草，秆成密丛生。耐淹性、耐热性都较强，特别耐干旱，耐土壤贫瘠，分枝旺盛，叶茎强壮，根的伸展性好，能在岩石缝隙中生长，适应pH 5.0～7.0土壤，抗盐碱性能一般，抗病性强。主要分布于热带及亚热带地区。

巴哈雀稗：禾本科多年生匍匐及丛生型草本，粗壮发达的瓣状匍匐茎缠结地表，强劲的须根深达1～2m。属温暖潮湿气候较温暖地区的多年生暖季型草本，不耐寒，低温保绿性差，耐高温、干旱和水淹，能在风化石等极为贫瘠的土壤中生长，适于pH 6.0～7.0的土壤。

结缕草：是我国栽培最早、应用最广的一种禾草。适应性强，喜光、抗旱、耐高温、耐瘠薄和抗寒，但不耐阴。阳光充足，生长好。入冬后草根在−20℃左右能安全越冬，20～25℃生长最盛，30～32℃生长速度减弱，36℃以上生长缓慢或停止。适应pH 5.5～8.5土壤。

白三叶：多年生草本植物，根部分蘖能力及再生能力强，侧根发达并集中于表土15cm以内。喜温凉湿润气候，亦能耐半阴，不耐干旱，稍耐潮湿，耐热性稍差，抗寒能力较强，生长适温19～24℃，在我国长江流域以南地区生长，冬季保持常绿不枯。不耐盐碱。

紫花苜蓿：多年生豆科草本，高30～100cm，主根粗大，入土很深，分枝能力强。喜温暖半干旱气候。根系能充分吸收土壤深层水分，故抗旱力较强，对土壤要求不严，沙土、黏土均可生长，但耐热力较差，炎热盛夏会出现生长停滞等休眠现象，喜光不耐阴。

百慕大：又称天堂草，属禾本科狗牙根属的改良品种叶丛柔软密集，是热带和亚热带地区优良的草坪草种，喜阳，对土壤要求不高，沙土至黏土均能良好生长，但贫瘠干旱的土壤却直接影响其生长速度和质量。冬季 15℃以下进入冬眠而转黄。

（6）养分自给

养分自给是利用土壤微生物等推动土壤中的物质、能量转化，提高土壤活力、消除土壤污染、改善土壤生态环境，起到肥料效应，同时发挥调节作物根际微生态环境、防治土传病害、消除土壤污染等非养分作用。

土壤微生物是土壤生态系统的重要组成部分，其不仅参与地下部分物质和能量循环，影响土壤团聚体的形成，改变土壤结构，还可以调控地上部分植物的生长和植被群落多样性。为实现山体边坡植被重建后植被群落的长效性，可利用乡土微生物增强土壤生物活性，旨在加速土壤修复，使贫瘠土壤植物生长发挥最大潜力。

（7）水分管理

水分管理涉及护山过程中及施工后的给排水管理。护山过程中的水分管理包括截排水与集蓄水。其

常用草种根系状况、生长高度和对环境的抗性表

名称	根系状况	生长高度/cm	抗旱性	抗热性	抗寒性	抗贫瘠性
多年生黑麦草	良好	45~70	C	B	B	B
草地早熟禾	良好	50~75	C	C	A	B
高羊茅	发达	60~80	A	B	A	B
狗牙根	发达	10~30	A	A	B	A
弯叶画眉草	良好	90~120	A	A	C	A
巴哈雀稗	良好	75~90	A	A	C	A
结缕草	发达	12~15	A	A	C	A
马尼拉结缕草	发达	12~20	A	A	C	A
白三叶	一般	15~30	B	B	A	B
紫花苜蓿	良好	30~100	A	B	A	B
百慕大	良好	20~50	A	A	C	A
野牛草	一般	5~25	A	A	C	C
加俭草	一般	10~15	A	A	B	B
地毯草	良好	8~30	B	B	C	B
马蹄金	良好	5~15	A	A	B	A

注：A表示良好，B表示一般，C表示较差

养分自给示意图

中坡面排水设施施工前宜提前完成临时排水设施，对临时排水设施做好经常性维护。截水沟、排水沟沟线平顺，应在建植工程施工结束前完成。集蓄水工程施工应与建植工程同期完成。

施工后的水分管理主要涉及保墒养护。保墒即在喷播抗侵蚀防护层后，在坡面覆盖无纺布，采用亲水性无纺布，减少蒸发，增温保墒，促进种子萌发。养护布需沿重叠处压牢，避免被风刮开，衔接处需保证30cm长度的重叠。

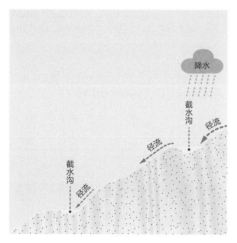

水分管理示意图

（8）自动监测

1）概述

智能监测系统是支撑护山科学管养、保证护山工程的稳定安全而制定的一套自动化监测系统。该系统采用北斗高精度定位技术、传感器技术、光学测量技术、摄影视频技术、大数据技术等高科技手段，实时采集生态护坡工程的土壤含水率、植生层位移、坡体表面位移、坡体深层位移、护坡工程结构健康数据以及微环境气象等方面数据。通过传输模块实时传输到后台，建立生态护坡的大数据平台，对生态护坡实时进行体检与全面评估，以数据支撑生态护坡的管养，实时发现安全问题，消除安全隐患，并提供安全预警与报警的服务。智能监测系统最终实现远程终端控制+智能分析判断，全面实现智能化灌溉、实时监测、自动报警、全方位掌握土壤情况，历史数据保存、预测分析，为管理者决策提供数据依据。

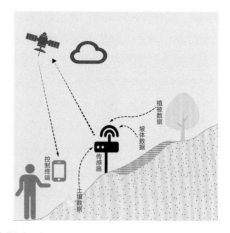

自动监测示意图

2）系统组成

智能监测与管养系统由气象站、电磁阀、传感器、智能喷头、无线采集控制器和控制系统组成。利用传感器、气象站及无线采集控制器采集空气温度、空气湿度、土壤温度、土壤湿度、风向、风速、雨量、气压等气象数据。利用位移计传感器采集浅层土体位移。系统实时监测土壤墒情、各种气象数据及坡面位移情况，出现异常情况自动报警；自动保存各类气象数据，将多种历史数据进行统计对比，分析预测未来土壤墒情和气象变化。管理者可在控制系统内设置土壤湿度或土壤温度阈值，根据传感器和气象站提供的各类数据，系统地将数据进行分析对比，到达阈值时系统自动开启电磁阀，超出阈值即关闭电磁阀，可实现智能灌溉（例如设置土壤湿度为40%~60%，当传感器或气象站监测数据显示土壤湿度低于40%时，系统自动开启电磁阀，开始喷灌，当土壤湿度到达60%时系统自动关闭电磁阀）；使用者还可以通过无线采集控制器接收和发送信息，无需人员到场，即可利用手机APP远程控制电磁阀开关，实现智能喷灌。

3）应用软件和数据分析

为了实现监测数据的远程查看和监测设备的远程控制功能，需要进行项目在线监测系统的研发，实现项目展示、数据查询、设备管理、预警管理和报表下载等功能。监测系统的功能模块分为主页展示、设备管理、数据管理、数据分析、预警管理和报表管理等。

（9）科学管护

为确保边坡植物的成活和正常生长发育，需对其进行肥水管理、缺苗修补、防病虫害以及其他辅助管理措施等日常养护。一般后期需要养护2～3年，待植物逐渐步入良性的演替过程后，依靠自然雨水维护水分和养分循环。前期养护6个月应精细管养，主要工作内容包括灌溉、防病虫害、补植、设施维护等，具体要根据地表土壤墒情及时浇水。后期管养1年，养护内容包括旱季补水、浇设施维护、适当施肥、清理死树、缺苗补植、病虫害防治等工作。

养护管理分为幼苗期养护与生长期养护两个阶段。幼苗期养护为施工结束后的第0～60天，生长期养护一般为坡面喷射施工结束后61～365天。养护管理主要包括喷灌洒水、施肥、除草与病虫害防治、培土和补植等措施。水分补充以喷灌方式进行，整个幼苗生长期不允许出现缺水现象；发现病虫害后，及时采用杀虫剂进行防治。

科学管护示意图

1）灌水

植株栽种后连续灌定根水3次，时间分别是当天、3天、7天，并覆盖植物秸秆以保持水分，根据现场干旱程度连续3～5年内需进行灌水养护，注意节约用水，减少对土壤的冲刷，保持土壤结构。浇水的原则是浇水量应大于植物蒸腾量、正常代谢用水量和地表蒸发量的总和。当植被长至三叶期后开始逐渐控水，有计划减少浇水量，刺激根系向深部生长，培养出强大的根系，提高植物的抗旱性，同时干爽的地面能防止病虫害的发生。为便于水汽交换，应在干透后浇透，以此来刺激深层根的发育。

2）施肥

在种植前，应结合整地预先施入有机肥。在苗木长齐后，需适量追肥。施肥的原则是根据不同植物的生长特性及同种植物不同生长阶段确定施肥量，在喷播基质时加入底肥，缓释复混肥的用量是30～40g/m²，追肥要掌握种类、时间、数量和方法。应在外部环境条件（温度和湿度）最适宜植被生长的时间施肥，施肥数量多少取决于植被种类、覆土质地、季节和植被的生理特性。施肥的季节一般为春季气温回升时和晚秋季节，春季植被开始萌芽，一般使用缓释复混肥2.5～3.5g/m²，以促进冷季性草快速萌动，为保证植被安全过冬，可在晚秋施用缓释复肥促进植物根系生长。

3）除草与病虫害防治

除草用割冠法控制杂草，每年2～3次，对恶性入侵的杂草应清除控制，尾矿库不进行除草。对造林苗木进行检疫，避免从外地引进有病虫害的苗木。如发现有病虫害发生，应及时进行防治，防止危险性病虫害的传播和蔓延。传统的病虫防治措施主要为喷洒化学药剂，在植被进入生长旺盛期之前进行病虫害的防治，即植被临发病前喷适量的波尔多液或甲基托布津或多菌灵1次，以后每隔两周喷1次，连续喷3～4次。在诊断病害起因、确定病原菌种类、了解病害发生发展规律的基础上采用对该种病原菌有效的防治手段。常见的病虫防治方法有药剂防治、人工防治、物理防治、摘除卵块、灭杀幼虫、诱杀成虫和生物防治相结合。

4）培土

对坡度大、土壤易冲刷的坡面，暴雨后要认真检查，尽快恢复原有平整坡面，培土后应压实以保证根系与土壤紧密结合。

5）补植

有植物死亡时，应及时补植。补植苗木要求在高度、粗度或株（丛）数等方面与周围植株一致，以保证苗木生长的整齐性。

5.1.4 关键技术

（1）一体化植被再造技术

1）技术介绍

一体化植被再造技术通过"立面固土—土壤生境重建—植被群落重建—智能监测、养护—自然演替"的流程，综合运用锚杆、新型土工合成材料、土壤改良（活化）产品、抗侵蚀产品、植被群落建植方法和智能监测养护设备，形成"乔—灌—草"长效稳定护坡植被群落，达到生态防护、保持水土、丰富物种、保护生物多样性的目标。该技术主要包括6个方面。

①固土及浅表层防护。以整体式U型钢钉焊接型土工格室、高强度无纺布缝合型土工格室、金属网、植物纤维草毯单独或者联合使用，结合钢筋锚杆或者白蜡杆在坡面构建有效土壤层并稳固边坡浅表层。

②土壤基质层的构建。土壤基质层主要包括土壤改良木质纤维、长效多孔陶粒石、高效有机质产品、粘结剂、保水剂等材料，主要作用是重建土壤，使其具备工程土壤所需的高附着性、耐冲刷性等物理性能，以及植物生长所需的结构和养分，实现长期护坡效果。

③土壤活化层的构建。土壤活化层以微生物为主，主要目的是通过提高土壤生物活性，降解凋落物，提供促进植物生长的速效氮、速效磷、速效钾和有机质，增加土壤肥力。

④抗侵蚀防护层构建。抗侵蚀防护层主要是由抗侵蚀木质纤维、草灌组合种子和复合肥所组成。抗侵蚀木质纤维作用于土壤表面形成土壤保护纤维层，且能与土壤紧密结合形成连续、多孔、吸水和柔性的抗侵蚀覆盖层，保护坡面土壤不会因雨水或其他水作用而造成水土流失。同时可以促进植物种子的萌发，提高坡面植被生长的均匀性。

⑤景观营造。根据坡面情况，因地制宜，种植景观植物。

⑥自动化监测及智能养护。通过在坡面布设高精度传感器对土壤含水率和表土层相对位移进行实时自动监测，并通过搭建大数据平台，对数据进行科学分析，实时监测土壤含水率和表土层相对位移状况，如有超阈值现象发生，及时向相关人员发出预警，采取措施。

一体化植被再造技术不仅为边坡生态修复提供科学数据，同时借助监测数据进行预测并做出维护决定，实现提高边坡安全的目的。在不同边坡立地条件下，该技术又分为I型、II型两类。

I型主要适用于坡率小于1:0.3岩质边坡和土质边坡。该类边坡具有立面固土、植被人工养护困难、施工难度大等特点。在边坡自稳的基础上，综合锚杆、土工格室、土壤改良（活化）技术、抗侵蚀产品、植被群落建植和智能监测养护设备形成的"土工合成材料—植被护坡—智能监测、养护"一体化的生态护坡整体解决方案。

II型主要针对坡率小于1:1的土石混合边坡以及风化严重的软岩质边坡的生态修复。该类边坡一般表面较破碎，边坡表面稳定性差，水土流失严重。对于该类边坡主要采用锚杆、镀锌铁丝网、土壤改良（活化）技术、抗侵蚀产品、植被群落建植和智能监测养护设备形成的"轻支护—植被护坡—智能监测、养护"一体化的生态护坡整体解决方案。

2）关键流程

一体化植被再造技术的关键流程包括坡面防护、锚杆打设、铺设木板、铺设土工格室、铺设金属网、构建土壤基质层、喷附土壤活化层、喷附抗侵蚀防护层、铺设无纺布、养护等。

①坡面防护。人工挂安全绳、系安全带在坡面垂直作业，首先对原有植被采取保护措施，然后将坡面上的杂草、碎石等影响工程施工的杂物清除、回收并外运至指定场地。

②锚杆打设。一体化植被再造护山技术I型锚杆采用自进式注浆锚杆。其中，主锚杆为ϕ32自进式锚杆，间距为2m×2m，锚固深度为300cm；辅锚杆为ϕ25自进式锚杆，间距为50cm×50cm，锚固深度为200cm，呈梅花状分布于主锚杆之间。一体化植被再造护山技术II型锚杆采用钢筋锚杆，主锚杆采用ϕ25钢筋加工成L形锚杆，间距为2m×2m，锚固深度为200cm；辅锚杆采用ϕ16钢筋加工成L形锚杆，间距为50cm×50cm，锚固深度为100cm，呈梅花状分布于主锚杆之间。

③铺设木板。一体化植被再造护山技术I型锚杆注浆后，在锚杆上铺设长条木板，木板与锚杆用铁丝固定，用以增加土层厚度。

④铺设土工格室。土工格室的横向抗拉强度≥20kN/m，纵向抗拉强度≥120kN/m，双向对应延伸率≤15%，连接方式采用镀锌防腐处理U型钢钉焊接编织。土工格室铺设应该贴紧坡面并与锚杆固定好，且完全张开成正方形，2条对角线要求相等。

⑤铺设金属网。金属网采用丝径φ2.6，网孔5cm×5cm的镀锌铁丝网，铁丝网自上而下铺设，相邻2卷铁丝网重叠搭接，搭接宽度不少于2个网孔，并用铁丝连接固定。上网与下网不接在同一铁丝上，应错位连接，确保铁丝网随坡就形，贴紧坡面。

⑥构建土壤基质层。一体化植被再造护山技术I型基质层喷附材料有种植土、稻壳、保水剂、粘结剂、有机质养分产品、长效多孔颗粒、土壤改良木质纤维。II型基质层喷附材料有种植土、有机质养分产品。构建土壤基质层主要包括以下3个过程：a）种植土到场后，采用人工配合铲车、筛土机进行过筛，筛除≥2cm的大颗粒杂物，筛土时做好抑尘相关措施；b）采用专用的喷播设备，严格按照设计要求控制喷播厚度，将混合好的基质层喷附于岩质坡面作为基底，喷播作业过程中控制水压和水量，防止溅蚀、过喷径流；c）采用挖掘机、吊车机械覆土，每覆盖一层，洒水沉降。

土壤改良木质纤维是一种复合配方木质纤维，产品须符合《喷播用木质纤维》LY/T 2142—2013；长效多孔陶粒石，主要成分为煅烧处理后不膨胀的伊利石和硅质黏土，孔隙率达74%，20年内损失不超过4%。有机质养分产品中有机质含量≥45%~60%，不含任何有害物质，无毒副作用，为植物生长提供速效和长效养分。

⑦喷附土壤活化层。土壤活化层为乡土土壤细菌悬浮液产品。通过土壤微生物，提高土壤生物活性，降解凋落物，不断提供促进植物生长的速效氮、速效磷、速效钾和有机质，增加土壤肥力。

⑧喷附抗侵蚀防护层（含种子）。抗侵蚀防护层包含种子、复合肥和抗侵蚀纤维。产品须符合《喷播用木质纤维》LY/T 2142—2013。抗侵蚀纤维成分是100%生物降解、100%再生木纤维，其原理是作用于土壤表面形成土壤保护纤维层，且能与土壤紧密结合形成连续、多孔、吸水和柔性的抗蚀覆盖，保护坡面土壤不会因雨水或其他水作用而造成水土流失，同时可以促进植物种子的萌发和提高坡面植被生长的均匀性。

⑨铺设无纺布。喷播抗侵蚀防护层后，在坡面覆盖无纺布，采用亲水性无纺布，减少蒸发，增温保墒，促进种子萌发。养护布需沿重叠处压牢，避免被风刮开，衔接处需保证30cm长度的重叠。

⑩养护。a）初次浇水须浇足，但不得在边坡上形成冲蚀，根据季节、植物长势、坡面立地状况等因素综合调整，科学管养，养护期为2年。b）养护用水采用12m³水车，将花洒型喷头向上倾斜35°~45°，自左向右、自右向左反复均匀喷播至坡面，至水分满足养护要求。c）灌溉系统安装完毕后，采用灌溉系统智能养护。

（2）上爬下垂中点缀滴水护坡技术

1）技术介绍

上爬下垂中点缀滴水护坡技术是一项集成了生物土壤改良（活化）技术和生态植被建群方法的一体化生态修复技术，主要适用于高陡岩质坡面和圬工防护混凝土坡面。该技术主要有以下特点：

①解决了高陡圬工防护边坡和岩质边坡生态修复安全性和长效性的问题，改变了圬工防护的景观效果，提高了施工效率，降低了工程造价，改善了生态环境；

②减弱雨水对边坡坡面的冲刷，增强了边坡表面稳定性；

③充分利用雨水，降低后期养护成本；

④可以有效修复地表创伤面，提高景观舒适度。

2）关键流程

上爬下垂中点缀滴水护坡技术的关键流程包括坡面钻孔、土壤基质材料改良灌注、植物群落选型与配置、钻孔封闭等。

①坡面钻孔。在坡面钻孔位置进行放点，间距不小于2m×2m，呈梅花状布置，采用手持式水钻机钻

孔，钻头直径20cm，钻入深度20cm。

②土壤基质材料改良灌注。将土壤改良木质纤维、长效多孔陶粒石、种植土、保水剂、粘结剂、稻壳、水等材料用搅拌机搅拌均匀，灌入到栽植孔中。

③植物群落选型与配置。景观种植主要采用三角梅、爬山虎、凌霄3种植物。在边坡坡面较陡的坡面栽植爬山虎，平缓段落坡面栽种三角梅和凌霄，使坡面形成自然植物群落。

④钻孔封闭。将种植土、保水剂、粘结剂、土壤改良木质纤维、水以及花卉种子等材料用搅拌机搅拌均匀，灌注栽植孔进行封闭，避免大量雨水渗入孔中。对坡面进行冲刷，确保边坡稳定，同时残留部分雨水，为植物生长提供水分，减少后期养护。

（3）生态锚杆护坡技术

1）技术介绍

生态锚杆护坡技术主要是针对土质边坡和强风化岩质边坡的生态修复技术。该类边坡一般能够为植物扎根提供一定的环境条件，但是无法满足植被长期生长的需要，且裸露坡面水土易流失。根据边坡特征，这类边坡采用白蜡杆、椰丝网、土壤改良（活化）产品、植被建植技术形成一体化的生态护坡整体解决方案。该技术主要有以下特点。

①新型环保修复材料白蜡杆在边坡修复中不仅具有加固边坡表层土体的作用，同时白蜡杆能够自行生长，白蜡杆的根系可形成根土复合体，具有力学和环保特性。

②水土流失控制：完工以后水土流失率小于1%。

③景观营造：有效修复地表创伤面，提高景观舒适度。

④植物扎根以后，椰丝网可在3年后自然降解，转化为土壤有机质材料。

2）关键流程

生态锚杆护坡技术的关键流程包括土壤浅表层加固、土壤重建、植被重建等。

①土壤浅表层加固。白蜡杆具备生物活性，施工完成后可在土壤中生根发芽，与原地面土壤形成根土复合体，不但能够对浅表层的土壤进行加固，同时也可以提高浅表层土壤的抗剪强度，从而提高边坡土体的稳定性。本技术所用白蜡杆直径一般为3～15cm，长度为一般30～100cm，其在插入边坡表面时仍具

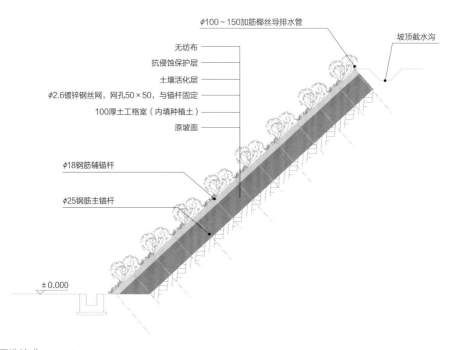

一体化植被再造技术

有生物活性，一般为从枝条上剪下来的时间应不超过30天。

②土壤重建。边坡浅层土体缺乏植物生长所需的养分和水分，同时水土流失严重，因此对边坡土壤的基质层、土壤活化层和抗侵蚀层进行重建，其相关技术方案与一体化植被再造技术类似，在此不再赘述。

③植被重建。根据坡面情况，人工重建集水土保持、美化景观和预防环境污染为一体的多功能植物群落，强调适地适树，充分利用生态位。

（4）再野化植物群落配置技术

再野化植物群落配置技术突出乡土优势物种的建植优势和适生优势，建立具有抗性的、稳定的、自我繁衍的群落，同时兼顾植被的综合效益和可观赏性。

山体再野化植物群落配置按难度分为3类，坡度大于40°的岩石山体或者坡度大于60°的土质（母质）山体是难修复的山体，可利用MERM生态模块技术、植被混凝土喷播技术，配合燕窝巢复绿法进行修复；其次是坡度40°~60°的土质（母质）山体，较难修复，可以用挂网客土喷播法、高次团粒喷播技术、植生袋绿化法等；较容易修复的是坡度小于40°的山体，可利用人工草坪绿化技术、喷播技术、植被毯修复技术、人工栽种法。在山体修复过程中，以"乔灌优先、乔灌草结合"的理念为指导，以乡土植物为主、外来物种为辅，通过在平缓的边坡栽植乡土乔木树种，营造近乎自然的景色。在长期生态修复过程中，若长期以来多利用小灌木和草本植物快速绿化覆盖土壤，减少水土流失，但缺乏乔木植物，植物则无法进行正常的更新演替，从而无法形成稳定的植物群落。

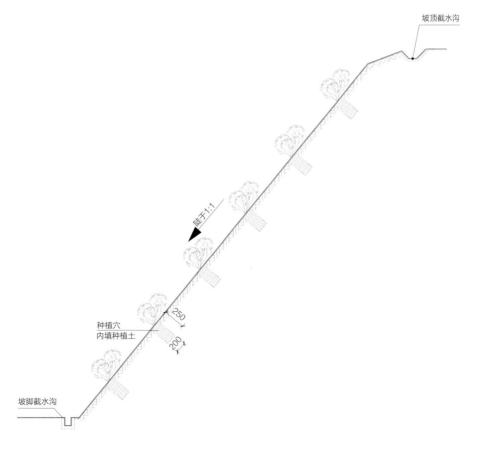

上爬下垂中点缀滴水护坡技术

坡度和植被群落设计表

坡度	植被群落
缓于1:1.7（30°以下）	可以恢复以乔木为主的植物群落。周边的本地种容易侵入，植物生长容易。一经形成植被覆盖层，边坡表面几乎不发生土壤侵蚀
1:1.7~1:1.4（30°~35°）	35°以下的边坡如果不做植物防护，周边植物的自然入侵可以形成植物群落
1:1.4~1:1（35°~45°）	可以建造以草本覆盖地表，以中、低高度乔木为主的植物群落
1:1~1:0.8（45°~50°）	可以建造由低矮乔木和草本构成的植物群落。种植高大乔木的话，会带来坡面的不稳定
陡于1:0.8（50°以上）	如恢复以草本为主的植被，且须结合固坡工程措施

①纯土质边坡

　　此类边坡的特点是坡度小、高度低，其自身的土壤层本身就能够为植被提供水分和养分；坡度小于45°，可以直接依靠植被根系的固着力来减少水土流失，起到景观绿化、美化的效果；植被选择以乡土树（如湿地松、酸枣、栾树、福建山樱花及灌木品种）为主，对修复技术要求较低。当坡度大于45°时，就需要采取一定的挡土措施，并应用植生袋（无纺布生态袋）混喷草籽，草籽每平方米使用量为60g，由4个基础品种（狗牙根、大叶油草、蟛蜞菊和台湾相思）外加1种花化品种（木豆、双荚槐、格桑花、猪屎豆、伞房决明）构成，每个品种质量均为12g。

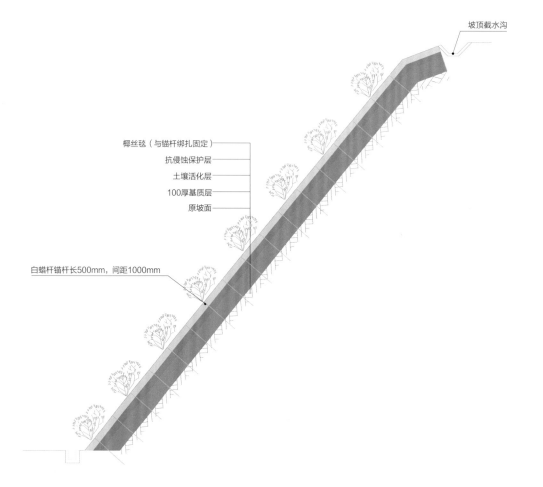

坡顶截水沟

椰丝毯（与锚杆绑扎固定）
抗侵蚀保护层
土壤活化层
100厚基质层
原坡面

白蜡杆锚杆长500mm，间距1000mm

生态锚杆护坡技术

②风化岩质边坡

风化的岩体具有弹性模量小、粘聚力小、泊松比高、亲水性强等特点，边坡大多数都处于不稳定状态，因此在实施时要增加工程措施，以保证边坡的稳定性。陡坡（45°≤坡度<52°），采用挂网（镀锌钢丝网）+土工格室+客土（40cm厚）种子喷播技术绿化；斜坡（30°≤坡度<45°），采用土工格室+客土（60cm厚）种子喷播技术绿化；缓坡（坡度<30°），采用挂网（镀锌钢丝网）+有机喷播（15cm厚）形式绿化。

③格构梁边坡

利用植生袋（无纺布生态袋）混喷草籽，种植土壤厚度=40cm，草籽每平方米使用量为60g，由4个基础品种（狗牙根、大叶油草、蟛蜞菊和台湾相思）外加1个花化品种（木豆、双荚槐、格桑花、猪屎豆、伞房决明）构成，每个品种质量均为12g。

④垂直挡墙

在挡墙处设高度2m的攀爬网，并在底部种植藤本植物（爬山虎+常春油麻藤按0.5m间植），挡墙顶部护栏悬挂成品三角梅花盆。

⑤弃土场

弃土场的生态修复形式主要为上层片植乔木+下层混喷草籽，在局部开敞地段，考虑沿防火道路边缘3m范围内少量种植成品灌木袋苗。具体措施如下：

一是弃土场施工前需进行土壤表层垃圾清理，并按美观有效的原则进行微地形处理，将雨水有组织地汇入现状边沟；

二是在弃土场及其他缓坡平台处，若乔灌木种植区域土质以砾石为主，则乔木树穴按直径增加0.5m，深度增加0.5m，灌木树穴直径增加0.2m，换填新的合格种植土；

三是若灌木地被片植区域土质不符合要求的，需要回填30cm厚（种植地被）或50cm厚（种植灌木）的合格种植土（需掺入30%质量的泥炭土）；

四是下层采用有机混喷草籽技术绿化，种植土壤厚度为15cm，草籽每平方米使用量为60g，由4个基础品种（狗牙根、大叶油草、蟛蜞菊和台湾相思）外加1个花化品种构成，每个品种质量均为12g。

野生种质资源收集 → 人工培育 → 再野化

再野化植物群落配置技术

（5）智能灌溉、监测预警、科学管养技术

智能灌溉、监测预警、科学管养技术是以生态护坡智能监测系统为支撑，对护山过程与成果进行科学管养并保证护山工程稳定安全的技术。

生态护坡智能监测系统主要包括三个阶段工作：一是施工安全监测，对工程区内边坡进行实时监测，了解工程扰动等各因素对边坡体的影响，同时将监测信息及时反馈，确保施工完成后的边坡安全；二是防治效果监测，主要包括工程实施措施和坡体变化的监测，该监测资料同时作为后续工程完工后验收的依据；三是边坡长期监测，对进行工程治理后的边坡进行动态跟踪监测，了解其变化特征，以便后期对于地质灾害的稳定性以及工程技术效果进行评价。

生态护坡智能监测系统在布设监测设备时应充分考虑耐久性、稳定性、可靠性和不易破坏等因素；所有的基准点均应选埋在边坡影响范围外的基岩上。在监测方法和监测仪器的选择上应充分考虑经济性、先进性以及可实施性等多重因素，同时应保证设备的测量精度和灵敏度，以便及时准确地反映边坡的动态变形过程。

5.1.5 小结

护山策略针对"山"这一重要的生态要素，将修复山体分为四大类、八亚类、二十四小类，以此为基础，在最大限度保护山体、最小限度人为干预的大原则下，通过"立地调查、灾害防治、立面固土、土壤重建、植被重建、养分自给、水分管理、自动监测、科学管护"9个步骤，结合"一体化植被再造技术，上爬下垂中点缀滴水护坡技术，生态锚杆护坡技术，再野化植物群落配置技术，智能灌溉、监测预警、科学管养技术"等关键技术，以基于自然和人文的解决

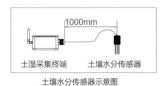

土湿采集终端   土壤水分传感器

土壤水分传感器示意图

一体式智能表面位移计   不锈钢管（传感器端头固定）

拉绳位移传感器示意图

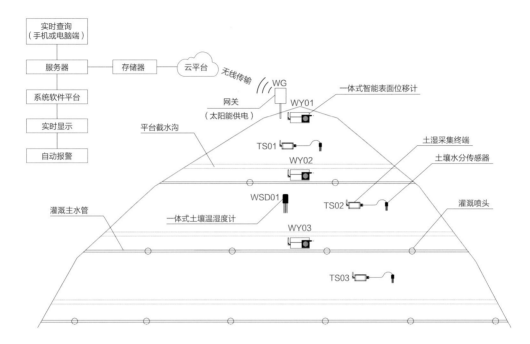

智能灌溉、监测预警、科学管养技术

方案加快受损山体及其承载的生物与非生物要素有机融合，恢复山体生态功能，最终再现山体生态系统的原真性与完整性，实现"山青"目标。

5.2 理水

5.2.1 概念、理念及意义

（1）概念

"理水"是针对"水"这一本底生态要素，以降雨及地貌特征为基础，通过模拟自然降雨径流过程，用基于自然的解决方案梳理水脉，管理水量，处理水质，调理生境，从而恢复自然水文循环，促进水生态系统健康，优化生命共同体各要素之间内在联系，实现"水秀"目标的生态修复策略。

理水之策重在"理"，《说文解字》中对"理"的解释为："理，治玉也，顺玉之文而剖析之。"根据

理水的基本概念，生态修复中的理水主要包括水脉梳理、水量管理、水质处理、生境调理四个关键内容。水脉梳理即通过分析降雨及地貌特征，模拟地表径流过程，在理清自然水系的基础上，结合生态与风景需求，以道法自然的方式疏通径流廊道，修复重要水体，重新梳理水文脉络，再现自然水循环过程。水量管理即在分析降雨时空分布特征的基础上，通过识别滞留空间，核算调蓄容量，以自然积存、循环利用的手段实现水资源在空间和时间上的调配，解决季节性、地域性水资源分配不均的问题，实现水资源的高效循环利用。水质处理即在分析水污染负荷与水环境容量的基础上，以自然渗透、自然净化的手段，拦截污染物，吸收氮磷等营养物质，提高水动力条件，从而达到改善水系自净能力，保障水质清洁健康的目标。生境调理即尊重原有生境特征，在分析现有动植物群落构成的基础上，以自然修复的手段，引入适宜

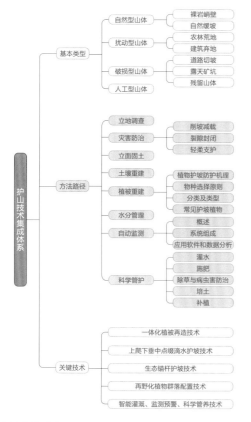

护山技术集成体系

的动植物与微生物，丰富水生生物多样性，恢复滨水及水下生态系统的原真性与完整性。

（2）理念

"理水"以尊重自然、顺应自然、道法自然的态度，利用GIS地表径流模拟技术、水生态技术及生态领域成熟、成套、低成本的生态技术、产品、材料、工法，科学合理选用沉水、浮水、挺水、湿生、岸生等乡土植物，并结合经驯化培养的浮游动物，形成自然稳定的水下生态系统，再现自然水循环过程，恢复自然水脉结构，还原地表自然积存、自然渗透、自然净化能力，让每一滴雨水落地后，如顺文治玉般自然流淌到最适合的地方，呈现清水绿岸、鱼翔浅底的最美效果。

（3）意义

在最优价值生命共同体的理论框架下，理水包含以下6个方面的意义。

1）再现水生态系统的原真性与完整性

不同于一般的水生态修复措施，"理水"策略一方面强调尊重自然、顺应自然、道法自然，通过自然积存、自然渗透、自然净化等基于自然的解决方案，恢复自然水系形态与自然水文循环过程，从而再现水生态系统的原真性；另一方面"理水"策略强调从雨水分析与径流模拟开始，贯穿源头、中途、末端全水文过程，对水系统的脉络、水量、水质、生境进行全方位的系统梳理与调理，从而再现水生态系统的完整性。

2）支撑"山"的保护与修复

"理水"强调恢复自然水系脉络与水文循环过程，这可以最大化缓解因雨水在山体表面无序冲刷或漫流带来的山体侵蚀与水土流失问题，同时给予山体土壤更好的水分滋养，从而改善山体水土条件，支撑山体的保护与修复。

3）保障"林、草、田"的健康生长

水是林、草、田等植被的命脉所在，水量的不足或时空分布不均，水质污染等问题都会对植被的生长造成负面影响。"理水"通过自然积存与自然净化，恢复自然水文过程，维持水质稳定，能够有效保障林、草、田等植被的健康成长。

4）促进生物多样性提升

水是地球上任何生物赖以生存的基本要素，滨水生境更是区域生物多样性的重要载体。"理水"形成的丰沛水源、良好水质与连续水系将为各类生物带来更稳定的栖息地与更丰富的食物网，从而促进生物多样性的提升。

5）强化生命共同体内在联系

水是联系生命共同体内各要素的重要纽带。"理水"通过梳理自然水系廊道，修复自然水文循环，能够显著强化山、水、林、田、湖、草、土、动物与人之间的立体链接，形成相对稳定、生生不息的生命共同体状态。

6）呈现美好生活场景

人类生活因水而兴，人文风景也因水而美。"理水"通过基于自然和人文的解决方案再现水生态系统的原真性与完整性，能够呈现出与一般人工营造水景不同的，自然而然、自在而在的美好生活场景，真正展现人与自然和谐相处的生态风景。

5.2.2 基本类型

（1）天然河溪

天然河溪是陆地表面上因自然降水汇集，形成的经常或间歇有水流动的线形天然水道，根据水量的多寡以不同的名字命名，较大水量的称为江、河、川、水，较小的称溪、涧、沟、曲等。

（2）天然湖塘

天然湖塘是陆地上由自然降水汇集而成的开阔大水面。天然湖塘与天然河溪的区别在于，湖是封闭的有陆地包围的水域，河是线性流动的水体。

（3）人工河溪

与天然河溪相对，人工河溪是用以沟通地区或水域间水运的人工水道，通常与自然水道或其他人工河溪相连，可用于通航、灌溉、分洪、排涝、给水、观赏游憩等。

（4）人工湖塘

人工湖塘是人们有计划、有目地挖掘出来的封闭水域，是非自然环境下产生的，包括水库和景观湖两大类，可用于灌溉、水产养殖、观赏游憩等。

（5）生态草沟

生态草沟是指种植植被的地表沟渠，也称植草沟、生态植草沟。生态草沟主要用于雨水预处理及雨水输送，以替代传统的沟渠排水系统。与传统的排水沟渠相比，植草沟可以减缓径流速度，通过植被的滞留/过滤/吸附功能去除径流中的污染物。

（6）表流湿地

表流湿地是水在土壤等基质表层流动的一种人工湿地类型，依靠植物根茎的拦截作用以及根茎上生成的生物膜的降解作用，使污水得以净化。

（7）潜流湿地

潜流湿地是指水面在填料表面以下，水从进水端水平或垂直流向出水端的人工湿地，是以水生植物为表面绿化物，以砂石、火山岩、石灰石等为填料，让水过滤、净化的人造景观。

（8）雨水花园

雨水花园也称生物滞留设施，是指在地势较低的区域，通过植物、土壤和微生物系统蓄渗、净化径流雨水的设施，其被用于汇聚并吸收来自屋顶或地面的

雨水，通过植物、沙土的综合作用使雨水得到净化，并使之逐渐渗入土壤，涵养地下水，或使之补给景观用水、厕所用水等城市用水。

（9）小微湿地

小微湿地是指自然界在长期演变过程中形成的小型、微型湿地，小微湿地多以塘田沟渠堰井溪等形态出现，面积在8hm^{2}以下。较稳定的小型湖泊、水库、坑塘、人工湿地以及宽度小于10m、长度在5km以内的小型河道、沟渠等，也都属于小微湿地。

（10）下沉式绿地

下沉式绿地具有狭义和广义之分，狭义的下沉式绿地指低于周边铺砌地面或道路在200mm以内的绿地；广义的下沉式绿地泛指具有一定的调蓄容积（在以径流总量控制为目标进行目标分解或设计计算时，不包括调节容积），且可用于调蓄和净化径流雨水的绿地，包括生物滞留设施、渗透塘、湿塘、雨水湿地、调节塘等。

5.2.3 方法路径

"理水"以让每一滴雨水落地后，自然流淌到最适合的地方，呈现最美的场景为最终目标，通过"雨水分析、径流模拟、滞留识别、冲突评估、径流重组、自然渗透、自然净化、自然积存、循环回用、场景呈现"10个方法步骤实现。10个步骤可细化分解为30个小步骤，每个小步骤针对问题，采用适宜技术、产品、材料和工法。

（1）雨水分析

雨水分析指以降雨、地形、土壤等数据为基础，通过GIS等技术手段，对降雨特征及下垫面特征进行全面分析，为后续理水提供数据基础。雨水分析具体包括降水特征分析、地形地貌分析、地表覆盖分析及土壤性质分析4个小步骤。

1）降水特征分析

降雨特征分析是基于场地降雨信息，明确降雨时空分布特征，为后续分析提供雨型、雨量数据。降雨在时间变化上的规律主要指降水量随季节变化而呈现的规律性变化，变化较小的气候类型包括全年多雨型的热带雨林气候、全年少雨型的温带大陆气候等；变

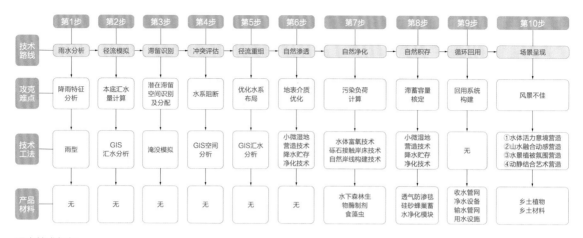

	第1步	第2步	第3步	第4步	第5步	第6步	第7步	第8步	第9步	第10步
技术路线	雨水分析	径流模拟	滞留识别	冲突评估	径流重组	自然渗透	自然净化	自然积存	循环回用	场景呈现
攻克难点	降雨特征分析	本底汇水量计算	潜在滞留空间识别及分配	水系阻断	优化水系布局	地表介质优化	污染负荷计算	滞蓄容量核定	回用系统构建	风景不佳
技术工法	雨型	GIS汇水分析	淹没模拟	GIS空间分析	GIS汇水分析	小微湿地营造技术降水贮存净化技术	水体富氧技术砾石接触岸床技术自然岸线构建技术	小微湿地营造技术降水贮存净化技术	无	①水体活力意境营造②山水融合动感营造③水景植被氛围营造④动静结合艺术营造
产品材料	无	无	无	无	无	无	水下森林生物酶制剂食藻虫	透气防渗毯硅砂蜂巢蓄水净化模块	收水管网净水设备输水管网用水设施	乡土植物乡土材料

理水技术框架

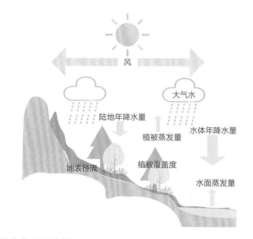

雨水分析示意图

化较大的气候类型包括夏季多雨型的季风气候、冬季多雨型的地中海气候。降雨在空间变化上的规律主要指降雨量在空间上分布的差异。

2）地形地貌分析

地形地貌分析是基于地形图等地理信息,提取反映地形的特征要素,如高程、坡度、坡向等,为后续分析提供相关地形信息。不同的地形条件预示着其潜在径流特征,如地形相对低洼的点状空间是潜在的滞蓄空间,地形相对低洼的线性空间则是潜在的径流通道。

3）地表覆盖分析

地表覆盖分析是基于土地覆盖信息或土地利用信息,明确下垫面性质,为径流系数等信息的确定及相关分析提供依据。地表覆盖是指自然营造物和人工建筑物所覆盖的地表诸多要素的综合体,包括地表植被、土壤、冰川、河流、湖泊、沼泽湿地及各种建筑物,侧重描述地球表面的自然属性,具有特定的时间和空间特性。地表覆盖物的不同,可明显改变地表径流特征,如植被覆盖可有效减少地表径流的泥沙携带量,当植被覆盖度从50%上升到90%时,径流泥沙携带量可减少80%。

4）土壤性质分析

土壤性质分析是基于土壤理化性质明确土壤的下渗条件,为后续自然渗透、自然积存的分析、设计与建设提供依据。土壤性质主要指土壤的理化性质,包括土壤的容重、比重、通气性、透水性、养分状况、粘结性、粘着性、可塑性、耕性、微量元素含量等。土壤性质对降水的下渗有决定性影响,一般质地较粗、结构性好、孔隙较大、湿度较小的土壤,渗水比较容易,地表径流量则减少。反之,土壤渗水慢、透水性小,地表径流量则增大,对土壤的浸蚀作用也就增强。

（2）径流模拟

径流模拟是以地形数据为基础,通过水文分析模拟径流路径及汇水分区,进而进行地表径流量的模拟计算。径流模拟包括径流廊道模拟、汇水分区分析及地表径流计算3个小步骤。

1）径流廊道模拟

径流廊道是自然水文过程的重要载体,既是地表径流的汇水路径,也是联系各类水体与生境的重要生态廊道。径流廊道模拟是基于地形数据,通过地理信息系统工具识别现有地形上的线性低洼空间，明确天然径流路径。

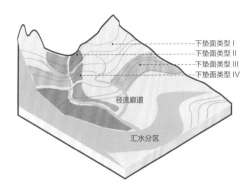

径流模拟示意图

2）汇水分区分析

汇水分区分析是基于地形与径流特征明确汇水区边界与汇水区面积等信息。汇水分区，又称作集水区域、集水盆地、流域盆地，是指地表径流或其他物质汇聚到共同出水口的过程中所流经的地表区域，是一个封闭的区域。汇水分区分析是地表径流计算与水系规划布局的基础。

3）地表径流计算

地表径流计算即根据各个汇水分区的面积及下垫面情况，计算出降水径流量，为地表水资源的滞蓄、调配及利用提供依据。地表径流计算的常用方法包括流域水文模型、地表径流系数法等。地表径流系数是地表径流量与降雨量的比值，可由径流小区观测的降水量与地表径流数据计算获得。径流系数主要受集水区的地形、流域特性因子、平均坡度、地表植被情况及土壤特性等的影响。在一定程度上反应生态系统水源涵养的能力。地表径流系数法计算简单，参数少，实用性强。

（3）滞留识别

雨水滞留与调蓄是理水的重点之一，不仅将雨水留在场地内，促使湖塘、溪流等水体在丰水期水量充足，还确保枯水期场地内有水可用。滞留识别的目的是解决径流总量与蓄滞空间容量之间的矛盾，在丰水期及多水地集水、蓄水，输送到需水场地，实现水资源在空间和时间上的调配，解决场地内季节性、地域

性水资源分配不均的问题。滞留识别包括潜在滞蓄空间识别和滞蓄空间调配分析。

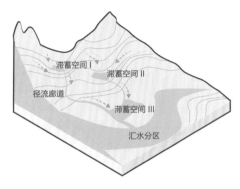

滞留识别示意图

1）潜在滞蓄空间识别

潜在滞蓄空间识别即在径流模拟的基础上，结合地貌、地物情况判别区域内用以滞蓄地表径流的低洼空间。潜在滞蓄空间可以是稻田、塘堰、洼地、天然湖泊、人工水库和河网等，其中稻田、洼地等的容积不可控，滞蓄作用相对较小；湖泊、水库等较大且可控制的滞蓄空间，滞蓄作用相对较大。潜在滞蓄空间可采用各类淹没分析工具进行识别。

2）滞蓄空间调配分析

滞蓄空间调配是指在识别潜在滞蓄空间的基础上，明确滞蓄空间的最优调配方案。滞蓄空间调配应结合场地用水需求，确定最佳的滞蓄空间布局与方案，包括蓄滞空间的位置、形式、容积等。调配过程中应尽可能维护现有蓄水空间，适当开发潜在滞蓄空间，在不破坏生态环境的前提下，满足场地内的用水需求。

（4）冲突评定

冲突评定是指在径流模拟与滞留识别的基础上，通过叠加现状开发建设本底，判断自然径流廊道、滞蓄空间是否与现有建筑、道路等人工设施产生空间上的冲突，以此为基础对相应设施进行适当的调整。对于冲突区域，应酌情考虑拆除基础设施或对径流廊道、滞蓄空间适当调整。冲突评定包括水系与建筑冲突评价、水系与道路冲突评价及水系与管网冲突评价。

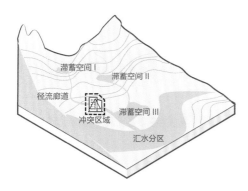

冲突评定示意图

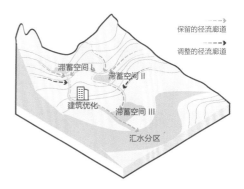

径流重组示意图

1）水系与建筑冲突评价

水系与建筑冲突评价是基于天然径流廊道与滞蓄空间布局，评价水系与现有建筑物的冲突。利用地图叠加等工具，判断在天然径流廊道与滞蓄空间影响范围内是否存在建筑物，若有则应根据建筑物的性质，酌情调整建筑物布局、优化建筑设计或优化水系布局。

2）水系与道路冲突评价

水系与道路冲突评价是基于天然径流廊道与滞蓄空间布局，评价天然水系与现有道路的冲突。利用地图叠加等工具，判断在天然径流廊道与滞蓄空间影响范围内是否存在道路，若有则应根据道路的性质，酌情调整道路走线、断面或优化水系布局。

3）水系与管网冲突评价

水系与管网冲突评价是基于天然径流廊道与滞蓄空间布局，评价天然水系与现有管网的冲突。利用地图叠加等工具，可以判断天然径流廊道、滞蓄空间是否与管网及其附属设施存在矛盾，若有应根据管网及其附属设施的实际情况，提出优化方案。

（5）径流重组

径流重组是指在冲突评定的基础上，对现有水系脉络进行重新规划及整理，适度调整径流走向、优化水系布局。径流重组包括径流廊道重组、汇水分区完善及水系布局优化。

1）径流廊道重组

径流廊道重组指根据冲突评定结果，对基于地形的天然径流廊道进行优化重组。对天然径流廊道上的非重大基础设施，应结合其对地表径流的影响程度，以及基础设施的实际功能，制定优化方案；针对确实无法拆除

的重大基础设施，则可根据径流模拟结果，结合地形情况，规划可替代的径流廊道，优化现有径流路径。

2）汇水分区完善

汇水分区完善即根据重组后的径流廊道，重新划定汇水分区。径流廊道重组后，基于天然径流廊道划定的汇水分区不再使用，应结合优化重组后的径流廊道重新划定汇水分区，并对不合理的径流廊道布局做出进一步修正，确保径流汇水正确、顺畅。

3）水系布局优化

水系布局优化是根据优化后的径流廊道与汇水分区，对场地整体水系网络进行优化布局。统筹考虑优化后的径流廊道、汇水分区及关键滞蓄空间，以生态干预最小、径流控制效益最高为原则，形成最终的水系布局方案，最大限度还原水系统的原真性与完整性，并充分发挥整体水系的综合效益。

（6）自然渗透

自然渗透是指让降水通过地表介质自然下渗，直至水分饱和。该步骤主要针对不透水地面造成的径流量增加问题，目的在于优化地表介质，让降水得以渗透进土壤，多余水分再以径流形式汇集至场地内蓄水体中，起到润泽环境、涵养水源的作用。自然渗透包括下渗场域分析和地表介质优化。

1）下渗场域分析

下渗场域分析即在降雨特征、地表覆盖与土壤性质分析的基础上，明确场地内下渗条件较好的区域。根据场地整体降雨分布特征、地表覆盖分布特征与土壤性质分布特征，可综合评价现状汇水量丰富、下渗条件较好的区域，作为自然渗透区的主要备选区。

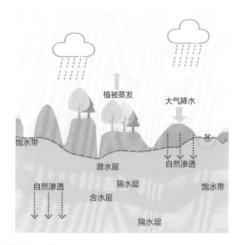

自然渗透示意图

2）地表介质优化

地表介质优化是指在渗透条件较好的区域进一步改善地表覆盖介质，提升土壤下渗力。对于水资源丰富且下渗条件较好的区域，无需进行地表介质优化；对于水资源丰富，但下渗条件一般或较差的区域，可通过优化路面材质、翻耕土壤、种植植被、铺设海绵材料等措施，改善地表下渗条件，促进自然渗透。

（7）自然净化

在明确外来污染物的种类、总量及汇入路径的基础上，利用基于自然的解决方案，尽可能地将污染物拦截、削减或降解，最大化减少污染物的输入，提升水体水质。自然净化包括污染负荷计算、水土流失防治及外源污染净化。

1）污染负荷计算

污染负荷计算是指基于雨水分析与径流模拟，结合场地污染源调查情况，通过量化计算明确场地内各

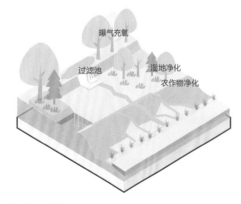

自然净化示意图

污染类型及汇入总量。污染负荷亦称"污染总量"，是指排放到环境中的污染物质的数量。水污染类型主要包括点源污染、面源污染及内源污染三大类，点源污染是指有固定排放点的污染源，指工业废水及城市生活污水，由排放口集中汇入江河湖库。面源污染则指没有固定污染排放点的污染源。内源污染又称二次污染，是指江河湖库水体内部由于长期污染物的积累产生的污染再排放。区分水体污染物的类型、种类及总量，是自然净化的第一步，也是不可或缺的重要步骤。

2）水土流失防治

水土流失防治即通过基于自然的解决方案预防和治理场地水土流失问题。水土流失是指由于自然或人为因素的影响，雨水不能就地消纳、顺势下流、冲刷土壤，造成水分和土壤同时流失的现象。水土流失不仅会带来地质灾害，还会加重水质污染。造成水土流失的主要原因包括地面坡度大、土地利用不当、地面植被遭破坏、耕作技术不合理、土质松散、滥伐森林、过度放牧等。水土流失可通过减少坡面径流量、减缓径流速度、提高土壤吸水能力和坡面抗冲能力、抬高侵蚀基准面、强化植树造林等方法进行治理。

3）外源污染净化

外源污染净化是指通过减少、拦截或净化外源污染物汇入，提升及保持水体水质。外源污染是指来自于水体以外的污染物，它包括上游来水、地表径流、沿途排水、降雨降尘等。对外源污染的治理，重点在于对地表径流携带污染物的治理，多采用植被缓冲带、面源污染拦截带、带状小微湿地等技术对外源污染进行拦截与净化。

（8）自然积存

自然积存是指在最大化减少污染物输入的基础上，对自然水资源做到"应蓄尽蓄、用蓄有规"，同时利用生态手段提高水体自净力，确保污染物无法在水体中积累，避免水质恶化。自然积存包括滞蓄容积核定、滞蓄系统构建、岸线生态修复、底泥有机治理及生物系统构建。

1）滞蓄容积核定

滞蓄容积核定是指根据地表径流量、下渗量、蒸发量等数据，确定滞蓄系统的类型及有效容积。滞

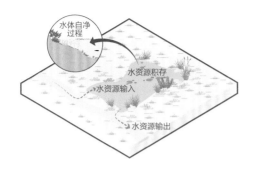

自然积存示意图

蓄即雨水优先渗透后，多余的径流通过洼地或者透水带等滞留在地表，再多出的径流引流至蓄水池进行贮存。核定滞蓄容积可指导滞蓄系统的高效构建，支撑雨水的循环回用。

2）滞蓄系统构建

滞蓄系统构建是在滞蓄容积核定的基础上，结合重组优化后的水系网络，在各个关键滞蓄空间，利用适当技术，整体构建高效的滞蓄系统。网络化的滞蓄系统能有效削减城市雨洪，缓解城市径流非点源污染，补充地下水以及提高雨水利用率。

3）岸线生态修复

岸线生态修复即在保障水体滞蓄功能的基础上，修复破损岸线，恢复水体岸线的生态功能。水体岸线常出现驳岸硬化、土壤裸露、植被杂乱等问题。生态岸线的退化可能导致水体浑浊、富营养化、自净力下降。岸线生态修复应尽可能少采用人工材料，多采用当地卵石、木桩及乡土水生植物等自然材料，结合生态工法，恢复水体岸线的原真性与完整性。

4）底泥有机治理

底泥有机治理是指通过优化水底结构，降解底泥污染，改善底泥生态环境。针对底泥的内源污染及可能存在的病原体等，应采用基于自然的解决方案进行生态化控制，在解决内源污染的同时，不对周围环境造成二次污染。底泥有机治理摒弃传统底泥消杀、机械清淤技术，以底泥原位消解技术、水下生态系统构建技术为核心优化水体结构，改善底质生态性，实现底泥的生物降解和资源化利用。

5）生物系统构建

生物系统构建是指在保障水量、水质、水岸、水

底健康的基础上，丰富水体生物多样性，打造完整生态链，持续维持水体功能与水质。水下生态系统既要考虑生态平衡，也要考虑本系统对外来污水量的净化效力。一般水下植被的覆盖率达到水域的80%以上，表明水生态系统具有较好的稳定性和自净能力。在系统稳定的情况下，还可处理一部分多余的污染。根据水体本底条件的差异，可联合应用浮游植物食物链构建技术、有机碎屑食物链构建技术和沉水植物食物链构建技术等，构建完整的生态链，形成循环良好的生态系统。

（9）循环回用

循环回用是指在对自然水资源进行汇集、净化、蓄存后，利用自然或人工等输送方式，将其引入鱼塘、农田、果园、林地、草场等需水场地，提升水资源利用效率。循环回用包括循环回用分析和回用系统构建。

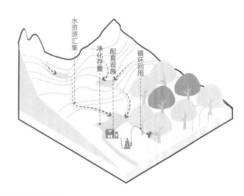

循环回用示意图

1）循环回用分析

循环回用分析是指在构建循环回用系统之前，应分析来水规律与用水场景，明确用水量、用水时段等规律性数据。根据场地内的建设内容、人员数量、用水场景等，结合来水条件，可确定基本用水需求，包括水质需求、总量需求、时段变化、用水点位分布等，以此为数据支撑，可制定水资源循环利用方案。

2）回用系统构建

回用系统构建即在循环回用分析的基础上，结合重组优化后的水系网络，通过适当的技术解决水资源的空间及时间调配问题。根据循环回用分析可指定水

资源循环利用方案，建设相应配套设施，包括收水管网、净水设备、输水管网、用水设施等，实现水资源的循环再利用。

（10）场景呈现

中国自古就有"傍水而居、依水而兴"的美好向往，理水通过基于自然和人文的解决方案，在解决了一系列水资源、水环境、水生态问题的基础上，自然而然、自在而在地呈现了美好的生态场景、生产场景与生活场景。

场景呈现示意图

1）生态场景

理水的生态场景以展现水与其他生态要素相互依存的画面为主。通过水与周边其他自然要素与生境的融合，将山的静止和雄伟、土的稳重和包容、植物的绿色和活力与水的灵动和温婉相结合，丰沛的水源、良好的水质为系统中动植物的生长提供良好的生存环境，促进整体生态系统的健康，呈现出生机勃勃的生态场景。

2）生产场景

理水的生产场景以展现水生态系统与人类生产紧密连接的画面为主。人类利用可供养殖或种植的水域，按照养殖或种植对象的生态习性和对水域环境条件的要求不同，运用水产养殖、农业种植技术和设施，从事滨水生产活动，最终呈现出物阜民丰的生产场景。

3）生活场景

理水的生活场景以展现水生态系统与人类生活和谐共生的画面为主。水生态系统与人的生活密不可

分，良好的水生态系统使人居环境更加健康，促进了人与水的交流，丰富了人们的滨水活动，并呈现出人水和谐的生活场景。

5.2.4 关键技术

（1）GIS地表径流模拟技术

1）技术介绍

GIS地表径流模拟技术是通过GIS水文分析工具对水体所在场地的高程、汇流累积量、径流路径、汇水流域等进行系统分析，得到场地的径流廊道、汇水分区等信息，为理水中的雨水分析、径流模拟、滞留识别、冲突评定、径流重组等步骤提供技术支持。该技术是理水前期分析的重要支撑，其分析成果几乎应用到整个理水过程。

2）关键流程

GIS地表径流模拟技术一般包括径流路径模拟、汇水区划定、径流量模拟计算三大关键流程。其中径流路径模拟以数字高程模型（DEM）为基础，通过一定的数学算法模拟地形对地表径流形成的作用，常见的如ARCGIS中的单流向算法等。汇水区划定是基于分析出的径流路径，判别分水岭，进而通过设定一定的汇流累积量阈值划定汇水区。径流量模拟计算是GIS地表径流模拟技术的核心，其主要目的是在确定径流路径与汇水分区的基础上计算地表径流量。基于GIS的地表径流量模拟计算包括选定模型、确定参数两大核心流程。选定模型即基于研究对象与地理信息平台的适用性，选择适宜的径流量统计模型，常见的径流量统计模型包括径流系数、SCS曲线数等简易模型，以及SWAT等相对复杂的模型。

（2）叠石径流技术

1）技术介绍

叠石径流技术是指在汇水路径上，利用石料堆叠形成具有高差的汇水甬道，引导地表汇水的同时，避免因径流沿途冲刷造成水土流失的理水技术。该技术基于本底地形条件，从径流源头开始将天然石料由高到低排布，营建阶梯状石砌流坝，在径流中途适当位置营建一个或多个澄清池，蓄滞径流的同时还可以起到缓流消能的作用。石砌流坝上设有不规则齿状

凹槽，用于增强水体流过时的紊流态，提高水体溶氧量。叠石径流常用填料的选择包括石灰石、矿渣、蛭石、沸石、砂石、高炉渣、页岩等；常用的植物包括芦苇、香蒲、菖蒲、旱伞草、美人蕉、水葱、灯心草、水芹、茭白、黑麦草等。

2）关键流程

叠石径流技术的关键流程包括基底处理、素土回填、沟渠两侧生态化处理、石砌流坝建造等。

①基底处理：开挖沟渠，沟渠中部平坦，两侧呈15°～30°坡度，去除浮土、垃圾、石块等异物，对表面进行压实，压实系数0.93～0.97；回填第一层原土基底，松填厚度300mm，压实，压实系数0.93～0.97；回填第二层原土基底，松填厚度300mm，压实，压实系数0.93～0.97；回填第三层原土基底，松填厚度300mm，压实，压实系数0.93～0.97。

②素土回填：在完成处理的基底上均匀松填原土或素土，回填厚度为150～200mm。

③沟渠两侧生态化处理：碎石填料的铺设：在沟渠两侧的素土表面建造多个高度为150～300mm的下方导流墙；在素土表面均匀铺设粒径15～30mm的碎石填料A层；在碎石填料A层上铺设10～15mm的碎石填料B层；在碎石填料B层上铺设5～10mm的碎石填料C层；在碎石填料C层上铺设2～5mm的碎石填料D层；在碎石填料D层种植湿生植被。

④石砌流坝建造：在沟渠中部素土表面铺设卵石层，铺设厚度为100～150mm；在卵石层上以天然石料建造石砌流坝，并以砂浆勾缝，石砌流坝上留有供径流流过的齿状凹槽；石砌流坝从汇水上游由高向低排布形成阶梯状；在石砌流坝中途适当位置营建一个或多个澄清池，与石砌流坝共同组成串联形式。

（3）渗排性卵石沟技术

1）技术介绍

渗排性卵石沟是具有一定的自然下渗能力，可拦截部分污染物，控制面源污染，用于代替传统边沟的生态排水沟。渗透性卵石沟由卵石面层和透水层组成。该技术可起到雨水初步缓滞、有效削减雨水径流、促进雨水下渗、防止地面积水的作用，能较好地去除雨水中大部分污染物，且维护简单，被广泛应用在理水过程中。

2）关键流程

渗排性卵石沟自上而下分为第一层透水层、第二层透水层、渗透层3层。在对材料的选择上，卵石颗粒的粒径范围为40～60mm。第一层透水层采用透水混凝土材质，骨颗粒径为5～10mm。第二层透水层采用透水基质，基质粒径范围为10～50mm，厚度大于300mm。第三层渗透层采用透水基质，厚度为200～300mm，基质粒径范围为20～60mm。

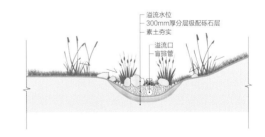

渗排性卵石沟技术

（4）多级小微湿地构建技术

1）技术介绍

小微湿地是指自然界在长期演变过程中形成的运行稳定的小型自然湿地，如小湖泊、河湾、池塘、坑地、鱼塘、沟渠等。理水通过人为模拟自然湿地，构建基质、植物、微生物及水体组成的水生态复合体，

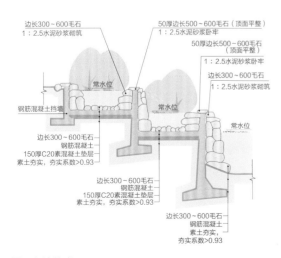

叠石径流技术

利用生态系统中基质、湿地植物、微生物的物理、化学和生物的多重协同作用来实现对污水的净化。

在营造小微湿地过程中，应选择本土根系发达的水生及湿生植物，尽可能吸附水体或土壤污染物，净化周围环境。较于外来物种，本土植被养护管护更简单、成本更低廉，对当地的病虫害有更强的适应性。

2）关键流程

多级小微湿地构建技术的关键流程包括形态设计、基质构建、岸带修复、植物配置等。

①形态设计。多级小微湿地的形态以近自然的不规则形状为宜，应与所在区域地形地貌的起伏特征保持协调一致，避免过度开挖破坏地形地貌。

②基质设计。多级小微湿地的基质总体以原状土壤为主，选择粒径适中、渗透性低的黏重土壤。原状土壤不满足要求时，根据进水水质、水量、水位和植物生长需求等，选用适宜的天然材料或合成填料等基质替代，可单独使用或与原状土壤复合使用。植物种植基质厚度应满足植物生长、微生物附着和底栖动物生活的要求。基质受到污染时，应优先通过调整植物配置进行生态修复，必要时可更换基质。基质材料可以根据需要多层铺设。以净化水质为目的的小微湿地，在建设中可使用土工膜等辅助防渗材料，慎用混凝土、水泥等硬质铺装材料。

③岸带修复。多级小微湿地的岸带首先应保证结构稳定并满足形成从水面到陆地的岸区植被带的要求，岸带坡度比宜小于1：1.5。岸带应优先使用土壤等自然材料，如确有需要可选择抗冲刷能力强、适宜生物生长的多孔隙材料。岸带的修复可采用护坡工程，减少水土流失。护坡工程应以植物护坡为主，其次结合小微湿地本身特点可合理选择生态型护坡，如木桩护坡、块石护坡、生态袋护坡和生态砖护坡等。

④植物配置。多级小微湿地的植物配置应尽量模拟自然植物群落，并考虑植物特性，避免种间竞争，形成结构合理和种群稳定的复层群落结构。植物群落宜以优势物种为主，合理搭配其他植物种类，形成丰富多样的群落结构。不同功能的小微湿地选择不同的植物配置，统筹考虑植物根系特征、植物形态、季相变化、叶花颜色等。植物种植应考虑到不同物种的种

间竞争，避免植物因化感作用干扰和抑制其他物种的生长。同一种群内种植应留足生长空间，不同种群间应留有足够的距离。挺水植物宜在春秋季种植，选择滨水岸或浅水区域，采用扦插、分株、根茎分切等种植方式，并根据种类、植株大小、高度、冠幅等确定种植间距和密度。浮水植物宜在春夏季种植，选择水湾或其他水流较缓的区域，采用分株、扦插或块茎繁殖等种植方式。沉水植物宜在春夏季种植，部分适宜低温生长的种类宜在冬季或早春种植，宜种植在水深0.5～2.0m区域，水体透明度应保证植物顶端可见阳光，可采用扦插、配重抛投、套筒和压苗等种植方式。

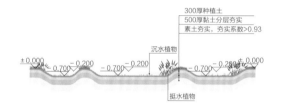

多级小微湿地构建技术

（5）面源污染阻隔技术

1）技术介绍

面源污染阻隔技术是以生态手法构建植拦截带，充分利用湿生植物的净化能力，将面源污染拦截在河流、湖泊等地表水体之外，有效控制地表水体富营养化，避免其演变成浊水态藻型生态系统，主要针对农田径流污染问题。

2）关键流程

面源污染阻隔技术的关键流程包括区域选择、地形改造、基质及管网铺设、湿生植物种植等。

①区域选择。面源污染阻隔技术应选取坡度小于30°、可用场地带宽大于7m的区域作为构建区域。

②地形改造。面源污染阻隔技术的地形应向外依次开挖和堆积，设置第一阶地、第一洼地、第二阶地、第二洼地、第三阶地、第三洼地，形成三级洼地和三级阶地，具体分步骤如下：在离水面线1～2m处，沿水域开挖一条宽度为2～4m、深度为1～1.5m、横断面为倒梯形的沟渠，形成第一洼地；将开挖出的土石方堆积在第一洼地的左右两侧，右

侧形成第一阶地,左侧形成第二阶地,并使第一阶地的高度介于湖区常水位线与最高水位线之间;在离水面线4～8m处,开挖一条宽度为1～2m、深度为0.5～1m、横断面为倒梯形的沟渠,形成第二洼地,使第二洼地的底部高程低于湖区最高水位线;将开挖出来的土石方堆积在第二洼地的左右两侧,右侧形成第二阶地,左侧形成第三阶地;在离水面线6～12m处,开挖一条宽度为1～2m、深度小于1m、横断面为下凹状的沟渠,形成第三洼地;将开挖出来的土石方堆积在第三阶地上。

③基质及管网铺设。在第三洼地的底部埋设直径为10cm、表面钻孔孔径为5mm的盲管;在第三阶地的底部,沿着湖滨带开挖湖区条沟槽,在沟槽内铺设与盲管型号相同的导流管,盲管通过导流管与第二洼地连通;在盲管上依次铺设一层30cm厚的砾石、一层40cm厚的沙土和一层20～30cm厚的壤土,使得第三洼地呈下凹状。

④湿生植物种植。在第一阶地上种植耐淹型挺水植物,第二阶地和第三阶地上种植耐旱型挺水植物,第一洼地上种植漂浮植物,第二洼地上种植耐淹型挺水植物,第三洼地上种植草皮。

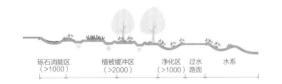

面源污染阻隔技术

(6)水下森林技术

1)技术介绍

水下森林技术是以天然沉水植物为主要材料,结合基底处理、土壤改善、生态矿物基等技术手段,形成的水下复合生态系统。水下森林可以大幅度降低水体中氨氮含量,吸收水中的营养盐,抑制藻类生长,避免水体富营养化,同时为水生动物提供庇护所,构建起生态链平衡系统。

在水下森林的构建过程中,应根据水体的用途及水生动植物种类生存需要,在水体底部营造深浅不一

的水底地形,根据不同水生植物的生长特性,综合空间布置、时序布置、氮磷去除量等因素,考虑水生植被的选种及种植面积,对水生植物进行合理地组合配置。在充分考虑水深及流速的基础上,于适当水域处以块石码砌石堆型栖息地,为鱼类等水生动物提供躲避及孵化的场所。通过以上措施使各类生态要素互补共生,最终形成一个稳定的生态系统。

2)关键流程

水下森林技术的关键流程包括种植分区与确定植物品种和数量。

①种植分区。根据水体的深度,由浅至深依次分为挺水植物区、高温季沉水植物区和低温季沉水植物区三个水生植物区。挺水植物区水深在0～50cm,高温季沉水植物水深在50～300cm,低温季沉水植物水深在300～550cm。后期为了增加水体景观的观赏性,部分区域增加了浮水植物的种植(如睡莲),水深控制在0～100cm。

②确定植物品种和数量。水生植物分布区确定之后,就要根据不同种植区域选择不同的水生植物,确定其种植数量、密度和规格。挺水植物区主要选择一些具有一定观赏价值和净化能力的品种。品种可根据景观要求做相应的变化。该区域主要选用芦苇、红蓼、黄菖蒲、水葱和荷花,种植种面积占总水体面积的21%。沉水植物主要针对不同季节的需要,设计高温季和低温季沉水植物。

高温季沉水植物是维持夏季水体自净的主体,也是保证秋季和冬天沉水植被自行修复的必要条件。设计选用春夏净化能力较强的品种竹叶眼子菜、苦草、小茨藻和狐尾藻,按2:2:1:4的比例进行种植,形成以狐尾藻为优势种的高温季沉水植物净化体系。高温季沉水植物种植占水体总面积的39%。

低温季沉水植被是维持冬天水体自净的主体,也是促进来年春天和夏天沉水植被自行修复的必要条件。设计选用在秋冬能发挥净化作用的品种耐寒小黑藻、菹草和龙须眼子菜,按3:6:4的比例进行种植,形成以菹草为优势种的低温季沉水植物净化体系。有研究表明,同一湖泊水深越大,菹草在相同月份的萌发率越低,水深的增加能显著推迟萌发起始时

间，但不改变其最终萌发率；较强的光照和较高的水温对菹草生长有明显抑制甚至伤害作用。因此菹草可用于景观池塘的深水区，并在北方冬季发挥作用。低温季沉水植物种植占水体总面积的32%。

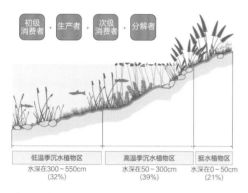

水下森林技术

5.2.5 小结

理水策略针对"水"这一本底生态要素，将水体分为十大基本类型，以降雨及地貌特征为基础，通过"雨水分析、径流模拟、滞留识别、冲突评定、径流重组、自然渗透、自然净化、自然积存、循环回用、场景呈现"10个步骤，结合"GIS地表径流模拟技术、叠石径流技术、渗排性卵石沟技术、多级小微湿地构建技术、面源污染阻隔技术、水下森林技术"等关键技术，以基于自然和人文的解决方案梳理水脉，管理水量，处理水质，调理生境，从而恢复自然水文循环，促进水生态系统健康，优化生命共同体各要素之间内在联系，实现"水秀"目标。

5.3 营林

5.3.1 概念、理念及意义

（1）概念

"营林"是针对"林"这一核心生态要素，以自然地理特征及森林群落特征为基础，从多维度、系统化的视角出发，不对森林做过多人为干涉，不以单纯追求林木蓄积量为目标，围绕保持水土、丰富植物多样性、营造动物栖息地及提升人居环境等综合功能，实现"林美"目标的生态修复策略。

"营林"之"营"包含两层含义，其一是"营奉、供养"之意，即以尊重自然的态度和基于自然的解决方案进行森林抚育；其二是"经营、谋求"之意，即谋求同时满足生物多样性需求与人民美好生活需要的综合价值。"林"泛指丛聚的树木或竹子，如《说文解字》中"平土有丛木曰林"和《释名》中"山中丛木曰林"的"林"均为此意。

（2）理念

营林秉承宜林则林、乡土在地、复层混合、道法自然的理念，针对现有的完好或受损的生态基底，遵循生态修复中生态学和恢复生态学规律，应用多学科的知识、手段识别、探究林地系统中生态要素相互关系，确定林地生态修复和保护目标，制定修复技术框架，并根据林地本底状态选择生态修复技术措施，遵循近自然营林原则，选用异龄、复层、混交的手法构建近自然异龄型林团、近自然混交型林团、近自然复层型林团，形成生境多样、植物多样、系统稳定、效益提升、景观宜人的生态风景林。

（3）意义

基于最优价值生命共同体中林与其他要素的关系，营林的意义主要体现在以下4个方面。

1）保障水的滞蓄涵养

森林是保持水土、涵养水源、蓄滞地表径流的重要载体。林冠和林下植被层（灌木和草本植物）、枯枝落叶层、根系土壤层均可对降水进行调节，并提高土壤的抗蚀抗冲性能。根系发达、郁闭度大的森林有利于地表土壤的固定，深根系植物（如垂柳、枫杨等）在固土的同时促进水分向土壤深处渗入，可将雨水更好蓄滞。

2）利于山的固土塑形

森林在护山中的作用主要体现在稳固土壤、塑造山形两个方面。地势陡峭的山体通常土壤瘠薄，植物生长受限，如果植物过少会导致土体不稳、水土流失等问题，利用植物根系的保护与固土作用，可显著减弱山体土壤的流失。不同优势植物覆盖的山体会形成不同的山体形状，展现出不同的山体风貌，北方山体多以松、柏、杉等针叶树为优势树种，山体呈现苍翠、高耸的外貌，南方山体通常以常绿阔叶树或竹类

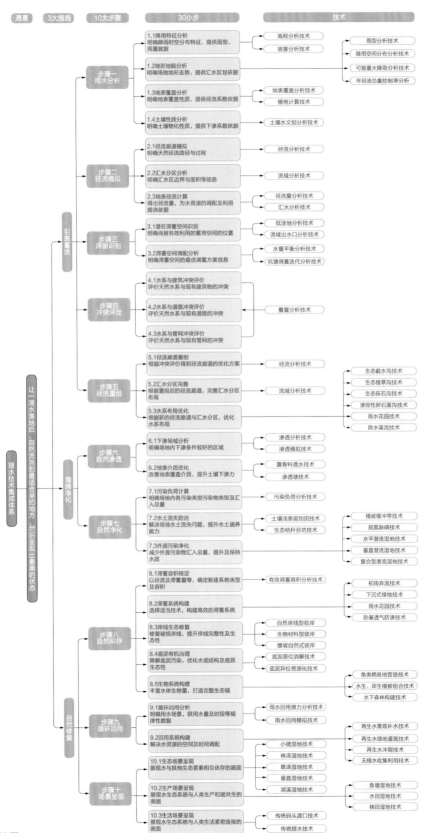

理水技术集成体系

为主，山体呈现碧绿、圆润之态。

3）提高田的综合效益

林地对农田的效益主要体现在防止农田风蚀、保育耕作土壤、调节温度湿度、提升生产效益、丰富空间结构、增强农田系统的抵抗力和恢复力等方面。在农田周边栽植具有经济效益或生态效益的树种，可以形成农林复合系统，不仅能协调农林用地矛盾，高效利用各种自然资源，提高农田生产效益，带来部分经济效益，还有助于改善农田系统的抵抗力、保护生态环境。例如，在农田周围一定范围内营建防护林可显著改善农田小气候，实现降低风速、调节温度、增加大气湿度、维持土壤墒情、有效拦截地表径流、调节地下水位、保证农作物的丰产和稳产，农田防护林还可以拦截、滞留地表径流中的悬浮物和污染物，减少农田面源污染风险。

4）促进草的正向演替

森林的郁闭度、化感效应等会导致光照、根际环境发生改变，对草本植物群落产生影响。健康的森林群落会促进草本群落的正向演替、提升草本植物的多样性和丰富度，如耐阴植物增加、相克植物消失、高适应植物成为草本群落优势种等。

5.3.2 基本类型

林地可以根据郁闭度、主导功能、保护等级等划分为不同的类型，结合最优价值生命共同体的建设需求，本书根据用途和性质对林地进行划分，以便于指导具体的营林工作。

（1）用途分类

林地按照用途可分为防护林、用材林、经济林、薪炭林和特殊用途林等5类。

1）防护林

防护林是以发挥生态防护为主要目的的森林、林木和灌木丛，包括水源涵养林、水土保持林、防风固沙林、护岸林、护路林等多种类型。水源涵养林是以调节、改善水源流量和水质为目的的一种防护林。水源涵养林的建设意义是涵养水源，改善水文状况，调节区域水分循环，防止河流、湖泊、水库淤塞，以及保护可饮用水水源，主要分布在河川上游的水源地区。水土保持林是为防止、减少水土流失而营建的防

护林。水土保持林的建设意义是调节地表径流、防治土壤侵蚀、减少河流、水库泥沙淤积等，主要分布在沟道、坡面、田坎、池塘水库边等冲刷、侵蚀比较大的区域。防风固沙林是为降低风速、固定流沙、改良土壤而营造的防护林。防风固沙林的建设意义是阻止沙粒被风吹移动，提高沙地湿度，增加有机质，使沙地环境得到初步改善，主要分布在干旱、半干旱等风沙灾害严重地区。护岸林是栽种在渠道、河流两岸使其免受冲刷的防护林。护岸林的建设意义是拦截泥沙和污染物，固土保水，维护河岸生态功能，主要分布在河流、水渠两岸沿线区域。护路林是栽种在铁路和公路等两旁保护道路免受风、沙、水、雪侵害的防护林。护路林建设的意义是保护路基、美化环境，防止飞沙、积雪以及横向风流等对道路或行驶车辆造成有害影响，主要分布在铁路、国道、高速公路、省道两旁自然地形第一层山脊以内（陡坡地段）或平地100m以内、市县道两旁各50m范围内区域。

2）用材林

用材林是指以培育和提供木材或竹材为主要目的的森林和林木，可分为一般用材林和专用用材林两种。一般用材林是指以培育大径通用材种（主要是锯材）为主的森林；专用用材林是指专门培育某一材种的用材林，包括坑木林、纤维造纸林、胶合板材林等；用材林一般集中分布于中高山或深山区，多为原始林或次生林。

3）经济林

经济林有狭义和广义之分，本书所指是狭义上的经济林，是指利用树木的果实、种子、树皮、树叶、树汁、树枝、花蕾、嫩芽等，以生产油料、干鲜果品、工业原料、药材及其他副产品（包括淀粉、油脂、橡胶、药材、香料、饮料、涂料及果品）为主要经营目的的乔木林和灌木林，是有特殊经济价值的林木和果木，在我国境内分布比较广泛。

4）薪炭林

薪炭林是指以提供柴炭燃料为主要经营项目的乔木林和灌木林，一般是选择易成活、萌生力强、速生、产量高、燃值大、能固氮、可一材多用（提供燃料、用料、饲料、肥料）的硬材阔叶树种。

5）特种用途林

特殊用途林是指以国防、环境保护、科学实验等为主要目的的森林和林木，包括国防林、实验林、母树林、环境保护林、风景林，名胜古迹和革命纪念地的林木以及自然保护区的森林等。

国防林是特定地域内具有为国防服务功能的森林。国防林的建设可以增加地貌的复杂性、环境条件的多样性和军事设施的隐蔽程度，有利于军事行动，按照分布区域可分为大陆沿海林带、海岛森林的海防林和陆路边防线上沿江（河）林带。实验林是以研究为目的，采取定位或半定位等手段对一些特殊林分进行科学实验，以揭示不同类型森林生态系统物质与能量运转的规律，为合理开发利用天然林和人工造林提供科学依据的森林和林木。母树林是在优良天然林或确知种源的优良人工林的基础上，通过留优去劣的疏伐，为生产遗传品质较好的林木种子而营建的采种林分，其林分郁闭度一般以0.5～0.7为宜。环境保护林以保护、改善和美化环境、提高人们生存的环境质量为目的，包括城市环境林、卫生保健林、风景林、森林公园及自然保护区等。风景林是具有较高美学价值并以满足人们审美需求为目标的森林的总称，以发挥森林游憩、欣赏和疗养为主要经营目的，是风景旅游区、森林公园、自然保护区自然景观的重要组成部分。

（2）性质分类

林地按照性质可分为针叶林、针叶阔叶混交林、落叶阔叶林、常绿阔叶林、热带雨林、热带季雨林、红树林、珊瑚岛常绿林、稀树草原和灌木林等10类。

1）针叶林

针叶林是由松、柏、杉等裸子植物的乔木树种为主，针叶树占65%以上的森林。天然生长的针叶林一般多分布于海拔较高的山上以及干旱、贫瘠的山坡上，按分布环境和区系组成，可分为寒温带、温带、亚热带和热带等针叶林。

2）针叶阔叶混交林

针叶阔叶混交林是寒温带针叶林和夏绿阔叶林间的过渡类型，主要由常绿针叶树和落叶阔叶树混交组成。在中国由于夏季风的影响，针阔混合林群落的种类组成更丰富，群落的结构亦较复杂。

3）落叶阔叶林

落叶阔叶林是由双子叶乔木树种为主构成、阔叶树合计占65%以上的森林。落叶阔叶林的结构简单，可明显分为乔木层、灌木层和草本层。我国的落叶阔叶林类型很多，根据优势种的生活习性和所要求的生境条件的特点，可分成典型落叶阔叶林、山地杨桦林和河岸落叶阔叶林三大类型。

4）常绿阔叶林

常绿阔叶林是亚亚热带湿润地区由终年保持绿色的常绿阔叶乔木树种为主构成、常绿阔叶树占65%以上的森林。常绿阔叶林的植物区系组成十分丰富，根据森林群落的植物区系组成、结构和生境条件特点，中国中亚热带典型常绿阔叶林可划分为栲类林、青冈林、石栎林、润楠林、木荷林、白克木林和蚊母树林等7个群系组。

5）热带雨林

热带雨林是热带和亚热带湿润地区由高大常绿阔叶树种构成的茂密森林，林内富含藤本和寄（附）生植物。热带雨林是地球上抵抗力稳定性最高的生态系统，生物群落演替速度极快，是世界上大于一半的动植物物种的栖息地，在调节气候、防止水土流失、净化空气、保证地球生物圈的物质循环有序进行等方面发挥着至关重要的作用。

6）热带季雨林

热带季雨林是南亚热带和热带季风区域的一种森林，上部林冠由落叶树种构成。与热带雨林相比，其树高较低，植物种类较少，结构比较简单，优势种较明显，板状根和老茎生花现象不普遍，层间藤本、附生、寄生植物也较少。中国热带地区受太平洋及印度洋季风控制，热带季雨林分布北界基本上在华南和西南的北回归线附近，东部偏南，西部偏北。

7）红树林

红树林是在热带和亚热带海岸潮间带或海潮能够达到的河流入海口，附着有红树科植物和其他在形态上和生态上具有相似群落特性科属植物的林地。红树林是热带、亚热带海岸带海陆交错区生产能力最高的海洋生态系统之一，在净化海水、防风消浪、维持生物多样性、固碳储碳等方面发挥着极为重要的作用。

8）珊瑚岛常绿林

珊瑚岛常绿林是热带珊瑚岛屿上的一种常绿森林类型。由于珊瑚岛面积小、海拔低、地势平、成土母质和土壤因子具有特殊性，岛上的植物分布和植被发育均受到一定限制，表现为种类贫乏、林木低矮、层次结构简单，常以单优势种的单层乔木出现。中国南海诸珊瑚岛的常绿林分布面积不大，植物种类也不多。

9）稀树草原

稀树草原是炎热、季节性干旱气候条件下长成的植被类型，其特点是底层连续高大禾草之上有开放的树冠层，即稀疏的乔木。稀树草原土壤肥力通常较低，但可能呈现明显的小规模变异。在我国云南南部元江、澜沧江、怒江及其若干支流所流经的山地峡谷地区，具有非常明显而特殊的干热河谷气候，水土流失严重，土层浅薄而贫瘠，在河漫滩以上较低的台地上，逐渐演化形成稀树草原。

10）灌木林

灌木林是附着有灌木树种或因生境恶劣矮化成灌木型的乔木树种以及胸径小于2cm的小杂竹丛，起防护作用，连续面积大于0.067hm^2、覆盖度在30%以上的林地。其中，灌木林带行数应在2行以上且行距≤2m；当林带的缺损长度超过林带宽度3倍时，应视为两条林带，两平行灌木林带的带距≤4m时视为片状灌木林。灌木林对改善生态环境，如保持水土和防风固沙等具有很大意义，同时还可提供燃料和饲料等。中国从平地到海拔3000～5000m的高山，常分布有天然灌木林。

5.3.3 方法路径

营林以形成生境多样、植物多样、系统稳定、效益提升、景观宜人的生态风景林为目标，以山林保育、林木增量、林貌提质为主要措施，方法路径包括"定性、定貌、定式、定景、定种、定量、选树、挖树、运树、种树、修树、养树"12个步骤，最终实现以结构丰富、生境多样、风景优美、环境宜人的"林美"修复目标。

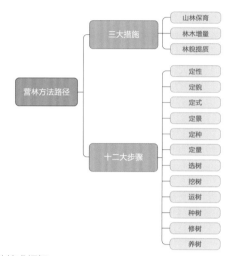

营林技术框架

（1）定性

"定性"是指明晰营林地的地理特性和生物特性。地理特性分析主要研究营林地和周边区域的地理环境特征，包括气候、土壤、河流、湖泊、山体等方面。生物特性主要研究植物、动物、微生物3种类群，在植物方面，通过分析植被类型、群落结构、优势种等特征，确认现状植被的用途和性质；在动物方面，通过动物观测和研究，确认场地内的兽类、鸟类、昆虫类等动物类群的栖息特征和环境需求，明确潜在的生境问题；在微生物方面，主要是基于树种类型和林地发育特征分析营林地的微生物群落。

定性示意图

（2）定貌

"定貌"是指通过分析现状林地的树种、冠层、主要树种蓄积量占总蓄积量的比例等因素，确定森林的风貌。按照树种组成，林貌可分为纯林和混交林。混交林包括针叶混交林、阔叶混交林和针阔混交林。纯林是指单一树种蓄积量（未到起测径阶时按株数计算）占总蓄积量65%以上的乔木林地，包括针叶林、阔叶林两类。纯林个体间的生态关系较简单，大面积的纯林易产生病虫害，但对于某些用材林和经济林，纯林的产量更高，经济效益更好。混交林是指任何一个树种蓄积量或株数占总蓄积量或总株数的比例不足65%的乔木林地，包括针叶混交林、针阔混交林和阔叶混交林。

和小尺度的林地景观营造。大尺度的森林风貌规划侧重于森林景观的长期性和稳定性，注重林地生态功能的发挥、整体形态的塑造和远景效果的呈现，通常以大规模、大尺度、大色块的布局形式构建林团或林斑。小尺度的林地景观营造更加精细，侧重于小规模林地群落的植物配置和层次呈现，注重林地意象的展示和林下空间的营造，重点体现林地景观的近景、中景。

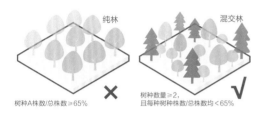

定貌示意图

（3）定式

　　"定式"是指确定营林的林木种植形式，主要包括近自然式和规则式两种。近自然式营林是指选用不同种类、不同生长阶段的乔木和灌木，通过异龄、复层、混交的原则构建近自然异龄林、近自然复层林、近自然混交林，形成完整的近自然森林系统。近自然种植形式更符合植物演替规律，也是森林获得最大碳汇量的最佳方式，应用范围更加广泛。规则式营林是指按照一定的株行距和角度有规律地种植林木，可分为左右对称及辐射对称两大类。规则式种植多用于行道树、防护林带、果园等，这种方式有利于通风透光，便于机械化管理。

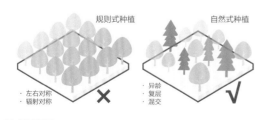

定式示意图

（4）定景

　　"定景"是根据功能需求、场地性质、设计目标等明确林木营造的场景，包括大尺度的森林风貌规划

定景示意图

（5）定种

　　"定种"是选定适宜的营林树种。首先应通过人工调查、激光雷达技术对本地和周边的代表性树种进行调查、分析，将可供选用的植物分类归纳，初步形成苗木库；在此基础上结合本地和周边地区的苗源供应状况，基于功能需求分析，优化树种选择方案，对

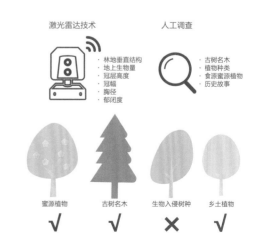

定种示意图

苗木库进行扩充或调整，形成最终的目标植物库。

人工调查和激光雷达技术是对营林区的自然地理因素、生活生产因素、植被本底等进行分析的有效方法，可全面了解植被生长所处的外在环境及植物种类分布。人工调查主要运用近地对标方法，通常采用圈层法调查，对标周边古树名木、典型游憩公园和森林公园的植物种类、民俗文化中的植物、食源蜜源植物种类等。人工调查的最终目的是以近身尺度的林木调查结果为依据，针对营林地不同类型的空间、生境需求和植被现状，选择合适的树种，采取相应的技术措施，达到修复、重塑、提升的目标。

激光雷达技术可以测量林地的垂直结构、地上生物量、冠层高度、冠幅、平均胸径、郁闭度等一系列参数，也可以进行单株树木的高度估测，可以辅助获取大尺度空间范围内的林地信息和数据。

（6）定量

"定量"是指对营林指标的参数化、量化。营林的主要参数包括常绿树与落叶树的占比、乡土树种与外来树种的占比、植被覆盖度、郁闭度、不同分段时间的林木蓄积量等。

常绿树与落叶树的占比应根据相应的规范和地方标准，结合不同地区的实际情况，制定合适比例。一般而言，北方的常绿树与落叶树比例控制在4：6左右；南方地区常绿树与落叶树比例控制在6：4左右。乡土树种与外来树种的占比一般应控制在8：2，部分地区会控制在9：1。植被覆盖度指灌木、草本等植被冠幅层垂直投影面积之和（不重叠计算）与小班或调查区域面积之比。覆盖度分为密（≥70%）、中（50%～69%）、疏（30%～49%）3个等级。郁闭度指乔木层树冠垂直投影面积之和（不重叠计算）与小班或调查区域面积之比。郁闭度等级划分为高

（0.7）、中（0.40～0.69）、低（0.20～0.39）3个等级。

林木蓄积量是一定的森林面积内现有林木的材积总量。它反映林地经营的成果和可能出材的数量，是改善森林经营管理，对森林进行合理采伐利用的依据，是衡量营林效益的一项重要指标。营林后的5～10年应对林木蓄积量进行测量评估，为生态文明建设目标评价考核提供依据。

（7）选树

选树包括树木品种的选择和苗木类型的选择。树种选择是针对生态公益林中的水土保持林、水源涵养林、护岸林、农田牧场防护林等，依据各自的功能需求选取合适的树木种类。苗木类型分为土球苗、裸根苗、容器苗三大类，不同的营林地会根据立地条件、功能需求等选择相应类型的苗木。

1）树木品种选择

水土保持林的树木品种应选择适应性强、根系发达、固土力强的深根系植物，或能以根蘖和压条繁殖以及匍匐茎保护土壤的树种，通常还应是耐瘠薄、抗干旱的树种。水源涵养林的树种除了应符合水土保持林树种选择的要求外，还要求树体高、冠幅大；寿命长、生长稳定且抗性强。护岸林树种应选择深根性、根系发达的树种，以便固持土壤、防止侵蚀；同时还应具备耐水湿、耐水淹的特性，保证树木的正常生长；此外，所选树种还应具备一定的耐盐碱性，发挥防止土壤次生盐渍化、培肥改土的功能。农田牧场防护林应选择不易风倒、风折的根系深、树冠窄的树种；同时，选用的树种与防护对象应具有良好的协调共生关系，不能与作物、牧草等有共同病虫害或中间寄生。

2）苗木类型选择

苗木类型选择的对象为土球苗、裸根苗、容器苗三大类。三者通用标准为树冠完整丰满，冠幅最大值与最小值的比值宜小于1.5，冠层和基部饱满度一致；植株主干挺直、枝干紧实树皮完整；植株分枝均匀、紧实有韧性、苗茎直立、不分杈、无徒长现象；分枝点和分枝形态自然、比例适度、生长枝节间比例匀称、侧枝生长均匀；顶芽粗大、坚实，叶型标准匀

北方常绿树：落叶树=4：6　　南方常绿树：落叶树=6：4

定量示意图

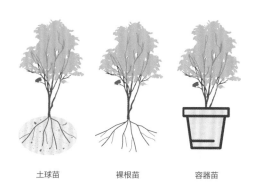

土球苗　　　　裸根苗　　　　容器苗

选树示意图

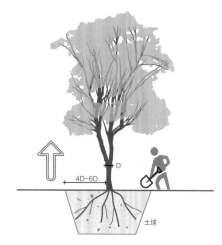

挖树示意图

称，叶片硬挺饱满、颜色正常；地径或胸径达到设计要求，根系发达，主根短而直，侧根伸展均匀，须根较多，地上地下部分保持均匀比例；叶片无明显蛀眼、卷蔫、萎黄或坏死，危害程度不超过树体的10%。

　　三种苗的选择也具有相应的特殊性。土球苗的规格应符合设计要求，做到包装牢固，土球完整。乔木土球直径应为胸径的8～10倍，土球高度应为土球直径的4/5以上；灌木土球直径为其冠幅的1/3～2/3，土球高度应为土球直径的3/5以上。裸根苗需要根系完整，切口平整，规格符合设计要求；乔木根系幅度为其胸径的8～10倍，且保留护心土；灌木根系幅度为其冠幅的1/2～2/3，且保留护心土。容器苗要求容器完整，根系不外露，植株应已形成良好根团，根球完好。

（8）挖树

　　挖树包括挖树前的准备、挖树、打包三部分，各部分主要包括技术标准和操作步骤两方面重点。挖树前的准备包括号苗、建卡编号、浇水及排水、疏枝叶、捆拢、断根缩坨。挖树包括人工挖苗和机械挖苗。人工挖苗包括土球苗和裸根苗。土球苗的挖苗需要土球完好，平整光滑。裸根苗的挖苗应做到乔木以胸径的4～6倍为半径画圆挖起，灌木以冠幅的1/4～1/3为半径画圆挖起。机械挖苗应保留较多根系，长度符合要求，带土球苗木应保证土球完好，表面光滑，包装严密，底部不漏土。打包样式分为井字式、五角式、橘子式。井字式和五角式均适用于黏性

土、运距不远的落叶树或1t以下的常绿树。以上情况以外的用橘子式，或在橘子式的基础上再加上井字式或五角式。

（9）运树

　　运树包括运输前的准备、运树、卸车。运树前的准备需要保证待运苗品种、规格、数量、质量等符合设计要求，运苗装车前须仔细核对苗木品种、规格、数量、质量等。运树中注意行车平稳，尽快运达，长途运苗应经常给树根洒水，中途停车应停于遮阴处。苗木运到后及时卸车，轻拿轻放，不要伤苗；卸车后及时补充苗木含水量；不能立即栽植时需及时假植。

洒水保湿

运树示意图

（10）种树

种树包括整地、放线、挖穴、排水、施基肥、栽植、做树耳、做支撑、浇水9个步骤。

1）整地

整地是指栽植苗木前，清理有碍于苗木生长的植物或杂物，如砂石、瓦块、砖头等。为了保证苗木栽植初期的保水需要，应对土地进行翻耕，实施准备栽植穴的过程。

2）放线

放线主要分为片林放线、单株放线两大类。片林放线应根据设计图纸，分树种进行放线，当树木数量较多时，应注重整体美感的体现；片林放线应注意层次搭配，以便形成优美的林冠线。单株放线需考虑树形与周边环境的关系确定位置与观赏面方向。片林内的苗木需配植自然，切忌呆板，避免平均分布、距离相等，邻近几棵树不可呈机械几何图形（如等边三角形）或一条直线。

3）挖穴

挖穴包括人工挖穴和机械挖穴。挖穴时，应根据土球或根系大小确定树穴的尺寸，树穴直径应比土球直径或根系直径大40cm左右，树穴的深度一般是坑径的3/4～4/5，如需换土需加大树穴尺寸，穴壁要上下垂直，即穴的上口下底应一样大小。

4）排水

树穴排水主要有排水管埋设结合砂石垫层法和砂石垫层法。排水管埋设结合砂石垫层法主要通过铺设碎石及管径10cm的环形软式透水管进行排水；砂石垫层法只采用碎石铺设实现根系排水。

5）施基肥

基肥主要采用充分腐熟的有机肥，包括堆肥、家畜粪尿与厩肥、饼肥及糟渣肥、家禽粪类、草炭和腐植酸类肥、杂肥类等。

6）栽植

树木栽植前应进行疏枝叶，以减弱植物的蒸腾作用，减少水分蒸发；同时，轻修剪还可以避免运输途中损伤枝条。

7）做树耳

树耳俗称"水圈"或"树堰"，根据适用地域

分为高树耳、平树耳、低树耳。高树耳一般会高出地面，适用于南方年平均降雨量大于900mm的多雨地区。平树耳适用于北方年平均降雨量为150～700mm的部分地区，树耳与周边地面平齐，仅有围堰略高出地面，苗木栽植后增加平树耳可方便浇水灌溉，缓苗后即可拆树耳平土。低树耳适用于年平均降雨量小于100mm的干旱少雨地区，树耳下沉80～100mm，以便蓄积水分。

8）做支撑

支撑用于防止大苗木被风吹倒，支撑的形式主要有十字支撑、扁担撑、三角撑、单柱撑等，通常视树种、数目、规格、立地条件而定。支撑高度一般为树高的1/2～1/3，支柱与树干之间应加软垫，如草绳、麻袋片、棕皮、破草席等柔软材料。支撑与树木扎缚后树干必须保持垂直。支撑埋深应大于30cm，具体深度视树种、规格和土质而定，做支撑时严禁打穿土球或损伤根盘。

9）浇水

树木定植后须立即灌溉，尤其是气候干旱、蒸发量大的地区。浇水的目的是通过灌溉使土壤缝隙填实，保证树根与土壤的紧密结合，同时保证树木的水分供给，使苗木枝条伸展，根深叶茂，生长旺盛。浇水方式主要分为树堰浇水和插管浇水。

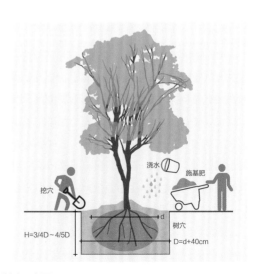

种树示意图

（11）修树

"修树"是指对受伤枝条和栽植前修剪不够理想的枝条进行复剪，一般遵循弱芽应剪，弱枝应去，壮芽应留的原则。其操作流程可概括为修树三步法：第一步环视修剪的目标树一周，观察树势，确定修剪树形；第二步查看病害枝、残弱枝、平行枝、枯死枝、内向枝情况，制定修剪计划；第三步修剪。

修树示意图

（12）养树

养树主要指树木定植后的养护，包括灌溉、施肥、排涝、防寒4种措施。灌溉分为新栽苗木的灌溉和已栽植成活苗木的灌溉。新栽苗木早期成活阶段应勤浇水，对浅根性树种和栽植覆土较浅的树根应加厚树根培土。已栽植成活苗木应根据土壤墒情及时灌溉，灌溉水量应适当，做到既要浇透又不可水分过多，以防底土过湿而影响植物根系生长。施肥时应注意有机肥与无机肥配合施用，无机肥应做到测土施肥，注意养分合理配比，肥料用量依据树种、土壤、肥料总类及物候期酌情确定。林地排涝防涝应通过设计完整的海绵措施，在道路边缘及汇水集中的区域设计植草沟、雨水花园等生态设施进行雨水收集与利用。防寒的主要措施包括灌冻水、培土、架风障、裹干等，其目的是预防异常天气的不良影响。灌冻水一般在晚秋树木进入休眠期到土地封冻前进行，实施重点是一次灌足水量；根部培土是在冻水灌完后结合封

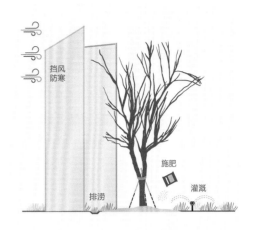

养树示意图

堰，在树根部起土堆，保护树根免受冻害；架风障适用于新植小树和乔木类，可防止水分蒸发和风倒；裹干适用于冬季湿冷之地，重点应用于不耐寒的树木。

5.3.4 关键技术
（1）近地对标选种技术
1）技术介绍

近地对标选种技术是通过对周边区域的古树名木、公园植被等展开调查，明确当地优势植物种类和分布特征，为营林树种的选定提供参考的技术，一般有圈层调查法和相似生境法两种方式。

圈层调查法一般用于对古树名木的调查。古树名木是长期适应特定地理条件和气候环境的年代久远的树木，具有优良的遗传组成和对当地环境出色的适应性，能够代表当地的植物特色和乡野特征。古树苗木种类为城市绿化提供了合理的选择，在改善城市绿化质量、维持城市生物多样性、展现城市植物风貌方面发挥重要作用。相似生境法一般用于对公园、森林公园植物品种的调查。营林地周边的公园、森林公园内的植物能够反映出本区域成熟的植物品种运用及典型的群落构成模式，为营林中丰富同科属、相似生境、同色系等群落的构建提供了基础资料和参考依据。

2）关键流程

圈层调查法一般分为"确定圈层区域、建立资料库、确认功能和筛选树种"4个步骤。确定圈层区域，

一般遵循由近及远、由小到大的原则划定圈层范围，尺度分为县、市、省、地理分区4个级别。建立资料库，是通过资料搜集、现场调查等方式建立圈层内古树名木的资料库，在此基础上分析、确定影响古树名木生长的环境因子，并将其与设计地块的环境因子进行对比，尽可能创造类似的环境条件。确认功能，即确认营林树木应具备的功能，包括生态功能、生产功能、游憩功能、文化展示功能。生态功能主要包括水源涵养、防风固沙、防火、生物固氮、食源蜜源、重金属富集、动物生境营造等。生产功能主要指果林、用材林、薪炭林等林地产出的经济效益。游憩功能主要包括观花、观果、观叶、观枝干等。文化展示主要指以植物体现地域文化。筛选树种，是根据营林需求，结合功能特征，对古树名木资料库内的树种进行筛选，最终得出营林所需的苗木资料库。

相似生境法一般分为"分析环境特征、确定调查目标、调查汇总苗木"3个步骤。分析环境特征，即分析营林地的环境特征，根据环境特征总结概括出营林树种应具备的习性和功能，以此为依据筛选、汇总出初步的苗木表。确定调查目标，是根据水文、地形、气候等环境特征，筛选、汇总出营林地周边具有类似环境的公园作为调查目标。公园类型可以包括综合公园、专类公园、湿地公园、森林公园等。调查汇总苗木，是对选定的公园进行实地调查，对目标公园的生境、植物构成、植物配置等进行分析、汇总，筛选出公园内适合营林地的苗木种类，结合最初的苗木表，建立最终的苗木资料库。

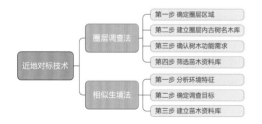

近地对标选种技术

（2）分类保留技术

1）技术介绍

分类保留技术是指在对现状林木进行保留时，应对具有重要价值的树木予以充分保留，尤其是对分布在特殊地理位置且具有重要生态功能的林木，如分布在崖壁、陡坡区域具有水土保持作用的低质林木，或具有极高风景价值的植物群体或个体等。

2）关键流程

分类保留技术的实施分为树种调查、树木评估、分类保留3个步骤。树种调查，是对营林地的树种及其功能进行调查、分析、汇总，确定林地的完整性、生态价值和审美价值等。树木评估是通过分析、对比、权衡，确定具有更高价值、更多功能的树木并予以保留，如具有风景价值的树木、具有水土保持作用的树木、伐除后难以恢复和修复的树木以及作为主要食源蜜源的植物等。分类保留即根据保留的树木类型，制定具体的分类保留措施，如规格的划分、品种的确认、伐除的数量、保留的数量等。

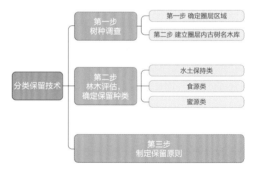

分类保留技术

（3）林苗一体化种植技术

1）技术介绍

林苗一体化种植技术是根据树种栽植多样化和土地产效最大化的原理，在营林地的树木间套植市场前景好、经济价值高、成景效果好、培育周期短的绿化苗木，适当增加营林地树木的栽植密度，实现林地的立体经营和综合利用，是一种新型的造林模式。林苗一体化技术能够有效利用现有土地，使原生林与绿化苗木生产相结合，在完善生态功能的同时，提高土地的生产效益。

2）关键流程

林苗一体化技术包含苗木市场研判、苗木品种选择、苗木栽植3个关键流程。苗木市场研判，是对本地和周边区域现状及未来苗木市场的需求进行分析和研判,包括品种分析、规格需求、规格比例、成本节约趋势等。苗木品种选择,即选择可用的苗木品种,确定不同规格树苗的数量,选择栽植方式。苗木栽植,是根据立地条件和栽植方式,进行苗木的配置与栽植。

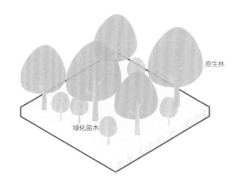

林苗一体化种植技术

近自然异龄林 营林要点:	近自然混交林 营林要点:	近自然复层林 营林要点:
①林缘散点大规格植株 ②背景林栽植小规格纯 林或混交林	①常绿与落叶混交 ②慢生树与速生树混交 ③不同色系秋色叶树混交 ④不同花期树种混交 ⑤常绿树与落叶树混交	①同种不同规格纯林复 层 ②不同品种乔木混交林 复层 ③乔木与灌木复层

异龄复层混交营林技术

(4) 异龄复层混交营林技术

1) 技术介绍

异龄复层混交营林技术是利用不同苗龄、不同高度、不同品种的苗木构建近自然异龄林、近自然复层林、近自然混交林,形成完整的近自然森林体系。该技术具备3个特点:一是主要采用乡土植物进行异龄复层混交,因为乡土植物对本地自然条件具有高适应性,栽植后成活率更高;二是群落的构建过程尽量模拟自然群落结构进行配置,尽量减少人工干预的痕迹;三是低维护,通常仅在种植后根据立地条件进行1~2年的养护管理即可,之后群落即可自我恢复,实现正向演替。

2) 关键流程

异龄复层混交营的实施步骤分为选择品种、确定规格数量、落地实施3个步骤。选择品种,即基于营林需求选择相应的乡土苗木品种。确定规格和数量,即确定苗木规格以及不同规格苗木的数量,根据苗木规格确定配植手法,并进行图纸表达。落地实施,是依据图纸实施营林计划。在营林中应明确近自然异龄林、近自然混交林和近自然复层林各自的特点。近自然异龄林需要在林缘散点大规格植株,背景林栽植小规格纯林或混交林;近自然混交林应保证常绿与落叶混交、慢生树与速生树混交、不同色系秋色叶树混交、不同

花期树种混交;近自然复层林应实现同种不同规格纯林复层,不同品种乔木混交林复层,乔木与灌木复层。

(5) 林苗复壮技术

1) 技术介绍

林苗复壮是通过定株复壮、土壤改良、喷灌、病虫害防治等技术措施,因地制宜,因树而异,对单株树木及林地进行复壮的技术统称。

定株复壮技术包含根系修复、树枝修剪、衰老复壮等复壮措施。对于根系受损、易受白蚁危害的植株需要及时浇灌药剂,并在种植土中掺入针叶土或浇灌硫酸亚铁、腐植酸肥等化学药剂进行改良;适当梳理、修剪树枝,保持二、三级树干分布的合理性;对长势过弱的树木可采用无菌营养液吊瓶注射补充营养元素。

土壤改良技术是将生物炭等孔隙丰富、比表面积大、容重小、吸附能力强、热稳定性和抗分解能力强的材料施入土壤,对土壤的物理性质以及化学性质产生影响,从而提高土壤养分利用率,吸附重金属等有毒物质,改善土壤微生物群落结构,提升营林群落的稳定性的技术措施。在此基础上,结合其他土壤改良技术,增强土壤的蓄水保水能力和下渗功能,最大程度形成自然雨水下渗通道,实现雨水的高效利用。

喷灌技术是在营林地选用低耗水、抗干旱的乡土树种,应用喷灌等节水灌溉技术,实现水资源高效利用和树木高效灌溉的技术措施。实施重点包括覆盖抗蒸发节水材料、铺设节水灌溉管线、开挖导水沟渠等,该技术不但可以提高水资源利用率,还能够有效地保水保墒。喷灌的水源最好以中水为主。

病虫害防治技术是主要通过生物防治措施而非药

物防治、人工捕杀的方式解决林地病虫害问题，实现可持续病虫害防治的技术措施。对于生态系统脆弱的营林区域，应以"物理干预为主，生物防治结合、化学防治补充"为宗旨。在营林过程中可以通过增加混交林面积的方式减少病虫害的发生风险，因为混交林可以吸引更多的昆虫和鸟类，形成复杂的食物链，从而达到控制害虫过度生长与繁殖，提升森林生态系统多样性，增强林木抵抗能力的目的。此外，还可以通过小范围试验对具有更高抗虫害能力的树种进行筛选，或选育性状优良、抗病能力强的树种，在营林地进行推广。最后，科学经营管理、及时清除养护可减少有毒有害药物的使用，提升林下植被的生长状况，营造多样化的森林生态系统。

2）关键流程

林苗复壮技术的主要流程分为现状调查、制定措施、分级实施3步。现状调查，即调查现状需要复壮的树木种类和数量，确定影响苗木健康状况的因子，如病虫害、土壤、水分、光照等。制定措施，即根据品种、数量、影响因子等，总结苗木复壮的难易程度，依据难易程度划分等级，制定相应的林苗复壮措施。分级实施，即根据等级划分选择相应的措施实施苗木复壮。

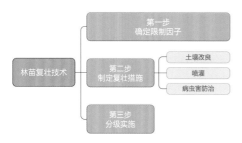

林苗复壮技术

（6）栖木利用技术

1）技术介绍

栖木利用技术是利用枯枝、枯木制作昆虫旅店、本杰士堆、水边生物栖息地等，发挥枯木生态效益与科普功能。昆虫旅店是利用枯枝、枯木等自然材料制作而成，为各类昆虫提供不同类型的生存空间的生态设施。通过放置不同大小的昆虫旅店，可以提高区域内的生物多样性。

本杰士堆是将枯枝、枯木以及石块堆放在一起，以掺有本土植物种子的土壤进行填充，同时在堆内种植蔷薇等多刺、蔓生的保护性植物，为野生动物重建生存空间的生态设施。由于本杰士堆的构造中存在大量天然孔隙，再加上外围树枝和石块的保护，填充土壤中掺入的本土植物种子会在适宜、安全的环境中萌发并快速覆盖本杰士堆。

水边生物栖息地是将捆扎好的枯枝、枯木通过木桩锚定于岸边，从而弱化水流对岸线的淘蚀，同时为水鸟提供驻足地和栖息地，为黏性卵鱼类和两栖类动物提供繁殖地的生态措施。该技术不但可以固土护岸、减弱侵蚀，还可以提升生境、丰富生物多样性，真正实现变废为宝。

2）关键流程

栖木利用技术的实施步骤分为分析动物需求、调查备用材料、现场落地实施3个步骤。分析动物需求，即分析场地内鱼类、鸟类、昆虫类、兽类、两栖类、爬行类等动物的生境需求，了解每一类的动物的生活习性。调查备用材料，即调查场地内枯枝、枯木的种类、质量、数量等情况，进行分类分级，为栖木利用提供备用材料。现场落地实施，即根据生境需求以及枯枝、枯木的情况制定栖木的制作方式、使用数量、分布点位，进行栖木的落地实施。

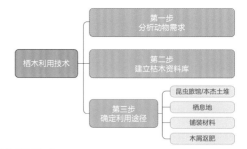

栖木利用技术

5.3.5 小结

营林策略针对"林"这一重要的生态要素，将待修复的林地按照用途和性质进行细分，以此为基础，从多维度、系统化的视角出发，通过"定性、定貌、定式、定景、定种、定量、选树、挖树、运树、种树、修树、养树"12个步骤，结合"近地对标选种、

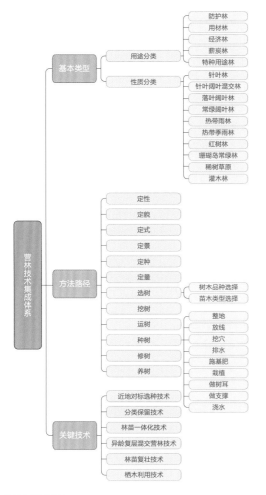

营林思维导图

分类保留、林苗一体化种植、异龄复层混交营林、林苗复壮、栖木利用"等关键技术，以基于自然和人文的解决方案修复森林生态系统，恢复林地生态功能，最终再现森林生态系统的原真性与完整性，实现"林美"修复目标。

5.4 疏田

5.4.1 概念、理念及意义

（1）概念

"疏田"是针对"田"这一生态要素，以自然地理特征及农田类型为基础，通过分析水、肥、气、热、微生物等要素在农田生态系统中的作用，以基于自然的解决方案疏通土壤、疏导水肥，重构农田生态

系统，提高土地利用效率，丰富生物多样性，促进农业可持续发展，实现"田良"目标的生态修复策略。

《礼记·月令》载，每年正月周天子亲率臣下耕作，称为"疏田"。疏田之策重在"疏"，《说文解字》中对"疏"的解释为："疏，通也。"活用作动词，为使……通，也就是疏通、开通。疏田一方面要开通田地、耕地作田，另一方面还要疏通、恢复农田生态系统。

农田生态系统是人类依靠土地资源，利用农田生物与非生物环境之间以及农田生物种群之间的关系来进行人类所需食物和其他农产品生产的半自然人工生态系统。与自然生态系统一样，农田生态系统也包括生物与环境两大组分。与自然生态系统不同的是，农田生态系统的两大组分都受人为的支配和干预。农田生物组分包括植物、动物和微生物等；非生物环境组分包括自然环境组分和人工环境组分两部分，自然环境组分包括温度、光照、土壤等要素，人工环境组分主要指施肥、灌溉、防治病虫害、设施栽培等因素。农田生态系统属于复合生态系统，人们往往重视其产生的经济价值，而忽略了它带来的生态价值，农田生态系统的净化空气、涵养水源、保持水土、消纳废物等生态功能，认知启迪、怡情养性等社会功能对于人类社会的持续发展同样具有重要的作用。

（2）理念

疏田秉承顺应自然之道，理顺疏通农作之田的理念，以"适地适田、润土润田、耕地作田"为策略，以农田为对象，根据水、肥、气、热、微生物等基本要素在农田生态系统中的作用，重构农田生态系统，建设生态农田，实现经济效益与生态效益的双赢。

（3）意义

生态农田是构建生态农业的核心建设内容，疏田是构建生态农田的重要措施，对于我国生态农田建设的可持续发展具有重要的作用。

1）提高农田田块利用水平，改善农作物生长环境

通过合理归并、平整土地及坡耕地田坎修筑等措施，实现田块规模适度、集中连片、田面平整、耕作层厚度适宜、山地丘陵区梯田化率提高，解决农田碎

片化、质量下降、设施不配套等问题，为农作物提供良好的生长环境。

2）改善土壤生态环境，培育土地肥力

通过沟渠配套、土壤改良、节水灌溉等措施，实现土壤通透性能好、保水保肥能力强、酸碱平衡、有机质和营养元素丰富等，增强农田生态防护能力，提高耕地内在质量和产出能力。

3）改善水体生态，减少农田面源污染

通过农田林网、岸坡防护、沟道治理、节水节肥减药及推广绿色农业技术等措施，构建农田生态环境保护体系，防止水土流失，降低农业面源污染。

4）修复农田微生态，提升农田生物多样性

通过调整施肥、耕作方式、病害防治、农药等措施，提高土壤微生物活性，改善农田生境，保护农田生物多样性，具体包括多施有机肥、减少化肥的投入，推行轮作与间作套种、增加绿肥和豆科作物的种植，采用生物、物理防治技术及生态功能区预留等技术措施，禁止喷施剧毒农药，在田埂和农田以外禁用除草剂等。

5.4.2 基本分类

不同类型的农田，其评价标准不一样，生态修复技术亦有所不同。农田常见的有两种分类形式：按照性质划分，可分为永久基本农田、一般农田和高标准农田；按条件划分，可分为水田、水浇地和旱地。

（1）性质分类

1）永久基本农田

永久基本农田，此概念在2008年中共十七届三中全会上提出，是指国家和地方政府按照一定时期人口和社会经济发展对农产品的需求，依据土地利用总体规划确定的不得占用的耕地，由各级人民政府划定范围，并指定特殊保护区域。永久基本农田的划定和管护，必须采取行政、法律、经济、技术等综合手段，加强管理，以实现永久基本农田的质量、数量、生态等全方面管护。2020年，永久基本农田不少于15.46亿亩。

2）一般农田

一般农田包括规划确定为农业使用的耕地后备资源、坡度大于25°但未列入生态退耕范围的耕地、泄洪区内的耕地和其他劣质耕地、除基本农田与未利用地之外的一般耕地等。一般农田主要用于种植水稻、小麦、玉米、蔬菜等农作物，也属于农业保护范围，相对基本农田没有那么严格，在手续齐全的条件下，可以占用。

3）高标准农田

高标准农田是通过土地整治建设形成的田块平整、集中连片、设施完善、节水高效、农电配套、宜机作业、土壤肥沃、生态良好、抗灾能力强，与现代农业生产和经营方式相适应的旱涝保收、高产稳产的耕地。《全国高标准农田建设规划（2021—2030年）》提出到2030年，中国要建成12亿亩高标准农田，以此稳定保障1.2万亿斤以上粮食产能。

（2）条件分类

1）水田

水田指用于种植水稻、莲藕等水生农作物的耕地，包括水生、旱生农作物轮种的耕地。水田农业是指在降雨和热量较丰富、灌溉水源较充足的地区，利用筑有田埂可经常蓄水的耕地，以种植水生作物为主的农业。水田内土壤为水稻土，是在一定的自然环境及人们种植水稻后，采用各种栽培措施的影响下形成的土壤类型。水稻土在种稻灌水期间，耕作层水分饱和，呈还原状态，其腐殖质高、养分损失少，氮磷等易被吸收，益于水稻生长。当还原性太强时，会产生多种有机酸，阻碍稻根的泌氧能力，严重时导致稻根发黑、腐烂。因此水田需要完善的排灌设施，以及通过晾田、耕作等措施，调节土壤中氧化还原状态，不断更新土壤营养环境，满足水稻生长发育对养分的需求。

2）水浇地

水浇地指有水源保证和灌溉设施，在一般年景能正常灌溉、种植旱生农作物（含蔬菜）的耕地，也包括种植蔬菜非工厂化的大棚用地。水浇地有水源保证和灌溉设施，种植农作物可利用附近的水源，提高农作物的产量，不会出现因缺水而降低产量的情况。水浇地适合种植的作物比较广泛，包括马铃薯、油菜等。

3）旱地

旱地指无灌溉设施，主要靠天然降水种植旱生作

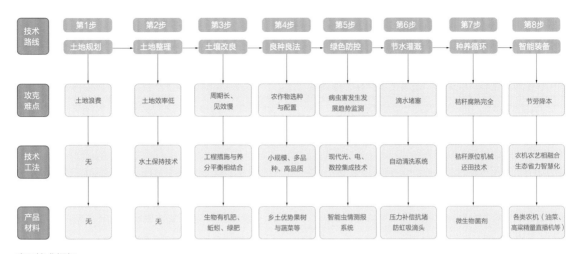

技术路线	第1步 土地规划	第2步 土地整理	第3步 土壤改良	第4步 良种良法	第5步 绿色防控	第6步 节水灌溉	第7步 种养循环	第8步 智能装备
攻克难点	土地浪费	土地效率低	周期长、见效慢	农作物选种与配置	病虫害发生发展趋势监测	滴水堵塞	秸秆腐熟完全	节劳降本
技术工法	无	水土保持技术	工程措施与养分平衡相结合	小规模、多品种、高品质	现代光、电、数控集成技术	自动清洗系统	秸秆原位机械还田技术	农机农艺相融合生态省力智慧化
产品材料	无	无	生物有机肥、蚯蚓、绿肥	乡土优势果树与蔬菜等	智能虫情测报系统	压力补偿抗堵防虹吸滴头	微生物菌剂	各类农机（油菜、高粱精量直播机等）

疏田技术框架

物的耕地，也包括无灌溉设施、仅靠引洪淤灌的耕地。旱地主要种植小麦、玉米、红薯、棉花等耐旱作物，由于旱地降雨年际和年内降水不均，加上土壤理化性质差，保蓄水分能力不足，故水分经常限制作物的正常生长，同时因长期的广种薄收等不合理耕种方式导致土壤瘠薄，土壤资源再生能力会有不同程度损害。

5.4.3 方法路径

疏田以修复农田生态系统，提高土地利用效率，丰富生物多样性，促进农业可持续发展为目标，以耕地作田、适地适田、润土润田为主要措施，方法路径包括"土地规划、土地整理、土壤改良、良种良法、绿色防控、节水灌溉、种养循环、智能装备"8个步骤，运用适宜的技术、产品、材料和工法，实现"田良"修复目标。

（1）土地规划

土地规划是指在一定地区范围内，按照经济发展的前景和需要，对土地的合理使用作出的长期安排，旨在保证土地利用能满足国民经济各部门按比例发展的要求。规划的依据涉及现有自然资源、技术资源和人力资源的分布和配置状况，使土地得到充分、有效的利用，而不因人为的原因造成浪费。

（2）土地整理

土地整治是在土地规划的基础上，针对低效利用、不合理利用、未利用以及生产建设活动和自然灾害损毁的土地进行综合整治，以土地利用的平面布局调整为主，增加有效耕地面积，提高土地利用率和产出率，改善农业生产条件和生态环境。土地整治的对象为破碎分散、水土流失严重、土壤资源相对缺乏、无法实现满足机械化生产的农田，通过归并零散地块，增加土地有效耕地面积，改善农业生产作业条件。

土地整治实现途径包括耕作层剥离再利用和土地宜机化整治两部分。耕作层剥离再利用的核心是保护优质耕作土壤，在原地表植被清除后，将原有耕作层20~30cm的土壤进行剥离后进行妥善安置，待土地平整后进行土壤回覆及田面平整。土地宜机化整治是结合田块现状及规划功能，按照宜机化的要求，对现有地块按照"小并大、短并长、弯变直、陡变缓、乱变顺"的原则进行平整，技术路径包括地表清杂、耕作层剥离、土地平整、犁底层重构（新建、改建水田区域）、表土回覆、田面平整6大步骤。

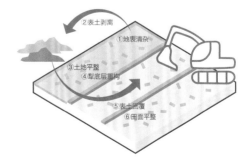

土地整理示意图

（3）土壤改良

土壤改良是指综合运用土壤学、生物学、生态学等多学科的理论与技术，排除或防治影响农作物生育和引起土壤退化等不利因素，改善土壤性状，提高土壤肥力，为农作物生长创造良好土壤环境条件的一系列技术措施的统称。土壤改良的对象为瘠薄、板结、养分失衡等低质土壤，以生物措施为主，化学措施为辅，结合各地块土壤理化特性以及作物种植需要，针对性地对土壤进行改良修复，重构土壤生态圈。土壤改良方式有三种，分别为物理改良、生物改良和化学改良。

1）物理改良：即指采取相应的农业、水利等措施，改善土壤性状，提高土壤肥力的过程。如适时耕作，增施有机肥，改良贫瘠土壤；客土、漫沙、漫淤等，改良过砂、过黏土壤；平整土地，设立灌、排渠系，排水洗盐、种稻洗盐等，改良盐碱土；植树种草，营造防护林，设立沙障、固定流沙，改良风沙土等。

2）生物改良：通过生物的生命活动和分解产物来改善土壤的理化性质。对土壤改良具有显著作用的主要是绿色植物、微生物和土壤动物。种植绿肥，合理布局作物和植树造林，可增加地面覆盖，变蒸发为蒸腾；植物残体和枯枝落叶腐殖质和营养元素可成为土壤肥力的物质基础；土壤动物（如蚯蚓）对土壤性质有较大影响。

3）化学改良：用化学改良剂改变土壤酸性或碱性的一种措施。常用的化学改良剂有石灰、石膏、磷石膏、氯化钙、硫酸亚铁、腐植酸钙等，视土壤的性质而择用。如对碱化土壤需施用石膏、磷石膏等以钙离子交换出土壤胶体表面的钠离子，降低土壤的pH值。对酸性土壤，则需施用石灰性物质。化学改良必须结合水利、农业等措施，才能取得更好的改土效果。

（4）良种良法

良种是实现农业生产目标的内因条件，良法是实现目标的外因条件。只有将良种与自然条件、栽培方式、病虫害防治、栽培水平等良法相互融合，综合协调各因素之间的关系才能有效地实现生产目标。良种良法主要针对农作物品种单一、产量低、品质差等问题，通过品种改良、轮作套作、休耕免耕、种养循环、现代农装等技术措施助推农业产业提质增效。

良种良法的实现有赖于五大技术。一是品种改良技术，延续原有农作物农业基因，积极筛选、培育适合当地特有的优势品种，并采用高接换种等种植技术提升农作物品质。二是轮作套作技术，采用果园生草栽培、林下食用菌栽培、芥菜—瓜果轮作、水稻—榨菜轮作、高粱—油菜轮作等方式，提高土地利用率，减少土壤连作障碍。三是休耕免耕技术，通过季节性休耕、周期性休耕让土地得以休养生息。四是种养循环技术，通过稻鱼共生、猪—沼—菜（果）等现代循环养殖技术，提升土壤有机质含量。五是现代农装技术，集成国际领先的5G、无人驾驶拖拉机、无人机、作业机器人等农业人工智能技术装备，实现田园、果园、菜园智能化生产和数据化管理，达到"无人/减人农场"，构建农产品全生命周期数据可溯源系统。

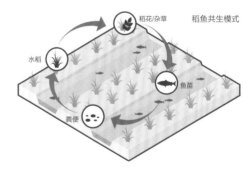

良种良法示意图

（5）绿色防控

绿色防控是指从农田生态系统整体出发，以农业防治为基础，积极保护利用自然天敌，恶化病虫的生存条件，提高农作物抗虫能力，在必要时合理使用化

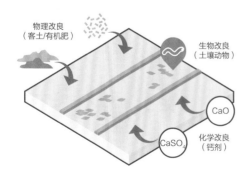

土壤改良示意图

学农药，将病虫危害损失降到最低限度的一系列防控措施。绿色防控可有效解决化学农药所导致的害虫抗药性强、误杀害虫天敌、残留危害人体健康等问题，以达到保护生物多样性，降低病虫害暴发概率的目的，是降低农药使用风险，保护生态环境的有效途径。绿色防控目前主要有七大技术：

1）物理防治技术：利用昆虫的趋光性、趋色性、雌雄交配会发出性信息的特性诱杀，达到防治虫害的目的；推广应用灯诱技术，利用昆虫的趋光性对其进行诱杀。

2）理化诱控技术：利用害虫的趋光、趋化性，通过布设灯光、色板、昆虫信息素、气味剂等诱集并消灭害虫的控害技术，主要用来诱捕果园外来蚜虫、斑翅果蝇。

3）昆虫性诱杀技术：利用极少量人工合成的性信息素制成诱饵，吸引靶标雄虫至诱捕装置中并集中杀灭，一般用于害虫预测预报；当使用密度高时称为大量诱捕法，可起到降低害虫后代种群数量的作用，具有高效专一、安全无毒、不易产生抗性、环境友好等特点。

4）昆虫性迷向技术：通过释放到空气中大量人工合成的性信息素，使雌雄交配概率减少，达到降低昆虫种群数量的目的。

5）食源诱杀技术（糖醋液诱杀）：糖醋酒液作为一种食物引诱剂，是一种无公害的虫害诱捕防治混合剂，对鳞翅目、鞘翅目及双翅目等昆虫具有较强的诱杀作用，具有诱捕种类多、材料简单易得、操作方便等特点。

6）生态控制技术：主要采用人工调节环境、食物链加环增效等方法，协调农田内作物与有害生物之间、有益生物与有害生物之间、环境与生物之间的相互关系，达到保益灭害、提高效益、保护环境的目的。种植驱避、诱集作物，增加农田生态多样性，保护和利用天敌，同时结合秋翻冬灌、铲埂除蛹、性诱剂诱捕或迷向、赤眼蜂防治、HaNPV（棉铃虫核型多角体病毒）防治、化学农药等单项技术控制农田病虫害危害。

7）生物农药防治技术：生物农药是指用生物活体（主要是微生物）及其代谢物制造的农药。农业中经常使用的生物农药包含植物源农药和微生物农药两类。植物源农药主要包括由天然植物的提取物制成的药剂，有植物毒素、植物昆虫激素、拒食剂、引诱剂和趋避剂、绝育剂等种类。微生物农药包括由细菌、真菌、病毒和原生物或基因修饰的微生物等自然产生的防治病、虫、草、鼠等有害生物的制剂，如苏云金杆菌、核型多角体病毒、井冈霉素等。

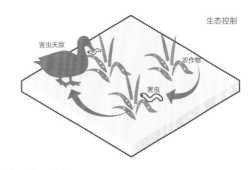

绿色防控示意图

（6）节水灌溉

节水灌溉指以较少的灌溉水量取得较好的生产效益和经济效益。节水过程包括水资源调度、配水、输水、灌水、土壤蒸发、植物蒸腾等诸多环节。在工程节水方面，主要是管道输水技术、喷灌、微灌技术等的应用。节水灌溉需解决人工灌溉施肥耗时长、劳动力成本高，农田无法自流灌溉，栽植不标准、末端管网布设困难、建设成本高，地面滴灌使用寿命短、机械采收不便，地埋式滴灌堵塞等问题。节水灌溉主要有四大技术。

1）增压泵+主（支）管道+快速取水阀+手持皮管节水灌溉技术：在一体式增压泵提水灌溉的基础上沿现有或规划道路布置灌溉主（支）管道，结合实际每隔30~50m布置快速取水阀，灌溉时人工手持皮管就近取水灌溉。

2）水肥一体化+地下滴灌技术：根据区域土壤养分含量和不同作物的需肥规律和特点，将可溶性固体或液体肥料，配兑成肥液与灌溉水一起，借助压力系统，通过可控管道系统供水、供肥，待水肥相融后，水肥通过管道和地埋毛管上的灌水器缓慢渗入附近土壤，再借助毛细管作用或重力扩散到整个作物根层。

3）取水阀低压灌溉技术：即通过管道线路选择，根据作物需求和田间灌溉规划进行水力计算，根据水力计算结果确定管道管径和首部水压力，进行管沟开挖、管道系统安装、水压试验。

4）智能控制技术：主要包括无线传感器采集土壤、天气信号，输转终端上传及下发数据，自动灌溉平台对数据进行分析检测下达执行指令，终端设备执行打开关闭或启停指令进行自动灌溉。

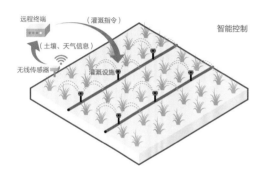

节水灌溉示意图

（7）种养循环

种养循环指将畜禽养殖业、粮油果蔬种植业等产生的畜禽粪污、农作物秸秆、尾菜、废弃菌包、果树修剪枝条等农业生产废弃物资源通过物理、化学、生物等方式转化为可利用的资源，并应用到农业、工业用途等，实现变废为宝。种养循环需解决畜禽粪污及农作物秸秆等分散多原料集中收集及高效处理难、高效生物发酵菌剂的筛选、适合丘陵地区的资源转化及循环利用设备缺乏等问题。

种养循环目前主要有能源化利用、肥料化利用、饲料化利用、基质化利用和材料化利用五大技术。能源化利用技术是利用畜禽粪污、农作物秸秆、果树修剪枝条等农业废弃物通过厌氧发酵、热解气化、固化成型技术实现能源化利用。厌氧发酵是以畜禽粪便、农作物秸秆等有机废弃物为原料，在厌氧条件下经过微生物代谢作用，产生沼气、沼液、沼渣，沼气可用于炊事、取暖、发电、提纯净化成天然气等，沼液可作为有机肥还田，提高土壤有机质和农产品品质，形成养殖与种植紧密结合的物质循环的生态模式。热解

气化是将农作物秸秆、果树修剪枝条等农业植物纤维性废弃物在有限供氧条件下产生可燃气体的热化学转化，可燃气体可集中供气、供暖、发电等，热解液体经过加工可制备生物柴油、生物汽油等。固化成型是将农业植物纤维性废弃物粉碎、模压成型等处理后形成具有一定形状、密度较高（1.1~1.4t/m³）固体成型燃料，可用于炊事、取暖，也可作为燃料替代煤等化石能源。

肥料化利用技术包括直接还田、堆沤还田、过腹转化还田、生物质炭化、好氧堆肥等。直接还田适用于易于腐烂的农作物秸秆、尾菜等农业废弃物，具有可就地处理、操作简单、成本低廉等优点。堆沤还田是将农作物秸秆、尾菜等农业废弃物在堆沤池中进行腐熟发酵后还田，实现就近处理利用，操作维护简易，不需要经常翻堆，减少劳动量，成本较低。过腹转化还田是将农作物秸秆、尾菜、畜禽粪便等经过处理后饲喂畜禽、黄粉虫、蝇蛆、黑水虻、蚯蚓动物，经消化吸收后转变成粪、尿，并经过处理或直接施入土壤还田。蚯蚓过腹转化是利用蚯蚓把畜禽粪便、秸秆、尾菜等废弃物转化为动物蛋白和生物有机肥，具有无污染、绿色生态的优点，可有效降低农业废弃物堆肥过程中氮素损失和温室气体排放量，具有很好的推广应用前景。生物质炭化是农作物秸秆、果树修剪枝条等农业植物纤维性废弃物在缺氧或低氧环境中经热裂解后形成生物质炭，生物质炭具有丰富的孔隙结构和较大的比表面积，可作为吸附剂、土壤改良剂及植物生长基质，还田能够改善土壤结构、保水保肥，提高肥料利用效率。好氧堆肥是在人工控制下通过微生物的发酵作用，将有机废弃物转变为肥料的过程，堆肥产品不含病原菌，不含杂草种子，无臭无蝇，可安全保存和利用，是一种良好的土壤改良剂和有机肥料。

饲料化利用技术主要包括秸秆青贮技术、秸秆氨化技术、秸秆揉搓丝化加工技术等。秸秆青贮技术又称自然发酵法，把新鲜的秸秆填入密闭的青贮窖或青贮塔内，经过微生物发酵作用，达到长期保存其青绿多汁营养成分之目的的一种处理技术。秸秆氨化技术是在密闭的条件下，在稻、麦、玉米等秸秆中加入一

定比例的液氨或者尿素进行处理的方法，是目前较为经济、简便而又实用的秸秆饲料化处理技术之一，广泛采用的氨化方法主要有堆垛法、窖池法、氨化炉法和氨化袋法。秸秆揉搓丝化加工技术是一种秸秆物理化处理手段，通过对秸秆进行机械揉搓加工，使之成为柔软的丝状物，有利于反刍动物采食和消化。

基质化利用技术是将畜禽粪便、农作物秸秆、果树修剪枝条等农业有机废弃物通过无害化和稳定化处理，产生用于栽培食用菌、花卉、蔬菜等农业生产的基质原料。

材料化利用技术是利用农作物秸秆、果树修剪枝条等农业植物纤维性废弃物生产纸板、人造纤维板、轻质建材板等包装和建筑装饰复合材料。另外，以秸秆、稻壳、甘蔗渣等农业植物纤维性废弃物为原料，通过粉碎，加入适量无毒成型剂、粘合剂、耐水剂和填充料等助剂经搅拌捏合后成型制成可降解快餐具，以替代一次性泡沫塑料餐具；还可制成可降解植物纤维素薄膜，替代不可降解性塑料薄膜。

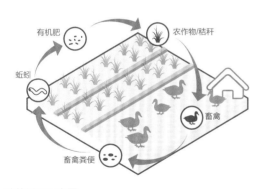

种养循环示意图

（8）智能装备

农业智能装备指以信息化、智能化作为农业生产系统的支撑，实现农业机械化全程全面高质量、高效率、智能化发展的智能化农业装备。农业智能装备包括三大措施：一是智能感知，智能装备通过采用土壤、水质、环境、定位、视觉传感器为其行动决策提供原始数据支撑；二是机械结构，采用轮式、履带式作为行走机构，机械手、收割、播种、扦插、移栽等作为执行机构；三是控制系统与智能决策，控制系统

结合传感器数据和机械动力学、运动学模型，通过算法智能决策行走动作（攀爬、越障）、定位导航、智能识别、智能采摘，实现无人驾驶、植保飞行、果实采摘、自动剪枝、智能水肥一体化。

5.4.4 关键技术
（1）宜机化改造技术

1）技术介绍

农田宜机化改造是指在坡度较大、丘块较小、形状不规则的耕地区域，通过消坎、填沟、搭板、合拼等方式整理整治，因地制宜，改成水平、坡式、螺旋式、"Z"字形等多种形式的梯田或缓坡大田块，使之适宜农业机械进出和作业的过程。农田宜机化改造技术有助于改善农田农机通行和作业条件，提高农机适应性，提高农田耕作效率，降低人工成本。

2）关键流程

农田宜机化改造主要包括5个关键流程，分别是表土剥离施工、土方开挖施工、土方回填施工、新修田坎、表土平整。

①表土剥离施工

平整前，应采取表土保护措施，采用机械方法将坡面熟化表土层分厢进行剥离，剥离厚度10~30cm，平均按20cm设计。将剥离后的表土搬运到坡面平整区中间部位，待底土平整工程完成后用于表土回覆。底土处理前先确定全田开挖线（即挖方和填方分界线），对剥离表土后的坡面用机械方法挖高填低，使全田坡度保持一致。坡面平整工程完成后，缓坡地的土体有效厚度应较整理前有所增加。

②土方开挖施工

土方开挖从上层向下层分层依次从左向右进行，多次接力开挖。严禁自下而上或采取倒悬的开挖方法，施工中随时保持一定的坡势，以利排水，开挖过程中应避免边坡稳定范围内形成积水。开挖主要工序为：复测、放样→开挖及运输→清运不良土质并做处理→基底压实和清理。开挖地段的施工标高，应考虑因压实而产生下沉量，其值由试验确定。挖方区边坡，应严格按要求坡度开挖，施工中不得放缓，以免引起边坡冲刷。

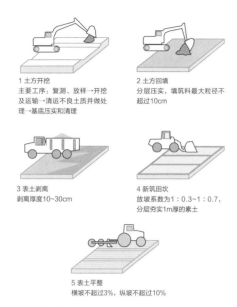

1 土方开挖
主要工序：复测→放样→开挖
及运输→清运不良土质并做处
理→基底压实和清理

2 土方回填
分层压实，填筑料最大粒径不
超过10cm

3 表土剥离
剥离厚度10~30cm

4 新筑田坎
放坡系数为1：0.3~1：0.7，
分层夯实1m厚的素土

5 表土平整
横坡不超过3%，纵坡不超过10%

宜机化改造技术

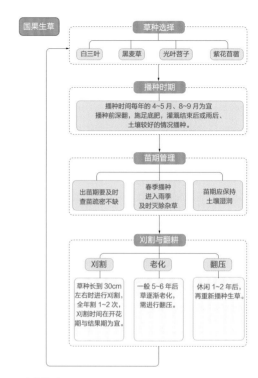

果园生草技术

③土方回填施工

回填时，应分层压实，连接面上初始碾压后洒水、刨毛，沿水平层面铺设填筑料；填筑料最大粒径不超过10cm。土坎应采用素土回填，并分层回填夯实，压实度达到90%以上。土方挖填过程中，收集和清理较大块石，以挖坑深埋为主，无法深埋的采取运出地块处理。局部岩石出露的地方，铲除出露岩石，再覆盖土层。

④新修田坎

经挖除不规则田坎进行地块调整后，在地块外侧应修建田坎，防止边坡土体垮塌。土坎的修建也可在回填土时同时实施。放坡系数为1：0.3~1：0.7，分层夯实1m厚的素土。

⑤表土平整

在地块完成削坎整形、新修田坎后，需对地表全面进行细部平整，使田面平整无较大坑包，表土细碎均匀，坡度均匀，横坡不超过3%，纵坡不超过10%。本工作可与在表土铺回后一并实施。

（2）果园生草技术

1）技术介绍

果园生草技术是在果园行间种植草或种植一年生、多年生豆科或禾本科植物，从而覆盖土壤的一种生态果园模式。该栽培技术适宜果树植株较矮、密度适合、栽植行距约6m的果园应用。该技术不仅能有效控制果园杂草，提高土壤质量，增加微生物群落、天敌种群，使"草—果"协调共生，还能改善土壤水热循环，提高果树的根系活力，促进树势生长。

2）关键流程

果园生草技术主要包括4个关键流程，分别为草种选择、播种、苗期管理、刈割与翻耕。草种选择，多选用禾本科、豆科牧草，常见的有白三叶、黑麦草、光叶苕子、紫花苜蓿等。播种，栽植的时间、栽植方式及播种量结合生草品种有所差异，对于绿肥，一般播种的时间在每年的4~5月、8~9月为宜，播种前深翻一次，施足底肥，选择在灌溉结束后或者雨后、土壤有较好的情况下播种。三叶草、紫花苜蓿春秋两季播，黑麦草等选择秋播，白三叶可选择条播或撒播，每亩果园播1~1.5kg；黑麦草、紫花苜蓿等条播为好，每亩播种量约为2~3kg/亩，撒播时加大播种量。苗期管理，出苗期要及时查苗，疏密不缺，春季播种进入雨季后应及时灭除杂草，苗期应保持土壤湿润。刈割与翻耕，草种长到30cm左右时进行刈割，全年刈割1～2次，刈割时间在开花期与结果期为宜。一般5～6年后草逐渐老化，需进行翻压，休闲1～2年后，再重新播种生草。

（3）高接换种技术

1）技术介绍

高接换种（植物无性繁殖方法之一）技术指将接穗（枝或芽）接于砧木主要枝条的分枝处，常用于成年树品种更换，以提升果品质量或者用于旧园改造，缩短建立新园周期。

当果园品种选用不当，或品质不佳、适应性差、品种组合不妥时，可利用原有成年树作砧木，于树枝高处换接新品种，以形成新树冠生产果实。高接时，注意接穗和砧木两者亲和力，以提高高接成活率，使之生长发育正常。

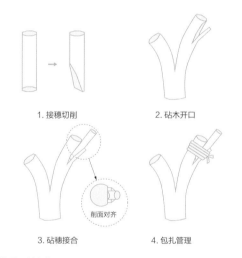

1. 接穗切削　　　2. 砧木开口

削面对齐

3. 砧穗接合　　　4. 包扎管理

高接换种技术

2）关键流程

高接换种技术主要包括4个关键流程。将一个带有1～2个芽体的茎段作为接穗嫁接在砧木上，将接穗剪成带有2个芽的茎段，在茎段的一面切一个大的削面，在茎段的另一面切成一个小的削面；将砧木剪（锯）后，在砧木的一端带木质部向下切入，其创面略长于接穗的大削面；将接穗的大削面对准砧木的创面，形成层对准齐，在与砧木的贴合处，接穗的大削面不要完全插入、略露出一点削面称为"露白"，将其绑缚，缠紧、封严。

（4）生物防治技术

1）技术介绍

生物防治是指利用生物物种间的相互关系，以一种或一类生物抑制另一种或另一类生物，以降低杂草和害虫等有害生物种群密度的虫害防治技术。以瓢虫防治蚜虫为例，释放瓢虫后仅需做好虫情监测，及时进行田间昆虫调查，以瓢蚜比为1：200时为宜，高于200倍时，则应补放一定数量成虫，降低瓢蚜比，以保证防治效果。

2）关键流程

瓢虫防治包括4种方式，分别为释放成虫、释放蛹、释放幼虫、释放卵。

1）释放成虫：掌握好释放时间，以傍晚时散放为宜。因为傍晚气温较低，光线较暗，异色瓢虫活动性较弱，不易迁飞。在傍晚进行成虫释放前，应提前对其进行24～48h的饥饿处理，降低其迁飞能力，提高捕食率。蚜虫为害初期释放成虫的数量，一般是每亩田放200～250只。

2）释放蛹：一般在蚜虫高峰期前3～5天释放。将异色瓢虫化蛹的纸筒或刨花挂在田间植物中、上部位，10天内不宜耕作活动，以保证若虫生长和捕食，提高防效。释放蛹的数量，一般是每亩田放300～350只。

3）释放幼虫：在气温高的条件下，例如气温在20～27℃，夜间大于10℃时，释放幼虫效果也好。

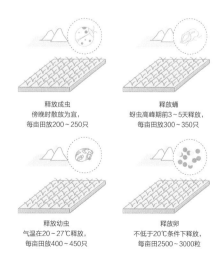

释放成虫
傍晚时散放为宜
每亩田放200～250只

释放蛹
蚜虫高峰期前3～5天释放
每亩田放300～350只

释放幼虫
气温在20～27℃释放，
每亩田放400～450只

释放卵
不低于20℃条件下释放，
每亩田2500～3000粒

生物防治技术

方法是将带有幼虫的纸筒或刨花，采点悬挂在植株中、上部即可。释放幼虫的数量，一般是每亩田放400～450只。

4）释放卵：在环境比较稳定的田块或设施农田，气温不低于20℃条件下，可以释放卵。10天内不宜垄间进行农事活动，以保证卵孵出幼虫，并提高成活率。释放卵数量，考虑到孵化率及幼虫成活率，一般是每亩田2500～3000粒。

（5）精准灌溉技术

1）技术介绍

精准滴灌技术是指在地表滴灌技术基础上研发出的一种适宜于多年生农作物生产的灌溉技术，具有节水、节劳、减少面源污染、精准灌溉、景观效果佳等五大特点。根据区域土壤养分含量和不同作物的需肥规律和特点，将可溶性固体或液体肥料，配兑成肥液与灌溉水一起，借助压力系统，通过可控管道系统供水、供肥，待水肥相融后，水肥通过管道和地埋毛管上的灌水器缓慢渗入附近土壤，再借助毛细管作用或重力扩散到整个作物根层。该技术肥效快，养分利用率高，可以大幅减少肥料以及农药等的使用量，同时，管道地埋的方式便于田间机械化作业的开展。

精准滴灌技术融合5G、Lora（远距离无线电）等无线通信技术，将气象站、土壤墒情传感器、土壤养分传感器采集的实时数据，上传至智慧灌溉云平台分析、处理，制定针对性的灌溉策略。然后通过物联网监控平台将控制指令发送至自动施肥机、灌溉

泵、太阳能电磁阀等终端设备，实现水肥一体化精准灌溉。

2）关键流程

精准滴灌技术控制流程为：无线传感器采集土壤、天气信号→输转终端上传及下发数据→自动灌溉平台对数据进行分析检测下达执行指令→终端设备执行打开关闭或启停指令进行自动灌溉。

（6）粪（秆）—蚓—肥—作物耦合技术

1）技术介绍

粪（秆）—蚓—肥—作物耦合技术是指将畜禽粪便、农作物秸秆、尾菜等有机废弃物经过蚯蚓过腹转化形成蚯蚓粪肥还田的种养结合循环农业模式，是绿色生态化处理利用有机废弃物的一种有效方式。

2）关键流程

粪（秆）—蚓—肥—作物耦合主要包括以下关键流程：农作物秸秆及尾菜收集后去杂，捡净其中不能腐解的有机无机杂质，而后粉（铡）碎，尾菜可铡切至3～4cm，稻草及玉米秆等秸秆类粉碎至2cm左右。调节碳氮比至25左右。碳氮比可按照重量添加1%尿素（水溶），也可以按照重量1∶1配比畜禽粪便。调节湿度（水分）在60%～70%（用力抓无水、丢地上可散落状态）。物料偏湿可用干稻草等物质进行调节，但要注意重新调节碳氮比至25左右；偏干可添加水分。添加堆肥菌剂，添加比例为15m³堆肥原料添加1kg菌剂，并充分混合均匀。建堆时，堆体高度与宽度保持在1∶1.5，并覆盖塑料薄膜。堆肥期间注意每天监测堆芯温度，堆体中心温度55℃以上5～7天后可翻堆，待堆体温度再升至50℃以上5～7天后堆肥结束。当物料变成褐色或者灰褐色时，则完全腐熟。将腐熟后的物料投入到蚯蚓床中作为基料，基料厚度控制在10～30cm。在蚓床中投放蚯蚓进行饲养。投放蚯蚓品种可为赤子爱胜蚓（大平2号、大平3号），投放密度为1.0～1.5万条/m²。蚓床的温度控制在15～25℃，pH控制在8～9，碳和氮的比控制在14～35。在蚯蚓孵化期相对湿度宜保持在55%～65%，生长发育期湿度宜保持在60%～80%。夏天高温时早晚洒水降温，并覆盖遮阴物；冬季少喷，只要保持覆盖物潮湿即可；春秋每

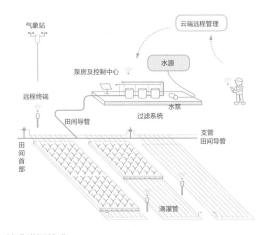

精准灌溉技术

天喷1次；基料干燥时勤洒水。当发现有蚯蚓爬出基料时表明需要重新投放新的基料。可在原基料上重新铺放新基料，厚度10～30cm；也可以在原料旁边投放新基料，待蚯蚓全部爬入新基料后清除原基料即可。

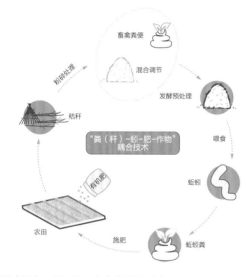

"粪（秆）—蚓—肥—作物"耦合技术

（7）上田下库+智慧灌溉技术

1）技术介绍

上田（湖）下库+智慧灌溉技术是指在底层梯田的地下空间，运用六边形硅砂蓄水模块，构建无动力自我循环过滤的隐形硅砂蜂巢储水库，让水库与农业灌溉形成封闭循环的储水系统，以减少蒸发和面源污染的技术（可节水45%以上）。同时结合运用水位监测、土壤监测、水质监测、自动灌溉、视频监控、终端设备等智慧灌溉技术，可实现灌溉控制智能化，田间管理信息化，场景远程可视化等目标。

2）关键流程

上田（湖）下库+智慧灌溉工艺流程及操作步骤如下图所示。

"上田下库+智慧灌溉"流程图

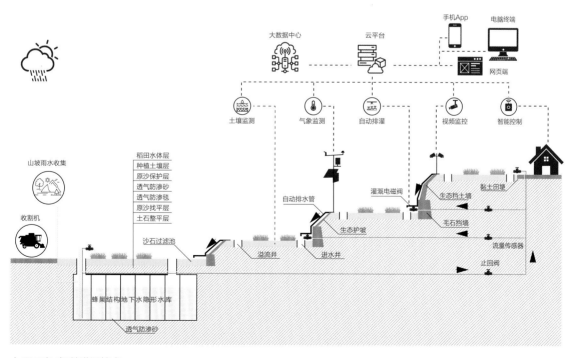

上田下库+智慧灌溉技术

5.4.5 小结

疏田策略针对"田"这一重要的生态要素，将待修复的农田按照性质和条件进行细分，以此为基础，从各要素在农田生态系统中的作用出发，通过"土地规划、土地整理、土壤改良、良种良法、绿色防控、节水灌溉、种养循环、智能装备"8个步骤，结合"宜机化改造、果园生草、高接换种、生物防治、精准灌溉、'粪（秆）—蚓—肥—作物'耦合、上田下库+智慧灌溉"等关键技术，以基于自然和人文的解决方案修复农田生态系统，恢复农田生态功能，实现"田良"修复目标。

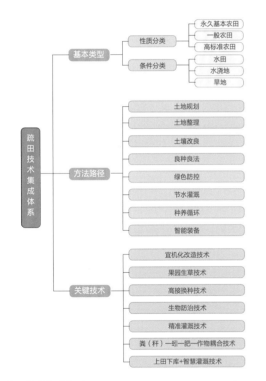

疏田技术集成体系

5.5 清湖

5.5.1 概念、理念及意义

（1）概念

"清湖"是针对"湖"这一生态要素，以自然地理特征及湖泊类型为基础，分析湖泊水文过程与污染风险，通过基于自然的解决方案系统梳理和恢复湖岸、湖底生态过程，再现湖泊生态系统的原真性与完整性，使湖水保持清洁，并充分发挥其调节服务、生命支持和产品提供等生态服务功能，实现"湖净"目标的生态修复策略。

《说文解字》有云，清者，朖也，澂水之皃；朖者、明也，澂而后明。"清湖"策略突出"清"所蕴含的洁净、清澈与清明、清晰两层含义，其一是通过基于自然的解决方案使湖泊水质更加洁净；其二是系统梳理和恢复湖岸、湖底生态过程，再现湖泊生态系统的原真性与完整性。

（2）理念

清湖应以生态学基本原理和可持续发展原则为基本指导，遵循自然水文规律，充分考虑湖体在原生生态系统中与其他生态要素间协同合作的关系，以再现湖泊生态系统的原真性与完整性，最大化湖泊生态系统服务为目标，实现从岸线到水体，再到底泥三个层面的湖体净化及生态修复，满足生物多样性需求的同时，满足人民对于高质量的生态发展、高品质的美好生活的需要。

（3）意义

清湖强调以基于自然和人文的解决方案，从恢复湖泊生态系统的原真性与完整性出发，充分发挥湖塘的调节服务、生命支持和产品提供等生态服务功能，呈现自然之美与生命之美。清湖对于生命共同体的意义，主要从水系统、生态系统及生物多样性等方面体现。

1）维持水系统稳定

清湖充分发挥湖泊作为整体水系统调节器的功能，通过清理湖体空间，修复湖泊的调蓄功能，解决区域水源时空分配不均问题，提升滞雨防洪能力，从而丰富水资源、保障区域水安全；通过清理湖底与湖岸系统，修复湖泊的自净能力，清洁湖体水质，改善区域水环境；通过重塑滨湖生态系统，修复区域水生态，最终维护区域水系统的持续稳定。

2）促进生态系统健康

作为区域生命共同体中的重要单元，湖与土壤、植被等生态要素之间通过一系列生态过程相关联，清湖显著提升滨湖生态系统的负反馈调节能力，使湖体周边生态系统得以自我循环、自我修复和自我生产，保证物质与能量循环的顺畅，保障生态系统的健康与正向发展。

3）促进生物多样性提升

清湖使湖泊恢复了自净机理，能更好地保护和维持生态系统完整性、稳定性和连续性，改善水生动植物生存条件，改善湿生动植物生存条件，维护生态平衡，减少人为因素对生态系统的破坏，满足生物多样性的需求。

4）提供生产与观赏价值

清湖利用水体打造的景观，呈现自然之美，强化湖泊的形、影、声、色、奇等构景元素带来的多样化体验，提升生态修复的美感和旅游观赏价值，并为水产养殖、渔业捕捞提供产业基地。

5.5.2 基本类型

湖泊按照成因可分为构造湖、河成湖、海成湖、风成湖、堰塞湖、岩溶湖、冰川湖和火山口湖等八类。

（1）构造湖

构造湖是在地壳内力作用形成的坳陷盆地上积水而形成的湖泊。构造湖的特点是湖形狭长、水深而清澈，如云南高原上的滇池、洱海、抚仙湖，青海湖，新疆喀纳斯湖等。构造湖一般具有十分鲜明的形态特征，湖岸陡峭且沿构造线发育，比较平直；湖水一般都很深；湖泊平面形态比较简单，长度大于宽度，呈长条形，面积较大。同时，还经常出现一串依构造线排列的构造湖群。

（2）河成湖

河成湖主要分布在平原地区。受地形起伏和水量丰枯等影响，河道经常迁徙，由于河流摆动和改道而形成多种类型的河成湖。河成湖可分为三类：一是由于河流摆动，其天然堤堵塞支流而潴水成湖，如鄱阳湖、洞庭湖、江汉湖群（云梦泽一带）、太湖等；二是由于河流本身被外来泥沙壅塞，水流宣泄不畅，潴水成湖，如苏鲁边境的南四湖等；三是河流截弯取直后废弃的河段形成牛轭湖，如内蒙古的乌梁素海。河成湖一般岸线曲折，湖底浅平，水深较浅。

（3）海成湖

海成湖原是海湾，后湾口处由于泥沙沉积使得部

分海湾与海洋分割而成，通常称作泻湖。海洋与陆地分界的海岸线受海浪的冲击、侵蚀，形态不断发生变化，由平直变成弯曲，形成海湾，海湾口两旁由狭长的沙咀组成，沙咀越来越靠近，海湾渐渐与海洋失去联系，形成海成湖。如我国的太湖和西湖。

（4）风成湖

风成湖是沙漠中低于潜水面的丘间洼地，经其四周沙丘渗流汇集而成的湖泊，如敦煌附近的月牙泉，四周被沙山环绕，水面酷似一弯新月，湖水清澈如翡翠。

（5）堰塞湖

堰塞湖是由火山熔岩流，冰碛物或由地震活动使山体岩石崩塌下来等原因引起山崩滑坡体等堵截山谷，河谷或河床后贮水而形成的湖泊。如五大连池、镜泊湖等。

（6）岩溶湖

岩溶湖又称喀斯特湖，是由碳酸盐类地层经流水的长期溶蚀而形成岩溶洼地、岩溶漏斗或落水洞等被堵塞，经汇水而形成的湖泊，可以是由具有溶蚀性的水对可溶岩进行溶蚀作用后，形成了洼地积水，也可以是由地下水溶解土壤中的盐类引起塌陷而生成塌陷湖。喀斯特湖主要靠地下水供水，水量一般较稳定。也有的湖底与地下河相通，只在雨季时出现，干旱季节湖水流入地下河而消失。如贵州省威宁县的草海。威宁城郊建有观海楼，登楼眺望，只见湖中碧波万顷，秀色迷人；湖心岛上翠阁玲珑，花木扶疏，有水上公园之称。

（7）冰川湖

冰川湖是由冰川挖蚀形成的坑洼和冰碛物堵塞冰川槽谷积水而成的湖泊，如新疆阜康天池，又如北美五大湖，芬兰、瑞典的许多湖泊等。

（8）火山口湖

火山口湖是火山喷火口休眠以后积水而成，其形状是圆形或椭圆形，湖岸陡峭，湖水深不可测，如长白山天池深达373m，为中国第一深水湖泊。

5.5.3 方法路径

清湖以保持湖泊清洁，再现湖泊生态系统的原真

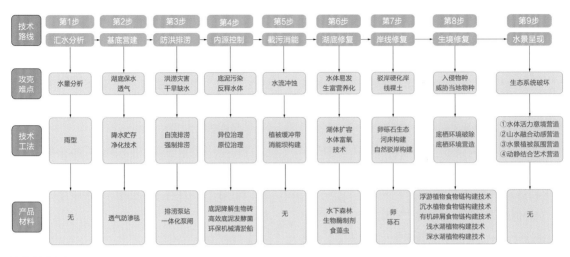

清湖技术框架

性与完整性为最终目标，以湖底清理、湖岸修复、湖水净美为主要措施，方法路径包含"汇水分析、基底营建、防洪排涝、内源控制、截污消能、湖底修复、岸线修护、生境修复、水景呈现"9个步骤，通过清理湖底、生态防渗、驳岸修复和净化湖水等水环境治理与生态修复技术，使湖塘具备积蓄雨水、农田灌溉、保护生物多样性、微污染自净的生态功能，并呈现清水绿岸、鱼翔浅底的生态风景。

（1）汇水分析

汇水分析是对径流汇入湖泊的流域进行高程、流量、水质等特征的全面分析，明确湖泊的汇水区域、汇水路径、汇水总量及汇水季节性特征，汇水水质等基本信息，从而为湖泊的基底营建、内源控制、截污效能与防洪排涝提供依据。

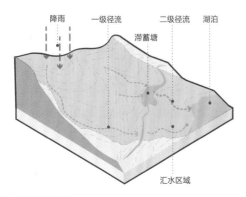

汇水分析示意图

（2）基底营建

基底营建是指在明确湖泊汇水条件的基础上，通过湖底微地形营造，结合适当的透气防渗技术，改善湖泊基底条件，在保证生态功能的前提下尽可能提升湖泊的存蓄能力。湖塘作为地表蓄水主体，需具备两大特征：蓄存空间大、湖底保水透气力强，可充分发挥湖塘存蓄水资源、保持水质清洁功能，为此清湖的首要工作就是营建一个良好的生态基底。

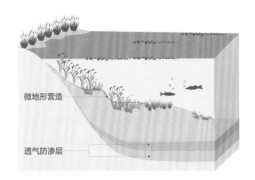

基底营建示意图

（3）防洪排涝

防洪排涝是指针对极端降雨下的湖泊内涝风险，选择近自然、低能耗、低干扰的排水手段，以自流排涝为主，保障湖泊水动力条件，维持自然水循环过程；强制排涝为辅，解决湖泊无自流条件下的应急排灌及防范护岸损毁等问题。

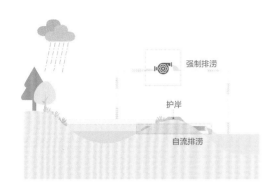

防洪排涝示意图

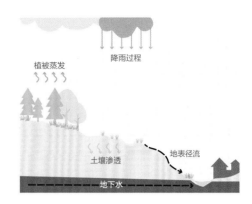

截污消能示意图

（4）内源控制

内源控制是指针对湖塘底泥的内源污染，采用生态化控制措施，在解决内源污染的同时，不对周围环境造成二次污染。清湖主要以底泥原位消解技术、水下生态系统构建技术为主要措施实现底泥的资源化利用和生物降解。

（6）湖底修复

湖底修复指通过优化水底结构，降解底泥污染，改善湖底生态环境，建立湖底生态链的过程，具体包括底泥治理、土层铺设、植物配置等。

1）底泥治理

底泥治理指针对湖塘底泥的内源污染及可能存在的病原体等，采用基于自然的解决方案进行生态化控制，在解决内源污染的同时，不对周围环境造成二次污染。清湖摒弃传统底泥消杀、机械清淤技术，以底泥原位消解技术、水下生态系统构建技术为核心实现底泥的资源化利用和生物降解。

2）土层铺设

土层铺设是在充分了解湖底植物特性后，在湖底铺设土壤满足植物生长的过程。土层铺设时可在湖底砌筑栽植槽，铺设培养土，或根据水生植物的种类和图案造型松填种植土的宽度和形状，边缘用较大卵石砌围。

3）植物配置

湖底植物配置以浮叶植物、挺水植物、沉水植物为主。

浮叶植物大部分具有季节性休眠这一特点，有较好的耐淤能力，比较适合生长在肥沃的淤泥或淤泥土中，一般在近驳岸地带，对环境中的磷元素和钾元素的需求很大。浮叶植物的种植可提高对水体中磷元素的去除效果。浮叶植物主要有慈姑、荷花、菱角、芋头、睡莲、荸荠、马蹄莲等。

挺水植物适应能力强，根系旺盛，繁殖量大，对氮元素、磷元素和钾元素的需求量都比较大，在无土的环境下也能较好地生长繁殖。挺水植物大多是丛生

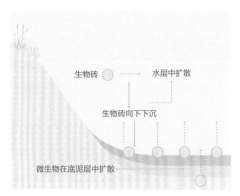

内源控制示意图

（5）截污消能

截污消能是指在水体汇水路径上构建植被拦截带，将面源污染拦截在湖泊之外，有效地控制污染物入湖，避免湖泊发生富营养化，在汇流强度较大的岸线区域，以自然手法设置消能坝，达到消耗、分散水流能量、保护湖体岸线的目的。通过改造水滨带地形，增加面源污染在水滨带上的停留时间，为湖滨带水生植物的吸收净化创造有利条件；通过在湖滨带种植适宜的水生植物，利用水生植物拦截、降解、吸收作用削减污染物，最终达到有效控制面源污染，减少入湖污染物的目标。

类，且一般生长于原生土壤或者淤泥浅滩之中，在生态修复中应用最为广泛。挺水植物常见的包括芦苇、香蒲、水葱等水生植物。

沉水植物一般原生于水质清洁的环境，其生长对水质要求比较高，因此，沉水植物一般用作强化稳定植物加以应用，以提高出水水质。不同类型的水下植物吸收氮、磷和有机污染物质以及净化水质的能力不同。通过种植不同类型、不同位置的沉水植物不仅能够增加生物多样性，还能提高整个系统的净水效果。

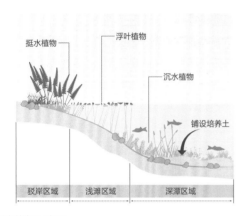

湖底修复示意图

（7）岸线修护

岸线修护是采用当地卵石、木桩及乡土水生植物等自然材料，结合生态工法，修复湖泊岸线系统，防止湖岸坍方的同时，促使湖水与土壤相互渗透，增强湖泊自净能力，呈现自然生态的滨水风景。

岸线修护主要包括水下岸壁修护、滨水驳岸修护与岸滩修护。水下岸壁修护聚焦在常水位以下部分的岸壁，常年被水淹没，岸壁修护为减轻水浸透对岸壁带来的破坏，可采用重力式结构，依靠墙身自重来保证岸壁的稳定，抵抗墙背土的压力。滨水驳岸修护聚焦在常水位至最高水位之间的岸线，水位变化频繁常经受周期性淹没，对驳岸也形成冲刷腐蚀的破坏，滨水驳岸修护可根据坡度缓急不同，采用天然石材、木材护坡或自然护坡，配合植被种植，以达到稳定河岸，增强堤岸抗洪能力的目的。岸滩修护聚焦在最高水位之上的岸滩，其常受日晒、风化侵蚀的影响，岸滩修护应保持岸线稳定，维持湖泊形态，兼具休闲及景观效果。

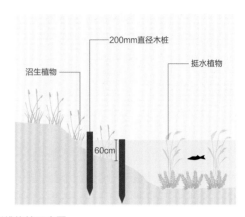

岸线修护示意图

（8）生境修复

生境修复是指以道法自然的手段修复本土滨水与水下生境。湖泊生境修复通过丰富的水下地形支撑水下生物多样性，形成稳定的水下生境条件；在深水区和浅水区选用不同的适宜水生植物，根据水生植物的生长习性和立地环境特点，加强对有害生物的日常监测和控制，保障水下生境长期稳定和可持续发展；必要时可投放适宜的浮游动物，消化水体中的藻类、有机物和悬浮物，降低水体的pH值，抑制水体藻类的生长，进一步维持水下生境的稳定。湖泊的生境修复主要包括岸域生境构建、滨水生境构建与水下生境构建。

1）岸域生境构建

岸域生境指在湖泊岸边的陆域地带，由乔、灌、草等不同植被构成，具有不同防护功能的植被缓冲区域，一般分为无干扰林带、人工乔灌林带和径流控制带三个缓冲区。无干扰林带位于水陆交错区，以乔木林带为主，保护堤岸、去除污染物，为野生动物提供栖息地；人工乔灌林带位于无干扰林带外侧，以乔灌木树种为主，减少湖岸侵蚀，截留泥沙，吸收滞纳营养物质，增加生物多样性和野生动物栖息地；径流控制带位于外侧远离湖岸的区域，由草本植物组成，拦截地表径流并提高入渗和过滤。

2）滨水生境构建

滨水生境构建按陆生生态系统向水生生态系统逐渐过渡的完全演替设计，植被类型包括乔灌草带、挺水植物带、浮叶植物带和沉水植物带。水位变幅小的湖泊，陆生乔木带设计在最高水位线以上，湿生乔木和挺水植物设计在常水位1m水深以内的区域，浮叶植物设计在常水位0～2m水深的区域，沉水植物设计在常水位0～1.5m水深的区域。水位变幅大的湖泊湖滨带植被应充分参考湖泊植被的历史状况及现状的季节性变化，以湿生草本植物带自然恢复为主。

3）水下生境构建

水下生境构建是根据湖泊自身条件与功能需求，通过人为补充沉水植物与微生物，形成自养生物（藻类、水草等）、异养生物（无脊椎和脊椎动物）和分解者生物（微生物）群落。各种生物群落及其与水环境之间相互作用，维持特定的物质循环和能量流动。

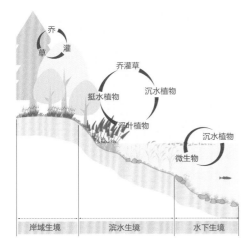

生境修复示意图

（9）水景呈现

水景呈现是指在保障湖底、湖岸、湖水及生境健康稳定的基础上，最大化展现湖泊水体动态活力与静态意境，呈现美好水生态风景。通过岸线形式的多样化、湖滨生境的多样化、水面空间的多样化，充分展现生态修复后，湖泊水体的动态活力；通过山水的有机融合，将山的静止和雄伟，与水的灵动和温婉相互穿插、渗透，结合植物的多样化配置，可以凸显湖泊水体的静态意境。

5.5.4 关键技术

（1）透气防渗技术

1）技术介绍

透气防渗技术是利用透气防渗砂高效透气与防渗的特征，破解湖底透气与防渗之间矛盾的技术。在对透气防渗砂风积沙表面进行全包覆覆膜改性处理后，对其砂颗粒赋予了超疏水的特性，使水的表面张力得到极大的提高。砂颗粒的孔隙可以使气体通过，同时实现了防渗性和透气性，防渗同时不隔断水体与大地，从底部透气增氧，提高水中溶解氧含量，有效保护水质，极大程度上避免了常见的水质恶化、黑臭等现象的发生。将透气防渗毯铺设于湖塘底部，防止水分渗透，透气防渗毯上层覆盖种植土，配置植物生长需要的养分和肥料，在植物栽种后一定时期内提供水分和营养，可以显著提高植物的成活率，有效确保湖体生态系统的长期效益。

2）关键流程

透气防渗技术的关键流程主要包括场地平整、铺设碎石、粗砂找平、铺设透气防渗毯、铺设保护层、回填种植土等。

①场地平整，对施工场地进行平整作业，碾压多遍后形成平整层，碾压方式选择振动或静压，碾压3～5遍。

②铺设碎石，在平整层上铺设级配碎石，厚度为8～12cm，采用机械摊铺进行压实作业后形成基础层，压实系数为1.25～1.35。级配碎石为多棱角块体，粒径为2～4cm，其中软弱颗粒的质量百分数小于5%，针片状颗粒的质量百分数不超过20%。

③粗砂找平，在级配碎石上铺设粗砂，形成找平层。粗砂细度模数在2.5以上，粒径为0.5～1cm，找平层的厚度为3～6cm。

④铺设透气防渗毯，在找平层上铺设透气防渗毯，在透气防渗毯的搭接处均匀撒接粉。透气防渗毯铺设在施工场地的倾斜面上，其中，透气防渗毯的长度方向顺着倾斜面的长度方向，搭接处的粘接粉先进行喷水活化，粘合后进行压实、平整作业。

⑤铺设保护层，在砂基防渗毯上铺设细砂，形成砂基防渗毯保护层。细砂厚度为8～12cm，粒径为0.15～0.85cm。

⑥回填种植土，回填种植土壤覆盖砂基防渗毯保护层，以形成种植土壤层。种植土壤回填采用分段、分层回填，每100m为一段，每层厚度为30～50cm。

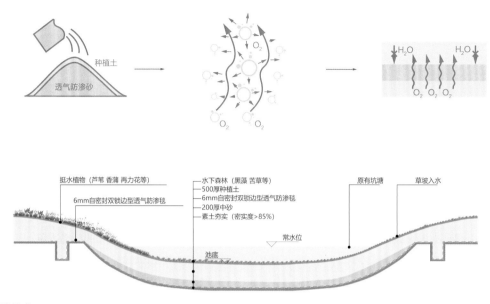

透气防渗技术

（2）底泥原位消解技术

底泥污染物原位消解技术是以底泥降解生物砖为核心产品，在不清除水体底泥的条件下，以对水体最小扰动的方式，在水域原位对底泥污染物进行降解，最大限度地降低底泥对水体的污染。在湖中投加有益菌及生物酶压制成的酶质生物砖，生物砖进入污染底泥后，适度降解底泥中的有机物，避免有机物反释污染水体，同时抑制有害细菌的产生，增加底泥中有益菌群种类及密度，加速污染物的降解，并进一步促进底泥矿化，减少底泥厚度，在治理底泥的同时可提升水体透明度20%以上，彻底消除底泥黑臭、上浮现象。

酶质生物砖

底泥原位消解技术

（3）硅砂地下蓄水技术

1）技术介绍

硅砂地下蓄水技术是以天然硅砂模块构建的净化蓄水蜂巢结构。将透气防渗砂组成蜂巢状砌体，既有高强度又具有亲水性，实现材料高速透水，还能保持砂粒间微米级孔隙，构建不同含氧条件的环境，有利于不同需氧量微生物的种群建立，进而利用微生物对雨水进行进一步净化。同时，水池的若干井筒被划分为进水排泥通道和出水水流通道，依靠硅砂井壁相互隔离，保证了所有雨水在出水前都经过了硅砂井壁的物理过滤。

2）关键流程

硅砂地下蓄水技术的关键流程包括基坑构建、底板搭设、池体砌筑、顶板搭设、肥槽回填等。

①基坑构建，基坑开挖应根据水池平面布置、埋设深度、现场环境、地下水位、土质情况、施工设备和季节影响等因素确定。基坑垫层应处理，先进行素土夯实，压实系数＞0.93，然后进行砂垫层施工，选用级配良好的中粗砂，含泥量（质量比）不超过3%，若用细沙应掺入30%~50%的碎石，碎石最大粒径不宜大于50mm。

②底板搭设，底板根据设计要求进行浇筑，并及时进行保温养护，养护期完成后，方可进行下一步施

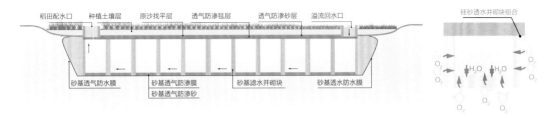

硅砂地下蓄水技术

工。底板应铺设土工膜，采用二布一膜土工膜，先将对接的两幅土工膜铺平，土工膜预留接口的一侧相对，两幅土工膜对接处的聚乙烯膜搭接7cm，然后用塑料膜热焊机将聚乙烯膜焊牢，最后用塑料膜胶接剂粘接聚乙烯膜与两侧的土工布。

③池体砌筑，硅砂地下蓄水池体由硅砂透水井砌块组合而成。砌块在施工前，必须按产品标准逐项检验。

④顶板搭设。顶板应用绑扎搭接，顶板钢筋搭接长度35D（D为搭接钢筋的直径），洞口处钢筋需加强。顶板及四壁应铺设防渗土工膜铺设，采用二布一膜土工膜，先将对接的两幅土工膜铺平，土工膜预留接口的一侧相对，两幅土工膜对接处的聚乙烯膜搭接5cm，然后用塑料膜热焊机将聚乙烯膜焊牢，最后用塑料膜胶接剂粘接聚乙烯膜与两侧的土工布。

⑤肥槽回填。盖板标高以下的回填土用二八灰土回填，盖板之上利用种植土回填，必须分层夯实，每层厚度不大于300mm，压实系数不小于0.94。

（4）自然驳岸技术

自然驳岸是通过使用植物或植物和非生命植物材料的结合，减轻坡面及坡脚的不稳定性和侵蚀，恢复为自然河岸或具有自然河流特点的可渗透性驳岸，同时实现多种生物的共生与繁殖的驳岸修复手段。生态驳岸以植物群落构成，具有涵蓄水分、净化空气的作用，在植物覆盖区形成小气候，改善湖水周边的生态环境，同时形成丰富的浅滩植物群落，不仅是陆上昆虫、鸟类觅食、繁衍的乐土，进入水中的植物根系还为鱼类产卵、幼鱼避难、觅食提供了场所，形成一个水陆复合型生物共生的生态系统。同时，水生、湿生植物根系等为微生物的附着提供条件，使水中富含氧气。植物根系吸收和微生物分解对污水高效净化，增强了水体自我净化能力。

自然驳岸构建常用材料包括干砌块石、木桩、金属石笼和土工布垄袋等。水生植物配置按水深分为常水位以上、0.3m以下、0.3~0.9m和0.9~2.5m四类：常水位以上配置喜湿亦耐干旱植物，如河柳、旱柳、柽柳、银芽柳、灯心草、水葱、芦苇、芦竹、银芦、香蒲、草芙蓉、稗草、马兰、水芹菜、美人蕉和千屈菜等；0.3m以下水位配置禾本科湿生高草丛植物，如芦苇、芦竹、香蒲、菖蒲、水葱、野茭白、莼菜、水生鸢尾类、千屈菜和红蓼等；0.3~0.9m水位配置挺水及浮叶和沉水植物，如荷花、睡莲、慈姑、芡实、金鱼藻、黑藻、苦草、眼子菜和金鱼草等；0.9~2.5m水位配置沉水植物，如金鱼藻、狐尾藻、黑藻、苦草、眼子菜、金鱼草和凤眼莲等。

自然驳岸技术

（5）水体富氧技术

水体富氧技术是提高水体自净力的主要技术，分为主动增氧及减少耗氧两大类。生态主动增氧技术以水下森林营建技术为主，通过在湖底大面积种植沉水植物，利用植物的光合作用持续向水中补充氧气，净化水质。该技术为保证沉水植物的存活，对水体透明度及水深有一定的要求。该技术更适用于静态湖塘。生态减少耗氧技术以生物酶制剂技术及食藻虫培养技术为主，均以微生物及原生动物为主要技术载体，通过人为筛选及优化，使其在进入水体后可快速减少水中蓝藻、降解水中污染物、减少水体中的氧气消耗，从而达到提升水质的目的。

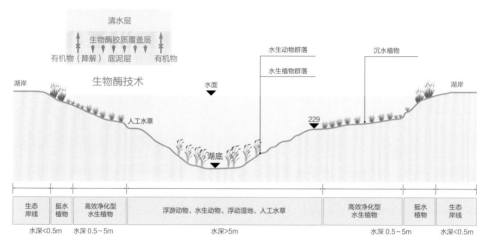

水体富氧技术

（6）水下生态系统构建技术

1）技术介绍

水下生态系统构建技术是根据湖塘本底条件的差异，联合应用浮游植物食物链构建技术、有机碎屑食物链构建技术和沉水植物食物链构建技术，共同构建相对稳定的水下生态系统的手段。其中浮游植物食物链为浮游植物→浮游动物→杂食性鱼、滤食性鱼、底栖动物→肉食性鱼；有机碎屑食物链为有机碎屑→碎屑食性鱼、杂食性鱼、滤食性鱼、底栖动物→肉食性鱼类；沉水植物食物链为沉水植物→草食性鱼→肉食性鱼。

在构建水下生态系统时，应优先选择本土的、高效去除污染物的、经济效益突出的植物，利用植物对不同物质的吸收速率，将易吸收重金属的植物、易吸收有毒有害物质的植物和易吸收营养物的植物进行区域性的交错种植，暖季型和冷季型植物间隔种植。根据湖塘水体的深度应由浅至深依次分为挺水植物区、高温季沉水植物区和低温季沉水植物区，根据不同种植区域选择不同的水生植物，确定种植数量、密度和规格，整体上互补共生，形成一个稳定的植物群落。

2）关键流程

水下生态系统构建技术的关键流程包括基底改良、生态环境改善、植物群落构建、透明度提升、浮游动物群落构建、微生物群落构建、大型底栖动物构建、鱼类群落构建等。

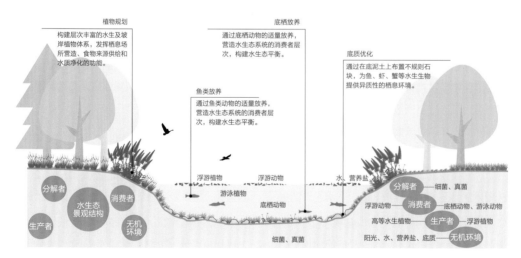

水下生态系统构建技术

基底改良是指对场地进行平整与地形构建，改善基底理化性质，为水生植物生长提供环境条件。

生态环境改善是指对水体底质、水质进行改良，创造水生动物孵化、躲避场所，为水生动物提供栖息地。

植物群落构建是指利用沉水植物的同化作用吸收营养物质。沉水植物的供氧特性能附着微生物群落（生物膜）达到生化去除作用，应根据水体水深分布及来水情况确定适宜的沉水植物，以苦草、轮叶黑藻、马来眼子菜及金鱼藻为主。

透明度提升是指针对沉水植物种植后扰动底泥造成的浑浊现象，通过投放浮游动物和微生物，提高水体透明度。

浮游动物群落构是指利用"饵料"类浮游动物，一方面摄食有机碎屑，一方面促进物质转移通道形成。

微生物群落构建是指通过微生物的固氮、光合等生化作用，促进物质转移通道形成，对生态系统进行平衡，达到草型清水态水体。

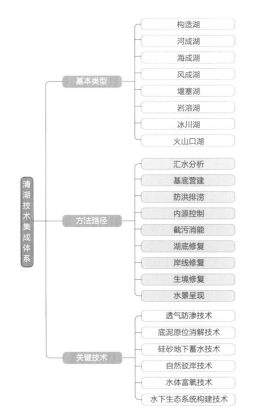

清湖技术集成体系

大型底栖动物构建是指通过放养螺类、蚌类等，完善食物链层级，维持水生态系统稳定。大型底栖动物的"刮食"食性能够维持沉水植物叶片清洁，保证光合作用发生。

鱼类群落构建是指通过放养滤食性鱼类、杂食性鱼类及肉食性鱼类完善食物链营养层级，维持水生态系统稳定。滤食性、杂食性鱼类能摄食水体有机碎屑，保持水体洁净。

5.5.5 小结

清湖策略针对"湖"这一重要生态要素，根据湖泊的基本类型，从湖泊水文过程与污染风险分析出发，通过"汇水分析、基底营建、防洪排涝、截污消能、湖底修复、岸线修护、生境构建和水景呈现"8个步骤，结合"透气防渗、底泥原位消除、硅砂地下蓄水、自然驳岸、水体富氧、水下生态系统构建"等关键技术，以基于自然和人文的解决方案系统梳理和恢复湖岸、湖底生态过程，再现湖泊生态系统的原真性与完整性，使湖水保持清洁，并充分发挥其调节服务、生命支持和产品提供等生态服务功能，实现"湖净"目标。

5.6 丰草

5.6.1 概念、理念及意义

（1）概念

"丰草"是针对"草"这一核心生态要素，以自然地理特征及草地群落特征为基础，通过地貌、土壤、水文、种质资源等多因子综合分析，结合水土保持、防风固沙、水源涵养、畜牧养殖等功能需求，以基于自然的解决方案促进草本植物生长，丰富草本群落多样性，提升草地综合生态效益，还原草地生态系统原真性，呈现自然草地生态风景，实现"草绿"目标的生态修复策略。

"丰草"之"丰"取草木丰盛、容貌丰润、体态丰满之义，《说文解字》有载："丰，艸盛丰丰也"，欧阳修《浮槎山水记》载："至於荫长松，藉丰草，听山溜之潺湲，饮石泉之滴沥，此山林者之乐也。"因此，"丰"有使草木丰盛、扩大之义。"草"则泛指茎干比较柔软的植物，包括庄稼和蔬菜。"丰草"

一词最早出自《诗经·小雅·湛露》:"湛湛露斯,在彼丰草",本义为茂密的草。在最优价值生命共同体理论下,"丰草"的本质是基于自然的解决方案加快草地生态系统恢复,提升草地生态环境效益。

草地生态系统为人类提供了净初级物质生产、碳蓄积与碳汇、调节气候、涵养水源、改良土壤、水土保持和防风固沙、维持生物多样性等重要诸多生态功能,以及产草产畜等生产功能和服务功能。

(2)理念

丰草应针对现状草地类型及其与生命共同体中各生态要素的协同关系,兼顾生态、生产、生活功能需求,促进草本植物生长、促进草地多样性提升、恢复草地生态系统的原真性与完整性,从而最大化发挥草地生态系统服务功能。丰草应尽量选用优势物种并结合野花、野草、野菜、野果等野化品种,使草地适应本土环境;应通过优势品种和抗性植物的应用保证草地生态系统结构的稳定;应通过丰富地被层次和类型、提升生物多样性。

(3)意义

丰草的意义在于通过促进草本植物生长、改善草本群落结构、加快草地生境恢复,提升草地生态系统的复合生态价值。草地生态系统是陆地生态系统的重要组成部分,可以为人类提供净初级物质生产,其生态价值主要体现在"涵养水源,保持水土;净化水质,保护河湖;保水增肥,改良土壤;提升生物多样性"等四个方面。

1)涵养水源,保持水土

"涵养水源,保持水土"即通过草地根系与土壤团粒结构的综合作用增加草地土壤对降水的渗透与滞蓄作用,有效减缓地表径流速度并降低水流侵蚀,从而发挥涵养水源、保持水土的生态效益。例如,林下丰草可以稳定土壤结构、降低土壤容重、提高土壤孔隙度,从而显著增加林地涵养水源的能力,进一步减少水土流失;裸土丰草可以减少地表径流、减轻土壤侵蚀、降低土壤水分蒸发。

2)净化水质,保护河湖

"净化水质,保护河湖"即通过河流、湖泊等水体岸坡的草本植物缓冲带降低径流速度、分散径流流向等方式截留悬浮颗粒物,沉积和吸附氮、磷,拦截地表径流中的污染物,达到净化水质,保护河湖水系的功效。在农田退水形成的湖塘岸坡区域实施丰草可以显著降低农田退水污染,降低湖塘内的氮磷,改善湖塘水质。

3)保水增肥,改良土壤

"保水增肥,改良土壤"即通过改善土壤微生物群落结构提高呼吸强度,促进硝化作用,提升固氮水平,从而有效提高土壤氮、磷和有机质的含量,最终达到保水保墒、改善土壤综合肥力的功效。

4)提升生物多样性

"提升生物多样性"即通过丰茂的草本群落提升植物多样性,丰富动物和微生物资源。物种丰富、结构稳定的草本群落不但可以为昆虫、鸟类与小型哺乳动物提供丰富的栖息地,也可整体提升周边生物多样性,还可成为遗传多样性的重要载体。

5.6.2 基本类型

按照中华人民共和国农业行业标准《草地分类》NY/T 2997—2016,草地可划分为天然草地和人工草地。天然草地是指优势种为自然生长形成,且自然生长植物生物量和覆盖度大于等于50%的草地;人工草地是指优势种由人为栽培形成,且自然生长植物的生物量和覆盖度占比小于50%的草地。2021年8月,自然资源部在公布第三次全国国土调查数据时,将草地划分为天然牧草地、人工牧草地和其他草地三类,此分类体系基本成为业内共识。

(1)天然牧草地

天然牧草地是指以天然草本植物为主,用于放牧或割草的草地,包括实施禁牧措施的草地。天然牧草地植物种类丰富,群落结构复杂,生境类型多样,其特点是饲料资源丰富但生产力较低,多用于放牧家畜和刈草,是草地畜牧业的重要生产基地。我国2.6亿公顷草地中,95%为天然草地,包括北方大面积草原、南方草山草坡、农区边隙地和沿海滩涂草地。天然牧草地应以保护为主,生态修复是保证其自我繁衍生息和可持续生态发展的维护途径。

（2）人工牧草地

人工牧草地是指人工种植牧草的草地，不包括种植饲草的耕地。人工牧草地可以提供稳产、高产、优质的饲草料，从而弥补天然牧草地产草量低的不足，减轻天然牧草地压力。植被覆盖度5%以上的草原、草坡、草山，在牧区和农区由人工种植的用于放牧牲畜或刈割草料的人工草地，以及以饲用为目的播种的灌木与草本混播的人工群落都可以称为人工牧草地。除了可以提高畜牧业生产水平，人工牧草地还具有防风固沙、保持水土、培肥地力、改良土壤、保护生物多样性等生态作用，生态修复应根据牧草的生物学、生态学特点，循序渐进、因地制宜地进行生产型修复。

（3）其他草地

其他草地是指表层为土质，不用于放牧的草地。《中华人民共和国土地管理法》规定，天然牧草地、人工牧草地属于农用地，其他草地则属于未利用地。

5.6.3 方法路径

丰草以促进草本植物生长、丰富草本群落多样性、提升草地综合生态效益、还原草地生态系统原真性、呈现自然草地生态风景为目标，方法路径分为"种质调查、场地研判、风貌规划、籽苗选择、整地种草、群落构建、养护育草"7个步骤。

丰草技术框架

（1）种质调查

种质调查是为草地生态系统的保护和修复提供参考资料的基础工作，其技术重点包括草地群落选择和草种类型确认两项内容。草地群落选择是通过地面调查对目标区域的主要植物群落进行类型鉴别和数量统计，全面了解群落的分布规律、生态条件和利用状况，充分掌握草地群落学特征的过程。草种类型确认是指通过观察和采样，对不同群落的主要植物种类进行鉴别，对有害的入侵植物进行观测。种质调查的最终目的是确定目标区域的典型群落及其植物构成和分层结构，明确不同群落的优势种，监测是否存在入侵植物等，为后续步骤的实施提供依据和支撑。

草地的群落特征和种群分布与地理特征、气候条件、土壤特性等密切相关，在特定的生长环境下经过长时间演替而趋于稳定的草地生态系统具有典型的地域性，其植物构成和群落类型具有极高的生态价值，应遵循生态优先、原地保留的原则对其中的优势物种和典型群落予以充分保护和保留。同时，若目标区域观测到有潜在危害的入侵植物，应及时采取控制措施，防止其扩散蔓延，保证草地生态系统的原真性和完整性。

种质调查示意图

（2）场地研判

场地研判是对草地的生物和非生物因子进行全面调查，进而区分自然恢复区与生态修复区的工作过程，其技术重点包括立地条件判别和目标生境调查。立地条件判别主要通过观察、测定和描述获取草地的地形、土壤、水文、气象等环境特征，准确掌握植物的生长环境特点；目标生境调查则是在掌握立地条件的基础上，通过实地调查获取草地的植物构成、高度、盖度等生长状况和生物群落的生长形式、空间结构、营养结构等基本特征，最终厘清草地生态系统的空间特征，确定生境的受损程度。

立地条件判别与目标生境调查的目的是明确草地植被与相应生境的生长状态和演替过程，以此为基础划定自然恢复区与生态修复区。自然恢复区通常指处于顶级、亚顶级状态或植被生长与生境效益偏离了顶级状态但仍处于正向演替进程的草地生境，在减少人为干扰的前提下，这些区域的生物群落、生态功能和生产力具备自我恢复的能力。划定自然恢复区的目的是尽可能发挥草地自身的恢复能力，在非人工干预条件下促进植物群落的自然恢复。对于自然恢复区内确需特定辅助条件的草地生境，应在最小人工干预的前提下给予必要的水肥条件和维护措施，维持和促进原有植被的良好长势。

自然恢复区以外的草地应划定为生态修复区，这些区域的种群、群落和生境均遭到不同程度的破坏，原有结构和功能退化，生态系统稳定性降低，抗干扰能力减弱，生产力下降，草地植被进入逆向演替，草地生态系统出现明显退化。生态修复应遵循因地制宜、适度扰动、切实可行的原则，采取清除有害植物和入侵植物、补播原生草种和适生草种等方法，辅以松耙、浅耕、施肥、切根等浅介入的修复措施，进一步改善植物组成，优化群落结构，提升土壤理化性质，发挥草地生态系统气候调节、水土保持、生物多样性提升、饲草供应等生态服务功能。

（3）风貌规划

风貌规划是根据草地的种质资源状况、群落演替特征、生境分布格局和历史人文背景，以本区域、临近区域内生态系统稳定、整体结构完整、主体功能健全的草地为参照，确定自然恢复区和生态修复区风貌特征的过程，其技术重点包括生态环境特征提取和历史人文背景挖掘，它们决定了风貌规划的介入形式和干预强度。

生态环境特征提取是对目标区域环境特征的概括与总结，包括地形、土壤、水文、气象等非生物特征和种群、群落等生物特征。生态环境退化的区域应以人工干预恢复风貌，反之则应以自然恢复维持风貌。历史人文背景挖掘的本质是了解和掌握人类活动在草地的发生、发展和演变中发挥的作用——人类活动可能会导致有利于人类生产的正向演替，也可能会引发不利于人类生产的逆向演替，前者应当在风貌规划中被保留或展示，后者则应予以放弃或调整。

自然恢复区的风貌规划取决于自然演替的进程和人为干扰的强弱，最低限度的人为干扰是保持其自然风貌的关键，风貌规划只需以非人工干预或最小人工干预展现其原本的自然特征即可。生态修复区的风貌规划应以参照生态系统为蓝本，以适度的人工干预还原草地的完整性和原真性——重点采用乡土草本植物，适度采用与环境风貌适配的优良种或品种，近自然地营造植物群落，恢复典型植物景观风貌，促进植物群落的正向演替。

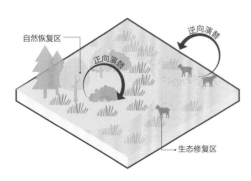

场地研判示意图

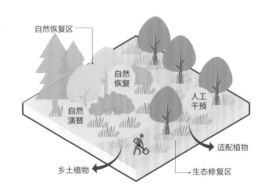

风貌规划示意图

（4）籽苗选择

籽苗选择是根据种质调查结果和风貌规划重点，以参照生态系统为目标，为丰草选择适合的种籽和苗木的过程，其技术重点包括重点植物筛选、市场苗源查询、乡土植物培育。

重点植物筛选是最终选定丰草所需籽苗的过程，选定的植物应具备以下4个条件：①最好是本区域、临近区域的优势种；②生长习性适应目标区域的生态环境；③植物风貌与目标区域相协调；④植物功能与现有植物互补。筛选出的植物应具备较高的生态价值，如可提供食源、蜜源、巢址，固氮肥土，保水固土等。市场苗源查询的目的是掌握苗木市场的籽苗供应状况，确认所选植物是否有市场化生产和供应。所选植物若无苗源供应，则应在条件允许的情况下进行籽苗培育，若不具备培育的可能性，则应以风貌相同、功能相似的植物替代。需要强调的是，购买或培育的籽苗应保证较高的成活率。

（5）整地种草

整地种草是对种植区实施土地整理，为籽苗种植创造基础条件的过程，其技术重点是地形塑造与土壤改良。地形塑造可以有效改善土壤质地，提升土壤排水条件；同时，还可以创造立地条件的多样性，为喜阳、耐阴、耐湿、耐旱、耐瘠薄等不同生长习性的植物提供赖以生存的微环境，为籽苗的生长发育提供良好条件。

地形塑造后，应对种植区进行土壤检测，当土壤理化性质无法达到种植标准时，应采取土壤改良措施。土壤改良是指运用土壤学、生物学、生态学等多学科的理论知识，采取物理、生物、化学等技术方法，改善土壤性状，提升土壤肥力，创造良好土壤环境的技术措施。改良后的土壤应具备透气保水、肥力充足、排水良好等特点。土地准备工作完成后，便可播种草籽或栽植苗木，对草地进行建植。

（6）群落构建

群落构建是在整地改土后的种植区，根据风貌规划，利用所选植物种类或品种改善、重建植物群落的过程，其技术重点是水平空间布局设计和动物栖息地营建，最终目标是提升生境空间随机耦合性和生物多样性。

植物群落中优势种的排挤作用会使群落物种多样性降低。因此在水平空间布局的设计中应适当地在具有绝对优势种的群落中融入丰富多样的植物种类，提升植被多样性。群落构建应采用本土的野草、野花品种，修复以在地优势种为主体的复合群落。群落空间的水平布局优化方式主要包括随机分布、集群组团分布和嵌套分布：

1）随机分布：增大植物单品种在水平空间出现的偶然性，使其扩大生长随机度、广泛度，以人为的方式促进群落结构优化。

2）集群组团分布：按照一定的间距范围分散布置植株，形成簇生或多集群的随机分布，即"家族式分布"，多应用在自生型植被中，随着时间的推移，凭借簇生的异龄化优势促进群落丰富。

3）嵌套分布：不同种类的植物以相互嵌套的形式分布。此种重构方式保证了种源生存覆盖的大概率，多用于微地形塑造区域或山坡平缓区域。此种方式的播种或栽植不适宜于匍匐型或生长迅速的植被，避免造成单品种优势的过大规模，降低抵御风险的能力。

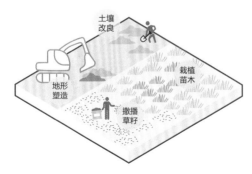

整地种草示意图

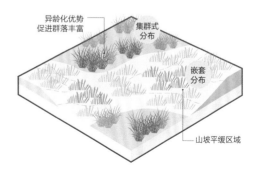

群落构建示意图

（7）养护育草

养护育草是在籽苗种植结束、群落构建完成后对植物进行土壤管理、水肥控制、病虫害防治等技术措施的过程，是丰草不可或缺的一环。其技术重点包括栽后前期养护和栽后后期养护。养护应以低成本、低维护、可持续为原则，促进草本群落的正向演替。

栽植后的前期养护主要包括盖土、浇水，必要时设遮阴棚，防止日灼失水，保证草本植物的正常生长。栽植后视季节更替和天气变化，根据植物习性和墒情及时浇水，一般遵循"不干不浇，浇则浇透"的原则。扦插苗大面积栽植成活后，前期的抚育重点为拔除杂草。原生地被混播混栽及近自然地被群落栽植区域不拔除杂草，适度体现野趣。

栽植后的后期养护主要包括松土、追肥、病虫害防治等。为防止土壤板结对植物生长造成不良影响，养护期内应每月在土壤不过分潮湿的条件下松土一次。栽植后应视苗木生长状况进行施肥，通常采用撒肥的方式，施肥后及时浇水。必不可少的病虫害防治工作应贯彻养护全周期。宿根植物在生长季节应根据株高、花期适当进行短截和摘心以促使分枝和分蘖，使冠丛丰满并增加开花量；草坪应适时进行修剪，以最大化其综合效益。

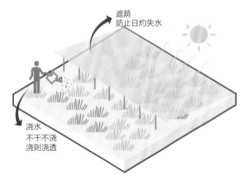

养护育草示意图

5.6.4 关键技术

（1）扶野丰草技术

1）技术介绍

扶野丰草技术是指利用本区域或临近区域的野草、野花、野菜、野果、野灌、野乔等种类或品种，在原

有适生、野生地域内，通过自然恢复与近自然补植的方式，"帮扶"、延续、扩大原有草本植被群落优势的技术措施。"扶野"措施的重点包括：①栽植乡土草本植物，完善适地性物种的群落结构，创造稳定的本土生境；②改善植被周边环境条件，扩大适合原有植被繁育的区域，帮扶其提升繁育、扩散能力；③注重丰富植物空间层次，运用乡土适生植被重建修复区域的景观风貌。扶野丰草技术的最终目的是通过最小化人工干预实现群落自我恢复能力的最大化提升。

2）关键流程

扶野丰草技术的重点包括划定扶野区域、选定适生植物、确定实施方案3个步骤。

①划定扶野区域，该步骤是扶野丰草的基础工作，一般情况下原生植被退化域或土壤裸露的区域是实施扶野丰草的重点区域，这些区域普遍存在生产力和生态功能降低、生物多样性下降、群落结构复杂程度降低、自身恢复功能减弱等问题。

②选定适生植物，指针对扶野区域的主要问题，依据地形、土壤、水文、光照等环境特征选取扶野植物的过程。应优先选用耐性、抗性、适应性突出的乡土适地植被，在大部分地区，满足上述条件的植物以禾本科、豆科、莎草科为主；在荒漠地区，菊科和藜科植物具有更强的适应性。

③确定实施方案，根据所选植物，尽可能利用其优势性状，确定最佳修复效果的实施方法的过程。扶野主要利用选定品种的根茎性状实现修复目标，通常会优先选择多种乡土草本植物实施复合型根茎生长的方案，如密丛型的羊茅属、根茎型的白茅、疏丛型的黑麦草和早熟禾、根茎疏丛共生型的草地早熟禾、匍匐茎型的狗牙根等优势种群。

（2）冷暖季型混播技术

1）技术介绍

冷暖季型混播技术是针对过渡气候带的气候条件，采用冷季型草和暖季型草混播的方式快速建植草地，实现草地四季常绿的生态修复方法。暖季型草绿期短，冬季会进入休眠状态，大部分品种抗寒性差，不易越冬；少数品种如结缕草属和野牛草属较耐寒。冷季型草耐寒性强，耐高温能力差，在温度较高时出

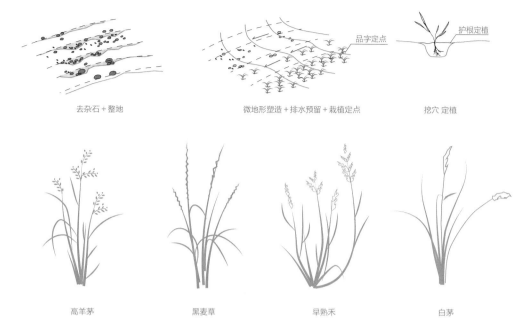

去杂石 + 整地　　　　　微地形塑造 + 排水预留 + 栽植定点　　　　挖穴 定植

高羊茅　　　　　黑麦草　　　　　早熟禾　　　　　白茅

扶野丰草技术

现夏枯、休眠甚至死亡的现象，有些品种如草地早熟禾、高羊茅等耐高温能力相对较高。

2）关键流程

冷暖季型混播技术的关键步骤包括草种选择和分季实施2部分内容。

①草种选择，冷暖季型混播技术可选用的较耐热冷季型草包括黑麦草、草地早熟禾、高羊茅等，较耐寒暖季型草包括野牛草、结缕草等。它们在建植草地的实践中可实现优势互补，提高草地生态服务功能中的游憩功能及观赏功能，具有广阔的应用前景。

②分季实施，选用较耐热的冷季型草和较耐寒的暖季型草以不同比例混合，在草地建植的不同时段进行播种，利用生长先后顺序及生物量控制，配合适当的后期养护最终实现草地绿期延长、四季常青的效果。春季以暖季型草为主，搭配适量冷季型草，采用种子播种的方式建植，在夏季可以形成草地，同时可以避免在秋季出现大面积黄化；在秋季以冷季型草为主，混合适量暖季型草，在秋冬延续草地青绿色的风貌。

（3）家族式种植技术

1）技术介绍

家族式种植技术是指在群落营建过程中，充分发挥"自然 + 人工"的优势，以自然的材料一人工的布局为特点，模拟植物在自然环境中的分布形态栽植草本植物，促进乡土植被演替进程的丰草方式。

2）关键流程

家族式种植的关键步骤包含选择草种、确定种植流程、选定栽植方式3个部分。

①选择草种，通常选用多年生丛生草本植物，如狼尾草属、羊茅属、芒属的植物，运用它们的根系生长特性，选择高大型、中等型、低矮型的同种植物。

②确定种植流程，在排水良好、土壤肥沃、土层深厚等立地条件较好的区域，家族式种植采取一般的种植流程即可，包括整地、定点、挖穴、定植等。在土壤瘠薄的区域，如山石缝隙中、岩壁凹陷处，应采用营养客土辅以打窝栽植，充分发挥客土有机质含量高、微生物活性强的优势，成簇、成组同穴栽植植物，最终促进绿量提升。

③选定栽植方式，栽植方式主要有"家族式、兵团式、星点式"3类。"家族式"种植的特点是不成行列式、规则式栽植，而是模拟自然界植物生长的状态，呈分散式、自然式栽植。通常以3～5丛植物为一

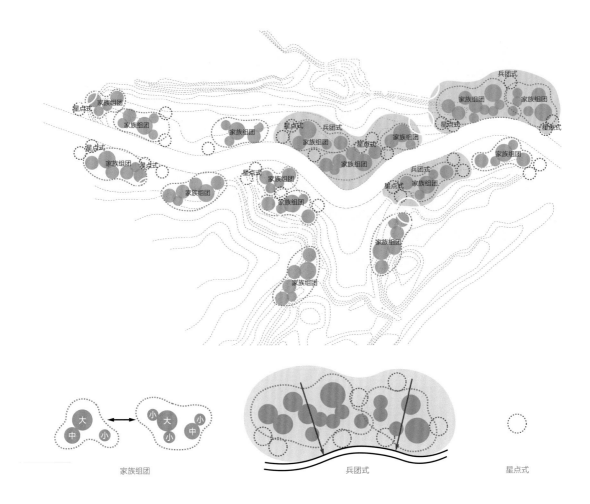

家族式种植技术

个"家族"，形成不对称、高低错落的植物组团，当组团数量为3~5时，以相同方式排列各个组团，并以此类推来扩大种植的规模。"家族式"种植的衍生形式为"兵团式"种植和"星点式"种植。"兵团式"栽植即在空阔地大规模栽植同规格的植被，形成大面积群植；"星点式"栽植则多用于宅旁、村旁、路旁、水旁等四旁地和坡面、树下、石边等处，以零星散点的方式栽植草本植物。

5.6.5 小结

丰草策略针对"草"这一重要的生态要素，将待修复的草地分为3类，以此为基础，通过"种质调查、场地研判、风貌规划、籽苗选择、整地种草、群落构建、养护育草"7个步骤，结合"扶野丰草、冷暖

季型混播、家族式种植"等关键技术，以基于自然和人文的解决方案修复草地生态系统，提升草地生态功能，实现"草绿"修复目标。

丰草技术集成体系

5.7 润土

5.7.1 概念、理念及意义

（1）概念

"润土"是针对"土"这一本底生态要素，以地质特征及土壤性状为基础，利用生态要素间协同合作的关系，以基于自然的解决方案增加有机质含量，提高土壤肥力；增加团粒结构，防止土壤板结；增加有益菌数量，抑制有害菌，实现土壤物理性质、化学性质、生物性质的全面提升，使土地重新焕发生命力，实现"土肥"目标的生态修复策略。

《说文解字》中对"润"的解释为："润：水曰润下。"。"润土"之润，是通过基于自然的解决方案润泽土壤，让土壤恢复健康的同时促使土中万物因此焕发生命力。

（2）理念

"润土"以生态学基本原理和可持续发展原则为基本指导，充分考虑并尊重土壤现状条件，针对地上动、植物的生长需求，应用多学科的知识体系及识别手段，利用生态要素间协同合作的关系，实现土壤物理性质、化学性质、生物性质的全面提升，满足生物多样性需求的同时，满足人民对于高质量的生态发展、高品质的美好生活的需要。

（3）意义

基于土对生命共同体其他要素的基础性作用，润土具有以下6大生态意义。

1）增加有机质含量，提高土壤肥力

土壤有机质不仅是一种稳定而长效的氮源物质，还含有作物和微生物所需要的各种营养元素。润土通过种植绿肥作物、增施有机肥料、秸秆还田等途径增加土壤有机质含量，结合合理的耕作和轮作、调节土壤水、气、热状况，控制有机质的转化，调节有机质的积累和分解过程，使土壤有机质的积累和消耗达到动态平衡。

2）增加团粒结构，防止土壤板结

土壤团粒结构内的毛细孔隙具有保存水分的能力，渗入土层中的水分受到毛管力的作用进入并保存在毛细孔隙中，形成一个个"小水库"。因此，土壤团粒结构含量越高，土壤结构越稳定，水肥气热状况越好，肥力也就越高。润土是利用土壤的化学和物理吸附原理，通过离子交换、土壤吸附、络合反应等过程，来增加土壤的孔隙度，使土壤疏松，改善土体通透状况，打破土壤板结。

3）增加有益菌数量，抑制有害菌

润土改变土壤耕作层微生物区系，在作物根系周围形成优势菌落，强烈抑制病原菌繁殖，使病害不发生；微生物在其生命活动过程中产生激素类、腐植酸类以及抗生素类物质，能刺激作物健壮生长，抑制病害发生，防治和减少土壤中的病原微生物对作物的危害。

4）促进其他生态要素的健康繁荣

①润土有利于山体边坡的水土保持

山体表面存在大量的岩石及土壤，润土有利于山体边坡的稳定，提升山体土壤的保水性，防止雨水对山体的冲刷和侵蚀，防止水土流失。

②润土有利于水、湖的生境健康

土壤对与之接触的水体存在较大的相互影响力：土壤中含氮、磷、钾等营养元素的无机盐部分溶解于水中，加之土壤中的有机物质经微生物的分解转化为无机营养盐，从而增大水体的肥力，土壤的酸碱度可通过地表径流或酸碱物质直接溶入水中，从而改变水体的pH值；水体中的有机质、营养元素及盐离子等也会对土壤的理化生性质产生决定性的改变。润土通过主动改变土壤的有机、无机及生物体内容，对水环境起到正向引导作用，并因此得到水体对土壤环境的正向反馈，实现土壤与水环境健康的良性循环。

③润土有利于林、草的繁荣

自然界中，植物的生长繁育必须以土壤为基础，土壤在植物生长繁育中有下列不可取代的特殊作用，包括营养库的作用、养分转化和循环作用、雨水涵养作用、生物的支撑作用、稳定和缓冲环境变化的作用。土壤供给植物正常生长发育所需要的水、肥、气、热的能力，称土壤肥力。各种植物对土壤酸碱度（pH）都有一定的要求。多数植物适于在微酸性或中性土壤上生长。植物生长发育需要有营养保证，需从土壤中吸收氮、磷、钾、钙、镁、硫、铁、锰、硼、

锌、钼等养分，其中尤以氮、磷、钾的需要最多。润土能有效的改良土壤，提高土壤肥力，促进林、草等植物的生长。

④润土有利于田的品质提升

"田的命脉在土"，田地中农作物的生长，离不开土壤肥力的作用。土壤肥力是土壤物理、化学、生物等性质的综合反映，这些基本性质都能通过直接或间接的途径影响植物的生长发育。润土可有效提高土壤的肥力，使土壤同时具有良好的物理性质（土壤质地、结构、容量、孔隙度）、化学性质（土壤酸度、有机质、矿质元素）和生物性质（土壤中的动物、植物、微生物）。

5）促进生态系统健康稳定

土壤覆盖于地球陆地表面，是岩石圈表面能够生长植物的疏松表层，是陆地植物生活的基质，提供植物生活所必需的矿物质元素和水分，是生态系统中物质与能量交换的重要场所；同时，它本身又是生态系统中生物部分和无机环境部分相互作用的产物。土壤在生态系统中的作用包括：①保持生物多活性、多样性和生产性；②对水体和溶质流动起调节作用；③对有机、无机污染物具有过滤、缓冲、降解、固定和解毒作用；④具有储存并循环生物圈及地表的养分和其他元素的功能。

6）提升生物多样性

土壤构成了组合无机界和有机界即生命和非生命联系的中心环境。土壤被污染后，就会破坏土壤生态平衡，使土壤生物大量死亡，土壤生物种群减少。润土改善土壤理化生物性质，保持生物多活性和多样性，提升生物多样性。

5.7.2 基本分类

我国土壤按照发生类型可以分为砖红壤、赤红壤、黄红壤、黄棕壤、棕壤、暗棕壤、寒棕壤、褐土、黑钙土、栗钙土、棕钙土、黑垆土、荒漠土、高山草甸土、高山漠土等15类。

（1）砖红壤

砖红壤是在热带雨林或季雨林下，发生强度富铁铝化和生物富集过程，具有枯枝落叶层、暗红棕色表层和砖红色铁铝残积B层[①]的强酸性铁铝土。砖红壤表土由于生物积累作用强，呈灰棕色，矿化作用强烈，形成的腐殖质分子结构比较简单，大部分为富铝酸型和简单形态的胡敏酸，分散性大，絮固作用小，形成的团聚体不稳固。砖红壤是中国最南端热带雨林或季雨林地区的地带性土壤，主要分布于海南岛、雷州半岛以及台湾南部以及广西、云南的部分地区。

（2）赤红壤

赤红壤地区干湿季节交替，有利于土壤胶体的淋溶，并在一定的深度凝聚，土壤普遍具有明显的淀积层。赤红壤的黏粒矿物组成比较简单，主要是高岭石，且多数结晶良好，伴生黏粒矿物有针铁矿和少量水云母，极少三水铝石。在正常情况下，赤红壤区的生物气候条件有利于土壤有机质的积累。赤红壤区的原生植被为南亚热带季雨林，植被组成既有热带雨林成分，又有较多的亚热带植物种属。赤红壤地区现有植被结构趋势是自北向南、自东向西热带性种属增多。赤红壤分布于北回归线两侧，纬度较低，北与西北是两面高山屏障，东南面海，夏季来自海洋的暖湿气流盛行，冬季来自内陆的干冷气团多受高山阻滞而削弱，从而形成冬暖夏热、湿润多雨的优异气候条件，系同一气候带内少有的天然温室。

（3）黄红壤

黄红壤是红壤向黄壤过渡的一类土壤。在垂直带谱上，它位于黄壤或黄棕壤之下，红壤或棕红壤之上，是构成红壤区山地土壤垂直带谱中的重要类型。黄红壤的成土母质主要有砂岩、板岩、泥岩、页岩、凝灰岩和花岗岩风化物，其次为基、中性岩浆岩和石灰岩等风化物。黄红壤的成土过程仍以脱硅富铝化作用为主，由于处在山地相对温凉湿润的气候条件下，土壤和空气湿度增加，呈现黄化附加过程，即因土体内氧化铁的结晶水增加，土体逐渐变为橙黄色。

---

① B层由土壤表层（A层）淋溶的物质下渗淀积而形成的土层。

但因其脱硅富铝化程度较弱，显示红壤向黄壤过渡的特征。黄红壤分布海拔高度一般在400～800m之间，但是由北向南和从东至西，其海拔高度范围呈逐步上升的趋势。

（4）黄棕壤

黄棕壤是指在北亚热带落叶常绿阔叶林下，土壤经强度淋溶，呈强酸性反应、盐基不饱和的弱富铝化土壤。黄棕壤是在北亚热带生物气候条件下，在温度较高、雨量较多的常绿阔叶或针阔叶混交林下形成的土壤，生物循环比较强烈，腐殖质类型以富里酸为主，且腐殖质层较薄，一般在10～20cm之间，有机质含量变化较大。所在地由于具有较高的温度和雨量，常形成黏重的心土层，甚至形成黏磐。中国的黄棕壤主要以东西长、南北窄的带状沿长江两侧延伸。由于东南季风的影响，即使同发育于下蜀黄土母质且处于同一纬度带的土壤，性质也有明显差异，东部地区的淋溶作用大于西部地区，南北方向的变化更为明显。

（5）棕壤

棕壤又称棕色森林土，是暖温带湿润气候区落叶阔叶林和针叶、阔叶混交林下发育的，处于硅铝化阶段并具黏化特征的土壤，主要分布于辽东半岛和山东半岛，河北、河南、山西、皖北及鄂西的山地垂直带中也有分布，其成土母质主要为中、酸性基岩风化物及其他无石灰性沉积物。具有明显的淋溶过程，碳酸盐及可溶盐被淋失，烈粒向B层聚积；原生矿物进一步风化分解，形成以水云母、蛭石为主的次生黏土矿物，伴有蒙脱石和高岭石。B层硅铝率3.2左右。全剖面颜色分异不明显，表层灰棕色，下部以棕色或浅褐色为主。在自然植被下表层粗有机质含量6%左右。全剖面不含游离碳酸钙，土壤pH 5.0～6.5。适宜种植果树和柞树，多种旱作，是北方较好的农业土壤；山坡为林业基地。

（6）暗棕壤

暗棕壤是在温带湿润季风气候和针阔混交林下发育形成的，表层腐殖质积聚，全剖面呈中至微酸性反应，盐基饱和度60%～80%，剖面中部粘粒和铁锰含量均高于其上下两层的淋溶土。暗棕壤又名暗棕色

森林土，过去曾一度被称为棕色灰化土、灰棕壤。直到1960年，经第一次全国土壤普查，才正式确立为暗棕色森林土即暗棕壤。

（7）寒棕壤

寒棕壤多见于寒温带湿润气候地区，土壤经漂洗作用，土壤中的氧化铁被还原随水流失的漂洗作用和铁、铝氧化物与腐植酸形成螯合物向下淋溶并淀积的灰化作用而形成寒棕壤，寒棕壤酸性大，土层薄，有机质分解慢，有效养分少，常种植亚寒带针叶林等植被。

（8）褐土

褐土是半湿润暖温带地区碳酸盐弱度淋溶与聚积，有次生黏化现象的带棕色土壤，又称褐色森林土。在中国，分布于关中、晋东南、豫西以及燕山、太行山、吕梁山、秦岭等山地低丘、洪积扇和高阶地，水平带位处棕壤之西，垂直带则位于棕壤之下，常呈复域分布。褐土呈中性、微碱性反应，矿物质、有机质积累较多，腐殖质层较厚，肥力较高。

（9）黑钙土

黑钙土是发育于温带半湿润半干旱地区草甸草原和草原植被下的土壤，是由腐殖质积累和石灰淋溶淀积两种过程共同作用的结果，其基本特点是剖面层次十分清楚，由腐殖质层、腐殖质舌状淋溶层、钙积层和母质层组成。腐殖质层可厚达30～50cm，钙积层多于50～90cm处。淋溶黑钙土的腐殖质层可厚达50cm以上，钙积层出现于1～1.5m及以下，草甸黑钙土的钙积层最为明显，而石灰性黑钙土多不明显。

（10）栗钙土

栗钙土是温带半干旱大陆气候和干草原植被下经历腐殖质积累过程和钙积过程所形成的具有明显栗色腐殖质层和碳酸钙淀积层的钙积土壤。

（11）棕钙土

棕钙土是钙层中最干旱的并向荒漠地带过渡的一种土壤，棕钙土中的腐殖质的积累和腐殖质层厚度是钙层土中最少的，土壤颜色以棕色为主，呈碱性反应，地面普遍多砾石和沙，并逐渐向荒漠土过渡。在我国，主要分布于内蒙古高原的中西部、鄂尔多斯高原、新疆准噶尔盆地的北部、塔里木盆地的外缘。

（12）黑垆土

黑垆土常见于暖温带半干旱、半湿润气候地区，由黄土母质形成，腐殖质的积累和有机质含量不高，腐殖质层的颜色上下差别比较大，上半段为黄棕灰色，下半段为灰带褐色。在我国，黑垆土主要分布于陕西北部、宁夏南部、甘肃东部等黄土高原上土壤侵蚀较轻、地形较平坦的黄土源区。

（13）荒漠土

荒漠土主要分布于温带大陆性干旱气候。荒漠土基本上没有明显的腐殖质层，土质疏松，缺少水分，土壤剖面几乎全是砂砾，碳酸钙表聚、石膏和盐分聚积多，土壤发育程度差。荒漠土在我国面积较大，约占国土总面积的1/5，主要分布于内蒙古、甘肃的西部，新疆的大部，青海的柴达木盆地等地区，植被稀少，以非常耐旱的肉汁半灌木为主。

（14）高山草甸土

高山草甸土位于气候温凉而较湿润的地区，剖面由草皮层、腐殖质层、过渡层和母质层组成。高山草甸土土层薄，土壤冻结期长，通气不良，土壤呈中性反应。

（15）高山漠土

高山漠土分布于我国藏北高原的西北部，昆仑山脉和帕米尔高原，这些地区气候干燥而寒冷，植被的覆盖度不足10%。高山漠土土层薄，石砾多，细土少，有机质含量很低，土壤发育程度差，呈碱性反应。

5.7.3 方法路径

润土针对地上动、植物的生长需求，采取识别土质、检测土项、松土清杂、土壤消杀、透气保水、肥力提升、深耕深翻和绿色营护八个步骤，实现土壤物理性质、化学性质、生物性质的全面提升。

（1）识别土质

识别土质是通过简便易操作的方法，在不采用检测设备的情况下，掌握快速识别土壤的酸碱性及肥力水平，可迅速确定润土工作的方向，加快润土的工作进程。比如，通过观察土壤的颜色、测量耕作层厚度、辨识土壤的保水性和适耕性、观察土表的水层水质、观察土表的淀浆或裂纹状态、观察土壤是否出现夜潮现象、辨别生长的植物种类及土壤动物种类等，快速判断土壤的肥力和酸碱性。

（2）检测土项

检测土项是在初步判断土壤土质后，针对具体的土壤场地现状及未来用地方向，掌握土壤的精确成

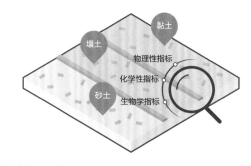

检测土项示意图

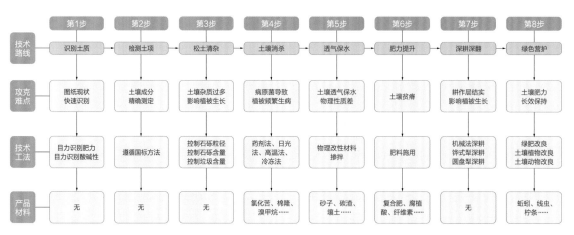

润土技术框架

分，对土壤物理性质、化学性质、生物性质等进行定量分析，为后续润土工作提出详实的数据基础。土项测定需采用符合标准的采样方法及检测方法，具体的测定项目包括物理性指标、化学性指标和生物学指标三类。物理性指标包括土壤质地、土层和根系深度、土壤容重和渗透率、田间持水量、土壤持水特征、土壤含水量；化学性指标包括有机质、速效钾、水解氮、有效磷、pH值、电导率等；生物学指标包括土壤上生长的植物、土壤动物、土壤微生物。

（3）松土清杂

松土清杂是利用机械清挖、人工筛分等方式，控制土壤中的杂物含量、砾石粒径、砾石含量等。土壤中往往存在岩石、砾石、建筑垃圾、其他杂填物等，此类物质会给植物根系的伸展、土壤动物的生存等带来较大影响，因此控制土壤中的杂质含量是润土的关键点之一。

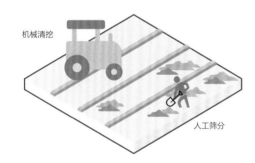

松土清杂示意图

（4）土壤消杀

土壤消杀是利用药剂法、日光法、高温法、冷冻法等方法高效快速杀灭土壤中真菌、细菌、线虫、杂草、土传病毒、地下害虫、啮齿动物等，很好地解决植物病虫害及高附加值作物的重茬问题，并显著提高作物的产量和品质。

土壤中存在很多微生物，其中许多病原物通过植物残体进行越冬越夏，若生产中对植物残体处理不够，土壤中残留了大量的植物病害病原菌，在合适的条件下，土壤里的病菌开始生长，并侵染植物，给植物的生长发育带来严重影响。

土壤消杀示意图

（5）透气保水

透气保水是利用机械翻耕、物料混合等方式改善土壤物理性质，提高土壤空气通透性，并使土壤具备一定的保水性，创造植被生长有利条件。土壤物理性质包括土壤结构和孔隙性、土壤水分、土壤空气、土壤热量和土壤耕性等。其中，土壤水分、空气和热量作为土壤肥力的构成要素直接影响着土壤的肥力状况，其余的物理性质则通过影响土壤水分、空气和热量状况制约着土壤微生物的活动和矿质养分的转化、存在形态及其供给等，进而对土壤肥力状况产生间接影响。因此，土壤物理性质差会严重影响植被的生长。

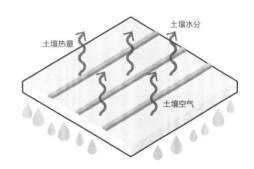

透气保水示意图

（6）肥力提升

肥力提升是利用复合肥、腐植酸、人工改良剂等添加剂提高土壤肥力，为植物生长提供必要且充足的营养物质及微量元素，改善植被生长环境，提高植被的生长品质。土壤有机质减少会引发土壤结构破坏和土壤板结、土壤肥力下降、土壤理化和生物性质恶化、土壤酸化和次生盐碱化、土传病害加剧、土壤净化能力减退等。

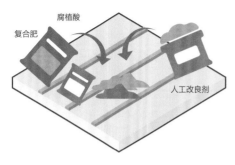

肥力提升示意图

（7）深耕深翻

深耕深翻是针对土地过度耕种等原因，导致土壤表层土面变硬而采取的措施。板结土壤孔隙度减少，通透性差，地温低，致使土壤中好气性微生物的活动受到抑制，水、气、热状况不能很好地协调，其供肥、保肥、保水能力弱，严重影响土壤动植物的生存。深耕的目的主要是破除深层土壤板结、打破板结硬化的犁底层、促进上下层土壤的沟通交换，在进行土壤深耕深翻时，大部分农田土壤进行25～35cm的深翻深耕即可，不可超过40cm，该深度足以满足作物生长的需求。

（8）绿色营护

绿色营护是针对土壤在植被的生长繁衍过程中，会不断消耗土壤中的肥力，产生土壤肥力流失、土壤贫瘠、盐渍化等问题而采取的措施。土壤功能性及生态性降低时，影响土壤动植物生长。绿色营护是通过种植绿肥、投放土壤动物、施用有益微生物等生态手段，实现持续改善土壤性状，提高土壤肥力，为农作物创造良好土壤环境条件的目的。

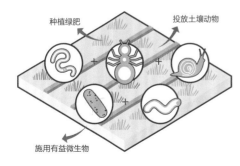

绿色营护示意图

5.7.4 关键技术

润土的关键技术包括日光消杀技术、高温消杀技术、透气保水技术、养分平衡技术、绿肥改土技术和土壤动物改土技术等。

（1）日光消杀技术

1）技术介绍

日光消杀技术是利用太阳辐射对土壤增温消毒作用，在高温晴朗天气，撤掉棚膜，深翻土壤，利用阳光中的紫外线和产生的热能杀死土壤中的有害生物，包括细菌、真菌、放线菌、根结线虫、地下害虫和杂草种子等。日光消毒的效果取决于吸收热量的多少、气温和土壤温度的高低、曝晒处理的时间长短、有害生物的热敏感性以及土壤的理化和生物特性等诸多因素。应用太阳光作为能源进行土壤消毒，操作简单方便、安全、廉价；对耐热并且能够拮抗土传病害的细菌、放线菌和真菌有益；改善土壤的营养成分；对病原菌的杀菌效果明显；能有效改善作物生长条件，促进作物的生长发育。

2）关键流程

日光消杀技术首先应在晴好天气对土壤进行深翻，并清理其中大块碎石及杂物，其次将土壤耙平，使之充分暴露在阳光下，最后连续曝晒七天，每日中间进行一次翻耙。

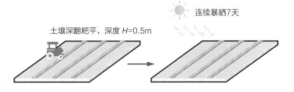

连续暴晒7天

土壤深翻耙平，深度 $H=0.5m$

日光消杀技术

（2）高温消杀技术

1）技术介绍

高温消杀技术多用于温室土壤，一般在6～7月高温季节进行，适当灌水后，在地表覆盖地膜，然后密封，利用高温进行土壤消毒。通常在处理的30cm土层内，土壤温度达到35～50℃。

高温消杀技术中土壤微生物区系表现为细菌及放线菌含量升高，真菌含量降低，改善了植物根系微生

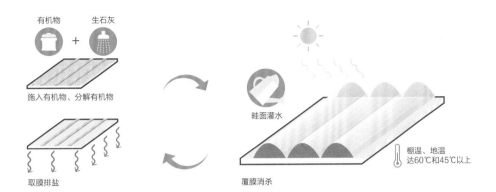

高温消杀技术

物的菌落结构，有益菌变为优良菌种，有效改善了土壤环境。对温室连作土壤减少了土壤盐分的积累，改善了土壤理化性质，平衡了土壤养分。经高温消杀技术处理后，高温、高湿、缺氧的环境使大部分酶易发生钝化，失去活性，主要表现为蔗糖酶、脲酶、碱性磷酸酶以及脱氢酶的降低。高温消杀技术操作简单、经济实用、对环境友好，但是受天气影响较大，效果不稳定。

2）关键流程

高温消杀一般需要与地理培养相结合，其关键流程包括施入有机物、分解有机物、覆膜消杀、取膜排盐。

①施入有机物，在每年的七八月份前茬作物收获后，每栋温室（333.33m²）施入稻草或其他粗大的有机物500kg，并最好将其进行铡碎处理。

②分解有机物，为了促使有机物的分解，杀菌和消灭杂草及提温的效果，再加入40kg生石灰，与耕作土壤充分混合。撒生石灰最好在早晨天晴时，石灰上轻洒一些水，减少飞散和防止操作者吸入呼吸道。

③覆膜消杀，修筑宽80～90cm的小畦，畦面充分灌水，使土壤保持充足的水分，用塑料薄膜覆盖，完后密闭。在太阳光照射下，棚温迅速提高，其中棚温和地温白天能达到60℃和45℃以上，通过高湿热增强灭菌效果。

④取膜排盐，经20天左右消杀终了，及时除去全部塑料薄膜，起到加快有机物分解和排除土壤中盐分的作用。

（3）透气保水技术

1）技术介绍

透气保水技术是通过增施有机肥与生物肥、合理浇水、中耕松土等措施增加土壤有机质和土壤团粒结构，以此来疏松土壤，提升透气性，提高作物产量的技术。

2）关键流程

透气保水技术的关键流程包括增施有机肥、合理浇水、重施生物菌肥和中耕松土等。

①增施有机肥，通过秸秆还田等生态手段提高土壤中有机质含量，改良土壤，是提高土壤透气性的根本措施。有机质的提高促进了土壤微生物活性，通过微生物的活动疏松土壤，产生一些对促进根系生长有利的物质。

②合理浇水，传统的沟灌、畦灌等方式浇水后土壤表层板结、透气性下降，对土壤侵蚀、压实的作用很强，大水漫灌使土壤内的空气被挤出，土壤的团粒结构也被破坏，不利于土壤保水保肥性的提高，需要中耕松土，打破土壤表层的板结，恢复土壤的透气性。合理灌溉有保护土壤的作用，慢慢浸润土壤，使土壤疏松，透气性更强。

③重施生物菌肥，利用有益微生物本身改良土壤、提高土壤透气性的作用。经过长时间的连作种植，土壤中的有害微生物积累，有益微生物减少，施用生物菌肥可以使得土壤中的有益微生物重新占据优势。

④中耕松土，中耕松土是指作物定植之后在表土耕作，将地表锄松、翻土壤，能够促进根的呼吸作用，有利于矿质元素的吸收；促进硝化细菌的化能合成作用，增强土壤肥力；抑制反硝化细菌的作用，保持土壤肥力；有利于固氮微生物的生长，提高拌种植物的产量；还有利于植物根系伸展，提高地温，促进好氧分解者的活动，加速有机物的分解，促进物质循环，改善土壤，有利于植物生长。

（4）养分平衡技术

肥沃土壤的养分状况应该是缓效养分、速效养分，大量、中量和微量养分比例适宜，养分配比相对均衡。养分平衡技术是以目标产量所需要养分量由土壤和肥料供给为原理，通过精准施肥以达到供求的平衡。

养分平衡技术是与土壤养分状况密切相关的，特别是土壤有效磷、速效钾的含量，是确定磷肥和钾肥施用量的依据。这就需要通过对土壤进行化验分析，再经过计算后得出施用量。可采用较为简单的方法，即以产定氮（每生产100kg作物所需氮量），在确定了氮的施用量后，根据土壤化验结果，通过调整氮、磷、钾的比例来确定磷、钾肥的施用量。

（5）绿肥改土技术

1）技术介绍

绿肥是用绿色植物体制成的肥料，是一种养分完全的生物肥源。绿肥改土技术是将绿肥翻入土壤后，在微生物的作用下，不断地分解，释放出大量有效养分，形成腐殖质。腐殖质与钙结合能使土壤胶结成团粒结构，有团粒结构的土壤疏松、透气，保水保肥力强，调节水、肥、气、热的性能好，有利于作物生长。绿肥植物一般选择对土壤要求不严格、适应性广、生长速度快、生物量大的植物，主要包括豆科、非豆科两大类。其中豆科作物包括紫云英、苜蓿、草木樨、柽麻、田菁、蚕豆、苕子、紫穗槐等；非豆科作物有肥田萝卜、荞麦等，以及各种水生绿肥。

2）关键流程

以箭舌豌豆为例，绿肥改土的关键流程包括播种、翻压等。箭舌豌豆以8月中下旬为播种期，播种

量4kg/亩。平原岗地可深翻、整平后，待土壤墒情适宜时撒播。山区需除去地膜和杂草，浅锄垄体表土，在垄体上拌细土撒播，尽量不要将种子撒在垄沟里。在次年4月上旬（作物播种前）对豌豆苗进行翻压，每亩翻压量控制在1200～1500kg，多余的生物量移出田间。翻压深度控制在15～20cm，应做到植株不外露、土壤细碎沉实。对移出田间的植株可晒干作为牲畜青饲料。

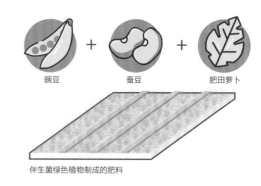

伴生菌绿色植物制成的肥料

绿肥改土技术

（6）土壤动物改土技术

土壤动物改土技术是利用蚯蚓、蜈蚣、千足虫、蜗牛、蛞蝓、草履虫等土壤动物对土壤有机质进行强烈的破碎和分解，将其转化为易于植物利用或易于矿化的化合物，并释放出活性钙、镁、钾、钠和磷酸盐类等，促进对土壤腐殖质的形成、养分的富集、土壤结构的形成、土壤发育及透气保水性能等，对土壤产生持续改良作用。

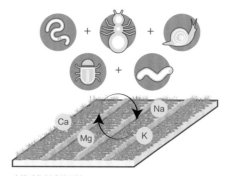

土壤动物制成的肥料

土壤动物改土技术

5.7.5 小结

　　润土策略针对"土"这一重要生态要素，根据我国土壤的基本类型，以场地土壤形状及功能需求为基础，通过"识别土质、检测土项、松土清杂、土壤消杀、透气保水、肥力提升、深耕深翻、绿色营护"8个步骤，结合"日光消杀、高温消杀、透气保水、养分平衡、绿肥改土、土壤动物改土"等关键技术，以基于自然和人文的解决方案全面提升提升土壤物理性质、化学性质、生物性质，系统增加有机质含量，提高土壤肥力，调节水体和溶质流动，过滤、缓冲、降解、固定有机、无机污染物，储存并循环生物圈及地表的养分和其他元素，促进生态系统平衡，保持生物多活性和多样性，实现"土肥"目标。

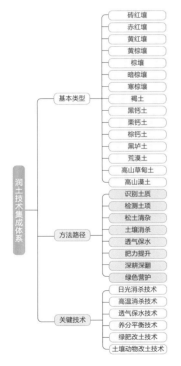

润土技术集成体系

5.8 弹路

5.8.1 概念、理念及意义

（1）概念

　　"弹路"是针对"路"这一支撑要素，以自然地理特征为基础，在最大限度保护自然生态系统的基础上，以轻干扰、浅介入为准则，依山就势，避让水系、植被等生态要素，合理设置步道系统，对人流交通进行梳理、引导，在满足通行要求的同时，尽可能降低对生态系统的干扰，最大限度维持生态系统的完整性，实现"路悠"目标的生态修复策略。

　　弹路之策重在"弹"，《说文解字》中对"弹"的解释为："弹，行丸也。"本义是弹弓，可引申为弹性，即发生弹性形变后可以恢复到原来状态的一种性质。路在此仅指步道。"弹路"意指步道建设需富有弹性，建设过程中通过低干预施工以降低生态"形变"，建设完成后步道周边生态系统尽可能恢复到初始未破坏状态。具体来说，"弹路"理念下的步道建设，重视踏勘利旧以减少新道路建设，采用地方材料体现原乡风貌，因地制宜注重生态友好，就地取材兼顾经济实用，形成了包含踏勘选线、风貌研究、生态材料选用、生态工法应用等生态步道规划设计及建造技术体系。

（2）理念

　　弹路秉承绿色、低碳、循环、耐久、因地制宜、经济适用的理念，将满足生态、生产、生活需求的道路，建设成围绕人流组织和场景呈现的生态风景道。生态风景道的尺度、线型、色彩、质地、效果等与周围生态环境、风景特色、场所功能以及生命共同体各要素紧密结合，并轻轻融入其中，形成"因景设路""因路得景"的空间效果和"步移景异""景以境生"的意境升华，最终使路与其他生态要素共同构成优美的生态风景。

（3）意义

　　"弹路"旨在通过规划设计阶段的生态适宜性分析，建设实施过程中的轻干扰措施，把步道规划与建设纳入生态修复整体解决方案，减少或消除步道建设对生态环境的破坏，塑造富有原乡特色的生态步道系统。

1）维护原有植被完整性，减少对山体的破坏

　　"弹路"理念指导下的步道建设通过踏勘步道路线、选用生态材料、优化施工工艺，尽量减少对森林、草地等自然生态要素的干扰，有利于维持自然生态系统的良性运转。在步道建设中，依山就势的选线

手法、因地制宜的施工工艺是最大限度减少修路对原有山体影响的有效途径。

2）协助组织地表径流，降低径流的冲刷

"弹路"理念指导下的步道建设不仅能最大限度减少修路对原有径流的破坏，还可以依托道路边沟等汇集周边场地雨水，组织地表径流，降低径流对山体冲刷的风险。

3）维持田园生态，形成原乡风貌

"弹路"理念下的田园步道融合田埂与机耕道功能，生态实用，且与农田环境相融合，是维持田园生态、形成原乡风貌的重要前提。

弹路技术框架

5.8.2 基本类型

步道根据材料可分为8类，分别为泥结路、泥沙路、沙土路、沙石路、沙子路、三合土路、石子路、石板路。

（1）泥结路

泥结路是以黏土为主要材料，以少量中粗沙、石屑、土壤固化剂为辅助材料（材料配比要求为黏土：

（中粗沙+石屑）≥4：1），按嵌挤原理铺压而成的路面。泥结路路面的结构强度主要依靠黏土及土壤固化剂的粘结作用。

（2）泥沙路

泥沙路是以黏土为主要材料，以一定数量中粗沙、石屑、土壤固化剂为辅助材料（材料配比要求为4：1＞黏土：（中粗沙+石屑）≥3：2），按嵌挤原理铺压而成的路面。泥沙路路面的结构强度主要依靠黏土及土壤固化剂的粘结作用。

（3）沙土路

沙土路是以中粗沙为主要材料，以一定数量黏土、石屑、土壤固化剂为辅助材料（材料配比要求为黏土：（中粗沙+石屑）＜2：3），按嵌挤原理铺压而成的路面。沙土路路面的结构强度主要依靠黏土及土壤固化剂的粘结作用。

（4）沙石路

沙石路是以粗沙为主要材料，以碎（砾）石、石屑、黏土为辅助材料，按嵌挤原理铺压而成的路面。沙石路路面的结构强度主要依靠粗沙、石屑、碎（砾）石等石料颗粒的嵌挤锁结作用以及黏土的粘结作用。

（5）沙子路

沙子路学名为现制砂基透水路面，是在原来预制砂基透水砖技术基础上实现的升级换代，砂基透水砖需要工厂预制，现场拼装。而现制砂基透水路面可以像混凝土路面一样，现场摊铺，一次成型，方便快捷，是一种新型的生态、环保路面。

现制砂基透水路面以沙漠的风积沙为主要原料，利用"降低水的表面张力"原理，通过微颗粒界面改性技术，形成超亲水覆膜砂，再利用高频微振技术，使覆膜砂挤压粘结成型时受力均匀并获得高致密性和高强度，同时覆膜砂均匀分布微米级孔隙保持高孔隙率。其具有缓解热岛效应、防堵塞、防滑、吸尘降噪、施工周期短等优势。

（6）三合土路

三合土是一种建筑材料，由石灰、碎砖和细砂所组成，其实际配比视泥土的含沙量而定。三合土路是由三合土分层夯实形成的路面，具有一定强度和耐水性。

（7）石子路

石子路是以轧制的碎（砾）石为主要材料，以石屑、黏土、粗沙为辅助材料并按嵌挤原理铺压并辅以灌浆工艺铺筑的路面。石子路路面的结构强度主要依靠石料颗粒的嵌挤锁结作用以及灌浆材料的粘结作用。其嵌挤锁结力之大小取决于石料本身强度、形状、尺寸、表面粗糙程度及碾压质量。其粘结力则取决于灌缝材料的内聚力及其与石料之间的粘附力的大小。石子路按施工方法及灌缝材料的不同，分水结碎（砾）石、水泥结碎（砾）石、泥结碎（砾）石、泥灰结碎（砾）石、干压碎（砾）石、湿拌碎（砾）石等路面。

（8）石板路

石板路是指在路基上铺上一层石板作为面层的道路，既洁净防水，又具有很高的强度和耐久性，一般应用于公园步道及传统街巷村落。后者石板路多为古代遗存，历史较为悠久，与自然地势结合紧密，道旁野草丛生，富有乡土味。

5.8.3 方法路径

弹路以构建满足行人通行要求、最大限度维持生态系统完整性为目标，包含"道路选线、断面选型、路槽开挖、管线铺设、路基整平夯实、垫层铺筑、基层铺筑、结合层铺筑、面层铺筑、设施配套、路面养护"共11个步骤。

（1）道路选线

道路选线是指基于道路选型结论，通过实地踏勘明确道路现状、地形地貌、沿途风景，并结合生态适

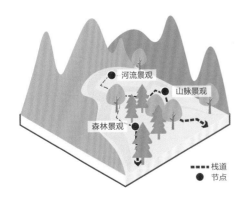

道路选线示意图

宜性分析，确定道路选线，优化道路沿途节点设置方案。在重视踏勘利旧、贯彻择优避险原则的基础上，充分发掘沿途风景节点，以期达到"自然而然但意料之外"的风景呈现。

（2）断面选型

断面选型是指步道的横断面及纵坡的分析与设计。步道纵坡设计参照沿线地形，基于步道选线方案进行设计。由于地形或基底条件限制，步道纵坡坡度无法达到公园设计规范相关规定时，应设置扶手、栏杆、挡墙等设施，保证人员步行安全。步道横向设计是根据道路的用途，结合当地的地形、地质、水文等自然条件确定横断面的形式、各部分的结构组成和几何尺寸。生态修复中步道横断面设计主要从路面排水效率、行人使用舒适度、与场地地形结合、与边沟等设施结合等方面进行研究，做到"舒适、自然、安全、生态"。

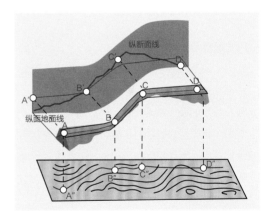

断面选型示意图

（3）路槽开挖

道路路槽和管线沟槽的开挖，需在现状管线调研基础上，统筹管线与道路进行设计。路槽与沟槽的统筹施工，能够避免二次开挖造成对路基质量的不良影响。实际施工可采用"管网BIM系统构建与利用"技术，在生态敏感区以及现状地下管线较复杂区域内施工作业，采用"人机协同"，进行精准、微创的施工，把施工作业对现状生态环境及管线的干扰降到最低。

路槽开挖示意图

（4）管线铺设

生态步道建设尽量减少管线路由，合理设置检查井等附属设施，合理规划、统筹安排同类管线共管共沟施工，最大限度控制管线施工对环境基底开挖的破坏。

（5）路基整平夯实

生态步道建设的整平夯实遵循先轻后重、先慢后快、先静后振、由低向高、胎迹重叠的原则。对于松软地基要做好加固或换填处理工作，而黏土可直接夯实，无需换填或添加嵌缝料。随着施工的进程及时对横断面坡度和纵断面坡度进行检查。流入路基的地下水、涌水、雨水等用暗渠、侧沟排除。

（6）垫层铺筑

生态步道建设使用的垫层可分为稳定性垫层和透水性垫层两大类。稳定性垫层是由整体性材料如石灰土或石灰煤渣土等构成。透水性垫层是由松散的颗粒材料如砂、砾石、碎石、炉渣、片石等构成。透水性垫层对材料的要求不高，但水稳性、隔热性和吸水性一定要好。在透水性垫层中，"透水铺装生态砂反滤层技术"被广泛应用于砂基透水道路的建造中。该技术主要应用于砂垫层，以形成较大的孔隙，切断毛细水的上升，冻融时又能蓄水、排水，可减少路面的冻胀和沉陷。此外，在雨季地下水位较高地段，优先选用石灰土垫层，这类垫层成型后强度高，还有良好的水稳性和冻稳性，可以减少翻浆和冻胀的危害。

（7）基层铺筑

生态步道以原乡风貌的沙土路和泥结路为主，无机结合料稳定材料作为基层材料，被大量选用。该材料的刚度介于柔性路面材料和刚性路面材料之间。以此材料修筑的基层或底基层亦称为半刚性基层或半刚性底基层。半刚性基层的优点是强度比较高（且强度还会随着其自身龄期的增长而增强），稳定性好，抗冻性能强，结构本身自成板体。

（8）结合层铺筑

步道结合层的质量好坏，一定程度上会影响步道面层效果。结合层需要保证粘结度并控制平整度。生态步道建设主要采用界面结合剂涂刷技术对旧有路面进行界面处理。

（9）面层铺筑

生态步道修复中的面层较多采用土、砂、砾石（或碎石）的稳定混合料。在施工时，使用植草道路混播草籽碾压技术，打造植草步道，使步道与自然环境更加融合，降低对斑块的分隔作用。

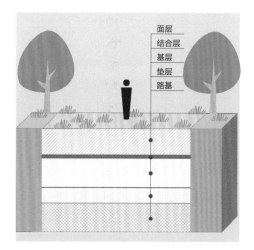

面层铺筑示意图

（10）设施配套

生态步道的附属设施包括护栏、路肩、边沟、边坡、路缘石、生物廊道、服务设施、安防设施等。在生态步道附属设施建设过程中，各类设施的设计、建造，都需要尽量保证生态廊道稳定性和连续性，提升生态修复区域生态系统质量。

设施配套示意图

（11）路面养护

生态步道会因直接承受交通荷载的作用以及气候、水文等自然因素的影响而损坏。因此，必须采取预防性、经常性的保养和修理措施，以保持路面平整完好、横坡适度、排水畅通、强度充分和防滑等性能，有计划地对路面进行改善。

5.8.4 关键技术

（1）抛物线型横坡雨水快排技术

抛物线型横坡雨水快排技术是指在整体生态路面，采用抛物线型横坡，结合路侧排水生态草沟，由道路中心线向两侧路肩路面放坡，形成雨水水量越大，道路横坡越大的排水坡度体系。技术要点包括抛物线型横坡的横坡坡度（1.5%～2.5%）较常规人行道路大以及在同一区段的道路横坡坡度大于纵坡坡度。

（2）透水铺装生态砂反滤层技术

透水铺装生态砂反滤层技术应用于砂垫层，此垫层有较大的孔隙，能切断毛细水的上升，冻融时又能蓄水、排水，可减少路面的冻胀和沉陷。技术要点反滤层具有较大孔隙和铺装为透水基层，代表性材料为生态砂、粘结剂。

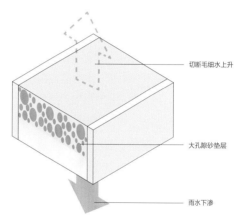

切断毛细水上升

大孔隙砂垫层

雨水下渗

透水铺装生态砂反滤层技术

（3）无机结合料稳定基层技术

1）技术介绍

无机结合料稳定混合料是对一类道路修筑材料的统称。在各种粉碎或原状松散的土、碎（砾）石、工业废渣中，掺入适当数量的无机结合料（如水泥、石灰或工业废渣等）和水，经拌和得到的混合料在压实与养生后，其抗压强度符合规定要求的材料称为无机结合料稳定混合料。以无机结合料稳定混合料修筑的路面基层称为无机结合料稳定基层。其中掺入的无机结合料为石灰时，可称为石灰稳定类基层；掺入的无机结合料为水泥时，可称为水泥稳定类基层；掺入的无机结合料为工业废渣时，称为工业废渣稳定类基层。

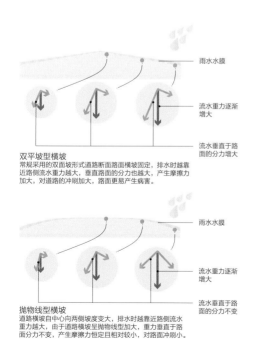

雨水水膜

流水重力逐渐增大

流水垂直于路面的分力增大

双平坡型横坡
常规采用的双平坡形式道路断面路面横坡固定，排水时越靠近路侧流水重力越大，垂直路面的分力也越大，产生摩擦力加大，对道路的冲刷加大，路面更易产生病害。

雨水水膜

流水重力逐渐增大

流水垂直于路面的分力不变

抛物线型横坡
道路横坡自中心向两侧坡度变大，排水时越靠近路侧流水重力越大，由于道路横坡为抛物线型加大，重力垂直于路面分力不变，产生摩擦力恒定且相对较小，对路面冲刷小。

抛物线型横坡雨水快排技术

无机结合料稳定材料的刚度介于柔性路面材料和刚性路面材料之间,常称之为半刚性材料。以此修筑的基层或底基层亦称为半刚性基层或半刚性底基层,其优点包括强度比较高且强度随龄期的增长而增长、稳定性好、抗冻性能强及结构本身自成板体。

2)关键流程

①路拌法施工

无机结合料稳定基层施工包括无机结合料稳定基层施工备料和无机结合料基层路拌法施工。无机结合料稳定基层施工备料包括土料、集料、水泥、生石灰。土料应在预定的深度范围内采集土,不应分层采集,当需分层采集土时,应将土先分层堆放在一场地上,然后从前到后将上下层土一起装车运送到现场;人工拌和时,应筛除15mm以上的土块。集料掺加的碎石宜加工成3~4个不同粒径,以便于和其他自然材料(工业废渣、天然砂砾)混合后达到规范要求的颗粒组成范围。水泥稳定类基层采用路拌法时宜选用袋装水泥、采用场拌法时宜选用散装水泥。当石灰堆放时间较长时,应覆盖封存;生石灰块应在使用前7~10天充分消除;消石灰宜过孔径10mm的筛,并尽快使用。

无机结合料基层路拌法施工工艺流程:准备下承层→施工放样→备料、摊铺土或集料→洒水闷料→整平和轻压→摆放和摊铺无机结合料(如水泥、石灰等)→拌和(干拌)→加水并湿拌→整形→碾压→接缝和调头处的处理→养生。部分操作工艺详细步骤如下:

a. 准备下承层。

b. 施工放样。

c. 备料、摊铺土或集料:应在摊铺水泥的前一天进行,摊铺长度按日进度的需要量控制,满足次日完成掺加水泥、拌和、碾压成型即可。

d. 洒水闷料:如已整平的土(含粉碎的老路面)含水量过小,应在土层上洒水闷料。

e. 整平和轻压。

f. 摆放和摊铺无机结合料(如水泥、石灰等)。

g. 拌和(干拌):二级及二级以上公路应采用稳定土拌和机进行拌和并设专人跟随拌和机,随时检查拌和深度并配合拌和机操作员调整拌和深度;拌和深度应达稳定层底并宜侵入下承层5~10mm,以利上下层粘结;严禁在拌和层底部留有素土夹层;通常应拌和两遍以上,在最后一遍拌和之前,必要时可先用多铧犁紧贴底面翻拌一遍。直接铺在土基上的拌和层也应避免素土夹层。

h. 加水并湿拌:混合料拌和均匀后应色泽一致,没有灰条、灰团和花面,即无明显粗细集料离析现象,且水分合适和均匀。

i. 整形:混合料拌和均匀后,应立即用平地机初步整形。在直线段,平地机由两侧向路中心进行刮平;在平曲线段,平地机由内侧向外侧进行刮平。必要时,再返回刮一遍。(整形原则同碾压原则)

j. 碾压: Ⅰ)路面的两侧应多压2~3遍。Ⅱ)整形后,当混合料的含水量为最佳含水量(±1%~±2%)时,应立即用轻型压路机并配合12t以上压路机在结构层全宽内进行碾压。直线和不设超高的平曲线段,由两侧路肩向路中心碾压;设超高的平曲线段,由内侧路肩膀向外侧路肩进行碾压。碾压时,应重叠1/2轮宽,后轮必须超过两段的接缝处,后轮压完路面全宽时,即为一遍。

k. 接缝和调头处的处理:同日施工的两工作段的衔接处,应采用搭接。前一段拌和整形后,留5~8m不碾压,后一段施工时,前段留下未压部分,应再加部分水泥重新拌和,并与后一段一起碾压。应注意每天最后一段末端缝(即工作缝和调头处)的处理。纵缝的处理:水泥稳定土层的施工应该避免纵向接缝,在必须分两幅施工时纵缝必须垂直相接,不应斜接。

l. 养生。

②厂拌法施工

无机结合料基层厂拌法施工工艺流程部分施工工艺详细步骤如下:

a. 准备下承层:下承层经监理工程师验收合格,中线、水平、高程均符合设计要求,下承层平整、坚实,路拱符合要求。

b. 集料拌和:混合料集中拌和,拌和前先调试好所用的厂拌设备,使拌和的混合料含水量适当、均匀无粗细颗粒离析现象。

c. 摊铺:采用机械摊铺,按照监理工程师批准的

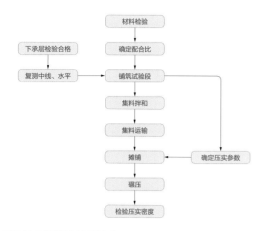

无机结合料稳定基层技术

试验路段的施工工艺、施工机械进行混合料的施工。集料运输车装车时严格控制数量，保持基本相等，严格掌握卸料距离，使混合料装卸均匀。

d. 碾压：在最佳含水量时遵循先轻后重的原则进行碾压，并且碾压至要求的压实度。每一作业或2000m²以内检查6次。直线段由两侧路肩向路中心碾压，平曲线段由内侧路肩向外侧路肩进行碾压。碾压时后轮重叠1/2的轮宽，碾压次数6~8遍，碾压速度头两遍控制在1.5~1.7km/h，以后采用2.0~2.5km/h。严禁在后完成的或正在碾压的路段上调头和急刹车。

两工作段的搭接部分做成横向接缝，摊铺机驶离混合料末端。重新开始摊铺混合料之前，将上次摊铺碾压后压实层末端形成的斜坡挖除，并挖成一横向（与路中心线垂直）垂直向下的断面，然后将摊铺机返回到已压实层的末端，开始摊铺。

施工中，加水拌和至碾压终了的时间不能超过2小时。

e. 养生：碾压完成后立即进行养生，先洒水然后用土工布（膜）覆盖，养生期不少于7天。养生时注意环境保护。施工遇下雨要立即停止施工，除非已摊铺混合料。此时，混合料尽快碾压密实。

（4）植草道路（粒料路面）混播草籽碾压技术

植草道路（粒料路面）混播草籽碾压技术是指在植草沙土路、植草沙石路、植草石子路等植草粒料路面，在面层铺筑过程中，加入草籽，形成的路面覆绿效果更加自然。具体做法为：面层材料铺摊完毕后撒草籽，钉耙平整并碾压密实；撒铺5mm厚路面保护层材料（黏土、中粗砂、砾石等混合材料），平整后碾压密实。保护层日常喷水养护。

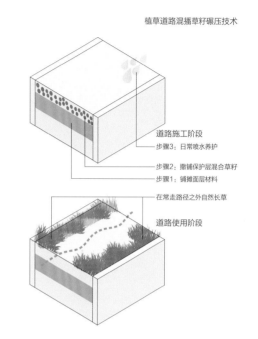

植草道路混播草籽碾压技术

道路施工阶段
步骤3：日常喷水养护
步骤2：撒铺保护层混合草籽
步骤1：铺摊面层材料

在常走路径之外自然长草
道路使用阶段

植草道路（粒料路面）混播草籽碾压技术

（5）"添砂、扫砂、匀砂"粒料路面养护技术

1）技术介绍

"添砂、扫砂、匀砂"粒料路面养护技术是指对泥结碎石、砾石和级配碎石、砾石及其他粒料路面的养护技术，保养工作主要是保护层的养护和磨耗层的小面积修补、排除路面积水、保持路面清洁。松散保护层的保养应做到勤添砂、勤匀砂、勤扫砂并去除细粉。

2）关键流程

勤添砂：砂要颗粒匀称，质地坚硬，因车辆碾压或行人踩踏，颗粒逐渐变小，需要及时添砂，保持保护层适当厚度。添加量应根据交通量大小、气候、季节等特点而定。多雨地区或雨季，砂层宜厚一些，平曲线上宜厚一些，直线上可薄一些。

勤扫砂：采用机械扫砂车或人力扫砂，把被碾飞到路面两边和路肩上的砂子及时均匀扫回到路面上。

勤匀砂：为使保护层均匀平整，不起波浪，应经常匀砂。匀砂应掌握雨前多匀、砂厚多匀、添砂后多匀等原则。

勤除细粉：保护层粒料被车辆碾压或行人踩踏磨耗后，细粉增多，在雨季压实后形成细粉层，易产生波浪、坑槽，影响路面坚实平整，应及时清除。其方法为在雨后用人力刮平器或机械刮平器清除，也可在晴天把砂扫起来，筛除细粉后，再撒到路面上。

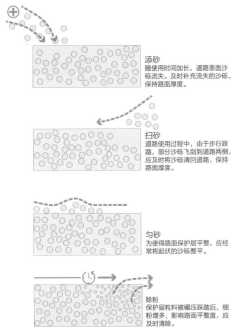

添砂
随使用时间加长，道路表面沙砾流失。及时补充流失的沙砾，保持路面厚度。

扫砂
道路使用过程中，由于步行踩踏，部分沙砾飞剑到道路两侧，应及时将沙砾清扫回道路，保持路面厚度。

匀砂
为使得路面保护层整平，应经常将起伏的沙砾整平。

除粉
保护层粒料被碾压踩踏后，细粉增多，影响路面平整度，应及时清除。

"添砂、扫砂、匀砂"粒料路面养护技术

5.8.5 小结

弹路策略针对"路"这一重要构成要素，根据常见的道路基本类型，在最大限度保护自然生态系统的基础上，以轻干扰、浅介入为准则，通过"道路选线、断面选型、路槽开挖、管线铺设、路基整平夯实、垫层铺筑、基层铺筑、结合层铺筑、面层铺筑、设施配套、路面养护"11个步骤，结合"抛物线形横坡雨水快排、透水铺装生态砂反滤层、无机结合料稳定基层、植草道路（粒料路面）混播草籽碾压、"添砂、扫砂、匀砂"粒料路面养护"等关键技术，形成原乡风貌，降低道路对生态系统的干扰，实现"路悠"修复目标。

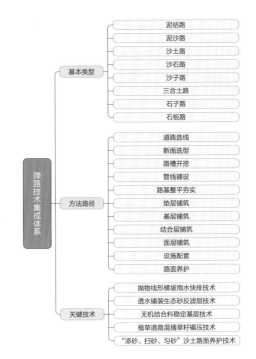

弹路技术集成体系

5.9 丰富生物多样性

5.9.1 概念、理念和意义

（1）概念

"丰富生物多样性"是以现状物种类型及生境现状特征为基础，通过筛选焦点物种、识别核心生物栖息地、建立外围缓冲区、连通生物廊道、清除入侵物种、典型栖息生境修复、引入适宜物种、制定管控导则、建立动态监测预警机制，改善生境品质，提升食物链复杂度与稳定性，实现"物丰"目标的生态修复策略。

丰富生物多样性重在"丰"，"丰"作为动词有三重意思，一是增大、扩大之意，如《后汉书·班固传上》："树中天之华阙，丰冠山之朱堂。"二是使充足之意，如《国语·晋语一》："义以生利，利以丰民。"三是丰收之意，如《管子·五行》："岁农丰，年大茂。"丰富生物多样性即根据不同类型生物的习性，改善栖息地质量，扩大特定生物的生存空间，从而丰富物种多样性、遗传多样性和生态系统多样性。

（2）理念

基于最优价值生命共同体理论的生物多样性丰富

应坚持保护优先、自然恢复为主的态度，科学合理地分析并划定核心保护区、外围缓冲区、生物廊道及其边界，在此基础上，利用基于自然的生境修复技术，对退化生境进行入侵物种清理、典型生境修复及适宜物种引入，从而达到丰富生境类型，提升生境质量，最终呈现人与自然和谐相处的场景。

（3）意义

生物多样性是地球生命的基础。它的重要的社会经济伦理和文化价值无时不在宗教、艺术、文学、兴趣爱好以及社会各界对生物多样性保护的理解与支持等方面反映出来。它们在维持气候、保护水源、土壤和维护正常的生态学过程对整个人类做出的贡献更加巨大。生物多样性的意义主要体现在它的价值。对于人类来说，生物多样性具有直接使用价值、间接使用价值和潜在使用价值。

1）直接使用价值：生物为人类提供了食物、纤维、建筑和家具材料及其他生活、生产原料。

2）间接使用价值：生物多样性具有重要的生态功能。在生态系统中，野生生物之间具有相互依存和相互制约的关系，它们共同维系着生态系统的结构和功能，为人类提供了生存的基本条件（如食物、水和呼吸的空气），保护人类免受自然灾害和疾病之苦（如调节气候、洪水和病虫害）。野生生物一旦减少了，生态系统的稳定性就要遭到破坏，人类的生存环境也就要受到影响。

3）潜在使用价值：野生生物种类繁多，人类对它们已经做过比较充分研究的只是极少数，大量野生生物的使用价值目前还不清楚。但是可以肯定，这些野生生物具有巨大的潜在使用价值。一种野生生物一旦从地球上消失就无法再生，它的各种潜在使用价值也就不复存在了。因此，对于目前尚不清楚其潜在使用价值的野生生物，同样应当珍惜和保护。

5.9.2 基本类型

生物多样性通常可划分为三个层次，即遗传多样性、物种多样性与生态系统多样性。物种多样性显示了基因的多样性，基因的多样性导致了物种的多样性，物种多样性与生境构成了生态系统的多样性。因

此，生物多样性是遗传多样性、物种多样性和生态系统多样性3个层次相互依存的复杂的生物学复合体系。

从不同生物界的层面来说，生物多样性也包括植物多样性、动物多样性和微生物多样性。

（1）层级分类

1）遗传多样性

广义的遗传多样性是指地球上所有生物携带的遗传信息的总和。遗传多样性通过物种演化过程中遗传物质突变并累积而形成。物种具有的遗传变异越丰富，它对生存环境的适应能力也就越强，进化潜力也越大。而生态系统的多样性是基于物种的多样性，也就离不开不同物种所具有的遗传多样性。可以说，遗传多样性既是生物多样性的重要组成部分，也是生物多样性的重要基础。

2）物种多样性

物种多样性是指地球上所有生物有机体的多样化程度，其在分布上具有明显的时间格局和空间格局。在时间维度上，大到物种进化，小到群落演替、季节性变化，物种多样性均呈现出一定的规律性或周期性的变化。在空间维度上，受热量、水分、地表等环境因子的影响，物种多样性的分布呈现出纬度地带性、海拔地带性等特点。物种多样性也是生物多样性保护的核心问题。

3）生态系统多样性

生态系统多样性是指生物圈内生境、生物群落和生态过程的多样化以及生态系统内生境、生物群落和生态过程变化的多样性。生态系统是生态学上的一个主要结构和功能单位，对生态系统的研究不仅要关注组成生态系统的生物成分与非生物成分，还需要重视生态系统中的能量流动、物质循环和信息传递。同时，生态系统是一个动态的系统，经历了从简单到复杂的发展过程，并以动态的平衡保持自身稳定。因此，生态系统多样性是一个高度综合的概念，既包含生态系统组成成分的多样化，更强调生态过程及其动态变化的复杂性。

（2）物种类型分类

生物多样性是生命有机体及其借以生存的生态复合体的多样性和变异性，包括所有的植物、动物和微

生物物种以及所有的生态系统及其形成的生态过程（麦克尼利等，1990）。根据物种类型，可划分为植物多样性、动物多样性和微生物多样性。

1）植物多样性

植物多样性是生物多样性中以植物为主体，由植物、植物与生境之间所形成的复合体及其与此相关的生态过程总称。

2）动物多样性

当前对动物多样性并无明确定义，相关研究往往聚焦于更小的范围，如哺乳动物多样性，土壤动物多样性等，且一般指动物种类及数量等更细化的相关指标。

3）微生物多样性

土壤微生物是土壤生态系统中不可或缺的活性组成部分，在土壤生态系统中对物质转化、能量循环和肥力保持起着重要作用。土壤微生物多样性是指微生物群落种内和种间差异，是维持环境管理和评价土壤质量的基础。

5.9.3 方法路径

丰富生物多样性针对区域内特定动植物及微生物的生长需求，通过筛选焦点物种、识别核心生物栖息地、建立外围缓冲区、连通生物廊道、清除入侵物种、修复典型生境、引入适宜物种、制定管控导则、建立动态监控预警机制9大技术步骤，实现动植物及微生物的遗传多样性、物种多样性、生态系统多样性的全面提升。

（1）筛选焦点物种

鉴于一些物种与其他物种有相似的生态学特征和栖息地需求，部分保护生物学家用某一个或某几个物种作为代理种来研究生物保护与栖息地管理。兰贝克（Lambeck）于1997年提出生物多样性保护的焦点物种途径，即通过分析与识别场地所面临的主要威胁，找出针对威胁最需要保护的焦点物种，假设其需要得到满足，那么所有的物种需求也都可以得到满足。在场地数据相对缺乏，且物种与栖息地正面临越来越严重威胁的情况下，焦点物种途径被认为是一种高效可行的途径。

焦点物种的筛选标准一般包括7个方面：

①目前的稀有、特有性，受威胁状态及其实用性，大型哺乳动物和那些被列入国际濒危物种名单之列的物种显然应作为首选的保护对象。

②物种在生态系统及群落种的地位。保护对象应

丰富生物多样性框架

对维护整体生态平衡有关键作用。

③物种的进化意义。一种杂草可能本身很不起眼，在群落内也表现不出重要意义，但却有可能对进化史及未来生物多样性的发展有重要价值。用进化的观点来进行生物多样性保护比被动地保护现存的濒危物种更具有意义。

④对其他物种及各类型栖息地具有指示作用，可以代表至少一类典型栖息地。

⑤具有生物学上的代表性和典型性。

⑥相关资料详尽全面。

⑦能够引起公众关注。

筛选焦点物种示意图

（2）识别核心生物栖息地

识别核心生物栖息地即依托焦点物种的识别，通过地理信息系统等工具判别区域内最为重要的生物栖息地，如残遗斑块或濒危物种栖息地，并将它们尽量完整地保护起来，同时将人类活动排斥在核心区周围的缓冲区外。就核心栖息地空间布局与面积而言，目前岛屿生物地理学提出的越大越好和越近越好的基本原则在今天被广为接受。此外一些反映面积和物种及种群关系的门槛为规划提供了有用的指导。其中之一是种群健康所需要的最小面积。伊恩·富兰克林（1980）提出，在500个个体的种群里，通过突变产生新的遗传变异性的速度可以抵消因小种群数量而丧失的遗传变异性的速度。孤立种群至少需要50个个体，更好则需要500个个体才能维持其遗传变异性。此外，利用Wright方程计算也可以得出，在50个个体的种群里每个世代只有1%的遗传变异性丧失。

因此一般要求最小种群数量为50（近期法则），或者200～500（远期法则）。根据这两个门槛，可以相应地确定最小面积。

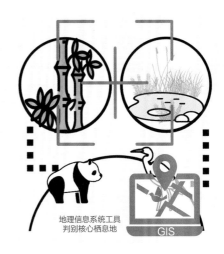

识别核心生物栖息地示意图

（3）建立外围缓冲区

缓冲区的功能是保护核心区的生态过程和自然演替，减少外界景观人为干扰带来的冲击。建立外围缓冲区的通常做法是在核心区外围划定辅助性的保护和管理范围。目前划分缓冲区的途径是利用阻力面的等阻线来确定其边界和形状。阻力面类似于地形表面，

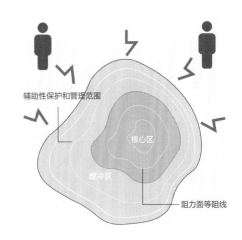

建立外围缓冲区示意图

其中有缓坡和陡坡，呈现一些门槛特征。据此来划分缓冲区不但可以有效利用土地，而且可以判别缓冲区合理的形状和格局，减少缓冲区划分的盲目性。

（4）连通生物廊道

连通生物廊道对于提升生物多样性具有重要意义。相似的栖息地斑块之间通过廊道可以增加基因的交换和物种交流，给缺乏空间扩散能力的物种提供一个连续的栖息地网络，增加物种重新迁入的机会和提供乡土物种生存的机会。生物廊道有时可能会对乡土物种带来危害，如连接孤立栖息地之间的廊道往往会引导天敌的进入，或外来物种的入侵而威胁到乡土物种的存在，应在特定区域进行具体分析。

由于廊道功能的这些矛盾，在考虑如何使廊道有利于乡土生物多样性的保护时，需特别注意以下几个方面。

①越多越好：多一条廊道就相当于为物种的空间运动多增加一个可选择的途径，为安全增加一份保险。

②乡土特性：构成廊道的植被本身应是乡土植物。

③越宽越好：廊道需与种源栖息地相连，并尽可能宽，否则廊道不但起不到空间联系的效用，而且可能引导外来物种的入侵。具体宽度可根据焦点物种的习性与文献研究确定。

④道法自然：生物廊道应是自然的或是对原有自然廊道的恢复，任何人为设计的廊道都必须与自然的景观格局（如水系格局）相适应。

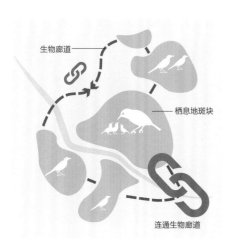

连通生物廊道示意图

（5）清除入侵物种

入侵物种长势迅速，能快速蔓延，可能会抑制其他物种对资源的获取。随着演替进行，入侵式的更新模式对本土物种的生长和繁殖造成极大威胁，群落多样性趋于单一化，从而导致整体群落物种多样性降低。因此需要人为对入侵种进行清理，为本地物种留出生存空间。

（6）修复典型生境

对典型栖息生境修复可以极大地提升物种的生存和连续及整体生态系统的稳定，同时提升景观的美学价值。其具体修复步骤为：首先通过文献研究结合现场观测目标物种生活习性，从食物选择、庇护需求、场地喜好等角度总结目标物种栖息生境关键特征指标，并以此评估目标物种栖息地现状条件，找出短板，提出针对性修复措施。

修复典型生境示意图

（7）引入适宜物种

生态系统中的食物链越复杂，抗干扰能力更强，生态系统更稳定。某些单一生境的食物链天然脆弱，加之人类开发破坏原有生境，导致部分物种数量骤减，食物链结构遭到破坏，通过引入适宜的同级物种，可以完善、丰富食物链结构，增强栖息地生态系统抗干扰能力。

（8）制定管控导则

当前栖息地生态系统（特别是近人类活动区）受到的人为干扰日渐增多，如植被破坏、工程干扰等，引起生态系统的退化，破坏生物多样性，因此需建立动植物安全管控导则，对人类建设活动进行适当限制，遏制生物多样性退化趋势；此外建立相应生物安全培训、跟踪检查、定期报告等工作制度，以保障生物多样性保护工作持续健康推进。

动植物安全管控导则

制定管控导则示意图

（9）建立动态监控预警机制

完善栖息地生物多样性调查监测技术标准体系，对重点生境、重点物种及重要生物遗传资源进行周期性调查。完善生物多样性保护恢复成效、生态系统服务功能、物种资源经济价值等评估标准体系，定期发布生物多样性综合评估报告，并对工程建设、资源开发利用、气候变化、自然灾害等多生物多样性的影响评价，明确评价方式、内容、程序，提出应对策略，实现生物多样性的动态保护。

周期性调查
· 重点生境
· 重点物种
· 重点生物遗传资源

建立预警机制
· 完善生物多样性评估标准体系
· 定期发布生物多样性评估报告
· 对高危因素进行生物多样性影响评价

建立动态监控预警机制示意图

5.9.4 关键技术
（1）本杰士堆技术
1）技术介绍

"本杰士堆"，即人造灌木丛。是缘于从事动物园园林管理的赫尔曼·本杰士和海因里希·本杰士兄弟基于野地生存观念和自然演替规律的一项发明。这项发明通过生态化的自然进程为园区内分布的野生动物重建了生存空间。由于本杰士堆的构造中存在大量天然孔隙，再加上外围树枝和石块的保护，填充土壤中掺入的本土植物种子会得到安全的生长空间，即使外周的叶片被动物吃掉，但由于根系和主干受到保护，很快这个本杰士堆就会被自然的植被覆盖。孤立的本杰士堆常常被用于小型食草动物展区内的丰容物。

2）关键流程

建造方法十分简单，在适宜场地内，把石块、树枝堆在一起，并用掺有本土植物种子的土壤进行填充，同时在堆内种植蔷薇等多刺、蔓生的保护性植物，但要注意植物的根和主干受到树枝和石块、多刺藤蔓的保护，以避免食草动物的啃噬。

多刺植物

掺有本土植物种子的土壤

石块

本杰士堆技术

（2）生态垛技术

1）技术介绍

生态垛是在水位变化的区域（滨水岸边），收集并捆扎枯木枯枝，并通过木桩锚定于岸边的生态设施，可以理解为滨水的"本杰士堆"。生态垛会弱化水流对岸线的淘蚀，为鹭类等水鸟提供驻足地和觅食地，为黏性卵鱼类和两栖类动物提供繁殖地，最终实现固土护岸、提升生境等多重价值。

2）关键流程

生态垛的制作分为选址、捆扎、锚固3大步骤。选址即选择水位变化幅度大，尤其是受水流淘蚀作用影响较大的岸线区域，该区域水流交换频繁，营养物质充足，刺激鱼类及两栖类产卵，设置生态垛有利于卵的附着。捆扎即将周边枯木枯枝收集，通过铁丝捆扎牢固。锚固即在生态垛两侧用木桩固定，避免水流冲散。

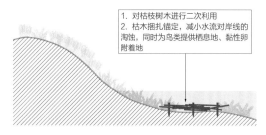

1. 对枯枝树木进行二次利用
2. 枯木捆扎锚定，减小水流对岸线的淘蚀，同时为鸟类提供栖息地、黏性卵附着地

生态垛技术

（3）鱼类产卵场营造技术

1）技术介绍

鱼类产卵场的营造技术即通过近自然的人工措施为鱼类营造产卵条件。鱼类栖息地主要包括产卵场、索饵场、越冬场和洄游通道，即"三场一通道"。其中索饵场是鱼类摄食的场所，也是渔业主产区。越冬场是鱼虾类群聚过冬的水域。产卵场是鱼类繁殖后代的特定场所，对生态水文的条件要求极高。洄游通道则是联系产卵场、索饵场和越冬场的水系通道。相比于索饵场、越冬场和洄游通道，产卵场对生态水文的要求最为苛刻，同时对于鱼类种群规模有决定性作用。因此对于鱼类产卵场的营造技术探索，是维持鱼类种群数量和质量的关键环节。

2）技术流程

鱼类产卵场的营造包括鱼类习性调查、生境营造两大步骤。

习性调查：鱼类产卵场对水湾的几何形态、涨水条件及水动力状况均有要求，喜好弯曲型水湾，因其具有深潭浅滩生境，水生植物丰富，同时水流交换频繁，营养物质和氧气充足；此外还需来回交替的涨水过程，稳定的水流量和水速可刺激产卵，水速保持在0.7～1.3m/s最为适宜，且深水区不小于1.5m。

生境营造：鱼类产卵场营造技术通过低干预、轻介入的方式，在近水区域增加深潭浅滩，刺激排卵；在冲刷严重区增加基塘（基塘宽为20～50m，长度约30～50m，深度0.5～1.0m不等）减速消能，为鱼蛙类提供稳定水流。最后补植狗牙根、牛鞭草、芦苇和白茅等，提供隐蔽性，增加食源。

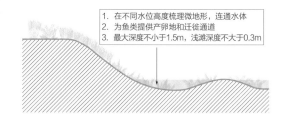

1. 在不同水位高度梳理微地形，连通水体
2. 为鱼类提供产卵地和迁徙通道
3. 最大深度不小于1.5m，浅滩深度不大于0.3m

1. 构建深浅、大小不一基塘
2. 基塘宽度20~50m，长度30~50m，深度0.5~1m不等塘基宽度80~120cm，塘基高出塘的水面30~40cm
3. 深潭最大深度不小于1.5m，浅滩深度不大于0.3m
4. 种植耐淹水生植物

鱼类产卵场营造技术

（4）鸟类栖息地营造技术

1）技术介绍

鸟类栖息地是鸟类赖以生存的环境，由一定地理空间及其中各种生态因子共同构成，包括了动植物生存所需的非生物环境与生物环境。其类型有觅食地、筑巢地、驻足地、水源地等。栖息地营造即依据鸟类生存所需的栖息地条件，修复和改善原有生境，以营造满足鸟类需求的生境。

鸟类栖息地营造技术

2）技术流程

鸟类栖息地营造技术包括植被选择、觅食地营造、筑巢地营造、水源地营造等四项主要内容。栖息地的植被应保留高大乔木及其他原生植被，植物物种宜选择乡土植物。觅食地的植被应包括花果类植物，花果期宜涵盖多个季节，宜栽种一些可被鸟类和昆虫取食的禾本科、豆科植物；水域补植滨水植物，丰富水域岸线，营造鱼、虾、螺的生境。筑巢地应考虑鸟类对树种的要求和惊飞距离，且应限制筑巢地附近人类活动，在巢址300m范围内宜有觅食地。水源地营造需设置水体深度宜小于5cm、坡度不大于1：100浅水区。

5.9.5 小结

丰富生物多样性策略是以现状物种类型及生境现状特征为基础，通过筛选焦点物种、识别核心生物栖息地、建立外围缓冲区、连通生物廊道、清除入侵物种、修复典型生境、引入适宜物种、制定管控导则、建立动态监控预警机制9大步骤，结合"本杰士堆、生态垛、鱼类产卵地营造、鸟类栖息地营造"等关键技术，以基于自然和人文的解决方案，改善生境品质，提升食物链复杂度与稳定性，从而丰富物种多样性、遗传多样性和生态系统多样性，呈现人与自然和谐相处的场景，实现"物丰"目标。

5.10 本章小结

最优价值生命共同体通过"护山、理水、营林、

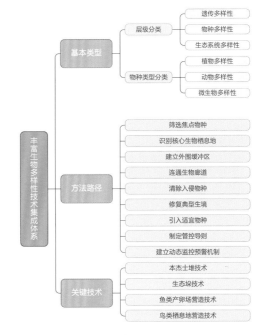

丰富生物多样性技术集成体系

疏田、清湖、丰草、润土、弹路"8种修复策略及丰富生物多样性策略，并将8种修复策略和丰富生物多样性策略步骤化、实操化，形成9个护山步骤、10个理水步骤、12个营林步骤、8个疏田步骤、8个清湖步骤、7个丰草步骤、8个润土步骤、11个弹路步骤和9个生物多样性提升步骤，创新集成生态领域"成熟、成套、低成本"的技术、产品、材料和工法，形成可复制、可推广的九类生态修复技术集成体系，支撑最优价值生命共同体变现落地。

第六章

生命共同体价值提升指标体系
——最优价值生命共同体
评价指标

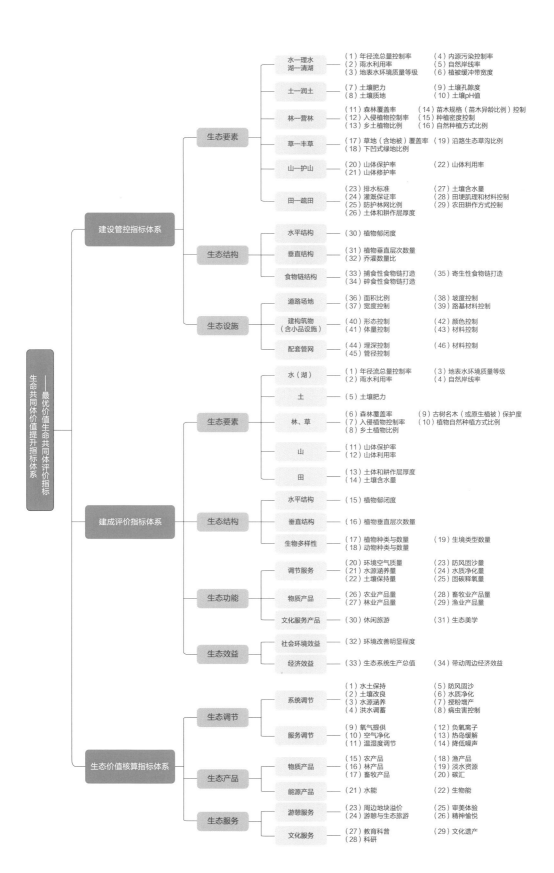

生命共同体价值提升指标体系——最优价值生命共同体评价指标

建设管控指标体系

生态要素

水—理水 湖—清湖
（1）年径流总量控制率　　（4）内源污染控制率
（2）雨水利用率　　　　　（5）自然岸线率
（3）地表水环境质量等级　（6）植被缓冲带宽度

土—润土
（7）土壤肥力　　　　　　（9）土壤孔隙度
（8）土壤质地　　　　　　（10）土壤pH值

林—营林
（11）森林覆盖率　　　　　（14）苗木规格（苗木异龄比例）控制
（12）入侵植物控制率　　　（15）种植密度控制
（13）乡土植物比例　　　　（16）自然种植方式比例

草—丰草
（17）草地（含地被）覆盖率　（19）沿路生态草沟比例
（18）下凹式绿地比例

山—护山
（20）山体保护率　　　　　（22）山体利用率
（21）山体修护率

田—疏田
（23）排水标准　　　　　　（27）土壤含水量
（24）灌溉保证率　　　　　（28）田埂肌理和材料控制
（25）防护林网比例　　　　（29）农田耕作方式控制
（26）土体和耕作层厚度

生态结构

水平结构 （30）植物郁闭度

垂直结构
（31）植物垂直层次数量
（32）乔灌数量比

食物链结构
（33）捕食性食物链打造　　（35）寄生性食物链打造
（34）碎食性食物链打造

生态设施

道路场地
（36）面积比例　　　　　　（38）坡度控制
（37）宽度控制　　　　　　（39）路基材料控制

建构筑物（含小品设施）
（40）形态控制　　　　　　（42）颜色控制
（41）体量控制　　　　　　（43）材料控制

配套管网
（44）埋深控制　　　　　　（46）材料控制
（45）管径控制

建成评价指标体系

生态要素

水（湖）
（1）年径流总量控制率　　（3）地表水环境质量等级
（2）雨水利用率　　　　　（4）自然岸线率

土 （5）土壤肥力

林、草
（6）森林覆盖率　　　　　（9）古树名木（或原生植被）保护度
（7）入侵植物控制率　　　（10）植物自然种植方式比例
（8）乡土植物比例

山
（11）山体保护率
（12）山体利用率

田
（13）土体和耕作层厚度
（14）土壤含水量

生态结构

水平结构 （15）植物郁闭度

垂直结构 （16）植物垂直层次数量

生物多样性
（17）植物种类与数量　　（19）生境类型数量
（18）动物种类与数量

生态功能

调节服务
（20）环境空气质量　　　（23）防风固沙量
（21）水源涵养量　　　　（24）水质净化量
（22）土壤保持量　　　　（25）固碳释氧量

物质产品
（26）农业产品量　　　　（28）畜牧业产品量
（27）林业产品量　　　　（29）渔业产品量

文化服务产品
（30）休闲旅游　　　　　（31）生态美学

生态效益

社会环境效益 （32）环境改善明显程度

经济效益
（33）生态系统生产总值　（34）带动周边经济效益

生态价值核算指标体系

生态调节

系统调节
（1）水土保持　　　　　（5）防风固沙
（2）土壤改良　　　　　（6）水质净化
（3）水源涵养　　　　　（7）授粉增产
（4）洪水调蓄　　　　　（8）病虫害控制

服务调节
（9）氧气提供　　　　　（12）负氧离子
（10）空气净化　　　　　（13）热岛缓解
（11）温湿度调节　　　　（14）降低噪声

生态产品

物质产品
（15）农产品　　　　　　（18）渔产品
（16）林产品　　　　　　（19）淡水资源
（17）畜牧产品　　　　　（20）碳汇

能源产品
（21）水能　　　　　　　（22）生物能

生态服务

游憩服务
（23）周边地块溢价　　　（25）审美体验
（24）游憩与生态旅游　　（26）精神愉悦

文化服务
（27）教育科普　　　　　（29）文化遗产
（28）科研

最优价值生命共同体建设关注绿色规划、绿色设计、绿色建设、绿色管理、绿色养运、绿色转化全过程的质量、效益与价值，质量、效益与价值都需要通过相对客观的评价进行衡量。根据最优价值生命共同体的理论与方法，完整的最优价值生命共同体评价至少应包括建设过程管控、建成效果评价与生态价值核算三个方面的评价。因此，最优价值生命共同体的指标体系主要包括建设管控指标体系、建成评价指标体系与生态价值核算指标体系三类。

6.1 建设管控指标体系

6.1.1 指标定义

建设管控指标体系是指在最优价值生命共同体的建设过程中，按照满足生物多样性需求和满足人民美好生活需要两个核心价值要求，对生态保护、修复、建设过程中所采用的技术、产品、材料、工法进行管控的指标体系。最优价值生命共同体的建设管控指标体系是各生态要素在建设过程中的具体管控要求，是可数字化具体管控的参数汇总。

通过梳理研究《国家生态文明建设指标体系研究与评估》《中国生态城市健康指数评价报告》《绿色发展指标体系》《欧盟国家城市绿色空间综合评价体系》等国内外有关生态文明、可持续发展、景观绩效等方面的指标体系，不难发现现有指标体系各有侧重，多数指标体系注重生态要素、生态效益的评价，部分指标体系注重生态、生产、生活等方面，有的指标体系

注重生态属性等方面，还有的注重景观建设专项等方面。

国内外较为完善的指标体系一般由三级组成，第一级为主体的描述性或概括性指标，具有主体特征或能影响主体的关键方面。第二级为第一级指标的关键要素控制性指标或关键性要素的主要控制指标。第三级是第二级指标的具体表现性指标，能用图纸、文字或数据表达和标定的具体指标，具有普适性特点。第一级、第二级、第三级之间具有层层深入、层层细化的递进关系。

根据已有指标体系分析可明确，最优价值生命共同体的建设管控指标体系应从满足生态效益、生态过程、生产生活等方面，围绕生物多样性提升及人民美好生活需要，对具象的生态要素等建设内容进行层级管控。层级管控可参照已有指标体系的一、二、三级逻辑，以层层深入、层层细化的方式进行系统分类。

（1）一级指标

一级指标是指对最优价值生命共同体主体价值的描述性或概括性指标，具有主体特征或能影响主体的关键方面的指标。最优价值生命共同体的主体核心价值就是要满足生物多样性需求和满足人民美好生活需要。满足生物多样性需求宜提供健康完整的栖息地和食物链，这两者都需要依赖于生态系统的各生态要素及生态结构的健康和完整，因此，生态要素、生态结构是最优价值生命共同体满足生物多样性主体价值的描述性和概括性指标，能影响主体的关键方面的指标，满足一级指标特征要求。满足人民美好生活需要宜满足优质生态产品的物质需求和优质生态环境的精神需求，这两者既依赖于生态要素、生态结构的科学布局，也依赖于生态要素、生态结构的艺术搭配，形成优美画面，同时还要依赖于生态设施（含绿色建筑）的精巧布置，形成宜人场所。因此，在生态要素、生态结构的基础上，生态设施（含绿色建筑）也是最优价值生命共同体满足人民美好生活需要主体价值的描述性和概括性指标，能影响主体的关键方面的指标，满足一级指标特征要求。综上所述，最优价值生命共同体建设指标体系的一级指标为生态要素、生态结构、生态设施。

（2）二级指标

二级指标是指最优价值生命共同体的第一级指标的关键要素控制性指标或关键性要素的主要控制方面的指标。生态要素方面，根据山水林田湖草是生命共同体及其之间的命脉关系，"山水林田湖草"及"土"是生命共同体的显性要素，是影响生命共同体价值的关键性要素，满足二级指标特征要求。其中"水"和"土"是本底要素，"林"和"草"是核心要素，因此，理水、润土、营林、丰草、护山、疏田、清湖为生态要素建设控制的7个主要策略指标。生态结构包含水平结构、垂直结构、时间结构和食物链结构等不同层次，独立而又相互联系。由于时间结构无法在具体建设中进行管控，故不作为控制要求，因此，水平结构、垂直结构和食物链结构为生态结构建设的3个主要指标。生态设施是满足人民美好生活需要所提供的必要服务设施，包括道路场地、建构筑物（含小品设施）以及配套管网3个主要指标。

（3）三级指标

三级指标是指最优价值生命共同体建设过程中能用图纸、文字或数据表达和衡量的具体的指标，是第二级主指标要控制方面的具体表现。三级指标按照生态要素间的耦合关系以及对生态系统健康、生态服务水平和生态风景审美价值的影响程度，又可分为核心指标、引导性指标和一般性指标三种。核心指标主要是指生态本底要素和核心要素中对生共同体价值起关键作用的核心管控指标，引导性指标是指管控内容为审美、意境等与主观弹性需求相关的，设计建设时可依现场情况和目标要求进行灵活调整的指标。一般性指标是指按生态要求进行常规管控的指标。

在具体指标的设定中，一方面，要充分借鉴现有指标体系中的成熟指标，另一方面，要抓住"水"和"土"两个生态本底要素、"林"和"草"两个生态核心要素进行重点控制，同时应该根据生物多样性需求和人民美好生活需要的核心要求适当创新一些指标，满足最优价值生命共同体的建设要求。

最优价值生命共同体建设指标体系共设置了46个三级指标，包含4个核心指标、18个引导性指标和24个一般性指标。其中，生态要素设置了29个三级指标，包含4个核心指标，9个引导指标，一般性指标16个；生态结构设置了6个三级指标，包含2个引导性指标，4个一般性指标；生态设施设置了11个三级指标，包含7个引导性指标，4个一般性指标。

6.1.2 指标应用

建设指标体系可系统性、针对性控制最优价值生命共同体的全过程建设效果。科学划分建设指标的不同等级和确定指标量化标准是实现建设过程管控的重要保障。

（1）指标性质分类

建设指标体系的具体数值设置由建设目标数据和该生命共同体项目建设目标要求共同决定。根据建设控制内容，指标类型可分为三种类型：定量指标、定性指标和弹性指标。定量指标是可通过准确的数量定义、精确衡量的评估指标；定性指标是不能直接量化，多通过描述性语言进行界定，赋予相应的量化数据用以评价的指标；弹性指标介于定量和定性之间，可通过间接换算或描述的方式确定评价标准。

（2）指标赋值说明

建设指标根据目标要求分为中、高、优三个档级，不同档级定量、定性、弹性指标的数值或目标将根据不同生命共同体现状条件、经济条件和社会需求的不同而不同。各项指标的赋值一方面要参考现有指标的经验数值，另一方面要以参照生态系统的各项指数为依据，结合生命共同体现状条件和最优价值生命共同体建设目标要求确定中、高、优三个档级的数值。指标赋值过程中可利用层次分析法，建立条理化、层次化的结构指标模型，构建判断矩阵，比较各个指标的相对重要性，从而形成定量和定性相结合的指标体系表。

（3）指标赋值权重

最优价值生命共同体建设指标体系表包括一级、二级、三级指标、现状数据、建设目标控制要求和指标数值计算说明，其中现状数据是指按照三级指标的分类，填写现状调研的数值，反映现状的基本情况。建设目标控制要求包含中、高、优三档，不同档级对应不同数值要求。指标数值计算说明是指三级指标各数值的计算公式或方法。

最优价值生命共同体建设管控指标体系表

一级指标	二级指标	三级指标	现状数据	建设目标控制要求			指标数值计算说明
				中	高	优	
生态要素	水—理水湖—清湖	年径流总量控制率					参考《海绵城市建设技术指南——低影响开发雨水系统构建》计算年径流总量控制率,可控年径流量占总年径流量的比例
		雨水利用率					根据《海绵城市建设绩效评价与考核指标》定义:雨水收集并用于道路浇洒、园林绿地灌溉、市政杂用、工农业生产、冷却等的雨水总量（按年计算,不包括汇入景观、水体的雨水量和自然渗透的雨水量）,与年均降雨量的比值
		地表水环境质量等级					以《地表水环境质量标准》GB 3838—2002为评价标准
		内源污染控制率					针对水系底泥污染、蓝藻等内源污染物等控制的比例
		自然岸线率					自然岸线占总体岸线的比例
		植被缓冲带宽度					水系周边设置的植被缓冲带宽度
	土—润土	土壤肥力					土壤为植物生长供应和协调养分、水分、空气和热量的能力,是土壤物理、化学和生物学性质的综合反映。参考全国第二次土壤普查的分级标准
		土壤质地					土壤中不同大小直径的矿物颗粒的组合状况
		土壤孔隙度					土壤孔隙容积占土壤总容积的比例
		土壤pH值					土壤的酸碱度
	林—营林	森林覆盖率					场地中森林的总体覆盖面积占场地总面积的比例
		入侵植物控制率					建设后被移除的入侵植物种类占建设前所有入侵植物种类的比例
		乡土植物比例					本土植被种类占现有全部植被种类的比例。
		苗木规格（苗木异龄比例）控制					同一植物品种的不同规格
		种植密度控制					单位种植面积（公顷）中苗木的种植数量
		自然种植方式比例					自然式种植形式没有明显的轴线、对称中心或直线,以自然式分布为主面积占总体面积的比例
	草—丰草	草地（含地被）覆盖率					场地中草本及地被植物的总体覆盖面积占场地总面积的比例
		下凹式绿地比例					下凹式绿地面积占总面积的比例
		沿路生态草沟比例					排水沟渠中生态草沟长度所占的比例
	山—护山	山体保护率					山体保护区域面积占整体山体面积的比值
		山体修护率					山体破坏进行修复的面积占所有已破坏山体面积的比例
		山体利用率					对山体中既有建筑、既有道路、游览区域等的利用数量或面积,占全部数量或面积的比例

一级指标	二级指标	三级指标		现状数据	建设目标控制要求			指标数值计算说明
					中	高	优	
生态要素	田—疏田	排水标准						场地排水管网可应对的降雨标准
		灌溉保证率						农田进行智慧灌溉的面积占所有农田面积的比例
		防护林网比例						农田区域设置防护林网的区域占可设置防护林网区域的比例
		土体和耕作层厚度						由长期耕作形成的土壤表层的厚度
		土壤含水量						指土壤绝对含水量，即100g烘干土中含有水分的量
		田埂肌理和材料控制						采用传统夯土结构田埂占总田埂长度的比例
		农田耕作方式控制						农田中可进行机械化耕作的面积占总面积的比例
生态结构	水平结构	植物郁闭度						植被地面的总投影面积（冠幅）与此林地总面积的比值
	垂直结构	植物垂直层次数量						垂直空间结构中植被的层次复杂程度
		乔灌数量比						根据《中国植被》定义，此处指整体树木中乔木数量与灌木数量的比值
	食物链结构	捕食性食物链打造						捕食性食物链数量。捕食性食物链指以植食动物吃植物的活体开始的食物链，即从生产者到消费者的食物链
		碎食性食物链打造						碎食性食物链数量。碎食性食物链一般指腐屑食物链，是从死的有机物到微生物，接着到摄食腐屑生物以及它们的捕食者，即从分解者到消费者的食物链
		寄生性食物链打造						寄生性食物链数量。寄生性食物链指以大生物为基础，由小动物寄生到大生物身上构成的，即从消费者到分解者的食物链，可以看作捕食食物链的一种特殊类型
生态设施	道路场地	面积比例						所有道路面积占总面积的比例
		宽度控制	人行步道宽度					人行步道宽度
			电瓶车道宽度					电瓶车道宽度
			跑步道宽度					跑步道宽度
			骑行道宽度					骑行道宽度
		坡度控制						园路和场地平均坡度
		路基材料控制						铺装中采用了透水路基的面积占总体面积的比例

续表

一级指标	二级指标	三级指标	现状数据	建设目标控制要求			指标数值计算说明
				中	高	优	
生态设施	建构筑物（含小品设施）	形态控制					服务设施平均高度
		体量控制					单个服务设施平均占地面积
		颜色控制					构筑物及小品设施等单体拥有的色系颜色数量
		材料控制					服务设施中使用新型生态环保材料的比例
	配套管网	埋深控制					管道埋设处从地表面到管道管底的垂直距离
		管径控制					管道直径满足输水量要求的管道数量占全部管道数量的比例。当管壁比较薄时，管外径与管内径相差无几，此时管径是指管道外径与内径的平均值
		材料控制					管道材质满足输水水压强度要求的管道数量占全部管道数量的比例

6.1.3 小结

最优价值生命共同体建设对象多样，涉及要素丰富，且各要素间相互影响。最优价值生命共同体建设指标体系通过分析生命共同体现状，研判其可能达到的最优价值状态，确定不同维度、不同层级的管控指标，科学合理地指导建设过程，有效控制最优价值生命共同体建设效果，引导生命共同体由现有生态区间跃迁至高价值区间，进而达到全局最优价值状态。

6.2 建成评价指标体系

6.2.1 指标定义

最优价值生命共同体建成评价指标体系是指按照最优价值生命共同体满足生物多样性需求和满足人民美好生活需要两个核心价值要求，对生态保护、修复、建设后的任意生命共同体进行系统评价的指标体系。该指标体系可从生态要素、生态结构、生态功能和生态效益四方面进行评价，指标层级可参照已有指标体系的一、二、三级逻辑，以层层深入、层层细化的方式进行系统分类。

（1）一级指标

最优价值生共同体的两大关键核心评价指标，一是满足生物多样性需求，可从生态要素和生态结构的

健康情况进行评价，二是满足人民美好生活需要，可从生态功能和生态效益的高低水平进行评价。

（2）二级指标

生态要素方面沿用建设指标中的二级指标，强调每个要素的效果评价，设置"水（含湖）、土、山、林、田、草6个二级指标。生态结构从组分结构、时空结构、营养结构中选取侧重生态系统建成效果评价的水平结构、垂直结构和生物多样性3个二级指标。生态功能包括供给、调节、文化和支持四大功能，选取调节服务、物质产品和文化服务产品3个二级指标。生态效益细化为社会环境效益和经济效益2个二级指标。建成后的评价指标体系基于4个一级指标，共设置了13个二级指标。

（3）三级指标

三级指标是指能对建成后的最优价值生命共同体进行数据测量、文字描述或主观评价的具体指标，是第二级指标的具体呈现。根据生命共同体各要素的不同作用，又可分为核心评价指标和一般性评价指标，评价对象或评价内容及其重要、关键的指标为核心评价指标，其他为一般性评价指标。

6.2.2 指标应用

为系统地对生命共同体由既有生态区间向高价值区间跃迁进行全过程全周期监控，需综合运用现状调

查、自动监测、专家打分、层次分析法等多种方式方法对评价指标数据、目标等级、权重等进行确定，最后以最优价值生命共同体的标准要求对建成效果进行综合评价。

（1）指标性质分类

建成评价指标体系可系统性、针对性评价生命共同体建成后的效果。科学设定评价指标的不同等级和确定指标量化标准是评价最优价值生命共同体是否满足生物多样性需求和满足人民美好生活需要的重要手段。

评价指标由价值评价等级、本底调研数据及对应等级、建成后监测数据及对应等级构成。价值评价等级数据来源于该类型生命共同体参照生态系统的普遍调查平均参考值，以此为评价对象提供现状评价和建成后评价的数据基础，研判生命共同体建设是否达到既定目标，或建设后生命共同体的维护是否处于最优价值区间。

本底调研数据和建成监测数据依据各评价指标的定义和计算方式进行收集并计算结果。数据的对应等级划分需要通过构建评分标准落实。由于生态环境目前还没有确定统一的评价标准，评价指标体系根据现有指标体系参考数据，结合多个项目的实践结果，经过综合分析和筛选后形成。评价指标包含定性指标和定量指标。定性指标应充分考虑环境变化，适时开展专家论证并尊重项目的实际情况以提高评价标准的科学性，如采用专家打分法等；定量指标评价标准则依靠权威机构和科学方法制定，提高标准的科学性，如采用标杆评价法，即通过对比领先水平或标准水平，找出差距和不足，进而改善治理水平。在实际操作过程中，应以指标的参照值作为评价标准，对指标的原始数据进行"标准化"处理，将评价指标转换成在同一尺度上可以相互比较的量，这样可以进行对比分析，进而做出合理评价。

（2）指标赋值说明

建成评价指标根据目标要求分为差、中、高、优四个档级，不同档级定性、定量指标的数值或目标将根据不同生命共同体现状条件、经济条件和社会需求的不同而不同。各项指标的赋值一方面要参考现有指标的经验数值，另一方面要以参照生态系统的各项指数为依据，结合生命共同体现状条件和最优价值生命共同体建设目标要求确定差、中、高、优四个档级的数值。可利用层次分析法，建立条理化、层次化的结构指标模型，构建判断矩阵，再邀请专家针对各级指标重要性排序打分，获得各指标层次的单排序和总排序，比较各个指标的相对重要性，从而形成定量和定性相结合的评价指标体系表。应注意对排序结果进行一致性检验计算，保证各级指标的权重值合理、科学。

（3）指标赋值权重

建成评价指标体系旨在对生态保护、修复和建设效果进行评价，通过评价可以验证最优价值生命共同体的生态保护、修复和建设的预期目标和效果是否达到，及时反馈当前的一些问题，为建成后养护运维主体提供数据参考，并对同类型项目的建设提供借鉴。建成评价指标体系的使用者包含规划、设计、建设、养护运维等各相关环节的人员，涉及专业包括生态、风景园林、城乡规划、建筑设计、市政规划、投资运营等。在具体项目评价时，可根据实际项目特点和需求，在遵从评价体系整体框架和逻辑的基础上作出适当调整和完善。

最优价值生命共同体建成评价指标体系包括一级、二级、三级指标、价值评价等级、建设前本底调研数据、建设前本底价值评价等级、建成后监测数据、建成后价值评价等级、指标数值计算说明，其中价值评价等级包括差、中、高、优四档级，不同档级对应不同评价数值。建设前本底调研数据是指建设指标中建设前的本底调研数据。建设前本底价值评价等级是根据评价指标等级要求进行的建设前本底价值评价。建成后监测数据是指建成后根据评价指标类型进行监测的数据。建成后价值评价等级是根据评价指标等级要求进行的建设后价值评价。指标数值计算说明是指三级指标各数值的计算公式或方法。在实际操作过程中，专家可根据本底情况和场地所处区域，结合建设指标，对评价指标的权重进行适当调整，以更科学合理地评估最优价值生命共同体的建成效果。

最优价值生命共同体建成评价指标体系表

一级指标	二级指标	三级指标		价值评价等级				本底调研数据	本底价值评价等级	建成后监测数据	建成后价值评价等级	指标数值计算说明
				差	中	高	优					
生态要素	水	年径流总量控制率										参考《海绵城市建设技术指南——低影响开发雨水系统构建》计算年径流总量控制率，可控年径流量占总年径流量的比例
		雨水利用率										雨水收集并用于道路浇洒、园林绿地灌溉、市政杂用、工农业生产、冷却等的雨水总量（按年计算，不包括汇入景观、水体的雨水量和自然渗透的雨水量），与年均降雨量的比值
		地表水环境质量等级										以《地表水环境质量标准》GB 3838—2002为评价标准
		自然岸线率										自然式岸线长度占总体岸线长度的比例
	土	土壤肥力										土壤为植物生长供应和协调养分、水分、空气和热量的能力，是土壤物理、化学和生物学性质的综合反映。参考全国第二次土壤普查的分级标准
	林、草	森林覆盖率										场地中森林的总体覆盖面积占场地总面积的比例
		入侵植物控制率										建设后被移除的入侵植物种类占建设前所有入侵植物种类的比例
		乡土植物比例										本土林木种类占现有全部植被种类的比例
		古树名木（或原生植被）保护度										对场地内既有古树名木的保护比例
		植物自然种植方式比例										植物种植形式没有明显的轴线、对称中心或直线，以自然式分布为主面积占总体面积的比例
	山	山体保护率										山体保护区域面积占整体山体面积的比值
		山体利用率										对山体中既有建筑、既有道路、游览区域等的利用数量或面积，占全部数量或面积的比例
	田	土体和耕作层厚度										由长期耕作形成的土壤表层的厚度
		土壤含水量										指土壤绝对含水量，即100g烘干土中含有水分的量
生态结构	水平结构	植被郁闭度										乔木、灌木树冠在阳光直射下在地面的总投影面积（冠幅）与此林地（林分）总面积的比
	垂直结构	植被垂直层次数量										由乔木、灌木、地被等陆地植物构成的垂直结构层次数量
	生物多样性	植物种类与数量	高等维管植物种类与数量									场地内高等维管植物的种类和数量
		动物种类与数量	鸟类种类及数量									

续表

一级指标	二级指标	三级指标		价值评价等级				本底调研数据	本底价值评价等级	建成后监测数据	建成后价值评价等级	指标数值计算说明
				差	中	高	优					
生态结构	生物多样性	动物种类与数量	鱼类种类及数量									场地内含有鱼类的种类数量及个体数量
			哺乳动物种类及数量									场地内含有哺乳动物的种类数量及个体数量
		生境类型数量										场地内生境的类型数量
生态功能		环境空气质量	污染物浓度									单位体积内所含污染物的量。污染物包含直接或间接损害环境或人类健康的物质，包括气体污染物、液体污染物、固体污染物
			空气湿度									地面气象观测规定高度（即1.25~2m，国内为1.5m）上的空气湿度
			负离子数量									单位体积空气中的负离子数目
		水源涵养量										根据森林的径流量和蒸发散量计算森林的年调节水量
		土壤保持量										基于森林类型的土壤侵蚀模数计算固土量
		防风固沙量										生态系统通过增加土壤抗风能力，降低风力侵蚀和风沙危害的功能
		水质净化量	净化COD（化学需氧量）量									生态系统通过物理和生化过程对水体污染物吸附、降解以及生物吸收等，净化的COD量
			净化总氮量									生态系统通过物理和生化过程对水体污染物吸附、降解以及生物吸收等，净化的总氮量
			净化总磷量									生态系统通过物理和生化过程对水体污染物吸附、降解以及生物吸收等，净化的总磷量
		固碳释氧量	固碳量									生态系统吸收二氧化碳合成有机物质，将碳固定在植物和土壤中，降低大气中二氧化碳浓度的量
			释氧量									生态系统通过光合作用释放出氧气量
	物质产品	农业产品量										从自然生态系统或集约化种植的生态系统生产的初级农业产品，如稻谷、玉米、豆类、薯类、油料、棉花、麻类、糖料作物、烟叶、茶叶、药材、蔬菜、水果等
		林业产品量										从自然生态系统或集约化管理的森林生态系统中获得的林木产品、林产品以及与森林资源相关的初级产品，如木材、竹材、松脂、生漆、油桐籽等
		畜牧业产品量										利用放牧或圈养获得的畜牧产品，如牛、羊、猪、家禽、奶类、禽蛋、蜂蜜等
		渔业产品量										在自然水域中通过捕捞获取的水产品，如鱼类、贝类、其他水生动物等。以及人工管理的水生态系统中，养殖生产的水产品，如鱼类、贝类、其他水生动物等

续表

一级指标	二级指标	三级指标		价值评价等级			本底调研数据	本底价值评价等级	建成后监测数据	建成后价值评价等级	指标数值计算说明
				差	中	高	优					
生态功能	文化服务产品	休闲旅游	游憩安全								人类通过精神感受、知识获取、休闲娱乐和美学体验等旅游中的安全程度
			知识获取								人类通过旅游从生态系统获得的知识内容
		生态美学	画面感								场地内景观的场景和美好画面表达
			意境感								场地内景观的主题和主旨立意表达
生态效益	社会环境效益	环境明显改善程度									影响人类生存和发展的生态系统环境改善的明显程度
	经济效益	生态系统生产总值（GEP）									生态系统为人类福祉和经济社会可持续发展提供的各种最终物质产品与服务（简称"生态产品"）价值的总和
		带动周边经济效益									生态系统提高周边土地、房产价值的功能

6.2.3 小结

最优价值生命共同体建成评价指标体系旨在评价最优价值生命共同体建设完成后的健康稳定性和社会价值输出，用于反馈并控制生命共同体始终处于最优价值状态，保持健康的生态学特性和高效生态社会效益输出。建成评价指标体系的构建突破既有项目评价体系以重点区域、重点工程项目为评价对象，评价侧重点较为单一或侧重体现景观效果、经济效益等固有思维方式，开创性地统筹考虑生态要素、生态结构、生态功能和生态效益等生态评价内容，可系统全面评价最优价值生命共同体的建成效果。

6.3 生态价值核算指标体系

6.3.1 生态价值核算内容

生态价值核算是最优价值生命共同体理论和方法的重要组成部分，通过量化衡量生命共同体的生态价值；结合建设管控指标体系和建成评价指标体系，共同评价生命共同体的价值水平，是检验"最优价值"的重要方式，也是量化"最优价值"的重要手段。生态价值核算的实现可以逆向论证最优价值生命共同体理论的价值追求，既对生命共同体建设有检验作用，也为生命共同体的后续维护提供了精确优化的指导方向。

（1）生态价值核算定义

生态价值核算也称为生命共同体系统总体价值核算，包括无形价值和有形价值两个部分。生态价值核算是核算生命共同体生态系统处于某种特定状态时，具备自持和自我维系能力的情况下，为其生态环境和人类提供的各类有形和无形价值相较于没有该生命共同体时的绝对价值，具备可量化属性。

（2）生态价值核算对象

最优价值生命共同体生态价值核算对象从空间维度上应与最优价值生命共同体理论适用范围一致，适用于最优价值生命共同体的任意场景，从区域生态系统到场地尺度，从复合生态系统到单一生态单元均具备适用特性，只是不同维度和尺度下，生态价值核算具体内容有所区别。从内容维度上，生态价值核算对象应是除生命共同体生态系统自我维持健康价值外，对生态系统所处环境的积极贡献价值和对人类社会的贡献价值。为了让核算体系具有囊括不同尺度、不同类型生命共同体的生态价值，本核算体系参考GEP相关核算拓扑关系和内容。

生态价值核算具体从生态调节价值、生态产品价值和生态服务价值三个方面进行核算。

（3）生态价值核算流程

最优价值生命共同体的生态价值核算主要工作流

程包括：

①确定价值核算的区域范围：根据生态价值核算目的，确定最优价值生命共同体生态价值核算的空间范围。核算区域可以是行政区域，如村、乡、县、市，也可以是功能相对完整的生态系统系统或生态地理单元，如一片森林、一个湖泊或不同尺度的流域，以及由不同生态系统类型组合而成的地域单元。

②构建生态价值核算指标体系：根据生态系统类型及生态价值核算的用途，如生态效益评估、生态保护成效评估、生态产品交易等，调查核算范围内的生态调节、生态产品和生态服务的种类，编制生态价值核算指标体系。

③收集资料与补充调查：收集开展生态价值核算所需要的相关文献资料、监测与统计等信息数据以及基础地理图件，开展必要的实地观测调查，进行数据预处理以及参数本地化。

④开展生态价值核算指标功能量核算：选择科学合理、符合核算区域特点的功能量核算方法与技术参数，根据确定的核算基准时间，核算各类生态调节、生态产品和生态服务指标的功能量。

⑤开展生态价值核算指标价值量核算：根据生态价值核算指标的功能量，运用市场价值法、替代成本法等方法，核算生态价值核算指标的货币价值；无法获得核算年价价格数据时，利用已有年份数据，按照价格指数进行折算。

⑥核算生态价值总值：将核算区域范围的生态价值加总，得到最优价值生命共同体的生态价值。

6.3.2 生态价值核算指标

生态价值核算指标体系的确立围绕最优价值生命共同体的核心价值追求展开，即满足生物多样性需求的价值和满足人民美好生活需要的价值。具体来说，可通过生态调节价值核算指标，生态产品价值核算指标和生态服务价值核算指标三个维度进行生态价值核算。

（1）生态调节价值核算指标

最优价值生命共同体生态系统生态调节价值强调人类作为自然生物，存在于大自然中，与自然进行物质交换和能量流动的过程中生态系统为人类生存环境提供正向有利调节功能的价值。生态调节价值分为系统调节和服务调节两个大类：系统调节指标强调生态系统为人类生态环境的改善和正向调节作用，主要包括"水土保持、土壤改良、水源涵养、洪水调蓄、防风固沙、水质净化、授粉增产、病虫害控制"八项指标；服务调节指标强调生态系统为人类提供舒适的生存空间的正向调节功能，主要包括"氧气供应、空气净化、温湿度调节、负氧离子、热岛缓解、降低噪声"六项指标。通过以上十四项指标价值核算，以囊括生态系统对人类社会生态调节的价值。具体指标定义如下：

①水土保持：生态系统通过防治水土流失，保护、改良与合理利用山区、丘陵区和风沙区水土资源，维护和提高土地生产力，以利于充分发挥水土资源的经济效益和社会效益。

②土壤改良：生态系统通过排除或防治影响植物生长和引起土壤退化等不利因素，改善土壤性状，提高土壤肥力。

③水源涵养：生态系统通过其结构和过程拦截滞蓄降水，增强土壤下渗，涵养土壤水分和补充地下水、调节河川流量，增加可利用水资源量。

④洪水调蓄：生态系统通过调节暴雨径流、削减洪峰，减轻洪水危害。

⑤防风固沙：生态系统通过增加土壤抗风能力，降低风力侵蚀和风沙危害。

⑥水质净化：生态系统通过物理和生化过程对水体污染物吸附、降解以及生物吸收等，降低水体污染物浓度、净化水环境。

⑦授粉增产：通过昆虫的授粉服务，提高作物的座果率、结实率和结籽率，增加产量、改善品质。

⑧病虫害控制：生态系统通过提高物种多样性水平增加天敌而降低病虫害危害。

⑨氧气提供：生态系统通过光合作用释放出氧气，维持大气氧气浓度稳定。

⑩空气净化：生态系统吸收、阻滤大气中的污染物，如二氧化硫、氮氧化物粉尘等，降低空气污染浓度，改善空气环境。

⑪温湿度调节：生态系统通过植被蒸腾作用和水面蒸发过程吸收能量、降低气温、提高湿度。

⑫负氧离子：生态系统经太阳辐射、瀑布冲击、植被光合作用等产生空气负离子。

⑬热岛缓解：生态系统缓解热岛效应，降低城市能耗。

⑭降低噪声：生态系统通过植被、疏松土壤对环境中的高低频噪声反射、透射和吸收，降低噪声危害。

（2）生态产品价值核算指标

最优价值生命共同体生态系统的生态产品价值强调生态系统为人类社会提供的物质和能量等生产生活资料的价值。人类基于自身需求和发展的需要，从自然界获取各类物质产品和能量的价值。生态产品价值分为物质产品和能源产品两种类型：物质产品主要包括"农产品、林产品、畜牧产品、渔产品、淡水资源、碳汇"六大类产品；能源产品主要是生态系统生物为人类提供的"生物能和水能"。通过这八项指标的价值核算，可衡量生态系统对人类社会的生态产品价值贡献。

⑮农产品：集约化种植的生态系统生产的初级农业产品，如稻谷、玉米、豆类、薯类、油料、棉花、麻类、糖料作物、烟叶、茶叶、药材、蔬菜、水果等。

⑯林产品：从集约化管理的森林生态系统中获得的林木产品、林产品以及与森林资源相关的初级产品，如木材、竹材、松脂、生漆、油桐籽等。

⑰畜牧产品：利用圈养方式，饲养禽畜获得的畜牧产品，如牛、羊、猪、家禽、奶类、禽蛋、蜂蜜等。

⑱渔产品：在人工管理的水生态系统中，养殖生产的水产品，如鱼类、贝类、其他水生动物。

⑲淡水资源：生态系统为人类提供的用于工农业生产、居民生活等使用的淡水资源。

⑳碳汇：生态系统吸收二氧化碳合成有机物质，将碳固定在植物和土壤中，降低大气中二氧化碳浓度。

㉑水能：基于场地的水资源进行水电能源开发和利用，以替代部分传统能源发挥作用，获得经济

效益。

㉒生物能：来自于生态系统的有机垃圾、秸秆、人畜粪便等产生的可利用生物质能替代传统能源所产生的经济价值。

（3）生态服务价值核算指标

生态服务价值包含游憩服务和文化服务两个方面，游憩服务包括周边地块溢价、游憩与生态旅游、审美体验、精神愉悦四项指标，文化服务包括教育科普、科研和文化遗产三项指标，通过对以上七项指标的价值核算，体现生态系统的生态服务价值。

㉓周边地块溢价：生态系统对周边土地与居住小区提供景观资源而抬升土地价值。

㉔游憩与生态旅游：生态系统提供的日常游憩与旅游。

㉕审美体验：生态系统为人提供的美学体验。

㉖精神愉悦：生态系统为人提供的精神愉悦。

㉗教育科普：生态系统根据系统本身的特点和特色，为中小学生及普通民众开展科学技术普及和教育工作。

㉘科研：生态系统为科学研究提供研究场所和物质型的研究对象，推动科学研究项目顺利开展，促进相关学科发展。

㉙文化遗产：生态系统提供的文化遗产。

6.3.3 生态价值核算方法

基于构建好的生态价值核算指标体系，需选取合适的方法对各指标进行价值核算。针对各指标开展价值核算，通常是采用实物形态或者类实物形态核算方式，利用经济学上的定价技术，进行价值形态的核算，即开展各指标的功能量和价值量核算。其中，功能量核算是在对生态产品及生态服务等情况进行真实、准确和连续统计的基础上，用物理单位表示的数据或信息来反映生态系统所发挥的特定功能的大小；价值量核算则是在功能量核算的基础上通过估价进行的综合性核算，即通过一种适当的估价技术，赋予某种具体的产品供给、生态调节和生态服务价值的一种用货币衡量的价值，使所有功能量采用一个统一的衡量尺度，真实地反映其所发挥的价值。下文详细阐述

生态价值核算指标表

序号	一级指标	二级指标	三级指标
1	生态调节	系统调节	水土保持
2			土壤改良
3			水源涵养
4			洪水调蓄
5			防风固沙
6			水质净化
7			授粉增产
8			病虫害控制
9		服务调节	氧气提供
10			空气净化
11			温湿度调节
12			负氧离子
13			热岛缓解
14			降低噪声
15	生态产品	物质产品	农产品
16			林产品
17			畜牧产品
18			渔产品
19			淡水资源
20			碳汇
21		能源产品	水能
22			生物能
23	生态服务	游憩服务	周边地块溢价
24			游憩与生态旅游
25			审美体验
26			精神愉悦
27		文化服务	教育科普
28			科研
29			文化遗产

生态调节价值、生态产品价值和生态服务价值的核算方法。

（1）生态调节价值核算方法

1）水土保持：选用土壤保持量，即生态系统减

少的土壤侵蚀量作为生态系统水土保持功能量的评估指标。生态系统水土保持价值主要包括减少面源污染和减少泥沙淤积两方面的价值。水土保持功能量和价值量分别运用修正通用水土流失方程和替代成本法进行核算。具体核算方法如下：

水土保持量：$Q_S = R \times K \times L \times S \times (1 - C \times P)$

其中，Q_S 为水土保持量（t/a），R 为降雨侵蚀力因子，K 为土壤可蚀性因子，L 为坡长因子，S 为坡度因子，C 为植被覆盖和管理因子，P 为水土保持措施因子。

减少泥沙淤积价值：$V_S = \lambda \times (Q_S/\rho) \times c$

减少面源污染价值：$V_d = \sum_{i=1}^n \lambda Q_S \times C_i \times P_i$

其中，V_S 为生态系统减少泥沙淤积价值（元/a），V_d 为生态系统减少泥沙淤积价值（元/a），λ 为淤积系数，Q_S 为水土保持量（t/a），ρ 为土壤容重（t/m³），c 为单位水库清淤工程费用（元/m³），i 为土壤中氮、磷等营养物质数量，C_i 为土壤中氮、磷等营养物质的纯含量（%），P_i 为处理成本。

2）土壤改良：通过排除引起土壤退化等不利因素，改善土壤性状，提高土壤肥力。选取土壤改良量和土壤改良价值表征土壤改良的功能量和价值量，分别通过统计调查和替代成本法进行核算。

土壤改良量：$Q_d = \sum_{i=1}^n C_i$

其中，Q_d 为土壤改良量（t/a），Q_i 修复为第i类土壤的体积（m³），i 为土壤质量等级数量。

土壤改良价值：$R_d = \sum_{i=1}^n (C_i \times U_i)$

其中，R_d 为土壤改良价值（元/a），C_i 修复为第i类土壤的体积（m³），U_i 为修复为i类土壤的单价（元/m³）。

3）水源涵养：水源涵养量大的地区不仅满足核算区内生产生活的水源需求，还持续地向区域外提供水资源，选用水源涵养量，以评估生态系统水源涵养

功能量。水源涵养价值主要表现在蓄水保水的经济价值，模拟建设蓄水量与生态系统水源涵养量相当的水利设施所需成本作为水源涵养价值。水源涵养功能量和价值量分别运用水量平衡法和影子工程法进行核算。具体核算方法如下：

水源涵养量：$W_r = \sum_{i=1}^{n} A_i (P_i \times R_i - ET_i) \times 10^3$

其中，W_r为水源涵养量（m³/a），P_i为产流降雨量（mm/a），R_i为地表径流量（mm/a），ET_i为蒸散发量（mm/a），A_i为i类生态系统的面积（m³），i为生态系统类型，n为生态系统类型总数。

水源涵养价值：$V_r = W_r \times C_w$

其中，V_r为水源涵养价值，W_r为核算区内总的水源涵养量，C_w水库单位库容的工程造价及维护成本。

4）洪水调蓄：生态系统吸纳大量的降水和过境水，蓄积洪峰水量，削减并滞后洪峰，选用植被调蓄水量和库塘洪水调蓄量评估洪水调蓄功能量。洪水调蓄价值通过模拟建设调蓄量与生态系统调蓄量相当的水利设施所需成本作为洪水调蓄的价值。洪水调蓄功能量和价值量分别运用水量储存模型和替代成本法进行核算。具体核算方法如下：

植被调蓄水量：$C_r = \sum_{i=1}^{n} (P_h \times R_f) \times S_i \times 10^3$

库塘洪水调蓄量：$C_v = 0.35 \times C_o$

其中，C_r植被调蓄水量，P_h大暴雨产流降雨量（mm），R_f为第i种生态系统产生的地表径流量（mm），S_i为第i种自然植被生态系统的面积（km²），i为自然植被生态系统类型，n为自然植被生态系统类型数量，C_v为库塘防洪库容，C_o为库塘总库容。

洪水调蓄价值：$V_f = (C_r + C_v) \times S_e$

其中，V_f为生态系统洪水调蓄价值（元/a），$C_r + C_v$为生态系统洪水调蓄量（m³/a），S_e为水库单位

库容的工程造价及维护成本（元/m³）。

5）防风固沙：生态系统减少因大风导致的土壤流失和风沙危害，通过评估生态系统减少的风蚀量作为防风固沙的功能量。根据单位面积沙化土地治理费用或单位植被恢复成本核算防风固沙价值。防风固沙功能量和价值量分别运用修正的风力侵蚀模型和恢复成本法进行核算。具体核算方法如下：

防风固沙量：

$Q_r = 0.1699 \times (WF \times EF \times SF \times K)^{1.3711} \times (1 - C^{1.3711})$

其中，Q_r为防风固沙量（t/a），WF为气候侵蚀因子（kg/m），EF为土壤侵蚀因子，SF为土壤结皮因子，K为地表糙度因子，C为植被覆盖因子。

防风固沙价值：$C_r = (Q_r/ph) \times M$

其中，C_r防风固沙价值（元/a），Q_r防风固沙量（t/a），p为土壤容重（t/m³），h为土壤沙化覆沙厚度（m），M为单位治沙工程成本（元/m³）或单位植被恢复成本（元/m³）。

6）水质净化：湖泊、河流、沼泽等水域湿地生态系统吸附、降解、转化水体污染物，选用典型污染物COD、总氮、总磷净化量作为水质净化功能量。通过工业治理水污染物成本核算生态系统水质净化价值。水质净化功能量和价值量分别运用污染物净化模型和替代成本法进行核算。具体核算方法如下：

净化COD、总氮、总磷量：

$Q_P = \sum_{i=1}^{m} \sum_{j=1}^{n} P_{ij} \times A_i$

其中，Q_P为污染物净化总量（kg），P_{ij}为某种生态系统单位面积污染物净化量（kg/km²），A_i为生态系统面积（km²），m为生态系统类型的数量，j为污染物类别，n为水体污染物类别的数量。

净化COD、总氮、总磷量价值：

$V_P = \sum_{i=1}^{n} Q_{Pi} \times C_i$

其中，V_P为生态系统水质净化的价值（元/a），Q_{P_i}为第i类水污染物的净化量（t/a），C_i为第i类水污染物的单位治理成本（元/t），i为研究区第i类水体污染物类别，n为研究区水体污染物类别的数量。

7）授粉增产：授粉增产通过昆虫的授粉服务，提高作物产量、改善品质。故选取授粉受益对象增产量和授粉受益对象增产价值作为授粉增产的功能量和价值量，分别运用统计调查和市场价值法进行核算。

授粉受益对象增产量：$C_t = \sum_{i=1}^{n}(P_i \times R_i)$

其中，C_t为授粉受益对象增产量（kg/a），P_i为第i种作物的产量（kg/a），R_i为授粉昆虫对第i种作物的增产效果（%）。

授粉受益对象增产价值：$V_g = \sum_{i=1}^{n}(C_i \times Y_i)$

其中，V_g为授粉受益对象增产价值（元/a），C_i为第i种授粉受益对象增产量（kg/a），Y_i为第i种作物的单价（元/kg）。

8）病虫害控制：生态系统通过提高物种多样性水平增加天敌而降低病虫害危害，主要的作用对象为森林、草地生态系统，故选用森林、草地病虫害自愈面积作为病虫害控制功能量，而上述功能量所产生的病虫害控制价值即为价值量，分别通过统计调查和替代成本法进行核算。

病虫害控制面积：$C_f = C_w + C_m$

其中，C_f为病虫害控制面积（km²），C_w为森林病虫害自愈的面积（km²），C_m为草地病虫害自愈的面积（km²）。

病虫害控制价值：$V_f = C_w \times P + C_m \times M$

其中，V_f为病虫害控制价值（元/a），P为单位面积森林病虫害防治费用（元/km²），M为单位面积草地病虫害防治费用（元/km²）。

9）氧气提供：选用释氧量，即生态系统中植物光合作用释放氧气的量作为生态系统氧气提供的评估指标。通过工业制氧价格核算生态系统氧气提供价值。氧气提供功能量和价值量分别运用释氧机理模型和市场价值法进行核算。具体核算方法如下：

释氧量：$Q_P = M_{O_2}/M_{CO_2} \times Q_{CO_2}$

其中，Q_P为生态系统释氧量（t/a），M_{O_2}/M_{CO_2}为CO_2转化为O_2的系数（32/44），Q_{CO_2}为生态系统固碳量（tC/a）。

释氧价值：$V_r = Q_P \times C_O$

其中，V_r为生态系统释氧价值（元/a），Q_P为生态系统氧气释放量（t/a），C_O为工业制氧价格（元/t）。

10）空气净化：生态系统吸收、阻滤大气中的污染物，选用典型污染物二氧化硫、氮氧化物、颗粒物净化量作为空气净化功能量。通过工业治理大气污染物成本核算生态系统空气净化价值。空气净化功能量和价值量分别运用污染物净化模型和替代成本法进行核算。具体核算方法如下：

净化二氧化硫、氮氧化物、颗粒物量：

$$Q_a = \sum_{i=1}^{m} \sum_{j=1}^{n} Q_{ij} \times A_i$$

其中，Q_a为污染物净化总量（kg/a），Q_{ij}为第i种生态系统第j种大气污染物的单位面积净化量（kg/km²·a），i为生态系统类型，j为大气污染物类别，A_i为第i类生态系统面积（km²），m为生态系统类型的数量，n为大气污染物类别的数量。

净化二氧化硫、氮氧化物、颗粒物价值：

$$V_a = \sum_{i=1}^{n} Q_{ai} \times C_i$$

其中，V_a为生态系统大气环境净化的价值（元/a），Q_{ai}为第i类大气污染物的净化量（t/a），C_i为第i类大气污染物的单位治理成本（元/t），j为大气污染物类别。

11）温湿度调节：生态系统通过植被蒸腾和水面蒸发吸收能量、降低气温、提高湿度。故可通过植被蒸腾和水面蒸发消耗能量和植被蒸腾、水面蒸发调节温湿度价值来表示温湿度调节的功能量和价值量，分别经由蒸散模型和替代成本法来核算。

植被蒸腾消耗能量：

$$E_a = \sum_{i=1}^3 P_i \times S_i \times D \times 10^6 / (3600 \times r)$$

水面蒸发消耗能量：

$$E_b = E_w \times q \times 10^3 / (3600) + E_w \times y$$

其中，E_a 为生态系统植被蒸腾消耗的能量（kW·h/a），E_b 为湿地生态系统蒸发消耗的能量（kW·h/a），P_i 为 i 类生态系统单位面积蒸腾消耗热量（kJ·m^{-2}d^{-1}），S_i 为 i 类生态系统面积（km^2），D为日最高气温大于26℃天数，为空调能效比：3.0，i 为生态系统类型（森林、灌丛、草地），E_w 为蒸发量（m^3），q为挥发潜热，即蒸发1g水所需要的热量（J/g），y 为加湿器将1m^{3}水转化为蒸汽的耗电量（kW·h），仅计算湿度小于45%时的增湿功能。

植被蒸腾、水面蒸发调节温湿度价值：

$$V_a = (E_a + E_b) \times p$$

其中，V_a 为生态系统温湿度调节的价值（元/a），（$E_a + E_b$）为生态系统调节温度和湿度消耗的总能量（kW·h/a），p 为当地电价（元/kW·h）。

12）负氧离子：生态系统产生负氧离子，改善空气质量，提高生态系统潜在的康养价值。故采用负氧离子产量和负氧离子价值表征负氧离子的功能量和价值量，分别通过负氧离子产生机理模型和替代成本法进行核算。

负氧离子产量：

$$G = 5.256 \times 10^3 \times Q \times A \times H \times F / L$$

其中，G 为生态系统负氧离子产量（个/a），Q 为实测负氧离子浓度（个/cm^{-3}），A 为林分面积（hm^2），H 为实测植被高度（m），F 为修正系数，L 为负氧离子寿命（min）。

负氧离子价值： $U = G \times P$

其中，U 为负氧离子价值（元/a），G 为负氧离子产量（个/a），P 为单位负氧离子生产费用（元/个）。

13）热岛缓解：生态系统通过调节区域温度以缓解热岛效应，降低城市能耗。故选取热岛缓解消耗热量作为热岛缓解的功能量，表征生态系统影响区域内外温差等效的大气热量。大气热量换算为同等效能所需电力的价值，即热岛缓解价值作为价值量。上述功能量和价值量通过统计调查和替代成本法进行核算。

热岛缓解消耗能量： $E_c = \sum_{i=1}^n T_i \times P \times V$

其中，E_c 为热岛缓解消耗的能量（J/a），P 为空气的比热容（M^3），V 为生态系统内空气的体积（m^3），T_i 为第 i 天生态系统内外实测温差（℃），n 为年内日最高温超过26℃的总天数。

热岛缓解价值： $V_b = E_c \times p$

其中，V_b 为生态系统热岛缓解的价值（元/a），E_c 生态系统热岛缓解消耗的总能量（kW·h/a），p为当地电价（元/kW·h）。

14）降低噪声：生态系统通过植被、疏松土壤降低环境噪声的影响。选取噪声降低分贝与噪声降低价值表征降低噪声的功能量和价值量，分别运用统计调查和影子工程法进行核算。

噪声降低分贝： $F_v = \sum_{i=1}^n P_i / n$

其中，F_v 为噪声降低分贝（dB），P_i 为第 i 个点位实测声音平均分贝（dB），n 为实测点位数。

噪声降低价值： $B_v = F_v \times S_v$

其中，B_v 为噪声降低价值（元/a），F_v 为噪声降低分贝（dB），S_v 为单位分贝噪声防治工程造价及维护成本（元/dB·a）。

（2）生态产品价值核算方法

生态产品价值分为物质产品和能源产品两种类型，共八个指标，囊括衡量生态系统对人类社会的生态产品价值贡献。具体指标功能量和价值量核算方法如下：

15）农产品：集约化种植收获的农业产品产量为农产品的功能量。农业产品产量在市场上交易获得的经济价值为农产品的价值量。农产品功能量和价值量分别通过统计调查和市场价值法进行核算。

农业产品产量： $E_a = \sum_{i=1}^{n} E_i$

其中，E_a 为农业产品产量，E_i 为第 i 种农业产品的产量，i 为核算区农业产品种类。

农业产品产值： $V_a = \sum_{i=1}^{n} E_i \times A_i$

其中，V_a 为农业产品产值，E_i 为第 i 种农业产品的产量，A_i 为第 i 类农业产品的单位价格。

16）林产品：集约化管理的森林生态系统中获得的林产品为林业产品的功能量。林业产品产量在市场上交易获得的经济价值为林产品的价值量。林产品功能量和价值量分别通过统计调查和市场价值法进行核算。

林业产品产量： $E_b = \sum_{i=1}^{n} R_i$

其中，E_b 为林业产品产量，R_i 为第 i 种林业产品的产量，i 为核算区林业产品种类。

林业产品产值： $V_b = \sum_{i=1}^{n} R_i \times B_i$

其中，V_b 为林业产品产值，R_i 为第 i 种林业产品的产量，B_i 为第 i 类林业产品的单位价格。

17）畜牧产品：利用圈养方式，饲养禽畜获得

的畜牧业产品产量为畜牧产品的功能量。畜牧业产品产量在市场上交易获得的经济价值为畜牧产品的价值量。畜牧产品功能量和价值量分别通过统计调查和市场价值法进行核算。

畜牧业产品产量： $E_c = \sum_{i=1}^{n} T_i$

其中，E_c 为畜牧业产品产量，T_i 为第 i 种畜牧业产品的产量，i 为核算区畜牧业产品种类。

畜牧业产品产值： $V_C = \sum_{i=1}^{n} T_i \times C_i$

其中，V_c 为畜牧业产品产值，T_i 为第 i 种畜牧业产品的产量，C_i 为第 i 类畜牧业产品的单位价格。

18）渔产品：人工管理养殖生产的渔业产品产量为渔产品的功能量。渔业产品产量在市场上交易获得的经济价值为渔产品的价值量。渔产品功能量和价值量分别通过统计调查和市场价值法进行核算。

渔业产品产量： $E_d = \sum_{i=1}^{n} Y_i$

其中，E_d 为渔业产品产量，Y_i 为第 i 种渔业产品的产量，i 为核算区渔业产品种类。

渔业产品产值： $V_d = \sum_{i=1}^{n} Y_i \times D_i$

其中，V_d 为渔业产品产值，Y_i 为第 i 种渔业产品的产量，D_i 为第 i 类渔业产品的单位价格。

19）淡水资源：生态系统为人类提供的用于工农业生产、居民生活等使用的淡水资源，体现生态系统的生态价值。故采用淡水资源利用量和淡水资源利用价值作为淡水资源的功能量和价值量，分别运用统计调查和市场价值法进行核算。

淡水资源利用量： $E_e = \sum_{i=1}^{n} U_i$

其中，E_e 为淡水资源产量，U_i 为第 i 种淡水资源的利用量，i 为核算区淡水资源水质等级。

淡水资源利用价值：$V_a = A_a \times P_a$

其中，V_a为淡水资源利用价值，A_a为淡水资源的利用量，P_a为淡水资源的单位价格。

20）碳汇：生态系统透过吸收二氧化碳并转化为有机物质，主要将碳固定在植物和土壤中，故选取森林、草地和湿地固碳量以及土壤固碳量作为碳汇功能量，碳汇价值量由上述两种功能量所对应的价值量组成。碳汇功能量和价值量分别通过固碳机理模型和替代成本法进行核算。

森林、草地和湿地固碳量：

$$Q_{tco_2} = M_{co_2}/M_c \times NEP$$

$$NEP = \alpha \times NPP \times (72/162)$$

土壤固碳量：$Q_{sco_2} = \sum_i^n A_i \times S_i$

其中，Q_{tco_2}为森林、草地和湿地固碳量（t·/a），Q_{sco_2}为土壤固碳量（t·/a），M_{co_2}/M_c为44/12，NEP为净生态系统生产力（tC/a），a为NEP和NPP的转换系数，NPP为净初级生产力（t·干物质/a），72/162为干物质转化为C的系数。A_i为不同生态系统的土壤面积（ha），S_i为不同生态系统实测土壤固碳量（t·co_2/ha·a^{-1}）。

固碳价值：$V_t = (Q_{tco_2} + Q_{sco_2}) \times C_c$

其中，V_t为生态系统固碳价值（元/a），$(Q_{tco_2}+Q_{sco_2})$为生态系统固碳总量，C_c为碳交易价格。

21）水能：水能主要基于场地的水资源进行可再生能源开发和利用，以替代传统能源，获得经济效益。故选取水能利用量和水能利用价值来表征水能的功能量和价值量，分别通过统计调查和市场价值法进行核算。

水能利用量：$D_a = \sum_{i=1}^n D_i$

其中，D_a为水能利用量，D_i为第i种水能利用量，

i为核算区水能种类。

水能利用价值：$K_a = D_a \times P$

其中，K_a为水能利用价值，D_a为水能利用量，P为水能的单位价格。

22）生物能：生物能主要由生态系统产生的有机垃圾、秸秆、人畜粪便等再利用产生的可利用生物能，并产生相应经济价值。故选取生物能利用量和生物能利用价值作为生物能的功能量和价值量。分别运用统计调查和市场价值法进行功能量和价值量核算。

生物能利用量：$D_b = \sum_{i=1}^n D_i$

其中，D_b为生物能利用量，D_i为第i种生物能利用量，i为核算区生物能种类。

生物能利用价值：$K_b = \sum_{i=1}^n D_i \times P_i$

其中，K_b为生物能利用价值，D_i为第i种生物能利用量，P_i为第i类生物能的单位价格。

（3）生态服务价值核算方法

生态服务价值分为景观服务价值、运维服务价值和产业服务价值三个方面，共十一个指标。具体指标功能量和价值量核算方法如下：

23）周边地块溢价：生态系统为周边人群提供休闲体验的场所，吸引人群居住于周围，进而提高周边土地和房产的价值。故采用受益土地面积作为周边地块溢价功能量，采用地块溢价价值作为周边地块溢价价值量。分别采用统计调查和享乐价值法对功能量和价值量进行核算。

受益土地面积：$A_l = \sum_{i=1}^n A_{li}$

其中，A_l为从自然生态系统获得升值的土地面积（km²/a），A_{li}为第i区的受益土地面积（km²）。

地块溢价价值：$V_a = A_a \times P_a$

其中，V_a为地块溢价价值（元/a），A_a为受益总面积（km²），P_a为由生态系统带来的单位土地面积溢价（元/km²·a⁻¹）。

24）游憩与生态旅游：生态系统因环境良好、优美吸引周边人群，进行游憩与旅游活动。故选取游憩总人数和休闲旅游价值作为游憩与生态旅游的功能量和价值量。游憩与生态旅游功能量和价值量通过统计调查和旅行费用法进行确定。

游憩总人数：$N_t = \sum_{i=1}^{n} N_i$

其中，N_t为游憩总人数，N_i为第i个区域的游憩人数。

休闲旅游价值：$V_t = \sum_{j=1}^{n} N_j \times C_j$

其中，V_t表示被核算地点的休闲旅游价值（元/a），N_j表示j地到核算地区旅游的总人数（人/a），C_j表示来自j地的游客的平均旅行成本（元/人）。

25）审美体验：生态系统基于自生特点和自然资源为游玩的人群提供审美体验，可通过问卷调查获得参与人群针对审美体验愿意支付的费用，故选取审美体验人数和审美体验价值作为审美体验功能量和价值量，分别通过统计调查和支付意愿法对审美体验的功能量和价值量进行核算。

审美体验人数：$U_t = \sum_{i=1}^{n} U_i$

其中，U_t为审美体验人数（个），U_i为第i个区域参与审美体验的人数（个）。

审美体验价值：$O_t = U_t \times P$

其中，O_t表示审美体验价值（元/a），U_t为审美体验人数（个），P表示审美体验人员愿意支付的费用（元·a）。

26）精神愉悦：生态系统基于自生特点和自然资源提高游玩人群精神愉悦程度，可通过问卷调查获得参与人群针对精神愉悦愿意支付的费用，故选取精神愉悦受益人数和精神愉悦价值作为精神愉悦功能量和价值量，分别通过统计调查和支付意愿法对精神愉悦的功能量和价值量进行核算。

精神愉悦受益人数：$Y_t = \sum_{i=1}^{n} Y_i$

其中，Y_t为精神愉悦受益人数（个），Y_i为第i个区域精神愉悦受益人数（个）。

精神愉悦价值：$T_t = Y_t \times P$

其中，T_t表示精神愉悦价值（元/a），Y_t为精神愉悦受益人数（个），P表示参加精神愉悦受益人员愿意支付的费用（元·a）。

27）教育科普：生态系统基于自生特点为他人提供技术普及和教育工作，通过问卷调查可获得参与活动人群愿意支付的费用，故选取科普教育总人数和科普教育价值作为教育科普功能量和价值量，分别通过统计调查和支付意愿法对教育科普的功能量和价值量进行核算。

科普教育总人数：$H_t = \sum_{i=1}^{n} H_i$

其中，H_t为科普教育总人数（个），H_i为第i个区域参与科普教育的人数（个）。

科普教育价值：$X_t = H_t \times P$

其中，X_t表示科普教育价值（元/a），H_t为科普教育总人数（个），P表示参加科普教育人员愿意支付的费用（元·a）。

28）科研：生态系统可为科学研究通过研究场所和对象，推动项目开展，故选取与评估对象相关的科研项目数及对各项目的科研价值作为科研价值的功能量和价值量，分别通过统计调查和收益替代法进行核算。

科研项目数：$N_t = \sum_{i=1}^{n} N_i$

其中，N_i为科研项目数，N_i为第i个区域的科研项目数。

科研价值：$V_t = \sum_{j=1}^{n} (N_j \times C_j \times S_j)$

其中，V_t表示科研价值（元/a），N_j表示第j个区域的科研项目数（个），C_j表示第j个科研项目的科研经费（元），S_j表示生态系统对第j个科研项目的贡献程度占整个项目的比例（%）。

29）文化遗产：生态系统中存在的文化遗产，可通过问卷调查获得体验人群针对文化遗产愿意支付的费用，故选取文化遗产体验人数和文化遗产价值作为文化遗产功能量和价值量，分别通过统计调查和支付意愿法对文化遗产的功能量和价值量进行核算。

文化遗产体验人数：$D_t = \sum_{i=1}^{n} D_i$

其中，D_t为文化遗产体验人数（个），D_i为第i个区域参与科普教育的人数（个）。

文化遗产价值：$G_t = D_t \times P$

其中，G_t表示文化遗产价值（元/a），D_t为文化遗产体验人数（个），P表示参加文化遗产体验人员愿意支付的费用（元·a）。

6.3.4 生态价值核算体系应用

最优价值生命共同体生态价值核算体系在实际项目中应用时，基于核算目的和用途，按照生态价值核算流程梳理工程内容，主要包括核算指标的选取、价值核算基础数据的获取、功能量和价值量核算方法的确定和生态价值核算。

（1）核算指标选取

最优价值生命共同体的生态价值核算体系是各类生命共同体构建的价值核算的基础，对于不同区域和特点的场地，需针对性地做出调整和优化，以便更好地做出价值评价。针对特定场地的生态价值核算体系构建需遵循一定的指标选取原则和指标体系形成流程。

生态价值核算体系指标的选取原则主要包括目的性原则、完备性原则、可操作性原则和动态性原则四个方面。

1）目的性原则：生态价值核算指标是价值核算目标的具体化描述，指标要能真实地体现和反映核算的目的，能准确地刻画和描述对象系统的特征，要涵盖为实现核算目的所需的基本内容。同时，指标也要为核算对象和主体实现核算目的或提高核算目标提供努力和改进的方向，即核算指标在体现核算目的的基础上也应具有一定的导向性。以评估生态调节能力、生态产品供给量和生态服务水平为目的，构建生态价值核算指标体系。

2）完备性原则：核算指标是对最优价值生命共同体某一特征的描述和刻画，指标则应该能较全面地反映被评价对象的整体性能和特征，能从多个维度和层面综合地衡量对象系统的属性。以求全面深入地表征最优价值生命共同体价值核算的系统性和全面性。

3）可操作性原则：核算指标的可观测性以及观测成本是重要的考量因素。首先，核算指标无论是定性指标还是定量指标，都要求指标能够被观测与可衡量，即指标的评价数据可被采集，或者可被赋值，否则该指标的设定就没有任何意义。其次，核算指标的设计要能够尽量规避或降低评价数据造假和失真的风险，指标数据应尽可能地公开和客观获取。再者，要综合权衡评价指标数据的获取成本与评价活动所带来的收益问题，一般情况下，核算指标的数据应易于采集，观测成本不宜太大。若某个指标的实际观测成本太大，在实践中，要么直接摒弃该指标，要么采取其他途径来近似获取。

4）动态性原则：价值核算指标体系在评价的某个时间窗内要保持一定的稳定性，但随着事物发展的变化以及核算目标的改变，也需要对核算指标体系进行动态调整。这种动态调整可分为主动调整和被动调整，主动调整是基于核算区域的特点和特定目标要求，调整核算指标体系。被动调整是根据核算结果的反应效果或最优价值生命共同体核算研究的最新成果，对评价指标体系中的某些指标进行动态修正，剔除或增加某些指标。

基于生态价值核算指标选取原则遴选出的指标需经历初步构建、定量筛选调整、反馈性检验三大步骤后形成针对场地的最优价值生命共同体生态价值核算体系。

①初步构建。结合被核算区域的调查数据和区域特点，利用调查研究法、观察法、专家咨询法、综合分析法、扎根理论等理论与方法，收集并融合核算执行者、对象系统、领域专家与其他现有研究的意见与信息，在最优价值生命共同体价值核算体系的基础上增加或删减部分指标，初步拟定并构建完成价值核算三级指标体系。

②定量筛选调整。针对初步构建的价值核算指标体系，首先需要确保各核算指标可被衡量与观测，因此在初步形成评价指标体系之后，运用专家咨询法，对评价指标体系中的每一个指标，逐个进行反复论证，剔除不可衡量、数据无法获取的指标。同时，对于评价指标体系中易引起数据造假或信息失真的某些指标，也要慎重考虑是否保留。同时对于新增核算指标，可利用因子分析法、主成分分析法、离差最大化方法、权系数分析法、信息熵等理论与方法，计算核算指标的重要性程度（权重）或其评价数据的信息量，以判断该指标对评价结果的贡献度。指标的重要性程度越高或信息量越大，其对核算结果的贡献度也就越高，该指标的显著性也就越强，新增的必要性越强。

③反馈性检验。针对经定量筛选调整后的价值核算指标体系，需再经过反馈性检验，即应用该核算指标体系进行试核算，将核算后的效果及问题用于检验核算指标体系是否实用、科学、高效。若试核算活动实施后，核算结果的执行效果不佳，没有达到预期目的，此时就需要通过因子分析法、灵敏度分析法等方法找出关键因素，对指标进行动态调整并完善。据此，就能获得针对特定区域较为完善和适用的最优价值生命共同体核算指标体系。

（2）核算数据获取

以确定后的最优价值生命共同体核算指标体系为基础，针对各指标逐个梳理确定所需的各项数据类型及获取方式，数据的获取方式主要有9种，分别是：生态监测、气象监测、样地监测、遥感监测、水文监测、环境监测、环境统计、统计数据、问卷调查。

生态价值核算指标数据获取方式表

序号	一级指标	二级指标	三级指标	数据来源
1	生态调节	系统调节	水土保持	生态监测、气象监测、样地监测、遥感监测
2			土壤改良	生态监测、气象监测、样地监测
3			水源涵养	生态监测、气象监测、遥感监测
4			洪水调蓄	生态监测、气象监测、遥感监测、水文监测
5			防风固沙	生态监测、气象监测、样地监测、遥感监测
6			水质净化	生态监测、遥感监测、环境统计
7			授粉增产	生态监测、气象监测、样地监测
8			病虫害控制	生态监测、气象监测、样地监测
9		服务调节	氧气提供	遥感监测
10			空气净化	生态监测、遥感监测、环境统计
11			温湿度调节	生态监测、气象监测、遥感监测
12			负氧离子	环境监测、样地监测
13			热岛缓解	生态监测、样地监测
14			降低噪声	生态监测、样地监测
15	生态产品	物质产品	农产品	统计数据
16			林产品	统计数据
17			畜牧产品	统计数据
18			渔产品	统计数据
19			淡水资源	统计数据
20			碳汇	遥感监测
21		能源产品	水能	统计数据
22			生物能	统计数据
23	生态服务	游憩服务	周边地块溢价	统计数据
24			游憩与生态旅游	统计数据
25			审美体验	统计数据、问卷调查
26			精神愉悦	统计数据、问卷调查
27		文化服务	教育科普	统计数据、问卷调查
28			科研	统计数据
29			文化遗产	统计数据、问卷调查

生态监测是指利用物理、化学、生化、生态学等技术手段,对生态环境中的各个要素、生物与环境之间的相互关系、生态系统结构和功能进行监控和测试,以及对人类活动影响下自然环境变化的监测。生态监测主要用于生态调节类核算指标数据的获取。

气象监测是指通过气象监测系统对气象环境状况进行整体性监测,可获得反应气象质量的指标,包含降雨量、风速风向等气象环境数据。气象监测主要用于生态调节中系统调节类指标和部分服务调节指标核算数据的获取。

样地监测是指用于植被及其发挥的生态功能进行调查采样而在限定范围地段的监测活动和内容。通过对样地进行监测,可以了解样地中典型群落的组成结构和物种多样性变化等,在实际应用中,技术人员需要亲自进入样地中,对于样地中的植被进行样地监测因子的监测。由于都是人工进行监测,在监测的过程中,需要耗费大量的时间才能完成样地的监测过程。样地监测主要用于生态调节中多个指标的核算数据获取。

遥感监测是利用遥感技术进行监测的技术方法,监测的数据主要有地面覆盖和大气、海洋和近地表状况等。通过航空或卫星等收集环境的电磁波信息对远离的环境目标进行监测识别环境质量状况的技术,在获取大面积同步和动态环境信息方面"快"而"全",是其他检测手段无法比拟和完成的。遥感监测主要用于生态调节中系统调节和服务调节部分指标核算数据的获取。

水文监测主要用于江、河、湖泊、水库、渠道和地下水等水文参数的实时监测,监测内容包括水位、流量、流速、降雨(雪)、蒸发、泥沙、墒情、水质等,监测结果通常采用无线通信方式实时传送。水文监测主要用于洪水调蓄等指标核算数据的获取。

环境监测指对环境质量状况进行监视和测定,通过对反映环境质量的指标进行监视和测定,确定环境污染状况和环境质量的高低。环境监测的内容主要包括物理指标的监测、化学指标的监测和生态系统的监测。环境监测主要用于负氧离子等指标核算数据的获取。

环境统计指的是按一定的指标体系和计算方法给出能概略描述环境资源和环境质量状况、环境管理水平和控制能力的计量信息。环境统计的范围包括环境质量、环境污染及其防治、生态保护、核与辐射安全、环境管理,以及其他有关环境保护事项。环境统计的类型有普查和专项调查,定期调查和不定期调查。环境统计主要用于环境净化、水质净化两个指标核算数据的获取。

统计数据表示某一地理区域自然经济要素特征、规模,结构、水平等指标的数据,是定性、定位和定量统计分析的基础数据,如统计年鉴。统计数据主要用于生态产品中物质产品和能源产品核算指标以及生态服务中部分指标核算数据的获取。

问卷调查是国内外社会调查中较为广泛使用的一种方法。问卷是指为统计和调查所用的、以设问的方式表述问题的表格。问卷法就是研究者用这种控制式的测量对所研究的问题进行度量,从而搜集到可靠的资料的一种方法。问卷法大多用邮寄、个别分送或集体分发等多种方式发送问卷。由调查者按照表格所问来填写答案。一般来讲,问卷较之访谈表要更详细、完整和易于控制。问卷法的主要优点在于标准化和成本低。因为问卷法是以设计好的问卷工具进行调查,问卷的设计要求规范化并可计量。问卷调查主要用于教育科普等指标核算数据的获取。

基础数据获取后,应检查并确保数据的权威性和时效性,并对原始数据、拷贝数据及数据预处理结果进行校核,数据预处理应符合相应规范的要求,保证生态价值核算的准确性。

(3)核算方法确定

生态价值核算方法分为功能量核算方法和价值量核算方法两部分,当生态价值核算指标体系确定后,针对各核算指标类型和收集的核算所需数据,根据核算方法可行性、准确性和核算效率等综合决定各指标的核算方法。

功能量核算方法主要包括直接统计法、间接计算法和潜力模拟法三种。

1)直接统计法:人类从生态系统获取的能够在市场交易的产品,满足人类生活、生产与发展的物质

生态价值核算指标功能量和价值量核算方法表

序号	一级指标	二级指标	三级指标	功能量核算方法	价值量核算方法
1	生态调节	系统调节	水土保持	修正通用土壤流失方程	替代成本法
2			土壤改良	统计调查	替代成本法
3			水源涵养	水量平衡法、水量供给法	替代成本法
4			洪水调蓄	水量储存模型	影子工程法
5			防风固沙	修正风力侵蚀模型	恢复成本法
6			水质净化	污染物净化模型	替代成本法
7			授粉增产	统计调查	市场价值法
8			病虫害控制	统计调查	替代成本法
9		服务调节	氧气提供	释氧机理模型	替换成本法
10			空气净化	污染物净化模型	替代成本法
11			温湿度调节	蒸散模型	替代成本法
12			负氧离子	负氧离子产生机理模型	替代成本法
13			热岛缓解	统计调查	替代成本法
14			降低噪声	统计调查	影子工程法
15	生态产品	物质产品	农产品	统计调查	市场价值法
16			林产品	统计调查	市场价值法
17			畜牧产品	统计调查	市场价值法
18			渔产品	统计调查	市场价值法
19			淡水资源	统计调查	市场价值法
20			碳汇	固碳机理模型	市场价值法
21		能源产品	水能	统计调查	市场价值法
22			生物能	统计调查	市场价值法
23	生态服务	游憩服务	周边地块溢价	统计调查	享乐价值法
24			游憩与生态旅游	统计调查	旅行费用法
25			审美体验	统计调查	支付意愿法
26			精神愉悦	统计调查	支付意愿法
27		文化服务	教育科普	统计调查	支付意愿法
28			科研	统计调查	收益替代法
29			文化遗产	统计调查	支付意愿法

需求，包括自然生态系统人工集约化种养殖的农业产品、林业产品、畜牧业产品、渔业产品、水资源与生态能源；以及部分生产调节、生态服务，如土壤改良量、周边地价溢价量、科普教育参与人数等指标的功能量统计核算。

2）间接计算法：部分生态系统提供的服务无法通过直接提供的生态产品用于功能量的核算，但可根据该服务的其他表征指标或数据间接推算出具体的功能量，如生态系统提供的水土保持和水源涵养服务，可通过修正通用土壤流失方程和水量平衡法间接核算出上述生态服务的功能量。

3）潜力模拟法：针对生态系统部分抽象或内在的功能，无法通过具体的产品量或者实物量去衡量生态系统的功能量，通过模型对实际生态作用过程进行简化和抽象，收集模型所需参数、驱动和初始条件，基于较明确的机制和时空尺度运行，模拟过去、现在和预测未来的功能量，包括水量储存模型、修正风力侵蚀模型、污染物净化模型、释氧机理模型、污染物净化模型、蒸散模型、负氧离子产生机理模型、固碳机理模型，分别用于洪水调蓄、防风固沙、水质净化、氧气提供、空气净化、温湿度调节、负氧离子、碳汇等指标功能量的核算。

参照国内外生态价值评价方法，结合最优价值生命共同体价值量核算体系，将评价方法大致分为实际市场价值法、替代市场法、模拟市场法三类：

①实际市场法：对于可以在市场买到的产品，如农、林产品，可以采用市场价值法评价其服务价值。选用该产品的市场价格作为其生态系统产品的服务功能价值。该评价方法主要包括费用支出法和市场价值法，可用于产品功能等的核算。

②替代市场法：对于不可以在市场买的产品，但在市场上能找到替代该产品的替代品，通过核算替代品的服务功能价值代替原产品的服务功能价值。评估方法主要有：替代成本法、影子工程法、机会成本法、享乐价值法、恢复成本法、旅行费用法和人力资本法等，可用于气候调节、大气净化、水质净化、文化服务功能价值等核算。

③模拟市场法：对于不能在市场买到的，同时也

找不到替代产品的产品，通过模拟一个假想的市场，评价其服务功能价值。在假想的市场中，可以通过调查人们对该产品的支付意愿，来代表其服务功能价值。评估方法主要为条件价值法，可用于文化服务功能价值等核算，包含支付意愿法、收益替代法。

（4）生态价值核算

生态价值核算体系应用过程中，生态价值核算是最终和最重要的流程之一。在生态核算指标选取和筛选、生态核算所需数据获取和预处理、生态功能量和价值量核算方法确定的基础上，主要开展生态价值核算工作和成果表达。

1）核算步骤及要求：主要包括生态价值核算指标功能量核算、价值量核算、生态总价值汇总。

生态价值核算指标功能量核算，以核算范围为基础，统计、评估区域内在一定时间内生态调节和生态服务功能量、生态产品产量。生态产品产量包括粮食产量、风力发电量产量、药材量等，通过现有水文、环境、气象、森林、草地、湿地监测体系结合评估模型可获得生态调节、生态服务功能量。

生态价值核算指标价值量核算，在核算指标功能量核算基础上，确定各指标功能量单位转换价格，表达各项指标功能量的等效价格和经济价值。如单位风力发电的价格、单位洪水调蓄量的价格、单位污染物净化量的价格、景观观赏旅游休息价值等。

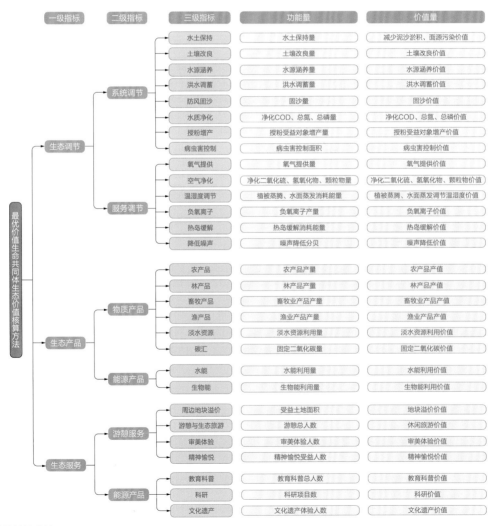

生态价值核算方法

生态总价值核算，在生态价值功能量和价值量核算的基础上，结合各核算指标的价值量，加和计算最优价值生命共同体生态总价值。

2）成果表达：最优价值生命共同体生态价值核算的成果表达主要包含三种形式，分别为图件成果、表册成果和文本成果。

图件成果包含标准图件和专题图件，标准图件产品主要为在土地利用调查数据或遥感专题信息自动提取成果的基础上，经过转换形成满足GEP核算的生态系统分类标准产品，专题图件主要为根据GEP核算技术规范，制作相应的功能量和价值量专题图件。

表册成果包括各类生态价值核算体系表、问卷调查表、核算结果汇总表等。

文本成果是根据生态价值核算结果，展开阐述生态价值核算目标，核算指标来源和筛选原则、过程和核算指标体系，描述和记录核算数据的来源、处理的方式和方法，详细阐述各核算指标功能量和价值量的计算过程并得到生态价值总量，最终形成最优价值生命共同体生态价值核算报告。

6.3.5 小结

生态价值的核算对象包含生态调节价值、生态产品价值和生态服务价值三个方面，其具体流程包括确定价值核算的区域范围、构建生态价值核算指标体系、收集资料与补充调查、开展生态价值核算指标功能量核算、开展生态价值核算指标价值量核算、核算生态价值总值等六个步骤。

生态价值核算指标按照生态调节价值、生态产品价值和生态服务价值三大维度，具体可分为三级核算指标，其中一级指标三个，二级指标六个，三级指标二十九个。

生态价值核算方法包括功能量核算方法和价值量核算方法，其中功能量核算方法主要包括直接统计法、间接计算法和潜力模拟法；价值量分为实际市场法、替代市场法、模拟市场法。

6.4 本章小结

最优价值生命共同体评价指标体系以建设管控评价指标体系、建成评价指标体系及价值核算体系为核心，作为最优价值生命共同体建设评价的重要抓手，能够有效支撑最优价值生命共同体的建设实践和全生命周期的效益与价值评估。

通过构建建设和建成三级评价指标体系，开展指标取值计算、权重赋值和综合评价等工作，可以相对客观地评估目标生命共同体的现状情况，并以此设置建设目标，保障规划、设计、建设全过程的合理性，并促进目标生命共同体不断向高价值生命共同体跃升，同时持续稳定地发挥生态效益，实现综合价值。

通过生态调节价值、生态产品价值和生态服务价值三个方面进行生态价值核算，可以为最优价值生命共同体的价值衡量提供相对科学的量化依据。最优价值生命共同体的生态价值核算直观表达出山水林田湖草生命共同体系统与人类社会经济系统的关联性，其不局限于单个资源类别的管理，而是立足于生命共同体整体功能，按其提供的产品和服务类型进行分类核算和加总估计，从而将生命共同体的综合效益和生物多样性需求及人民美好生活需要紧密结合，并为生命共同体在特定区域不同阶段的时间尺度比较、某一时点不同区域的空间尺度比较提供了统一参照标准。

结 语

生命共同体价值提升论的核心要义就是探索生命同体最优价值实现的理念、方法与技术等内容，这些内容的归纳总结可以凝练为最优价值生命共同体理论。最优价值生命共同体理论的基本结论是：在习近平生态文明思想指导下，以生态学、景感生态学、地理学、风景园林学、环境心理学、系统学等学科为支撑，按照山水林田湖草是生命共同体、人与自然是生命共同体、基于自然和人文的解决方案的理念，遵照生命共同体的整体系统性、区域条件性、有限容量性、迁移性、可持续性、价值性六个特性，遵循生态系统的内在机理和演替规律，坚持节约优先、保护优先、自然恢复为主的方针，聚焦"生态"和"风景"，抓住"水"和"土"两个生态本底要素，"林"或"草"两个生态核心要素，以"留水—固土"和"营林或丰草"为两个工作切入点，按照"四划协同"绿色规划方法、"三阶十步"绿色设计方法、"二三四八"绿色建设方法、"四五六五"绿色管理方法、"四四一零"绿色养运方法、"四绿融合"绿色转化方法六个实践方法体系，综合运用"护山、理水、营林、疏田、清湖、丰草"及"润土、弹路"八个策略及其九类技术集成体系，三种指标评价体系（建设指标、评价指标、价值核算指标），按照"维护区间、促进迁移、谋求最优"三步走，系统开展自然恢复、

生态修复，丰富生物多样性，集成创新生态领域成熟、成套、低成本的技术、产品、材料、工法，融合生态设施、绿色建筑，用生态产业化、产业生态化路径破解绿水青山就是金山银山的高级多元方程式，在高价值生态区间内，发挥设计对美学意境和科学技术的正向作用，优化生态资源配置，谋求满足生物多样性需求和人民美好生活需要的最优状态，建设以生态为魂、以风景为象，人与自然和谐共生的现代化最优价值生命共同体。

最优价值生命共同体是在习近平生态文明思想指导下，根据生命共同体的六个特性（整体系统性、区域条件性、有限容量性、迁移性、可持续性、价值性），通过保护、修复、建设及价值提升，能够持续满足生物多样性需求和人民美好生活需要，位于高价值生态区间和最优价值点的生命共同体，是真正能够实现人与自然和谐共生的现代化美丽中国图景的生命共同体。

最优价值生命共同体理论凝练的六个实践方法体系、九类技术集成体系、三种指标评价体系，实现从"规划—设计—建设—管理—运维—转化"的全过程建设管理与效果评价，可以指导不同区域、不同尺度、不同类型生命共同体的保护、修复、建设和价值提升工作。

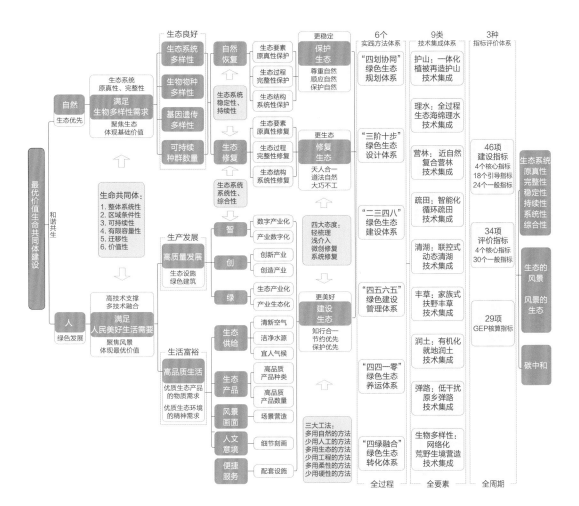

参考文献

[1]   习近平. 决胜全面建成小康社会 夺取新时代中国特色社会主义伟大胜利——在中国共产党第十九次全国代表大会上的报告（2017年10月18日）[M]. 北京：人民出版社，2017.

[2]   习近平. 习近平谈治国理政[M]. 北京：外文出版社，2020.

[3]   中华人民共和国环境保护部. 中国履行《生物多样性公约》第四次国家报告[M]. 北京：中国环境出版社，2010：161.

[4]   李双成等. 生态系统服务地理学[M]. 北京：科学出版社，2014：369.

[5]   奥德姆. 生态学基础[M]. 北京：高等教育出版社，2009.

[6]   国务院学位委员会第六届学科评议组. 学位授予和人才培养一级学科简介[M]. 北京：高等教育出版社，2013：244-247.

[7]   习近平. 高举中国特色社会主义伟大旗帜 为全面建设社会主义现代化国家而团结奋斗——在中国共产党第二十次全国代表大会上的报告[J]. 党建，2022（11）：4-28.

[8]   习近平. 关于《中共中央关于全面深化改革若干重大问题的决定》的说明[J]. 当代兵团，2013（22）：19-24.

[9]   王冠华. 加强生态文明建设必须坚持六大原则——学习《习近平谈治国理政》第三卷关于生态文明建设的重要论述[J]. 学习月刊，2020（11）：17-18.

[10]   习近平出席全国生态环境保护大会并发表重要讲话[J]. 创造，2018（第5期）：9-10.

[11]   习近平. 推动我国生态文明建设迈上新台阶[J]. 奋斗，2019（3）：1-16.

[12]   李全喜. 习近平生态文明建设思想的内涵体系、理论创新与现实践履[J]. 河海大学学报（哲学社会科学版），2015，17（3）：9-13.

[13]   耿步健，葛琐芸. 习近平关于生命共同体重要论述的逻辑理路、内涵及意义[J]. 河海大学学报（哲学社会科学版），2019，21（5）：22-27.

[14]   耿步健，仇竹妮. 习近平生命共同体思想的科学内涵及现实意义[J]. 财经问题研究，2018（7）：23-29.

[15]   俞海，王勇，韩孝成，等. 中国共产党十八大以来我国生态文明建设：新思想、新实践和新启示[J]. 环境与可持续发展，2017，42（5）：7-13.

[16]   俞海，刘越，王勇，等. 习近平生态文明思想：发展历程、内涵实质与重大意义[J]. 环境与可持续发展，2018，43（4）：12-16.

[17]   吴星儒，李沐曦. 习近平"生命共同体"思想对马克思恩格斯人与自然关系思想的继承与发展[J]. 思想政治教育研究，2018，34（6）：28-33.

[18]   王增福. 西方自然观的历史嬗变与哲学审思[J]. 学术交流，2015（1）：53-58.

[19]   王金南，苏洁琼，万军. "绿水青山就是金山银山"的理论内涵及其实现机制创新[J]. 环境保护，2017，（11）：13-17.

[20]   钱勇. 全面把握我国生态环境保护发生的历史性、转折性、全局性变化[J]. 思想理论教育导刊，2022（2）：50-55.

[21]　赵兵. 当前生态文明建设的新动向和路径选择[J]. 西南民族大学学报（人文社会科学版），2010，31（2）：152-154.

[22]　张世英，中国古代的"天人合一"思想[J]. 求是，2007（7）：34-37，62.

[23]　王青. 新时代人与自然和谐共生观的哲学意蕴[J]. 山东社会科学，2021（1）：103-110

[24]　周围光. 当代中国生态文化的生成与实践考察[J]. 经济与社会发展，2021，19（3）：62-70.

[25]　国务院关于加快建立健全绿色低碳循环发展经济体系的指导意见[J]. 中华人民共和国国务院公报，2021（第7期）：39-43.

[26]　国家发展改革委，自然资源部. 国家发展改革委自然资源部关于印发《全国重要生态系统保护和修复重大工程总体规划（2021—2035年）》的通知[J]. 自然资源通讯，2020（12）：35-52.

[27]　王志芳，彭瑶瑶，徐传语. 生态系统服务权衡研究的实践应用进展及趋势[J]. 北京大学学报（自然科学版），2019，55（4）：773-781.

[28]　柳新伟. 生态系统稳定性定义剖析[J]. 生态学报，2004（11）：2635-2640.

[29]　燕乃玲，虞孝感. 生态系统完整性研究进展[J]. 地理科学进展，2007（1）：17-25.

[30]　傅伯杰，于丹丹. 生态系统服务权衡与集成方法[J]. 资源科学，2016（1）：1-9.

[31]　朱永官，李刚，张甘霖，等. 土壤安全：从地球关键带到生态系统服务[J]. 地理学报，2015，70（12）：1859-1869.

[32]　傅伯杰，于丹丹，吕楠. 中国生物多样性与生态系统服务评估指标体系[J]. 生态学报，2017，（2）：341-348.

[33]　张庆，牛建明，王秀梅. 生物多样性与生态系统功能关系研究进展[J]. 生物学通报，2009（1）：15-17.

[34]　冯伟林，李树茁，李聪. 生态系统服务与人类福祉：文献综述与分析框架[J]. 资源科学，2013（7）：1482-1489.

[35]　贾濛，景泉，周晔. 基于生态系统服务功能的城市更新策略研究[J]. 城市住宅，2021，28（7）：76-80.

[36]　傅伯杰. 生态系统服务与生态系统管理[J]. 中国科技奖励，2013（7）：6-8.

[37]　欧阳志云，王如松，赵景柱. 生态系统服务功能及其生态经济价值评价[J]. 应用生态学报，1999（5）：635-640.

[38]　赵云龙，唐海萍，陈海，秦向阳，李新宇. 生态系统管理的内涵与应用[J]. 地理与地理信息科学，2004（6）：94-98.

[39]　张林波，虞慧怡，李岱青，等. 生态产品内涵与其价值实现途径[J]. 农业机械学报，2019，50（6）：173-183.

[40]　张林波，虞慧怡，郝超志，等. 生态产品概念再定义及其内涵辨析[J]. 环境科学研究，2021，34（3）：655-660.

[41]　夏鹏，王德杰，胡卉明. 生态产品价值实现路径及政策建议[J]. 中国土地，2020（5）：28-30.

[42]　孙志. 生态价值的实现路径与机制构建[J]. 中国科学院院刊，2017，1：78-84.

[43]　吴钢，赵萌，王辰星. 山水林田湖草生态保护修复的理论支撑体系研究[J]. 生态学报，2019，39（23）：8685-8691.

[44]　彭建，吕丹娜，张甜，等. 山水林田湖草生态保护修复的系统性认知[J]. 生态学报，2019，39（23）：8755-8762.

[45]　成金华，尤喆. "山水林田湖草是生命共同体"原则的科学内涵与实践路径[J]. 中国人口·资源与环境，2019，29（2）：1-6.

[46]　王军，钟莉娜. 生态系统服务理论与山水林田湖草生态保护修复的应用[J]. 生态学报，2019，39（23）：8702-8708.

[47]　张绍良，杨永均，侯湖平. 新型生态系统理论及其争议综述[J]. 生态学报，2016，36（17）：5307-5314.

[48]　钱学森. 一个科学新领域——开放的复杂巨系统及其方法论[J]. 城市发展研究，2005，12（5）：1-8.

[49]　陈树勋. 分系统最优化与总系统最优化的关系探讨[J]. 系统工程理论与实践，1996（2）：1-9.

[50]　陈求稳. 流域生态学及模型系统[J]. 生态学报，2005（5）：1184-1190.

[51]　王如松，欧阳志云. 社会—经济—自然复合生态系统与可持续发展[J]. 中国科学院院刊，2012（3）：337-345，403-404，254.

[52]　马世骏，王如松. 社会经济自然复合生态系统[J]. 生态学报，1984（1）：1-9.

[53]　孙晶，王俊，杨新军. 社会—生态系统恢复力研究综述[J]. 生态学报，2007（12）：5371-5381.

[54]　傅伯杰. 地理学综合研究的途径与方法：格局与过程耦合[J]. 地理学报，2014（8）：1052-1059.

[55]　唐立娜，李竞，邱全毅，等. 景感生态学方法与实践综述[J]. 生态学报，2020（22）：8015-8021.

[56]　董仁才，吕晨璨，翁辰，等. 景感生态学原理及应用[J]. 生态学报，2022（10）：4236-4244.

[57]　吕晓峰. 环境心理学：内涵、理论范式与范畴述评[J]. 福建师范大学学报（哲学社会科学版），2011（3）：141-148.

[58]　吕晓峰. 环境心理学的兴起：心理学研究视域转换与当代价值[J]. 哲学动态，2011（4）：104-107.

[59]　王夏晖，刘桂环，华妍妍，等. 基于自然的解决方案：推动气候变化应对与生物多样性保护协同增效[J]. 环境保护，2022，50（8）：24-27.

[60]　王如松. 生态环境内涵的回顾与思考[J]. 科技术语研究，2005，7（2）：28-31.

[61]　王劲韬.《园冶》与《作庭记》的比较研究[J]. 中国园林，2010，26（3）：94-96.

[62]　彭建，胡晓旭，赵明月，等. 生态系统服务权衡研究进展：从认知到决策[J]. 地理学报，2017，（6）：960-973.

[63]　彭建，吕丹娜，张甜，等. 山水林田湖草生态保护修复的系统性认知[J]. 生态学报，2019（23）：8755-8762.

[64] 邹长新，王燕，王文林，等．山水林田湖草系统原理与生态保护修复研究[J]．生态与农村环境学报，2018（11）：961-967.

[65] 刘占锋，傅伯杰，刘国华，朱永官．土壤质量与土壤质量指标及其评价[J]．生态学报，2006（3）：901-913.

[66] 张甘霖．城市土壤质量演变及其生态环境效应[J]．生态学报，2003（3）：539-546.

[67] 朱立安，魏秀国．土壤动物群落研究进展[J]．生态科学，2007（3）：269-273.

[68] 孔维栋．农业土壤微生物基因与群落多样性研究进展[J]．生态学报，2004（12）：2894-2900.

[69] 贺纪正，李晶，郑袁明．土壤生态系统微生物多样性—稳定性关系的思考[J]．生物多样性，2013（4）：412-421.

[70] 李小方，邓欢，黄益宗，王新军，朱永官．土壤生态系统稳定性研究进展[J]．生态学报，2009（12）：6712-6722.

[71] 赵景柱，梁秀英，张旭东．可持续发展概念的系统分析[J]．生态学报，1999，19（3）：393-398.

[72] 王震洪．基于植物多样性的生态系统恢复动力学原理[J]．应用生态学报，2007（9）：1965-1971.

[73] 蔡运龙．人地关系研究范型：哲学与伦理思辩[J]．人文地理，1996（1）：1-6.

[74] 成超男，李锋，杨锐，吕婧．自然保护地生态系统修复研究进展与修复策略[J]．中国园林，2022（12）：6-13.

[75] 董元铮，崔愷．"再生"的花园——第11届江苏省园博园主展馆片区设计[J]．建筑学报，2022（8）：37-41.

[76] 姜芊孜，俞孔坚，王志芳．基于SWMM的陂塘系统雨洪调蓄能力及应用研究[J]．中国给水排水，2018（11）：132-138.

[77] 李存东．景观的演替[J]．风景园林，2021，28（S2）：6-7.

[78] 李存东．营造绿色低碳高品质环境 促进城乡建设高质量发展[J]．城市建筑空间，2023，30（1）：1.

[79] 刘世荣，代力民，温远光，王晖．面向生态系统服务的森林生态系统经营：现状、挑战与展望[J]．生态学报，2015（1）：1-9.

[80] 王佳恒，颜蔚，段学军，段岩燕，邹辉，金满库．湖泊生态缓冲带识别与生态系统服务价值评估——以滇池为例[J]．生态学报，2023（3）：1005-1015.

[81] 吴志峰，象伟宁．从城市生态系统整体性、复杂性和多样性的视角透视城市内涝[J]．生态学报，2016（16）：4955-4957.

[82] 相晨，严力蛟，韩轶才，等．千岛湖生态系统服务价值评估[J]．应用生态学报，2019（11）：3875-3884.

[83] 于贵瑞，张雪梅，赵东升，邓思琪．区域资源环境承载力科学概念及其生态学基础的讨论[J]．应用生态学报，2022（3）：577-590.

[84] 袁梓裕，张路，廖李容，等．黄土高原草地植物多样性与群落稳定性的关系及其驱动因素[J]．生态学报，

2023（1）：60-69.

[85] 张学玲，余文波，蔡海生，郭晓敏. 区域生态环境脆弱性评价方法研究综述[J]. 生态学报，2018（16）：5970-5981.

[86] 王向荣，林箐. 自然的含义[J]. 中国园林杂志，2007（1）：6-6.

[87] 王向荣，张晋石. 人类和自然共生的舞台——荷兰景观设计师高伊策的设计作品[J]. 中国园林，2002，18（3）：65-68.

[88] 王向荣. 中国城市的自然系统[J]. 城乡规划，2020（5）：12-20.

[89] 王向荣. 景观与生活[J]. 风景园林，2010（2）：202.

[90] 余文婷，金恩贞，洪宽善. 后工业景观的生态性再生研究[J]. 设计，2015（11）：65-67.

[91] 王向荣，任京燕. 从工业废弃地到绿色公园——景观设计与工业废弃地的更新[J]. 中国园林杂志，2003（3）：11-18.

[92] 杨锐. 景观都市主义的理论与实践探讨[J]. 中国园林，2009，25（10）：60-63.

[93] 王向荣. 弹性景观[J]. 风景园林，2018（6）：4-5.

[94] 杜春兰，郑曦. 一级学科背景下的中国风景园林教育发展回顾与展望[J]. 中国园林，2021，37（1）：26-32.

[95] 沈洁，王向荣. 风景园林价值观之思辨[J]. 中国园林，2015（6）：40-44.

[96] 于冰沁，王向荣. 景观设计师的生态主义思想实践初探[J]. 辽宁农业职业技术学院学报，2008，10（4）：61-62.

[97] 王向荣，林箐. 现代景观的价值取向[J]. 中国园林杂志，2003（1）：4-11.

[98] 王向荣，林箐. 艺术、生态与景观设计[J]. 建筑创作，2003（7）：30-35.

[99] 王向荣. 城市荒野与城市生境[J]. 风景园林，2019（1）：4-5.

[100] 王向荣. 城市中的荒野[J]. 风景园林，2019（8）：4-5.

[101] 王晞月，王向荣. 风景园林视野下的城市中的荒野[J]. 中国园林，2017（8）：40-47.

[102] 林箐，王向荣. 风景园林与文化[J]. 中国园林杂志，2009（9）：19-23.

[103] 林箐，王向荣. 地域特征与景观形式[J]. 中国园林杂志，2005（6）：16-24.

[104] 袁吉有，欧阳志云，郑华，徐卫华. 中国典型脆弱生态区生态系统管理初步研究[J]. 中国人口·资源与环境，2011（A1）：97-99.

[105] 常瑞英，刘国华，傅伯杰. 区域尺度土壤固碳量估算方法评述[J]. 地理研究，2010（9）：1616-1628.

[106] 李嘉珣，曹飞飞，汪铭一，等. 参照点位法下的参照状态在草原生态系统损害基线判定中的应用分析[J]. 生态学报，2019，39（19）：6966-6973.

[107] 李通，崔丽珍，朱佳佩，等. 草地生态系统多功能性与可持续发展目标的实现[J]. 自然杂志，2021，43（2）：149-156.

[108] 薛永盛，杨雪梅. 北方防沙带典型县域主要生态系统服务变化及权衡协同关系[J]. 草业科学，2022，39（7）：1363-1374.

[109] 董丽，王向荣. 低干预·低消耗·低维护·低排放：低成本风景园林的设计策略研究[J]. 中国园林，2013（5）：61-65.

[110] 张定源，张景，牛晓楠，等. 双评价理论探索与福建实践[J]. 华东地质，2021，42（4）：419-428.

[111] 李华，左俊杰，蔡永立. 基于EI理念的湿地公园规划探讨——以淮河三汊河湿地公园为例[J]. 上海交通大学学报（农业科学版），2008，26（2）：172-176.

[112] 陈遐林. 森林生态系统经营中有关森林结构问题的探讨[J]. 中南林学院学报，1999（2）：43.

[113] 赵文斌. 最优价值生命共同体建设路径探索——以重庆广阳岛为例[J]. 风景园林，2021，28（12）：29-36.

[114] 刘云佳. 新时代营城之"城市泛景观"思维——访中国建筑设计研究院有限公司副总工程师，生态景观建设研究院院长赵文斌[J]. 城市住宅，2021，28（8）：15-19.

[115] 吕锦芳. 习近平生态文明思想的逻辑分析[D]. 沈阳：东北大学，2018.

[116] 李小春. 习近平生态文明思想方法论研究[D]. 济南：山东大学，2021.

[117] 陈志立. 习近平生态文明建设思想探析[D]. 重庆：重庆师范大学，2016.

[118] 吴亚旗. 当前中国生态文明建设的制约因素及实现路径研究[D]. 济南：山东大学，2016.

[119] 晋晓晓. 习近平新时代中国特色社会主义生态文明思想的理论阐释与实践路径研究[D]. 沈阳：东北大学，2019.

[120] 孟庆林. 生态文明价值观的构建研究[D]. 赣州：江西理工大学，2010.

[121] 戴秀丽. 生态价值观的演化及其实践研究[D]. 北京：北京林业大学，2008.

[122] 林子雁. 生态系统服务权衡/协同关系研究——以中国西南地区为例[D]. 北京：中国科学院大学，2021.

[123] 任群罗. 基于生态经济观的总需求—总供给分析——建设可持续发展的经济[D]. 乌鲁木齐：新疆大学，2006.

[124] 冯萤雪. 矿业棕地公园景观生态化建构对策研究[D]. 哈尔滨：哈尔滨工业大学，2014.

[125] 任小耿. 徐州市绿色基础设施网络构建研究[D]. 徐州：中国矿业大学，2015.

[126] 苗壮. 生态基础设施建设与城乡统筹——以广东省中山市南朗镇为例[D]. 北京：北京大学，2008.

[127] 吕渊. 基于生态基础设施的城镇绿地系统规划研究——以慈溪市附海镇为例[D]. 杭州：浙江农林大学，2013.

[128] 刘芳. 基于生态基础设施视角的北方地区水城规划研究——以河南新安水城规划为例[D]. 重庆：重庆大学，2015.

[129] 孟祥江. 中国森林生态系统价值核算框架体系与标准化研究[D]. 北京：中国林业科学研究院，2011.

[130] 王怡涵. 乡村振兴视域下民族村寨生态产业发展研究——以麻江县乐坪村为例[D]. 贵阳：贵州大学，

2021.

[131] 武晓毅. 区域生态环境质量评价理论和方法的研究[D]. 太原：太原理工大学，2006.

[132] 王业侨. 土地集约利用研究[D]. 成都：四川大学，2008.

[133] 王锦洋. 多要素耦合状态下矿区生命共同体协同发展水平评价研究[D]. 西安：西安建筑科技大学，2020.

[134] 肖洋. 基于景观生态学的城市雨洪管理措施研究[D]. 长沙：中南大学，2013.

[135] 魏雅丽. 生态系统的人为干扰研究——以湖北省安陆市辛榨乡基本农田整理项目为例[D]. 武汉：华中师范大学，2006.

[136] 王志杰. 未来气候下内蒙古呼伦湖流域水文数值模拟[D]. 呼和浩特：内蒙古农业大学，2012.

[137] 刘海涛. 特大城市群地区城镇化与生态环境交互耦合机理研究——以京津冀城市群为例[D]. 北京：中国科学院大学，2017.

[138] 李云燕. 循环经济运行机制研究[D]. 天津：南开大学，2006.

[139] 李沛. 陕西省芝川镇农村生活污水治理问题研究[D]. 西安：长安大学，2019.

[140] 李竞. 基于居民生计的生态补偿研究——以西岛珊瑚礁自然保护区为例[D]. 厦门：厦门大学，2013.

[141] 李锦宏. 喀斯特地区乡村旅游可持续发展研究[D]. 北京：北京林业大学，2009.

[142] 兰春荣. 基于生态基础设施理论的水网密集型城镇绿地系统规划研究——以苍南县钱库镇为例[D]. 杭州：浙江农林大学，2019.

[143] 程迎轩. 县域生态用地景观格局与空间优化研究——以佛山高明为例[D]. 广州：华南农业大学，2016.

[144] 陈小璇. 基于生态系统服务的胶州湾海岸带空间管制研究[D]. 青岛：青岛理工大学，2019.

[145] 陈伍香. 旅游目的地低碳化发展动力机制研究[D]. 厦门：厦门大学，2012.

[146] 刘毅，寇江泽. 推动生态文明建设不断取得新成效[N]. 人民日报，2022-07-07.

[147] 赵文斌. 探索建设广阳岛最优价值生命共同体[N]. 中国自然资源报，2021-04-05

[148] 赵文斌. 一种提高生态场地生态价值的建设方法：CN113313396A[P]. 2021-06-03.

[149] 资源环境承载能力和国土空间开发适宜性评价技术指南（试行）[EB/OL].（2020-01-19）[2022-03-18]. http://www.gov.cn/zhengce/zhengceku/2020-01/22/5471523/files/7aa9dd04662b49a69bdff41f071e3d85.pdf.

[150] IUCN基于自然的解决方案全球标准[EB/OL].（2021-06-21）[2022-06-10]https：//portals.iucn.org/library/sites/library/files/documents/2020-020-Zh.pdf.

[151] 龙燕，王燕妮. 大城市边缘区景观空间特征研究的理论框架初探[C]. 中国风景园林学会2013年会论文集，2013：505-507.

[152] 毕文哲，马璐璐. 生态基础设施理论下慢行系统规划初探——以海淀区翠湖科技城慢行系统规划为例[C]. 中国风景园林学会2014年会论文集，2014：241-245.

[153] 国家市场监督管理总局，国家标准化管理委员会. 生态系统评估 生态系统生产总值（GEP）核算技术规

范征求意见稿，2020.

[154] Zou Ziying, Wu Tong, Xiao Yi, et al. Valuing Natural Capital Amidst Rapid Urbanization: Assessing the Gross Ecosystem Product (GEP) of China's 'Chang-Zhu-Tan' Megacity[J]. Environmental Research Letters, 2020, 15(12): 124019.

[155] Zhu Jie, Lu Chuntian, Shi Jinlian, et al. Diachronic study on the residents' well-being in natural reserves: A case study of Foping National Nature Reserve, China[J]. Shengtai Xuebao, 2019, 39(22): 8299-8309.

[156] Zhou Yan, Dong Jinwei, Cui Yaoping, et al. Ecological Restoration Exacerbates the Agriculture-Linduced Water Crisis in North China Region[J]. Agricultural and Forest Meteorology, 2023, 331: 109341.

[157] Zhao Jinzhu, Wu Gang, Zhao Yingmin, et al. Strategies to Combat Desertification for the Twenty-First Century in China[J]. International Journal of Sustainable Development and World Ecology, 2002, 9(3): 292-297.

[158] Zhao Jinzhu, Liu Xin, Dong Rencai, et al. Landsenses Ecology and Ecological Planning Toward Sustainable Development[J]. International Journal of Sustainable Development & World Ecology, 2016, 23(4): 293-297.

[159] Zhang L, Dawes W R, Walker G R. Response of Mean Annual Evapotranspiration to Vegetation Changes at Catchment Scale[J]. Water Resources Research, 2001, 37(3): 701-708.

[160] Zhang Jincai. Thoughts on the Modernization of Governance Systems of Ecological Environment under the Background of New Era[J]. Meteorological & Environmental Research, 2022, 13(1): 38-42.

[161] Zeug W, Bezama A, Thrän D. A Framework for Implementing Holistic and Integrated Life Cycle Sustainability Assessment of Regional Bioeconomy[J]. The International Journal of Life Cycle Assessment, 2021, 26: 1998-2023.

[162] Yang Yuheng, Chen Tongtong, Liu Xuchen, et al. Ecological Risk Assessment and Environment Carrying Capacity of Soil Pesticide Residues in Vegetable Ecosystem in the Three Gorges Reservoir Area[J]. Journal of hazardous materials, 2022, 435: 128987.

[163] Yue Kai, Ni Xiangyin, Fornara D A, et al. Dynamics of Calcium, Magnesium, and Manganese During Litter Decomposition in Alpine Forest Aquatic and Terrestrial Ecosystems[J]. Ecosystems, 2021, 24(3): 516-529.

[164] Yue Kai, Yan Peng, Fornara D A, et al. Responses of Nitrogen Concentrations and Pools to Multiple Environmental Change Drivers: A Meta-Analysis Across Terrestrial Ecosystems[J]. Global Ecology & Biogeography, 2019, 8(5): 690-724.

[165] Yang Fan, Yuan Hang, Yi Nuo. Natural Resources, Environment and the Sustainable Development[J]. Urban Climate, 2022, 42: 101111.

[166] Li Yanan. Research Progress of Landscape Ecology[J]. Journal of Landscape Research, 2021, 13(4):

67-72.

[167] MANSOURIAN S. From Landscape Ecology to Forest Landscape Restoration[J]. Landscape Ecology, 2021, 36: 2443-2452.

[168] FORTIN M J, DALE M R T, BRIMACOMBE C. Network Ecology in Dynamic Landscape[J]. Biological Science, 2021, 288: 1949.

[169] MELICHER J, ŠPULEROVÁ J. Application of Landscape-Ecological Approach for Greenways Planning in Rural Agricultural Landscape[J]. Environments, 2022, 9(30): 1-26.

[170] Xia Hao, Yuan Shaofeng, Prishchepov A V. Spatial-Temporal Heterogeneity of Ecosystem Service Interactions and Their Social-Ecological Drivers: Implications for Spatial Planning and Management[J]. Resources, Conservation and Recycling, 2023, 189: 106767.

[171] WITHERS P J A, DOODY D G, SYLVESTER-BRADLEY R. Achieving Sustainable Phosphorus Use in Food Systems through Circularisation[J]. Sustainability, 2018, 10(6): 1804.

[172] WILLIS C. The Contribution of Cultural Ecosystem Services to Understanding the Tourism-Nature-Wellbeing Nexus[J]. Journal of Outdoor Recreation and Tourism, 2015, 10: 38-43.

[173] Wang Rusong, Yan Jingsong. Integrating Hardware, Software and Mindware for Sustainable Ecosystem Development: Principles and Methods of Ecological Engineering in China[J]. Journal of Ecological Engineering, 1998, 11(1-4): 277-290.

[174] Wang Rongjia, Zhang Jianfeng, Wu Tonggui, et al. Forestry Development to Reduce Poverty and Improve the Environment[J]. Journal of Forestry Research, 2022, 33(6): 1715-1724.

[175] Wang Rusong, Li Feng, Hu Dan, et al. Understanding Eco-Complexity: Social-Economic-Natural Complex Ecosystem approach[J]. Ecological Complexity, 2011, 8: 15-29.

[176] VERHAGEN W, ZANDEN E H V D, STRAUCH M, et al. Optimizing the Allocation of Agri-environment Measures to Navigate the Trade-offs Between Ecosystem Services, Biodiversity and Agricultural Production[J]. Environmental Science and Policy, 2018, 84: 186-196.

[177] VALCK J D, ROLFE J. Comparing Biodiversity Valuation Approaches for the Sustainable Management of the Great Barrier Reef, Australia[J]. Ecosystem Services, 2019, 35: 23-31.

[178] TURNPENNY J R, RUSSEL D J. The Idea(s) of 'Valuing Nature': Insights From the UK's Ecosystem Services Framework[J]. Environmental Politics, 2017, 26(6): 973-993.

[179] TURNER W R, BRANDON K, BROOKS T M, et al. Global Conservation of Biodiversity and Ecosystem Services[J]. BioScience, 2007, 57(10): 868-873.

[180] TRAN D X, PEARSON D, PALMER A, et al. Integrating Ecosystem Services with Geodesign to Create Multifunctional Agricultural Landscapes: A Case Study of a New Zealand Hill Country Farm[J].

Ecological Indicators, 2023, 146: 109762.

[181] TEIXEIRA H M, VERMUE A J, CARDOSO I M, et al. Farmers Show Complex and Contrasting Perceptions on Ecosystem Services and Their Management[J]. Ecosystem Services, 2018, 33(Part A): 44-58.

[182] SUTTON-GRIER A E, WOWK K, BAMFORD H. Future of Our Coasts: The Potential for Natural and Hybrid Infrastructure to Enhance the Resilience of Our Coastal Communities, Economies and Ecosystems[J]. Environmental Science & Policy, 2015, 51: 137-148.

[183] BANKS-LEITE C, BETTS M G, EWERS, R M. The Macroecology of Landscape Ecology[J]. Trends in Ecology and Evolution, 2022, 37(6): 480-487.

[184] Sun Fazhen. Climate Change from the Perspective of Soil and Water Ecological Theory[J]. Meteorological & Environmental Research, 2021, 12(4): 9-12.

[185] Sun Fazheng. The Theory of Soil and Water Ecology is the Common Theoretical Basis in the Field of Ecological Environment[J]. Journal of Landscape Research, 2022, 14(2): 95-98.

[186] AKSU G A, TAĞIL Ş, MUSAOĞLU N, CANATANOĞLU E S, et al. Landscape Ecological Evaluation of Cultural Patterns for the Istanbul Urban Landscape[J]. Sustainability, 2022, 14(1603): 1-26.

[187] SOLAZZO A, JONES A, COOPER N. Revising Payment for Ecosystem Services in the Light of Stewardship: The Need for a Legal Framework[J]. Sustainability, 2015, 7(11): 15449-15463.

[188] SLADONJA B, SU M, SCARON, et al. Review on Invasive Tree of Heaven (Ailanthus altissima (Mill.) Swingle) Conflicting Values: Assessment of Its Ecosystem Services and Potential Biological Threat[J]. Environmental management, 2015, 56(4): 1009-1034.

[189] SITAS N, PROZESKY H, ESLER K, et al. Opportunities and Challenges for Mainstreaming Ecosystem Services in Development Planning: Perspectives From a Aandscape Level[J]. Landscape Ecology, 2014, 29(8): 1315-1331.

[190] He Gao, Wei Song. Assessing the Landscape Ecological Risks of Land-Use Change[J]. International Journal of Environmental Research and Public Health, 2022, 19(21): 13945.

[191] SGROI F. Evaluating of the sustainability of complex rural ecosystems during the transition from agricultural villages to tourist destinations and modern agri-food systems[J]. Journal of Agriculture and Food Research, 2022, 9(100330): 1-8.

[192] SCHOMERS S, MATZDORF B, MEYER C, et al. How Local Intermediaries Improve the Effectiveness of Public Payment for Ecosystem Services Programs: The Role of Networks and Agri-Environmental Assistance[J]. Sustainability, 2015, 7(10): 13856-13886.

[193] SAARIKOSKI H, JAX K, HARRISON P A, et al. Exploring operational ecosystem service definitions: The case of boreal forests(Article)[J]. Ecosystem Services, 2015, 14: 144-157.

[194] ROBERTSON M. Measurement and alienation: making a world of ecosystem services[J]. Transactions of the Institute of British Geographers, 2012, 37(3): 386-401.

[195] RASKIN P D. Global Scenarios: Background Review for the Millennium Ecosystem Assessment[J]. Ecosystems, 2005, 8(2): 133-142.

[196] PRIYADARSHINI P, ABHILASH P C. Policy recommendations for enabling transition towards sustainable agriculture in India[J]. Land Use Policy, 2020, 96: 104718.

[197] POLÁKOVÁ J, HOLEC J, JANK J, et al. Effects of Agri-Environment Schemes in Terms of the Results for Soil, Water and Soil Organic Matter in Central and Eastern Europe[J]. Agronomy, 2022, 12(7): 1585.

[198] PERRA E, PIRAS M, DEIDDA R, et al. Multimodel assessment of climate change-induced hydrologic impacts for a Mediterranean catchment[J]. Hydrology and Earth System Sciences, 2018, 22(7): 4125-4143.

[199] Piao Shilong, Yue Chao, Ding Jinzhi, et al. Perspectives on the role of terrestrial ecosystems in the 'carbon neutrality' strategy[J]. Science China (Earth Sciences), 2022, 65(6): 1178-1186.

[200] PALETTO A, FAVARGIOTTI S. Ecosystem Services: The Key to Human Well-Being[J]. Forests, 2021, 12(480): 480.

[201] NORMYLE A, VARDON M, DORAN B. Aligning Indigenous values and cultural ecosystem services for ecosystem accounting: A review[J]. Ecosystem Services, 2023, 59: 101502.

[202] MORTON P A, FENNELL C, CASSIDY R, et al. A review of the pesticide MCPA in the land-water environment and emerging research needs[J]. WIREs Water, 2020, 7(e1402): 1-16.

[203] MORAES, ANDREW, SEIDL, et al. Global valuation of ecosystem services: application to the Pantanalda Nhecolandia, Brazil[J]. Ecological Economics, 2000, 33(1-6): 1-6.

[204] MONDIÈRE A, TZILIVAKIS J, WARNER D J, et al. An improved indicator framework to assess and optimise ecosystem services provided by permanent grasslands[J]. Ecological Indicators, 2023, 146: 109765.

[205] MOHRI H, LAHOTI S, SAITO O, et al. Assessment of ecosystem services in homegarden systems in Indonesia, Sri Lanka, and Vietnam[J]. ECOSYSTEM SERVICES, 2013, 5: E124-E136.

[206] MLAMLA S, KAKEMBO V, BARASA B. Hydrologic response to land use/cover changes and Pteronia incana shrub invasion in Keiskamma catchment, Eastern Cape Province, South Africa[J]. Geocarto International, 2022: 1-25.

[207] HERBERT E R, BOON P, BURGIN A J, et al. A global perspective on wetland salinization: ecological consequences of a growing threat to freshwater wetlsnds[J]. ECOSPHERE, 2015, 6(10): 1-43.

[208] MCWILLIAM W, FUKUDA Y, MOLLER H, et al. Evaluation of a dairy agri-environmental programme for restoring woody green infrastructure(Article)[J]. International Journal of Agricultural Sustainability, 2017,

15(4): 350-364.

[209] Feng Yingbin, He Chunyan, Yang Qingyuan, et al. Evaluation of ecological effect in land use planning using ecosystem service value method[J]. Transactions of the Chinese Society of Agricultural Engineering, 2014, 30(9): 201-211.

[210] MAYNARD S, JAMES D, DAVIDSON A. The Development of an Ecosystem Services Framework for South East Queensland[J]. Environmental Management, 2010, 45(5): 881-895.

[211] MART, IACUTE, N-L, et al. Trade-offs across value-domains in ecosystem services assessment[J]. Ecological Indicators, 2014, 37(Part A): 220-228.

[212] MARJA R, TSCHARNTKE T, BATÁRY P. Increasing landscape complexity enhances species richness of farmland arthropods, agri-environment schemes also abundance – A meta-analysis[J]. Agriculture, Ecosystems & Environment, 2022, 326: 107822.

[213] MAIER D S. Should biodiversity and nature have to earn their keep? What it really means to bring environmental goods into the marketplace[J]. Ambio, 2018, 47(4): 477-492.

[214] MAES J, BURKHARD B, GENELETTI D. Ecosystem services are inclusive and deliver multiple values. A comment on the concept of nature's contributions to people[J]. One Ecosystem, 2018, 3: 1-5.

[215] MACDONALD G K, JARVIE H P, WITHERS P J A, et al. Guiding phosphorus stewardship for multiple ecosystem services[J]. Ecosystem Health and Sustainability, 2016, 2(12): 1-12.

[216] MAAS B, FABIAN Y, KROSS S M, et al. Divergent farmer and scientist perceptions of agricultural biodiversity, ecosystem services and decision-making[J]. Biological Conservation, 2021, 256(0): 109065.

[217] LOFT L, SCHLEYER C, KLINGLER M, et al. The development of governance innovations for the sustainable provision of forest ecosystem services in Europe: A comparative analysis of four pilot innovation processes[J]. Ecosystem Services, 2022, 58: 101481.

[218] Liu Tao, Yu Le, Chen Xin, et al. Environmental laws and ecological restoration projects enhancing ecosystem services in China: A meta-analysis[J]. Journal of Environmental Management, 2023, 327: 116810.

[219] BUSSOLA F, FALCO E, AUKES E, et al. Piloting a more inclusive governance innovation strategy for forest ecosystem services management in Primiero, Italy[J]. Ecosystem Services, 2021, 52: 101380.

[220] Li Yan, Li Shuangcheng, Gao Yang, et al. Ecosystem services and hierarchic human well-being: Concepts and service classification framework[J]. Acta Geographica Sinica, 2013, 68(8): 1038-1047.

[221] Li Yong. Level Assessment of Ecological Environment of China and Sustainable Development Strategies[J]. Nature Environment and Pollution Technology, 2021, 20(2): 685-693.

[222] Li Shang. Evaluation of Ecological Environmental Pollution in Green Building Construction[J]. Nature

Environment and Pollution Technology, 2021, 20(3): 1331-1337.

[223] Li Pengyao, Chen Yajuan, Hu Wenhao, et al. Possibilities and requirements for introducing agri-environment measures in land consolidation projects in China, evidence from ecosystem services and farmers' attitudes[J]. Science of the Total Environment, 2019, 650(Part 2): 3145-3155.

[224] Xu Jie, Wang Shuo, Xiao Yu, et al. Mapping the spatiotemporal heterogeneity of ecosystem service relationships and bundles in Ningxia, China[J]. Journal of Cleaner Production, 2021, 294(0): 126216.

[225] Li Jintao, Gong Yuling, Jiang Changjun. Spatio-temporal differentiation and policy optimization of ecological well-being in the Yellow River Delta high-efficiency eco-economic zone[J]. Journal of Cleaner Production, 2022, 339: 130717.

[226] Li Chen, Wu Yingmei, Gao Binpin, et al. Construction of ecological security pattern of national ecological barriers for ecosystem health maintenance[J]. Ecological Indicators, 2023, 146: 109801.

[227] LAPORTA L, DOMINGOS T, MARTA-PEDROSO C. It's a keeper: Valuing the carbon storage service of Agroforestry ecosystems in the context of CAP Eco-Schemes[J]. Land Use Policy, 2021, 109:105712.

[228] Luo Yuhan, Wu Jiansheng, Wang Xiaoyu, et al. Understanding ecological groups under landscape fragmentation based on network theory[J]. Landscape and Urban Planning, 2021, 210: 104066.

[229] TOIT J T, PETTORELLI N, CADOTTE M. The differences between rewilding and restoring an ecologically degraded landscape[J]. Journal of Applied Ecology, 2019, 56(11): 2467-2471.

[230] ROUSSEL F, ALEXANDRE F. Landscape ecological enhancement and environmental inequalities in peri-urban areas, using flora as a socio-ecological indicator - The case of the greater Paris area[J]. Landscape and Urban Planning, 2021, 210: 104062.

[231] MACDONALD E, KING E G. Novel ecosystems: A bridging concept for the consilience of cultural landscape conservation and ecological restoration[J]. Landscape & Urban Planning, 2018, 177: 148-159.

[232] MOSSMAN H L, PANTER C J, DOLMAN P M. Modelling biodiversity distribution in agricultural landscapes to support ecological network planning[J]. Landscape and Urban Planning, 2015, 141: 59-67.

[233] Zhang Jingxin Cao Yunmeng, Ding Fanshu, et al. Regional Ecological Security Pattern Construction Based on Ecological Barriers: A Case Study of the Bohai Bay Terrestrial Ecosystem[J]. Sustinability, 2022, 14(5384): 5384.

[234] SAHRAOUI Y, LESKI C D G, BENOT M L, et al. Integrating ecological networks modelling in a participatory approach for assessing impacts of planning scenarios on landscape connectivity[J]. Landscape and Uban Planning, 2021, 209: 104039.

[235] Hu Tian, Peng Jian, Liu Yanxu, et al. Evidence of green space sparing to ecosystem service improvement in urban regions: A case study of China's Ecological Red Line policy[J]. Journal of Cleaner Production, 2020, 251: 119678.

[236] HORI J, MAKINO M. The structure of human well-being related to ecosystem services in coastal areas: A comparison among the six North Pacific countries[J]. Marine Policy, 2018, 95: 221-226.

[237] YANG H J, GOU X H, YIN D C, et al. Research on the coordinated development of ecosystem services and well-being in agricultural and pastoral areas[J]. Journal of environmental management, 2022, 304: 114300.

[238] HELMING K, DIEHL K, GENELETTI D, et al. Mainstreaming ecosystem services in European policy impact assessment[J]. Environmental Impact Assessment Review, 2013, 40(Special SI): 82-87.

[239] HARDAKER A, STYLES D, WILLIAMS A P, et al. A framework for integrating ecosystem services as endpoint impacts in life cycle assessment[J]. Journal of Cleaner Production, 2022, 370: 133450.

[240] HERNÁNDEZ-MORCILLO M, TORRALBA M, BAIGES T, et al. Scanning the solutions for the sustainable supply of forest ecosystem services in Europe[J]. Sustainability Science, 2022, 17(5): 1-17.

[241] BIEST K V D, MIERE P, SCHELLEKENS T, et al. Aligning biodiversity conservation and ecosystem services in spatial planning: Focus on ecosystem processes[J]. 2020, The Science of the total environment, 712: 136350.

[242] JUSTEAU-ALLAIRE D, VIEILLEDENT G, RINCK N, et al. Constrained optimization of landscape indices in conservation planning to support ecological restoration in New Caledonia[J]. Journal of Applied Ecology, 2021, 58(4): 744-754.

[243] SAINDIFER P A, SUTTON-GRIER A E, WARD B P. Exploring connections among nature, biodiversity, ecosystem services, and human health and well-being: Opportunities to enhance health and biodiversity conservation[J]. Ecosystem Services, 2015, 12: 1-15.

[244] DOLLERY R, BOWIE M H, DICKINSON N M. The ecological importance of moss ground cover in dry shrubland restoration within an irrigated agricultural landscape matrix[J]. Ecology & Evolution, 2022, 12(4): 1-9.

[245] Guo Qinghai, Wu Jianjun, Xiao Lishan. Promoting ecosystem services through ecological planning in the Xianghe Segment of China's Grand Canal[J]. International Journal of Sustainable Development & World Ecology, 2016, 23(4): 365-371.

[246] GUERRY A, POLASKY S, LUBCHENCO J, et al. Natural capital and ecosystem services informing decisions: From promise to practice[J]. PROCEEDINGS OF THE NATIONAL ACADEMY OF SCIENCES OF THE UNITED STATES OF AMERICA, 2015, 112(24): 7348-7355.

[247] GOULD R, KLAIN S, ARDOIN N, et al. A protocol for eliciting nonmaterial values through a cultural ecosystem services frame[J]. Conservation Biology, 2015, 29(2): 575-586.

[248] GHAZOUL J. Placing Humans at the Heart of Conservation[J]. Biotropica, 2007, 39: 565-566.

[249] GHAZOUL J. Recognising the Complexities of Ecosystem Management and the Ecosystem Service Concept[J]. GAIA - Ecological Perspectives for Science and Society, 2007, 16: 215-221.

[250] GARCÍA-ONETTI J, SCHERER M E G, ASMUS M L, et al. Integrating ecosystem services for the socio-ecological management of ports[J]. Ocean and Coastal Management, 2021, 206(0): 105583.

[251] JELLINEK S, WILSON K A, HAGGER V, et al. Integrating diverse social and ecological motivations to achieve landscape restoration[J]. Journal of Applied Ecology, 2019, 56(1): 246-252.

[252] GALICIA L, ZARCO-ARISTA A E. Multiple ecosystem services, possible trade-offs and synergies in a temperate forest ecosystem in Mexico: a review[J]. International Journal of Biodiversity Science, Ecosystem Services & Management, 2014, 10(4): 275-288.

[253] GALIANA N, LURGI M, BASTAZINI V A G, et al. Ecological network complexity scales with area[J]. Nature Ecology & Evolution, 2022, 6(3): 307-314.

[254] FU B, WANG S, SU C, et al. Linking ecosystem processes and ecosystem servces[J]. Current Opinion in Environmental Sustainability, 2013, 5(1): 4-10.

[255] FOSSEY M, ANGERS D, BUSTANY C, et al. A Framework to Consider Soil Ecosystem Services in Territorial Planning[J]. Frontiers in Environmental Science, 2020, 8.

[256] FAZHENG S. The Theory of Soil and Water Ecology is the Common Theoretical Basis in the Field of Ecological Environment[J]. Journal of Landscape Research, 2022, 14(2): 95-98.

[257] FARIA N, MORALES M B. Farmland management regulates ecosystem services in Mediterranean drylands: Assessing the sustainability of agri-environmental payments for bird conservation[J]. Journal for Nature Conservation, 2020, 58(0): 125913.

[258] FANELLI R M. The Spatial and Temporal Variability of the Effects of Agricultural Practices on the Environment[J]. Environments, 2020, 7(4): 33.

[259] ELLIS E C, PASCUAL U, MERTZ O. Ecosystem services and nature's contribution to people: negotiating diverse values and trade-offs in land systems[J]. Current Opinion in Environmental Sustainability, 2019, 38: 86-94.

[260] Zhang Dongmei, Zhao Weijun, Liu Xiaomei, et al. Impact of Ecological Environment on Tourism Development in Shandong Province, China[J]. Journal of Landscape Research, 2021, 13(5): 47-50.

[261] Dong Rencai, Liu Xin, Liu Miaoling, et al. Landsenses ecological planning for the Xianghe Segment of China's Grand Canal[J]. International Journal of Sustainable Development and World Ecology, 2016,

23(4): 298-304.

[262] DÖHREN P V, HAASE D. Ecosystem disservices research: A review of the state of the art with a focus on cities[J]. Ecological Indicators, 2015, 52: 490-497.

[263] DAW T, BROWN K, ROSENDO S, et al. Applying the ecosystem services concept to poverty alleviation: the need to disaggregate human well-being[J]. Environmental Conservation, 2011, 38(4): 370-379.

[264] DAVID A. TIERNEY R V G, STUART ALLEN, TONY D. AULD. Multiple analyses redirect management and restoration priorities for a critically endangered ecological community[J]. Austral Ecology, 2021, 46(4): 545-560.

[265] DAL FERRO N, COCCO E, BERTI A, et al. How to enhance crop production and nitrogen fluxes? A result-oriented scheme to evaluate best agri-environmental measures in Veneto Region, Italy[J]. Archives of Agronomy and Soil Science, 2018, 64(11): 1518-1533.

[266] Dai Yujie, Tian Luo, Zhu Pingzong, et al. Dynamic aeolian erosion evaluation and ecological service assessment in Inner Mongolia, northern China[J]. Geoderma, 2022, 406: 115518.

[267] CRUZ-GARCIA G S, SACHET E, BLUNDO-CANTO G, et al. To what extent have the links between ecosystem services and human well-being been researched in Africa, Asia, and Latin America[J]. Ecosystem Services, 2017, 25: 201-212.

[268] CRAIG M P A, STEVENSON H, MEADOWCROFT J. Debating nature's value: epistemic strategy and struggle in the story of 'ecosystem services'[J]. Journal of Environmental Policy and Planning, 2019, 21(6): 811-825.

[269] COUCKE N, VERMEIR I, SLABBINCK H, et al. How to reduce agri-environmental impacts on ecosystem services: the role of nudging techniques to increase purchase of plant-based meat substitutes[J]. Ecosystem Services, 2022, 56: 101444.

[270] LI ZHENYA, WEI W, ZHOU LIANG, et al. Temporal and spatial evolution of ecological sensitivity in arid inland river basins of northwest China based on spatial distance index: A case study of Shiyang River Basin[J]. Shengtai Xuebao, 2019, 39(20): 7463-7475.

[271] COSTANZA R. Valuing natural capital and ecosystem services toward the goals of efficiency, fairness, and sustainability[J]. Ecosystem Services, 2020, 43: 101096.

[272] Zhang Yixuan, Zhao Tingning, Shi Changqing, et al. Simulation of Vegetation Cover Based on the Theory of Ecohydroligical Optimality in the Yongding River Watershed, China[J]. Forests, 2021, 12(1377): 1377.

[273] Chen Yizhong, Qiao Youfeng, Lu Hongwei, et al. Water-carbon-ecological footprint change characteristics and its balance analysis in the Triangle of Central China[J]. Shengtai Xuebao, 42(4):

1368-1380.

[274] COMTE A, CAMPAGNE C S, LANGE S, et al. Ecosystem accounting: Past scientific developments and future challenges[J]. Ecosystem Services, 2022, 58: 101486.

[275] COHEN-SHACHAM E, DAYAN T, DE GROOT R, et al. Using the ecosystem services concept to analyse stakeholder involvement in wetland management[J]. Wetlands Ecology and Management, 2015, 23(2): 241-256.

[276] CIFTCIOGLU G C. Social preference-based valuation of the links between home gardens, ecosystem services, and human well-being in Lefke Region of North Cyprus[J]. Ecosystem Services, 2017, 25: 227-236.

[277] Chen Xiaoqin, Kang Binyue, Li Meiyang, et al. Identification of priority areas for territorial ecological conservation and restoration based on ecological networks: A case study of Tianjin City, China[J]. Ecological Indicators, 2023, 146: 109809.

[278] CEBALLOS G, TINOCO C, BÚRQUEZ A, et al. Ecosystem Services of Tropical Dry Forests: Insights from Long-term Ecological and Social Research on the Pacific Coast of Mexico[J]. Ecology and Society, 2005, 10 (1): 17.

[279] CARPENTER S R, MOONEY H A, AGARD J, et al. Science for managing ecosystem services: Beyond the Millennium Ecosystem Assessment[J]. Proceedings of the National Academy of Sciences of the United States of America, 2009, 106(5): 1305-1312.

[280] CAPODAGLIO A G, CALLEGARI A. Can Payment for Ecosystem Services Schemes Be an Alternative Solution to Achieve Sustainable Environmental Development? A Critical Comparison of Implementation between Europe and China[J]. RESOURCES-BASEL, 2018, 7(3): 40.

[281] Gao Jiangbo, Zuo Liyuan. Revealing ecosystem services relationships and their driving factors for five basins of Beijing[J]. Journal of Geographical Sciences, 2021, 31: 111-129.

[282] BUDIMAN I, BASTONI, SARI E N, et al. Progress of paludiculture projects in supporting peatland ecosystem restoration in Indonesia[J]. Global Ecology and Conservation, 2020, 23: e01084.

[283] BRADY M V, HEDLUND K, CONG R G, et al. Valuing Supporting Soil Ecosystem Services in Agriculture: A Natural Capital Approach[J]. Agronomy Journal, 2015, 107(5): 1809-1821.

[284] BLANK D, LI YAOMING. Antelope adaptations to counteract overheating and water deficit in arid environments[J]. Journal of Arid Land, 2022, 14(10): 1069-1085.

[285] BISANG I, LIENHARD L, BERGAMINI A. Three decades of field surveys reveal a decline of arable bryophytes in the Swiss lowlands despite agri-environment schemes[J]. Agriculture, Ecosystems & Environment, 2021, 313(0): 107325.

[286] BERGEZ J E, BÉTHINGER A, BOCKSTALLER C, et al. Integrating agri-environmental indicators, ecosystem services assessment, life cycle assessment and yield gap analysis to assess the environmental sustainability of agriculture[J]. Ecological Indicators, 2022, 141: 109107.

[287] BERBÉS-BLÁZQUEZ M. A Participatory Assessment of Ecosystem Services and Human Wellbeing in Rural Costa Rica Using Photo-Voice[J]. Environmental Management, 2012, 49(4): 862-875.

[288] BENNETT E M, PETERSON G D, GORDON L J. Understanding relationships among multiple ecosystem services[J]. Ecology Letters, 2009, 12(12): 1394-1404.

[289] BALVANERA P, DAILY G, EHRLICH P, et al. Conserving Biodiversity and Ecosystem Services[J]. Science, 2001, 291: 2047-2047.

[290] Bai Jie, Li Junli, Bao Anmin, et al. Spatial-temporal variations of ecological vulnerability in the Tarim River Basin, Northwest China[J]. Journal of Arid Land, 2021, 13(8): 814-834.

[291] ATTWOOD S J, PARK S E, MARON M, et al. Declining birds in Australian agricultural landscapes may benefit from aspects of the European agri-environment model[J]. Biological Conservation, 2009, 142(10): 1981-1991.

[292] SOULIOTIS I, VOULVOULIS N. Incorporating Ecosystem Services in the Assessment of Water Framework Directive Programmes of Measures[J]. Environmental Management, 2021, 68(1): 38-52.

[293] Wang Zhuangzhuang, Fu Bojie, Zhang Liwei, et al. Ecosystem service assessments across cascade levels: typology and an evidence map[J]. Ecosystem Services, 2022, 57: 101472.

[294] ADAMS W. The Future of Sustainability: Re-Thinking Environment and Development in the Twenty-First Century[R], IUCN, 2006.

[295] AARON SMITH D T, MARCO MANETA, CHRIS SOULSBY. Visualizing catchment-scale spatio-temporal dynamics of storage-flux-age interactions using a tracer-aided ecohydrological model[J]. Hydrological Processes, 2022, 36(2): e14460.

[296] Ecosystems and Human Well-Being: Current State and Trends Volume I[J]. Environment & Urbanization, 2006, 18(1): 238-239.

后记

　　2018年初春，我在集团文兵董事长和樊金龙副总裁等领导的安排下，带领设计师团队参与重庆广阳岛策划规划竞赛，从此与广阳岛结下了不解之缘。在随后的近5年时间里，我们吃住在岛上，以岛为家，全身心投入到广阳岛生态修复的规划、设计、建设管理与总结研究工作中。在广阳岛上，我们亲身经历了一个满是伤痕的开发岛蝶变为一个人与自然和谐共生的生态岛的全过程。在这个过程中，我们对绿色生态建设有了更全面、更深入的认知，工作思维也发生了巨大的转变，同时积累了大量的经验与教训。

　　2019年12月底，广阳岛生态修复一期工程正在如火如荼地开展，然而，由于缺少生态修复标准导则的指引，为了抢工期，工地上到处都是推土机、挖掘机，传统工程性施工方式随处可见。很多白茅斑块、蕨类斑块、野花野草斑块、自然矮灌木斑块等原本特别自然、特别生态的场景，一不留神就会被推土机无情地推成人工地形，生态修复俨然变成了工程建设。就在这紧要关头，每周上岛办公的重庆市主管领导见状后，大发雷霆，立刻叫停所有施工，责成我们立刻整改，并要求全员开展思想革命。我被要求必须多用自然的方法、少用人工的方法，多用生态的方法、少用工程的方法，多用柔性的方法、少用硬性的方法，必须深度践行推土机推不出生态的施工理念，否则只能出岛。面对突如其来的巨大压力，我如实向文兵董事长汇报。文董事长没有责怪我，而是和我一起分析研究，寻找办法和途径。此时正值年关，又面临突如其来的新冠疫情。文董事长每天和我保持至少3次电话，每3天至少要开一次视频讨论会。2020年初，设计团队每天都要研究讨论16个小时以上，终于在2020年3月份，我们完成了"探索建设广阳岛最优价值生命同体"的研究报告。文兵董事长和樊金龙副总裁带领我向相关领导及业主汇报，报告内容得到极大肯定，同时也收到了很多修改的好建议。得到肯定后，我们信心倍增，开始一边修改完善研究报告，一边准备全面复工复产。

　　在研究报告中，在文兵董事长的带领、督促下，我们团队一边深入学习习近平生态文明思想，一边结合广阳岛实践困境进行深入总结。我们总结出：生命共同体理念是指导生态文明建设的基础性理念；生命共同体具有"整体系统性、区域条件性、有限容量性、迁移性、可持续性和价值性"六个特性；"水"和"土"是决定生命共同体价值高低的本底条件，"林"或"草"是决定生命共同体价值高低的核心要素；"留水—固土"以及"营林或丰草"是高价值生命共同体建设的主要矛盾和矛盾的主要方面；评价一个生命共同体价值高低的两个核心指标是满足生物多样性需求和满足人民美好生活需要；"护山、理水、营林、疏田、清湖、丰草及润土、弹路、丰富生物多样性"等生态修复策略及技术支撑等。这些内容奠定了本书的核心观点和基本雏形。有了这些指引，广阳岛生态修复工作得到了快速有效的推进，技术体系得到了不断完善，施工工法也得到了大大提升。

　　2020年10月底，孙英总裁上广阳岛指导工作，我随行向她汇报了岛上的场景设计和背后的技术逻辑，孙总裁很满意，并要求我把这些研究及在岛上实施过程中的经验、教训总结成标准、标准图、导则、专利、专著等一系列成果，用于指导集团今后的生态文明建设，同时也可为行业做出贡献。孙总裁回京后立即安排集团科技质量部与我联系，要求我立即立项启动专著编写工作，并纳入集团"新时代高质量发展绿色城乡建设技术丛书"。我深感责任重大，一刻也不敢懈怠，赶紧开展工作。

从那一刻起，历时两年多，数易其稿。在这个过程中，要深深感谢重庆广阳岛绿色发展有限责任公司王岳书记每天的现场陪伴交流与总结指导；要深深感谢文兵董事长上百次的专题研究与不厌其烦的陪伴式指导帮助；要深深感谢孙英总裁的不断鼓励和帮助；要深深感谢崔愷院士、朱永官院士、李存东大师给予我研究方向上的把控和肯定；要深深感谢重庆大学袁兴中教授、北京林大赵鸣教授、上海交大蔡永立教授从开题到结题的大力指导和提出的很多建设性修改意见，使本书内容更加严谨和完善；要深深感谢重庆本地专家杜春兰教授、杨永川教授、况平教授、陶建平教授、陈槐教授、廖聪全教授、王海洋教授以及中国城市建设研究院王磐岩主任，北京建筑大学张清华主任，中国建筑设计研究院刘剑所长、赵昕总工程师、谷德庆副院长，北京市工程咨询有限公司龚雪琴教授级高级工程师，中国科学院城市环境所吝涛教授、唐丽娜教授等专家在课题研究中给予的评议和审核，使本书内容成果更准确。要深深感谢中国建筑设计研究院宋源董事长和马海总经理、集团科技质量部孙金颖主任、韩瑞高级主管的关心和推动，使本书编著如期完成。

要深深感谢与我一起在广阳岛并肩作战近5年的同事们。他们有从北京跟我一起去广阳岛驻场的同事，包括贺敏、朱燕辉、张景华、李秋晨、颜玉璞、王洪涛、任佰强、谭喆、李晓东、何显锋、苏文强、刘益良、何亮、路璐、贾瀛、冯凌志、齐石茗月、王梓桐、管婕娅、王龙、王振杰、冯晓硕、沈楠、万松、杨磊、王婧、徐树杰、陈素波、彭英豪、焦英哲、常广隶、颜铱涵、董荣进等，还有在重庆的饶自勇、向曼玉、崔剑飞、刘志浩等同事，是你们给了我强大的支持。要深深感谢重庆广阳岛绿色发展有限责任公司的李永文、周海军、范恒、强歆圣、罗德成、黄星月等提供的帮助和支持。要深深感谢群岛ARCHIPELAGO的辛梦瑶、师珺、洪蕴璐、宫庆、康博超、黄晓飞以及中国建筑工业出版社的徐冉、黄习习、何楠等为书籍出版排版、校审所做的辛勤付出。要感谢的人还有很多很多，挂一漏万，感谢所有研究的参与者、压力的分担者、家庭后方的保障者。

绿色生态建设之路还有很长，希望这本书的内容随着生态文明建设的进程持续完善和丰富下去，当更多的人关注和参与到生态文明建设当中，人与自然和谐共生的现代化必将实现。

赵文斌

2023年4月于北京

图书在版编目（CIP）数据

绿色生态建设指引. 生态景观与风景园林专业. 上册=
GREEN ECOLOGICAL CONSTRUCTION GUIDELINES / 中国建
设科技集团编著；赵文斌主编. —北京：中国建筑工
业出版社，2023.5

（新时代高质量发展绿色城乡建设技术丛书）

ISBN 978-7-112-28551-8

Ⅰ.①绿… Ⅱ.①中… ②赵… Ⅲ.①生态建筑－建
筑设计 Ⅳ.①TU2

中国国家版本馆CIP数据核字（2023）第053825号

责任编辑：黄习习　徐　冉
责任校对：李美娜

新时代高质量发展绿色城乡建设技术丛书
绿色生态建设指引
GREEN ECOLOGICAL CONSTRUCTION GUIDELINES
生态景观与风景园林专业
（上册）
中国建设科技集团　编　著
赵文斌　主　编

*

中国建筑工业出版社出版、发行（北京海淀三里河路9号）
各地新华书店、建筑书店经销
北京锋尚制版有限公司制版
天津图文方嘉印刷有限公司印刷

*

开本：787毫米×1092毫米　1/16　印张：17　字数：477千字
2023年4月第一版　　2023年4月第一次印刷
定价：178.00元
ISBN 978-7-112-28551-8
（41022）